U0498696

普通高等院校“十二五”规划教材

全国高校教材学术著作出版审定委员会审定

理论物理导论

（下册）

田成林　江遴汉　编著

国防工業出版社

·北京·

内 容 简 介

本书系统阐述了理论物理学的基本概念、基本原理和基本方法。全书体系完整、结构新颖，叙述清楚、分析透彻，内容精炼、逻辑严密，物理图像清晰、物理概念准确。

全书分为上下两册，共20章。上册包括经典力学、经典电动力学、狭义相对论三部分内容。其中经典力学2章、经典电动力学4章、狭义相对论2章。下册包括量子力学、统计力学两部分内容。其中量子力学6章、统计力学6章。为方便教学，各章均附有一定数量的习题。

本书可作为高等院校理工科非物理专业本科生和研究生或物理专业本科生理论物理课程的教材或参考书，亦可供从事理论物理教学或研究的工作人员参阅。

本书适合两学期讲授。建议上、下册各讲授80学时。

图书在版编目（CIP）数据

理论物理导论：全2册/田成林，江遴汉编著.
—北京：国防工业出版社，2016.7 重印
ISBN 978-7-118-09110-6

Ⅰ.①理… Ⅱ.①田… ②江… Ⅲ. ①理论物理学
Ⅳ.①O41

中国版本图书馆CIP数据核字（2013）第317576号

※

国防工业出版社 出版发行
（北京市海淀区紫竹院南路23号 邮政编码100048）
北京京华虎彩印刷有限公司印刷
新华书店经售

*

开本 787×1092 1/16 **印张** 20¼ **字数** 480千字
2016年7月第1版第2次印刷 **印数** 1001—2000册 **定价** 92.00元（上下册）

国防书店：（010）88540777 发行邮购：（010）88540776
发行传真：（010）88540755 发行业务：（010）88540717

目 录

第四篇 量子力学

引言……1

第9章 量子理论的基本概念……3

9.1 光的粒子性……3

9.2 原子结构与原子光谱……8

9.3 粒子的波动性……14

内容提要……23

习题……23

第10章 量子力学基本原理……24

10.1 量子态的描述……24

10.2 量子态叠加原理……28

10.3 薛定谔方程……30

10.4 定态薛定谔方程……35

10.5 力学量的表示……38

10.6 力学量算子的本征值与本征矢……48

10.7 力学量的测量……60

10.8 力学量平均值随时间的演化……66

内容提要……70

习题……74

第11章 束缚定态问题……77

11.1 一维束缚定态问题……77

11.2 有心力场的一般描述……83

11.3 库仑场 氢原子……86

内容提要……91

习题……93

第 12 章　狄拉克符号　态和力学量的表象……96
12.1　态矢空间　狄拉克符号……96
12.2　态和力学量的表象……101
12.3　表象变换……111
12.4　线性谐振子的占有数表象……115
内容提要……119
习题……122

第 13 章　自旋与全同粒子……124
13.1　角动量的一般描述……124
13.2　自旋角动量（电子自旋）……129
13.3　两个角动量的耦合……134
13.4　全同粒子……138
内容提要……143
习题……145

第 14 章　近似方法……148
14.1　定态微扰论……148
14.2　定态微扰论的简单应用……152
14.3　变分法……160
14.4　含时微扰论……164
14.5　光的发射和吸收……170
内容提要……174
习题……177

第五篇　统计力学

引言……179

第 15 章　热力学基本定律……180
15.1　基本概念……180
15.2　温度　热力学第零定律……184
15.3　内能　热力学第一定律……185
15.4　熵　热力学第二定律……190

15.5 热力学基本微分方程……197
15.6 热力学特性函数与麦氏关系……201
15.7 热力学第三定律……206
内容提要……208
习题……209

第 16 章 近独立子系统的统计分布……212
16.1 统计规律性……212
16.2 等几率原理……214
16.3 统计平均……215
16.4 统计系统的分类……216
16.5 粒子运动状态的描述……218
16.6 系统微观运动状态的描述……223
16.7 分布与微观状态数……225
16.8 最可几分布……228
内容提要……233
习题……234

第 17 章 玻耳兹曼统计理论……236
17.1 热力学函数的统计表达式……236
17.2 配分函数的计算……241
17.3 理想气体的热力学函数……243
17.4 麦克斯韦速度分布律……246
17.5 能量均分定理……250
17.6 固体热容量的爱因斯坦理论……255
17.7 理想气体的热容量……257
内容提要……262
习题……263

第 18 章 玻色统计与费米统计……265
18.1 热力学量的统计表达式……265
18.2 光子气体……267

18.3 声子气体……269
18.4 金属中的自由电子……274
内容提要……279
习题……280

第 19 章 涨落理论……282
19.1 围绕平均值的涨落……282
19.2 布朗运动……286
内容提要……289
习题……289

第 20 章 非平衡态的初步理论……291
20.1 玻耳兹曼积分微分方程……291
20.2 H 定理……295
20.3 金属电导率……297
内容提要……300
习题……300

附录……302
际录 A 常用物理常数数值表……302
附录 B 矢量运算公式……303
附录 C 张量运算公式……305
附录 D δ 函数……306
附录 E 轴对称情形下拉普拉斯方程的通解……308
附录 F 波函数在势能无限跃变点处满足的条件……309
附录 G 厄米多项式……310
附录 H 常用积分公式……312

参考文献……315

第四篇　量子力学

引　言

量子论和相对论是 20 世纪物理学的两大理论支柱。它们的产生，导致了物理学在观念上和思想上的彻底变革，使人类对物质世界本质的认识产生了革命性的飞跃，同时也左右了其后物理学的发展方向。

与相对论一样，量子论也是建立在经典物理学基础之上的，是自然科学本身发展的必然结果。它不仅继承了经典物理学，同时又包含了经典物理学。量子论建立的原动力是科学技术的发展。19 世纪末到 20 世纪初，经典物理学理论（牛顿力学、热力学、经典统计力学和经典电动力学）已经发展到十分完善的地步，人们试图应用这些理论去探求构成物质世界更深层次的物质的运动规律，以满足化学、材料科学等学科对物质结构的迫切要求。与此同时，发达的加工技术也为实验物理学提供了先进的仪器设备，使得许多精巧的实验得以进行。然而，令人不安的事情也伴随出现，那就是举凡涉及物质微观运动规律的理论预言与实验结果大都不符。面对这一严酷事实，许多物理学家感到茫然失措，但也激发起一大批富于改革创新精神的年青物理学家们探求物质运动所遵从的更深层次的物理学理论的欲望。他们在前人工作的基础上，对经典物理学进行了深刻的、批判性的研究，为其后量子论的建立奠定了结实的基础。物理学是一门实验学科，它的任一分支学科的理论都是以实验事实为基础而建立的。量子理论的建立也不例外。事实上，正是那些与经典物理学理论严重不符的实验结果，揭示出经典物理学理论的局限性；同时，也正是通过对这些实验事实的深入研究，导致了物理思想上的彻底革命，从而产生并建立起描述物质世界运动规律的更为深刻的理论——量子力学。

量子力学理论的建立，迄今已有八十余年的历史，期间经历了无数实践的考验。这一方面大大丰富了量子力学理论自身的内容，另一方面，也使量子力学深入到现代物理学的各个研究领域。例如：高能物理、固体物理、天体物理、统计物理等。所有这些领域，无不以量子力学为其理论基础。不仅如此，由于量子力学所涉及的规律极为基本和普遍，使得量子论的影响已超越了传统的物理学领域，渗透到诸如化学、生物学、电子学、材料科学、信息科学之中，形成了量子化学、量子生物学、量子电子学、量子信息学等交叉学科。可以毫不夸张地讲，在现代自然科学领域中，一切涉及到原子分子运动规律或由原子分子运动所支配的各种现象的研究，都离不开量子力学，量子力学是解决这些问题最强有力的理论工具。因此，量子力学是现代物理学的理论基础，要想在物理学的任何领域进行工作，必须很好地掌握它。

经典力学与量子力学的根本区别在于，它们描述的对象具有截然不同的物理特性。

经典力学研究粒子（质点）的机械运动规律，并认为粒子的位置、速度可同时精确测量。这一假定与日常经验完全吻合，而且经典力学对运动物体的行为提供了“正确”的解释。也就是说，它对可观测量（力学量）的预言和这些量的测量结果是一致的。量子力学同样含有可观测量以及它们之间的关系，然而**“测不准关系”**揭示了物质运动更为一般的规律，这样，量子力学就彻底改变了关于可观测量的传统定义。测不准关系指出，粒子的位置和动量不能同时精确测定，即 $\Delta x \cdot \Delta p \geqslant \hbar$。在原子尺度范围内，测不准关系导致不可忽略的测量效应，但对于宏观粒子，这一关系所引起的“误差”却可忽略不计。正因如此，经典力学的预言是决定论的，而量子力学的预言则是统计性的。量子力学研究的量是几率以及作为几率的这些量的关系。我们坚信自然界中物质运动规律是统一的，宇宙间应该有且仅有一套物理原理，而不是宏观世界和微观世界各一套（经典力学和量子力学）。深入的研究揭示出一个惊人的事实：“精确”的经典力学只不过是乍看起来似嫌“粗陋”的量子力学的一种近似描述，或者说，经典力学是量子力学的经典极限（$\Delta x \cdot \Delta p >> \hbar$）。这一经典极限也就成为经典力学成立的条件。经典力学的可靠性是一种错觉，它与实验相符盖源于宏观物体是由大量微观粒子所组成，从而使得对平均行为的偏离相互抵消。由此可见，经典力学是关于物质运动规律的一个相对真理。同样量子力学也不例外，尽管量子力学是迄今为止物理学原理的最高成就，但可以肯定它决不是终极真理。虽然，今天我们还不能像经典力学那样，明确指出它的适用范围，但随着科学技术的发展，终有一天会发现它不能适用的现象，从而使理论继续向前发展。

第 9 章 量子理论的基本概念

本章将简要介绍一些经典物理学无法解释的实验现象，而这些实验现象正是量子概念赖以建立的基本事实。

9.1 光的粒子性

一、黑体辐射

日常经验告诉我们，炽热的物体可以发光。不同温度的物体能发出不同颜色（波长）的光。当人们对物体发光进行研究时发现，不仅炽热物体可以发光，实际上任何温度下物体都能发光。只是当物体温度较低时，发射的不再是可见光，而是红外光或者是波长更长的热辐射。电动力学的重要成就之一，就是揭示出光辐射和热辐射都是电磁波。因此，任何温度下物体都能向外发射不同频率或波长的电磁波。同时，对外来辐射有吸收和反射作用。这种作用与物体的组成材料、表面性质等因素有关。人们把对外来辐射具有一定反射作用的物体称为**灰体**。为了研究物体纯粹的电磁辐射（简称为**热辐射**）规律，需要选择一个具有普遍意义的研究对象，**黑体**正是这样一种理想的研究对象。

所谓黑体是指能将外来辐射全部吸收而无反射的物体。通常所见到的物体中，煤烟是最接近黑体的物体之一，但它也只能吸收 99%的入射光能。那么什么样的物体才是真正的黑体呢？实际上，在空腔壁上开一个小孔即可视为黑体。因为当一束光由小孔进入空腔后，将在空腔壁上进行多次反射，每次反射腔壁都要吸收部分能量，最后能从小孔反射出来的能量几乎为零。所以空腔壁上的小孔具有近乎黑体表面的吸收能力。

关于黑体辐射的研究，具体讲就是探讨当黑体与热辐射达到平衡时，辐射场能量密度 ρ_ν 按频率 ν 的分布规律。从 19 世纪中期开始，人们对黑体辐射进行了大量的实验测量，得到在一定平衡温度 T 下，ρ_ν 随 ν 的变化曲线，如图 9.1.1 中实线所示。而且这一规律与空腔的形状及其组成物质无关，仅仅取决于平衡时的绝对温度 T。

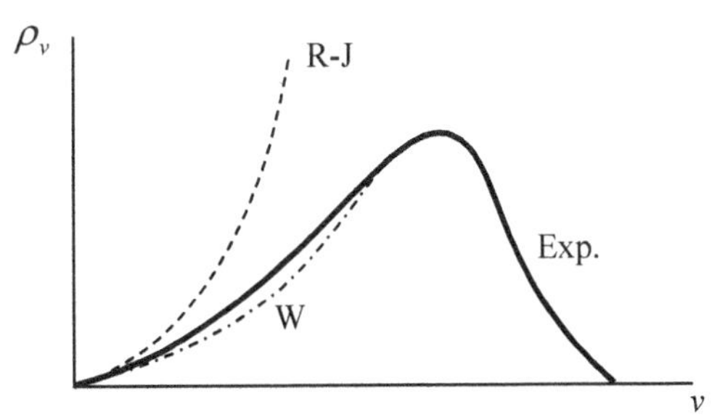

图 9.1.1 黑体辐射场的能量密度分布

1894 年，奥地利物理学家维恩（Wien），通过对大量实验数据的分析，拟合出辐射场能量密度按频率分布的经验公式：

$$\rho_\nu \mathrm{d}\nu = C_1 \nu^3 \mathrm{e}^{-C_2\nu/T} \mathrm{d}\nu \tag{9.1.1}$$

式中：C_1、C_2 为拟合参数。上述维恩公式在高频范围与实验很好吻合，但在低频范围却出现明显的偏差（图 9.1.1 中点画线）。

1900 年，英国物理学家瑞利（Rayleigh）和金斯（Jeans），应用经典电动力学和经典统计物理学处理黑体辐射问题，导出辐射场能量密度按频率分布的一个严格的理论公式：

$$\rho_\nu \mathrm{d}\nu = \frac{8\pi}{c^3} kT\nu^2 \mathrm{d}\nu \tag{9.1.2}$$

式中：c 为真空中光速。上述 R－J 公式在低频范围与实验吻合，但在高频范围出现了荒谬的发散结果（图 9.1.1 中虚线）。由于 R－J 公式是基于经典物理学理论框架下的一个严格理论结果，所以，它与实验的严重不符，至少说明经典物理学理论在某些方面不足以描述物质与辐射的相互作用。R－J 公式在高频时的发散被称为**紫外灾难**。

1900 年 10 月，德国物理学家普朗克（Planck），通过分析维恩公式及 R－J 公式与实验曲线的关系，得到介于这两个公式之间的一个经验公式：

$$\rho_\nu \mathrm{d}\nu = \frac{C_1\nu^3}{\mathrm{e}^{C_2/kT} - 1} \mathrm{d}\nu \tag{9.1.3}$$

式中：C_1，C_2 为待定常数，可由实验定出。上述普朗克公式与实验惊人地吻合，这一事实使人们相信，普朗克公式中一定蕴含着某种内在的合理性和尚未被人们认识的重要理论因素。两个月之后，即 1900 年 12 月 14 日，普朗克在柏林举办的德国物理学会上，报告了他对式（9.1.3）的理论推导。在这个推导中，普朗克作了一个大胆的，后来被证明是完全正确的假设：**一个频率为 ν 的振子，只能取得或释放成包的能量，每包能量的大小为 $\boldsymbol{\varepsilon = h\nu}$**。其中 $h = 6.62559 \times 10^{-34}$ 焦耳·秒（J·s），为普适常数，称为**普朗克**常数；能量单元 $h\nu$ 称为能量子或声子。于是量子概念第一次被引入到了物理学中，1900 年 12 月 14 日也被认为是量子论的诞辰。关于从能量子假说出发，推导普朗克公式这一令人感兴趣的问题将在第五篇中作详尽讨论。这里要指出的是，普朗克能量子假设在经典物理学看来是无法容忍的。在经典物理学中，一个天经地义的事实是，能量是连续变化的。当时，即使普朗克本人，对于无法把他的理论纳入到经典概念框架内也深感遗憾。在他的伟大发现之后，他曾花费十年之久的时间，试图在摆脱能量子假说的前提下来解释黑体辐射公式，然而他的一切努力都以失败告终，最后不得不放弃这项工作。有人曾把普朗克十多年来的努力看成是一种悲剧。但普朗克却不这样认为，正如他自己所说“我从这种深入的剖析中获得了极大的好处，要知道，起初我只是倾向于认为，而现在我确切地知道，作用量子将在物理学中发挥出巨大的作用……”。事实正是如此，作用量子（h）的发现，揭开了物理学认识物质世界的新篇章，拉开了量子理论研究序幕的一角。

二、光电效应

根据普朗克能量子假说，虽然能够得到与实验完全吻合的辐射场能量密度按频率分布的理论曲线。但这个假设并没有彻底搞清问题的实质。可以说，普朗克仅仅是为了得到一个正确的理论结果，才不得已提出了毫无依据的能量子假说。正如前一小节所指出的，就是普朗克本人对此也持怀疑态度。

第一个意识到普朗克假设正确性的是爱因斯坦（Einstein）。1905 年，爱因斯坦应用并发展了普朗克的思想，成功地解释了经典物理学无法解释的**光电效应**问题。

光电效应，是 1888 年赫兹（Hertz）在研究电磁波性质的实验中偶然发现的。他发现：如果用紫外光照射电极（阴极），电极间的放电就变得容易“点着”。1896 年，汤姆森（Thomson）发现电子后，人们认识到，光电效应是由于紫外光的照射使电子从金属表面逸出的结果。这种由于光照而从金属中逸出的电子，被称为**光电子**。就这一现象的发生而言，并无令人惊奇的地方。因为在光照下，金属中的电子可以吸收光波的能量以增加自身的动能，当动能增加到足够大时，便可克服金属表面的束缚而逸出。然而进一步的实验却发现，光电效应中存在经典理论无法解释的下述事实。

（1）对于给定的阴极来说，存在一个确定的临界频率 ν_0，仅当照射光的频率 $\nu > \nu_0$ 时，才有光电子的发射。否则无论照射光的强度多大，也不会出现光电子。

（2）每个光电子的能量仅与照射光的频率 ν 有关，与光强无关。照射光的强度只影响发射光电子数目的多少，光强愈强，光电子的数目愈多，反之愈少。

（3）当照射光的频率 $\nu > \nu_0$ 时，无论照射光多么微弱，只要它照射到电极上，立刻（约 10^{-9}s）就有光电子发射。

光电效应就其物理本质而言，同样是物质与辐射相互作用的问题。爱因斯坦正是注意到这一事实，意识到光电效应所引起的疑难，只有认真考虑五年前普朗克提出的能量子假说才能解释。

虽然，普朗克假设认为，辐射场的能量是被物体一份份地不连续地吸收或发射的，但他并不否认作为电磁波的辐射能量在空间的连续传播。爱因斯坦接受并发展了普朗克的思想，进一步提出了**光量子**假说：**电磁辐射的能量不仅在吸收和发射时是量子化的，而且就以这种量子化形式在空间传播。**即认为辐射场由**光量子（光子）**组成，每一个光量子的能量 ε 与辐射场的频率 ν 有关系式：

$$\varepsilon = h\nu = \hbar\omega \tag{9.1.4}$$

其中 $\hbar = h/2\pi$ 称为**约化普朗克常数**，习惯上亦称为普朗克常数，$\omega = 2\pi\nu$ 为辐射场的圆频率。根据狭义相对论，光子的动量为

$$p = \varepsilon / c$$

式中：c 为真空中的光速。将上式写成矢量形式，有

$$\boldsymbol{p} = h\frac{\nu}{c}\boldsymbol{n} = \frac{h}{\lambda}\boldsymbol{n} = \hbar\boldsymbol{k} \tag{9.1.5}$$

式中：$\boldsymbol{n}$ 为光子运动方向的单位矢量，λ 为辐射场的波长，$\boldsymbol{k} = \boldsymbol{n}2\pi/\lambda$ 为辐射场的波矢。式（9.1.4）和式（9.1.5）合称为**爱因斯坦关系式**。

利用光量子概念，光电效应问题立刻得到解决。事实上，当一束光照射到金属表面时，相当于一束光子打到了金属表面，金属中的自由电子将会吸收光子的能量。若照射光的频率为 ν，由爱因斯坦关系知，每个光子的能量为 $h\nu$。因此，在光子与金属中自由电子发生碰撞时，电子能够吸收光子的能量 $h\nu$（同时吸收两个光子能量的几率很小，可不予考虑。因为电子和晶格原子存在相互作用，电子吸收一份能量并保持不损失，然后再吸收一份能量而逸出金属表面的可能性几乎不存在）。当电子所吸收光子的能量足够

大，以至于这个能量足以克服金属对电子的束缚能，即**脱出功** A，这时电子将摆脱金属的束缚而逸出金属表面。逸出金属表面的电子的动能为

$$\frac{1}{2}mv^2 = h\nu - A \tag{9.1.6}$$

按照上式，光电子的动能与照射光的强度无关，仅与照射光的频率和具体的金属材料（脱出功 A）有关。当照射光的频率 $\nu < \nu_0 = A/h$ 时，由于电子无法克服金属对它的束缚，所以无论照射光强多强也无光电子的发射；反之，当 $\nu > \nu_0$ 时，则无论照射光强多弱，也有光电子发射，且其动能为 $h\nu - A$；最后，由于光是由光子组成的，一旦电子吸收了光子的能量（$h\nu > A$），便立刻发射出光电子。所以光电子的发射与光的照射几乎是同时发生的，而与照射光的强弱无关。

爱因斯坦应用光量子假说完美地解释了光电效应。其后，密立根（Millikan）花费了十年时间对光电效应进行精细的实验测量，结果完全证实了爱因斯坦假设的正确性。然而，爱因斯坦光量子假说与经典物理学观念是格格不入的。我们知道，理论和实验早已否定了光的粒子性，而确立了光的波动特性。但是，只有假设光具有粒子性才能成功解释光电效应。“波动”与“粒子”是两个矛盾的，难以调和的概念。那么，光到底是“波”，还是“粒子”呢？关于这个问题，可以设计如下实验：让一束光经过光栅射向金属。当光经过光栅时必然发生衍射，这体现出光具有“波动”的特性；经衍射后的光照到金属上会产生光电子，这又体现出光具有“粒子”的特性。这两个过程是各自独立地发生的。上述实验说明：同一束光或者显示“波动性”，或者显示“粒子性”，但不会同时显示出两种性质。迄今所有实验无一违背光的这种特性。这说明光的“波动性”和“粒子性”是彼此互补的。“波动性”解释光的传播方式，“粒子性”解释光和物质间能量的交换方式。我们没有任何别的选择，只能承认光有时表现为连续的波列，有时表现为分立的光子流。光的物理本质不能再用经典物理学的图像来描绘和想象，必须同时接受完全对立的“波”与“粒子”的概念，并把它们集中于光这一个物质客体，才能完整描述其物理本质。这就是光的**波粒二象性**。爱因斯坦关系式则将光的这两种特性联系在了一起。等式左端的能量、动量反映光的“粒子性”；等式右端的频率、波长反映光的波动性。普朗克常数 h 则是联系光的这两种特性的纽带。

三、康普顿（Compton）散射

我们知道，当一束光通过不均匀介质（如大气中的雾、有悬浮微粒的透明液体等）时，其传播方向会发生改变，这种现象称为光的散射。通常情况下，可见光被散射时，散射光的频率与入射光的频率相同，即散射不改变入射光的频率。经典电磁理论能对可见光的散射给出很好的理论解释。但是，当 X 射线或波长更短的 γ 射线被物质散射时，却出现了散射光的波长随散射角增大而变长的现象，这一现象是经典理论无法解释的。这个现象称为**康普顿散射**。

1923 年，康普顿应用光的粒子性，认为 X 射线被物质散射，是 X 射线的光子与电子发生弹性碰撞的结果。这种碰撞如同两个台球的碰撞，在碰撞过程中能量与动量守恒。这样电子在受到入射光子的碰撞时将获得光子的部分能量和动量发生反冲，而光子由于失去部分能量使得波长变长。下面按照这一思路导出具体的理论结果。

设入射光子的频率为ν、动量为$\boldsymbol{p}$，散射光子的频率为ν'、动量为$\boldsymbol{p}'$，散射角为θ。由于入射光子的能量较大，约为10^4eV数量级。固体中存在大量束缚能较小的电子，这些电子的束缚能仅几个电子伏特，比X光光子的能量小很多。所以忽略这些电子的束缚能，近似认为它们是自由电子。同样，碰撞前电子的动能与X光光子的能量相比也小得多，所以可以忽略电子的运动，近似认为碰撞前电子是静止的。但反冲电子的速度却可能很大，设其能量为E_e、动量为$\boldsymbol{p}_e$，反冲方向与入射光方向的夹角为φ。如图9.1.2所示。由于碰撞前后能量、动量守恒，故有

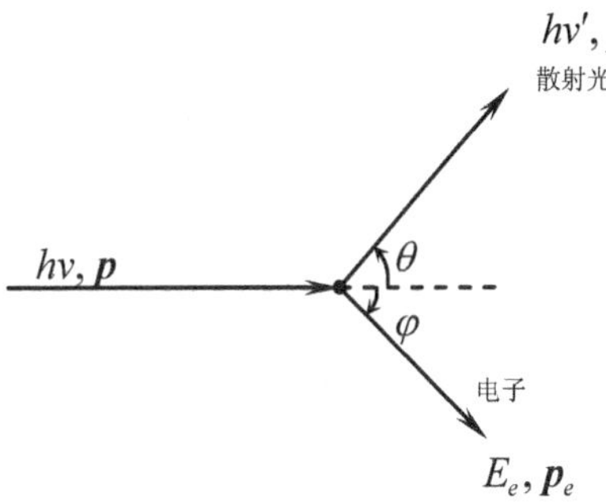

图 9.1.2 Compton 散射

$$h\nu + mc^2 - h\nu' = E_e \tag{9.1.7}$$

$$\boldsymbol{p} - \boldsymbol{p} = \boldsymbol{p}_e \tag{9.1.8}$$

式中：m为电子的静止质量，c为光速。式（9.1.8）两端乘以c，再取平方，并与式（9.1.7）的平方相减，利用相对论能量动量关系

$$E_e^2 = p_e^2c^2 + m^2c^4$$

得

$$(h\nu + mc^2 - h\nu')^2 - c^2(\boldsymbol{p} - \boldsymbol{p}')^2 = m^2c^4 \tag{9.1.9}$$

利用$p = h\nu/c,\ p' = h\nu'/c$，经简单运算，可求出

$$\nu' = \frac{\nu}{1 + \dfrac{h\nu}{mc^2}(1-\cos\theta)} \tag{9.1.10}$$

再利用$\lambda = c/\nu, \lambda' = c/\nu'$，上式化为

$$\Delta\lambda = \lambda' - \lambda = \frac{h}{mc}(1-\cos\theta) \tag{9.1.11}$$

式（9.1.11）给了散射光的波长λ'与散射角θ的关系。不难看到，波长的改变$\Delta\lambda$与入射光的波长无关。量h/mc具有长度量纲，称为电子的**康普顿波长**，其值为0.024Å。由式（9.1.11）知，散射光的波长λ'随散射角θ的增大而增大，或者说散射光波长的改变$\Delta\lambda$随散射角θ的增大而增大。当$\theta = \pi$时，$\Delta\lambda$取得最大值$2h/mc$=0.048Å。这个改变量仅为可见光波长的千分之0.01。因此，对于可见光而言，散射光波长与入射光波长极为相近，实验中无法观察到波长的这种微小变化。但对于波长为1Å的X射线，$\Delta\lambda$则是X射线波长的百分之几，这个变化在实验中会明显地显现出来。这就是为什么只有对X射线或波长更短的γ射线在散射中才能观察到康普顿效应的原故。

公式（9.1.11）所表示的散射光波长随散射角变化的关系完全被实验证实。这一结果为光量子概念提供了最直接和强有力的支持。这里包含三方面的内容。

（1）光量子的概念是正确的，光子确实像粒子那样参与散射；

（2）爱因斯坦关系是正确的；

（3）能量、动量守恒定律在单个微观碰撞过程中仍然成立。

至此，光的波粒二象性概念被人们普遍接受。

9.2 原子结构与原子光谱

一、原子结构

在分子运动论和化学中，都假设物质是由大量颗粒性的最小单元，即分子或原子所构成。这些理论的成功，预示着这一假定的正确性。然而，当科学家们采纳物质由原子组成这一概念时，对原子本身实际上毫无所知。

1898 年，汤姆森通过对稀薄气体放电现象和阴极射线的研究，发现了一种带负电的粒子，并且测量出这种粒子所带电荷的量值 e 与其质量 m 的比值（荷质比）为

$$\frac{e}{m}=1.758796\times10^{11}\,\mathrm{C\cdot kg^{-1}} \tag{9.2.1}$$

随后，在 1909 年，密立根的油滴实验测得这种粒子所带电荷的量值为

$$e=1.602\times10^{-19}\,\mathrm{C} \tag{9.2.2}$$

故其质量为

$$m=9.10908\times10^{-31}\,\mathrm{kg} \tag{9.2.3}$$

大量实验证明：电荷的值是量子化的，基本电荷量为 e，即任何带电体所带电荷的量值为 e 的整数倍。后来人们把汤姆森所发现的这种带电粒子称为**电子**。电子是人类历史上发现的第一个基本粒子。

电子的发现一方面预示着原子是有结构的，另一方面也为了解原子结构提供了重要线索。由于原子是电中性的，而电子带负电荷。因此，每个原子中必定含有带等量正电荷的物质，从而与其所含电子的负电荷平衡。此外，电子质量比原子质量小得多。这意味着原子中带正电荷的物质几乎提供了原子的全部质量。根据这些信息，汤姆森提出了一种原子结构的假设：**原子是一个内部嵌埋着电子的带正电物质的均匀球体，带正电物质的质量差不多等于原子质量。在非激发状态下，原子中的电子和正电荷是静止的；在激发状态下，轻的电子开始振动，而较重的正电荷仍处于静止。**汤姆森葡萄干布丁式的原子模型，从经典物理学观点看是合理的。他还仔细地研究了原子内部电荷的一种可能分布，并通过测量原子所发射的光的波长，估算出原子尺寸约为 $10^{-10}\,\mathrm{m}$，这与分子动力学理论对原子尺寸的估计非常符合。

汤姆森关于他的原子所做的一切研究，特别是关于原子内部电子配置的研究，都只是一些理论（经典物理学理论）推测。在那个时候，还没有任何有关原子内部电荷分布的直接实验证据。到 20 世纪头十年，迅速发展起一种可以用来获取这种信息的方法：用各种粒子去轰击很薄的物质层，并研究这些粒子在物质层的作用下，运动方向发生偏离的情况，从而获得引起这种偏离的物质性质的信息。这就是散射实验。利用散射研究物质内部结构的方法，直到今天仍然是最重要的方法。

1911 年，盖革（Geiger）和马斯顿（Marsden）按卢瑟福（Rutherford）的建议，进行了有名的 α 粒子散射实验。他们用放射性元素钋发射的 α 射线——α 粒子束，轰击极薄的金箔（整个厚度内大约只有 400 个金原子），观察 α 粒子被散射的情况。当时已知 α

粒子就是 He 原子经二次电离后的剩余物质，其质量是电子质量的 7000 多倍。而金原子的质量大约是α粒子质量的 50 倍。因此，当α粒子射入金箔时，对电子来讲如同一发炮弹射向一群蚊子，根本不可能改变α粒子的运动方向。这样α粒子的散射只能是金原子中正电物质作用的结果。在汤姆森的原子模型下，预计大多数入射α粒子的运动方向基本不变（因为入射α粒子的速度约为 $1.6\times10^{7}\mathrm{m}\cdot\mathrm{s}^{-1}$，$\alpha$粒子所具有的动能足以穿透汤姆森原子而基本循原方向飞出），只有少数擦原子边飞过的α粒子（这种情况库仑斥力最大）有较大的偏转角，即**散射角**。粗略估算，这样的散射角也不会超过零点几度。然而，实验发现，α粒子的散射角远比预计的大，甚至少数α粒子发生向后散射（散射角为π）。为什么会出现这样的情况呢？也许读者会猜想是由于多次散射的结果，即当入射α粒子通过金箔时，和金原子发生多次散射，虽然每次散射的散射角不大，但多次散射的散射角之和可能很大。然而，注意到每一单次散射，粒子往各方向偏离的几率是相同的，入射粒子向同一方向多次散射而造成大角度偏离的几率几乎为零。有人曾作过估算，α粒子穿过金箔后，在汤姆森原子中散射，散射角大于π/2 的事件，每 10^{3500} 次中只有一次。这意味着大角度散射不可能是多次散射的结果，而是一次散射的结果。在一次散射中，要使如此高速飞行的α粒子发生大角度散射，只有很强的力作用于α粒子才可能。卢瑟福对此进行了估算，他发现，如果假定原子中的正电物质不是分布于 10^{-10}m 的空间线度内，而是分布于 10^{-14}m 的线度内，则当α粒子运动到正电物质表面时，静电势能可以达到几十 MeV（$1\mathrm{eV}=1.6\times10^{-19}\mathrm{J}$），远大于$\alpha$粒子的入射动能。这样，一个正对着原子飞来的$\alpha$粒子，还没能十分接近原子的正电物质时，就已经耗尽了它的动能。然后在电场斥力的作用下反向运动，从而发生向后散射。当然绝大多数α粒子不可能瞄得那么准，但总有少数瞄得较准的α粒子会有几十度乃至更大的散射角。

根据上述分析，卢瑟福提出了著名的原子**有核模型**，也叫**行星模型：几乎拥有原子全部质量的正电物质形成一个很小的核——原子核（半径约为 10^{-14}m 量级），电子围绕原子核运动（电子是不可能静止的，否则在电磁引力的作用下会落到核上。当然也可以引入某种别的力，使电子在远离核的某处达到平衡，但是没有关于存在这种力的任何根据）**。根据原子有核模型，他导出了α粒子散射公式

$$q(\theta)=\left(\frac{zz'e_s^2}{4\mu v^2}\right)^2\csc^4\frac{\theta}{2} \tag{9.2.4}$$

这就是著名的**卢瑟福散射公式**。式中：z 为靶原子的原子序数，z' 为以 e 为单位时入射粒子所带电荷（对于α粒子 $z'=2$）；μ 和 v 分别为入射粒子的质量和速度，

$$e_s=\begin{cases}\dfrac{e}{\sqrt{4\pi\varepsilon_0}} & \text{(SI制)}\\ e & \text{(CGS制)}\end{cases} \tag{9.2.5}$$

$\varepsilon_0=8.854\times10^{-12}\,\mathrm{C}^2\cdot\mathrm{N}^{-1}\cdot\mathrm{m}^{-2}$，为真空介电常数；$\theta$ 为散射角；$q(\theta)$ 为**微分散射截面**。式（9.2.4）的推导见本书第一篇 1.6 节。卢瑟福公式与盖革和马斯顿的实验以及后来众多同类实验完全吻合，这就充分证明了原子有核模型的正确性。

原子有核模型虽然与散射实验吻合，但与经典物理学理论不相容。其中的道理并不复杂。按照麦克斯韦电磁理论，当原子中的电子绕核运动时，会不断向外辐射电磁波，

辐射电磁波的频率等于电子绕核的旋转频率。这样，电子一方面愈来愈强地辐射光，一方面由于辐射光而损失能量逐渐向核靠拢，直至落到核上为止。

下面以氢原子为例来估算电子落到核上的时间。为简单起见，让原子核静止在坐标原点，电子绕核运动的动能

$$T=\frac{1}{2}\mu v^2 \tag{9.2.6}$$

μ 为电子质量，v 为电子的速度，在极坐标下可表为

$$v^2=\dot{r}^2+r^2\dot{\theta}^2 \tag{9.2.7}$$

当选 CGS（厘米－克－秒）单位制时，电子与核的相互作用势能为

$$V=-\frac{e^2}{r} \tag{9.2.8}$$

故电子的能量，也就是原子的能量

$$E=T+V=\frac{1}{2}\mu v^2-\frac{e^2}{r} \tag{9.2.9}$$

拉氏函数 $L=T-V$，由拉氏方程得

$$\mu(\ddot{r}-r\dot{\theta}^2)=-\frac{e^2}{r^2} \tag{9.2.10}$$

由上式知，电子绕核运动的加速度

$$a=\ddot{r}-r\dot{\theta}^2 \tag{9.2.11}$$

若假设电子绕核作圆周运动，则 $\dot{r}=0, \ddot{r}=0$，由式（9.2.7）和式（9.2.11），得

$$v^2=r^2\dot{\theta}^2 \tag{9.2.12}$$

$$a=-r\dot{\theta}^2=-\frac{v^2}{r} \tag{9.2.13}$$

这时式（9.2.10）化为

$$\mu v^2=\frac{e^2}{r} \tag{9.2.14}$$

将式（9.2.14）代入式（9.2.9），得

$$E=-\frac{e^2}{2r} \tag{9.2.15}$$

按电磁理论，以加速度 a 运动的电荷（$-e$）辐射电磁能的功率为

$$\frac{\mathrm{d}E}{\mathrm{d}t}=-\frac{2e^2}{3c^3}a^2 \tag{9.2.16}$$

式中：c 为光速，右端的负号表示能量因辐射而损失。将式（9.2.13）~式（9.2.15）代入式（9.2.16），得

$$-r^2\mathrm{d}r=\frac{4e^4}{3\mu^2c^3}\mathrm{d}t \tag{9.2.17}$$

积分上式，假设 $t=0$ 时，电子轨道半径为 a_0=1Å（原子线度的数量级），得任意时刻 t 电子轨道半径 r 满足公式

$$r^3=a_0^3-\frac{4e^4}{\mu^2c^3}t \tag{9.2.18}$$

由上式立刻求得电子落到核上（即 $r=0$）所需的时间为

$$t=\frac{\mu^2c^3a_0^3}{4e^4}\approx 10^{-10}\ \mathrm{s} \tag{9.2.19}$$

这一结果说明，按照经典理论，卢瑟福原子根本不可能稳定存在。然而卢瑟福原子是被实验证实的。因此，经典理论在解释原子结构问题上同样遇到了困难。

二、原子光谱

经典物理学理论不仅无法解释原子结构的问题，而且在与原子内部电子运动密切相关的原子光谱问题上，同样遇到了严重的困难。

19 世纪后半叶，人们就发现，原子光谱是线状光谱。原子光谱中的所有频率（或波长）可以组成一定的系列，这个系列叫**光谱线系**。每一线系中的频率可用一个简单的经验公式来表示。组成一种元素整个光谱的各线系的公式间，有着明显的相似性。1885 年，巴尔末（Balmer）在研究氢原子可见光谱时，发现了第一个光谱线系的经验公式

$$\nu=R_Hc\left(\frac{1}{2^2}-\frac{1}{n^2}\right)\qquad(n=3,4,5,\cdots) \tag{9.2.20}$$

式中：ν 为谱线频率；c 为光速；R_H 为氢的**里德堡（Rydberg）常数**，由光谱实验测得其值为 R_H=1.09677576×10^{7}m^{-1}。当 n 分别取 3,4,5,…时，式（9.2.20）依次给出氢原子可见光范围各条谱线的频率，这些谱线称为氢原子的**巴尔末线系**。

随后赖曼（Lyman）在紫外区，帕邢（Paschen）等在红外区相继发现了氢原子光谱的其它线系，分别称为**赖曼线系**、**帕邢线系**等。这些线系中各条谱线的频率可用完全类似于巴尔末线系的公式表示为

$$\nu=R_Hc\left(\frac{1}{m^2}-\frac{1}{n^2}\right)\qquad\begin{pmatrix}m=1,2,3,\cdots\\ n=2,3,4,\cdots\end{pmatrix},\ (n>m) \tag{9.2.21}$$

式中：当 $m=1$ 时，是氢原子光谱紫外区的赖曼线系；当 $m=2$ 时，是氢原子光谱可见光区的巴尔末线系；当 m 等于 3、4 和 5 时，分别是氢原子光谱红外区的帕邢线系、布拉克线系和普丰特线系。式（9.2.21）给出了氢原子的全部光谱线，而且与实验极好地吻合。

从式（9.2.21）看出，氢原子光谱中任意一条谱线的频率，都可以表示成自变数为整数的同一个函数的两个值之差，即

$$\nu=T(m)-T(n)>0 \tag{9.2.22}$$

其中函数

$$T(m)=R_Hc/m^2 \tag{9.2.23}$$

自变数 m 只能取 1,2,3,…等分立值。后来里德堡和里兹（Ritz）发现不仅氢原子，所有的原子光谱均具有这样的特性

$$\nu=T_1-T_2>0 \tag{9.2.24}$$

其中 T_1, T_2 是函数 T 的两个值，T 叫作**光谱项**。式（9.2.23）就是氢原子的光谱项。对于其它原子，光谱项 T 的形式一般较氢原子复杂，自变数的数目也不只一个，同时也不一定只取正整数。但可以肯定这些自变数只能取某些分立值。原子光谱的上述特性称为**并合原则**。

里德堡和里兹初创此原则时，没有任何理论依据，完全是通过分析光谱实验提出的一个经验原则，并不明白光谱项和并合原则的确切含意。将来会看到，原子光谱的这一特性直接来源于原子中电子运动的普遍规律，光谱项对应于不连续的原子能量（能级），谱线频率则对应于原子能级间的跃迁。

以上简要介绍了原子光谱的特性，而这些特性却无法用经典理论来解释。下面就以氢原子为例，来看经典理论将给出怎样的结果。我们知道氢原子含有一个电子，该电子在氢核周围运动。由于电子仅受核的库仑引力（万有引力与之相比小得多，可忽略不计）作用，按照经典力学，电子在原子范围内的运动轨道是一椭圆。而一个椭圆运动可分解为两个相互垂直的同频率简谐振动。再按经典电磁理论，作加速运动的带电体一定辐射电磁波，其频率等于辐射者周期运动的频率或谐频（频率的整数倍）。由此可见，从经典理论的角度看，氢原子光谱来自氢原子中电子周期运动所引起的电磁辐射。考虑到辐射造成的能量耗损，电子的运动轨道并不是一个闭合椭圆，而是随时间逐渐向核靠拢，最终收敛于核的某种螺旋线。于此同时，电子绕核运动的频率也在逐渐增大。由于经典理论中电磁辐射是连续的，因此电子运动的这种变化也是连续的，结果氢原子光谱必为连续谱。经典理论的这一预言显然与原子线状光谱的事实不符。

三、玻尔（Bohr）理论

前面两小节介绍了经典理论在解释原子结构和原子光谱问题上所碰到的困难，这些困难是基本的，回避不了的，和致命的。但仔细思考后不难看到出现这些困难的根源。事实上，卢瑟福原子类似于一个小小的“太阳系”，原子核是“太阳”，电子是绕这个“太阳”运动的“行星”。与太阳系相比，除了大小的悬殊不同之外，原则区别是电子带电。经典理论所遇到的困难，正是来自于假设原子中的电子在辐射电磁波时遵从麦克斯韦理论。因此要解决这些困难，必须谋求建立新的理论。服从原子光谱并合原则，则是对原子结构的任何理论提出的一个决定性的考验。

玻尔注意到经典理论在处理原子结构和原子光谱问题中的缺陷，并将普朗克和爱因斯坦的量子思想应用到原子系统，于 1913 年建立起著名的氢原子理论。玻尔理论的核心是引入了如下三条假设。

1. 定态假设

原子中电子的运动遵从经典力学，但原子只能存在于一系列不连续的能量状态 E_1，E_2，E_3，…。处于这些能量状态的原子是稳定的，虽然电子绕核运动却不辐射电磁波（这意味着原子中的电磁辐射不遵从麦克斯韦理论）。这些稳定的能量状态称为**定态**，相应的能量值称为**能级**，能量最小的定态称为**基态**，其它能量状态称为**激发态**。

2. 跃迁假设

原子能量只能在所允许的不连续的定态能量间过渡，这种过渡称为**跃迁**。当原子由能量为 E_i 的较高能态跃迁到能量为 E_f 的较低能态时，向外发射一个光子，光子的频率为

$$\nu=\frac{1}{h}(E_i-E_f)=\frac{1}{h}\left[(-E_f)-(-E_i)\right] \tag{9.2.25}$$

反之，当原子处于较低能态 E_f 时，若吸收一个频率为 ν 的光子，将跃迁到较高能态 E_i（注意这里的写法。按照经典力学，要使电子不摆脱核的吸引而被束缚在原子内运动，能

量一定小于零)。

3. 量子化条件

原子中电子绕核的周期运动满足下述量子化条件

$$\oint p\mathrm{d}q = nh \tag{9.2.26}$$

其中 n 取正整数,称为**量子数**,q、p 为电子的一对正则变量,q 为电子的正则坐标,p 为相应的正则动量,h 为普朗克常数,积分沿一个周期进行。

以上玻尔假设的第一条保证了卢瑟福原子的稳定存在。其中定态概念的引入不仅在玻尔理论中,在整个量子力学理论中都十分重要。1914 年,弗兰克(Franck)和赫兹(Hertz)用实验证实了原子定态的存在。

假设的第二条保证了原子光谱为线状光谱,揭示出原子对光的发射或吸收的物理机理。式(9.2.25)其实是爱因斯坦光量子概念与能量守恒的结合,同时也给出了光谱项与原子能级的关系为

$$T_i = \frac{-E_i}{h} \tag{9.2.27}$$

由此可见,玻尔理论必然服从原子光谱的并合原则。

假设的第三条是为了定量确定允许存在的原子定态而引入的。最初提出它时,并不是式(9.2.26)的形式。当时,玻尔假定氢原子中的电子沿圆轨道绕核运动,由于电子的运动为有心运动,按经典力学,其角动量 L 守恒。另一方面,考虑到普朗克常数 h 是量子论的标志,且具有角动量量纲。为使氢原子的能量是量子化的,玻尔采用了最为简捷的方式,即直接假设 L 的取值只能是 $\hbar$ 的整数倍

$$L = n\hbar \quad (n=1,2,3,\cdots) \tag{9.2.28}$$

上式正是玻尔量子化条件的最初形式。后来索末菲(Sommerfeld)把它推广为式(9.2.26)的形式。其好处是不仅适用于圆轨道情况,也适用于更一般的椭圆轨道情况。并且,可以处理只有一个价电子的原子(**类氢原子**)光谱的频谱分布问题。

利用玻尔理论,很容易求出氢原子的定态能量。事实上,氢原子中电子的角动量

$$L = \mu r^2\dot{\theta} = \mu vr \tag{9.2.29}$$

利用式(9.2.14)和量子化条件式(9.2.28),得电子绕核运动半径为

$$r_n = \frac{\hbar^2}{\mu e_s^2}n^2 \quad (n=1,2,3,\cdots) \tag{9.2.30}$$

这里,已按式(9.2.5)的约定,把 e 改写为 e_s,以后均采用这种记法。式(9.2.30)表明,电子绕核运动的轨道半径是量子化的。为标识这一特性,给 r 加了下标“n”。当 n=1 时,r 取得最小值

$$r_{\min} = r_1 = \frac{\hbar^2}{\mu e_s^2} \equiv a_0 \tag{9.2.31}$$

a_0 称为**玻尔半径**。把式(9.2.30)代入式(9.2.15),得氢原子的定态能量为

$$E_n = -\frac{e_s^2}{2r_n} = -\frac{\mu e_s^4}{2\hbar^2}\cdot\frac{1}{n^2} \quad (n=1,2,3,\cdots) \tag{9.2.32}$$

将上式代入式(9.2.27)得氢原子的光谱项为

$$T_n = \frac{\mu e_s^4}{4\pi\hbar^3}\frac{1}{n^2} \tag{9.2.33}$$

根据并合原则，利用上式，立刻得到巴尔末公式（9.2.21）。同时，还得到氢原子里德堡常数的理论表示为

$$R_H = \frac{\mu e_s^4}{4\pi\hbar^3 c} \tag{9.2.34}$$

由上式可求出 R_H 的理论值。考虑到氢核质量虽比电子质量大的多，但毕竟不是无穷大。所以，氢原子是一两体系统，前面公式中的电子质量 μ，应用氢原子的折合质量 $\frac{\mu M}{\mu+M}$ 来代替，其中 M 为氢核的质量。由此求出的 R_H 值与实验完全吻合。

玻尔理论成功地解决了氢原子光谱的频谱问题。不仅如此，在推广的量子化条件下，玻尔理论还能较好地处理类氢原子光谱的频谱分布问题。但当人们把玻尔理论应用于比氢原子复杂的其它原子时，却遇到了严重的困难，得不到与实验相符的结果。即使对氢原子，这一理论也无法给出光谱分析中另外一个重要的物理量——谱线强度。由此可见，玻尔理论并不是解决原子问题的一个完满理论，它仍存在严重缺陷。玻尔理论的缺陷在于，理论依旧是建立在经典粒子运动的概念上，把电子绕核的运动看成如同行星绕太阳转动一样的轨道运动。这种把微观粒子的运动与宏观粒子的运动作简单类比是没有任何依据的。实际上微观粒子的运动根本没有经典轨道的概念。当然玻尔理论能够成功解释氢原子光谱，说明其中含有正确的成份，如定态、跃迁等概念就是正确的。

9.3 粒子的波动性

一、德布罗意（de Broglie）假设

上一节简要介绍了玻尔理论。尽管这一理论在处理氢原子问题中取得了一定成就，但仍存在严重的困难。其主要原因是，对微观粒子（如电子）的物理本质并不清楚，仍然把微观粒子看成是服从经典力学规律的经典粒子（质点）。且不说玻尔理论在解决具体问题中遇到的困难，就理论自身来讲，也让我们感受到一种强烈的不谐调的人为痕迹。它一方面假定微观粒子的运动遵从经典力学规律，另一方面又通过量子化条件强行指定只有某些运动状态可以出现，而不是经典力学所允许的任意运动状态。然而就是这样一个经典理论加量子概念的拼盘式理论，竟然能成功解释与微观粒子运动相关的部分现象。这一方面说明微观粒子确实有某些像经典粒子的地方，另一方面也说明微观粒子肯定有尚不清楚的不同于经典粒子的特性。因此，要改进玻尔理论，建立描述微观粒子运动规律的正确理论，必须从全面正确地了解微观粒子的特性入手。德布罗意在这一问题上首先作出了划时代的贡献。

自从引入光子假设，认识到光具有波粒二象性这一本质特性之后。许多把光仅仅看成波时所遇到的无法克服的困难迎刃而解。人们对光由波动性到波粒二象性的认识过程深刻地启发了德布罗意，使他产生了一个大胆的想法：既然原来以为只具有波动性的光同时还具有粒子的特性。是否原来以为只具有粒子性的实物颗粒（如电子）也同时具有

波动性呢？为此，他对光量子理论进行了深入的研究，发现若不把能量与一定的频率联系在一起，就不可能使能量成为一份一份的。也就是说，要使**实物粒子**（静止质量不等于零的粒子，如电子、质子、中子等）的能量量子化，就必须把它与频率相联系。至于具体的联系方式，则采用类似与光量子的形式。基于这些考虑，1924 年，德布罗意完成了“关于量子理论的研究”一文，并以此文向巴黎大学提出博士学位的申请。在这篇论文中，德布罗意明确提出一个与光量子假说对称的，关于实物粒子具有波动性的假说。

对于能量为 E，动量为 p 的自由粒子，有一频率为 ν，波长为 λ 的平面波与之相联系，其关系为

$$\begin{cases} E = h\nu = \hbar\omega \\ \boldsymbol{p} = h\dfrac{1}{\lambda}\boldsymbol{n} = \hbar\boldsymbol{k} \end{cases} \tag{9.3.1}$$

式中：$\boldsymbol{n}$ 为粒子的运动方向或波的传播方向的单位矢量，$\boldsymbol{k} = \dfrac{2\pi}{\lambda}\boldsymbol{n}$ 为波矢。

在德布罗意假说中，与实物粒子相联系的波称为**物质波**或**德布罗意波**。德布罗意假说称为**物质波假说**。表示粒子与物质波关系的式（9.3.1）称为**德布罗意关系式**。容易看出，德布罗意关系式与爱因斯坦关系式在形式上完全相同。因此，也常把式（9.3.1）称为**德布罗意－爱因斯坦关系**。必须注意，德布罗意关系式与爱因斯坦关系式的含意截然不同。爱因斯坦关系式反映光的波粒二象性，其中的两个表达式不独立。而德布罗意关系式反映实物粒子的波粒二象性，其中的两个表达式是独立的。

二、电子衍射实验

波的根本属性是叠加性，叠加的直接结果是干涉、衍射。要证明德布罗意假设是正确的，就必须在实验上观察到实物粒子（如电子）的干涉、衍射现象。为此，先估算一下德布罗意波长的量级。为简单起见，假设粒子速度远小于光速，则粒子的能量、动量关系 $E = \dfrac{p^2}{2\mu}$ 成立，将此式代入式（9.3.1）之第二式，得

$$\lambda = \frac{h}{p} = \frac{h}{\sqrt{2\mu E}} \tag{9.3.2}$$

若已知低速运动粒子的能量 E，由上式即可求得相应的德布罗意波长。

现在考虑经 V 伏电势差加速的电子，这时 $E=eV$ 电子伏，代入式（9.3.2），得

$$\lambda = \frac{h}{\sqrt{2\mu eV}} \approx \frac{12.25}{\sqrt{V}}\ \text{Å} \tag{9.3.3}$$

式中：V 以伏特为单位。当 V=150V 时，由上式求得电子的德布罗意波长为 1Å。由此可见，电子的德布罗意波长和 X 光的波长以及晶体中相邻原子间的距离是同数量级的。若电子确有如德布罗意假说的波动性，可以预见，当一束电子投射到晶体表面时，将发生类似于 X 光在晶体表面的衍射现象。1927 年，戴维森（Davisson）和革末（Germer）首先按这一思想做了电子的衍射实验。在他们的实验中，将电子束垂直投射到镍单晶的某一表面上，当电子遇到规则排列于晶体表面的原子时，将向不同方向散射，散射电

子束由探测器探测。如图 9.3.1 所示。实验发现，当散射角 θ 满足条件

$$d\sin\theta = n\lambda \tag{9.3.4}$$

时，散射电子束的强度达到极大值。式中，德布罗意波长 λ、晶格常数 d 是已知的，n 为正负整数。式（9.3.4）恰为 X 光在晶体表面衍射时的布拉格公式。这一结果说明电子被晶体表面散射后的行为与 X 光在晶体表面的衍射完全类似，或者说电子被晶体表面散射后象光波那样进行迭加。因此，电子确实具有波动性，并且德布罗意关系式在定量上也是正确的。

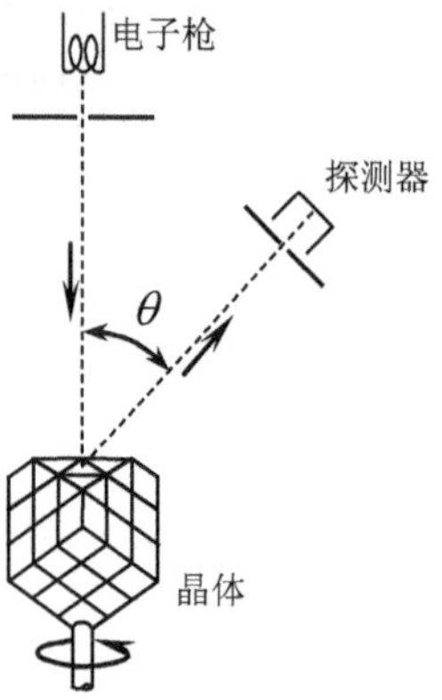

图 9.3.1　Davisson,Germer 实验

除戴维森、革末的实验外，还有许多证明电子具有波动性的其它实验。例如：与戴维森、革末实验同期，汤姆森做了电子被多晶体散射的实验，得到类似于 X 光经多晶体后产生的衍射图样（同心圆环）。再比如，1961 年约恩逊（C.Jönsson）成功地完成了电子的单缝、双缝、三缝、四缝和五缝衍射实验。约恩逊的工作十分类似于 1803 年托马斯 • 杨（Thomas Young）的工作（著名的杨氏实验）。其重要意义在于，当我们对电子的波动性进行理论分析时，可以放心地采用与光的双缝衍射相同的讨论，而避开较为复杂的晶体衍射。

应当指出，当电子的波动性得到实验证实以后，人们还对其它微观粒子进行了类似的实验。例如：费米（Fermi）等人成功地观察到中子的干涉、衍射现象；斯特恩（Stern）等人完成了氢分子和氦原子在氟化锂晶体上衍射的定量实验，等等。总之，大量的实验证明，**不仅电子，一切微观粒子都具有波动性。**或者说，**一切微观粒子都具有波粒二象性。**讲到这里，也许有读者会问，既然一切微观粒子都具有波粒二象性，那么由这些粒子组成的宏观物体势必也应具有波粒二象性。但我们为什么从未看到宏观物体（如一粒子弹、一只苍蝇，或者一粒尘埃）的波动性呢？关于这个问题，首先可以肯定的是，由微观粒子的波粒二象性推论宏观物体的波粒二象性无任何逻辑困难，是合理的。其次是，承认宏观物体具有波动性并不违背日常经验。我们知道，发生干涉、衍射是有条件的。例如：让一束光通过一个单缝，当缝宽与入射光波长可比拟时，能够观察到明显的单缝衍射现象，显示出光子的波动性。而当缝宽远远大于入射光波长时，将不会发生明显的衍射现象。但我们不能说这时的光没有波动性，而只能说光的波动性未被显示出来而已。由此可见，只有观察仪器的几何参量（如单缝的宽度）小到可以与入射波的波长可比拟时，才能明显表现出其波动性。对于宏观物体，德布罗意波长非常之短。比如质量 m=1g 的小球，速度 v=1m • s^{-1} 时，其德布罗意波长

$$\lambda = \frac{h}{p} = \frac{h}{mv} = 6.6\times10^{-31}\,\text{m} \tag{9.3.5}$$

如此短的波长，要显示出其波动性至少目前还无法做到。因此，日常的宏观物体只能看到其粒子性的一面，而看不到其波动的特性。

三、波粒二象性

前面的讨论指出，一切微观粒子均具有波粒二象性。波粒二象性是过去从未遇到过

的一个全新的概念。微观世界中所发生的、一切有悖于日常经验的新奇现象盖源于此。量子力学正是为解释这些新现象而建立起来的理论。因此，这一概念对于量子力学具有基本的、重要的意义，对它的正确理解，是理解量子力学和各种微观现象的起点。

波和粒子是在对宏观物理现象的研究过程中形成的两个重要概念，它们的含义有着根本区别。首先，所谓粒子，主要是指它具有**集中**的（占有很小空间范围，常常可抽象为几何点）、**不可分割**的含义。比如频率为 ω 的光子，它就是集中的一粒 $\hbar\omega$。在探测时，要么测不到它，测到的话就以 $\hbar\omega$ 这个整体出现，而决不可能是 1/2 个或 1/3 个 $\hbar\omega$。再比如电子，它就是具有电荷 e、质量 μ 的集中的一粒，从未见过半个电子或 1/3 个电子。这就是粒子概念的核心。应当指出不可分割不是绝对的。一个光子并非绝对不可分割，它可以分割为两个光子或一对正负电子等，但分割之后将不再是原来频率的光子，而是变成了其它东西。同样，虽然今天还不知道电子分割后是什么，但可以肯定决不再是电子。这就如同原子或分子是可分割的，但分割后将成为其它粒子而不再是原来的原子或分子一样。由此可见，粒子的不可分割性是相对的，是指在保持粒子原有特性的前提下，是不可分割的集中的整体。其次，谈到波就意味着场的概念，所谓波是周期性地传播、运动着的场。在经典理论中，场是一种无形的，弥散于一定空间范围内的物质形态在概念上的抽象。

由上可见，粒子与波是两个对立的，不相容的概念。粒子是集中的，而波是弥散的；粒子是不可分割的，而波是可分割的。不相容通常理解为二者只居其一，不能同时共存。然而微观粒子却集二者于一身，这使得我们很难理解微观粒子的这种二象性，更确切地说，我们无法像对待经典粒子或经典波那样，给出微观粒子一个明晰的图象。事实上，微观粒子波粒二象性难以理解的根源，可以说正是我们头脑中根深蒂固的经典图象在作梗。本来微观粒子是微观世界的客体，应该具有自己的特性，而不应该是宏观客体的简单微缩。这符合自然变证法认识论的观点。然而人类生活于宏观世界，人们头脑中的所有概念、图象均来自于对各种宏观事件的总结与抽象。包括对微观粒子的观测，使用的也是宏观仪器，描述其行为是借用宏观概念。但任何一个宏观概念或图象，都无法独立担当起“全面”、“正确”反映微观粒子物理特性的任务，因为它有时表现的像经典的粒子，有时表现的像经典的波。在以经典概念为基础的物理学中，引入二象性观点描述微观粒子的特性看来是最为“经济”和“便捷”的方法。微观粒子是微观世界的客体，有它自己的独立特性，采用波粒二象性的概念是借用描述宏观客体的语言来描述微观粒子的特性不得已而为之的最好方式。事实上，微观粒子既不是经典意义下的粒子，也不是经典意义下的波。说它具有粒子性，只是保留了经典粒子最重要的集中且不可分割的颗粒特性，而摈弃了诸如运动轨道等概念；说它具有波动性，同样也只是保留了经典波最重要的叠加特性，而摈弃了经典波代表真实的物质场的波动的含义。这就是对波粒二象性含义的正确理解。如果仅仅停留于经典观念，这样的解释是不能令人信服的，因为它有悖于日常经验。然而，必须注意，经验是不可靠的，唯实验才是检验真理的唯一标准。微客体的波粒二象性是不可动摇的实验结果。有趣的是，在微观世界中还有许许多多非同寻常的、与日常经验不符的、十分“古怪”的结果，但又是千真万确的事实。追其根源恰是微观粒子波粒二象性所致。微观粒子的波粒二象性特性，从经典物理学的角度来看是十分奇异的。但仔细想一下，若质量为 10^{-31}kg，占据空间为 10^{-10}m 范围的微客体真的与宏观物体甚至是行星有相同的特性的话，岂不是更为不可思议吗？难道丰富多彩的自然界只是人类视觉所及世界的简单重复吗？如果不是，微观粒子具有与宏观粒子不同的特性又有什么令人感到震惊的呢？

四、德布罗意波的物理意义

德布罗意假设虽然指出实物粒子同时具有波动性，但他并没有明确指出与粒子相联系的物质波的物理含义是什么。前面讲过，波与粒子是两个彼此对立的概念，但它们同时出现在一个客体——微观粒子的身上。因此，目前的首要任务是如何在实验事实的基础上把这两个不相容的概念协调起来。要完成这一工作，实际上就是要给出物质波一个明确的物理解释。

关于物质波,历史上曾有过两种看似最为自然的解释。一种解释是：物质波是由与它相联系的大量粒子周期性地分布于空间而形成的某种疏密相间的波。另一种解释是：物质波描述与其相联系的粒子的物质（质量、电荷）分布。更详细一点讲，这种观点认为粒子是与它相联系的物质**波包**，粒子的物质并不集中于一点，而是分布于波包所占据的空间范围内并与物质波的强度成正比。因此，波包的大小（定义见后）就是粒子的大小，波包的群速度就是粒子的速度。以上这两种关于物质波的解释，简言之，前者认为物质波是由粒子组成的，而后者却相反，认为粒子是由物质波组成的。然而，对物质波的这两种观点都是不正确的。下面就来详细分析其错误所在。

为了具体起见，就以电子的双缝衍射为例。如图 9.3.2 所示。约恩逊双缝实验与光的双缝实验的结果是一致的。所以电子的衍射现象可以用波的干涉理论来说明。即电子的双缝衍射，是由于与电子相联系的波在到达双缝 A、B 时，分成两个子波，两子波迭加后在接收屏上得到电子双缝衍射图样。

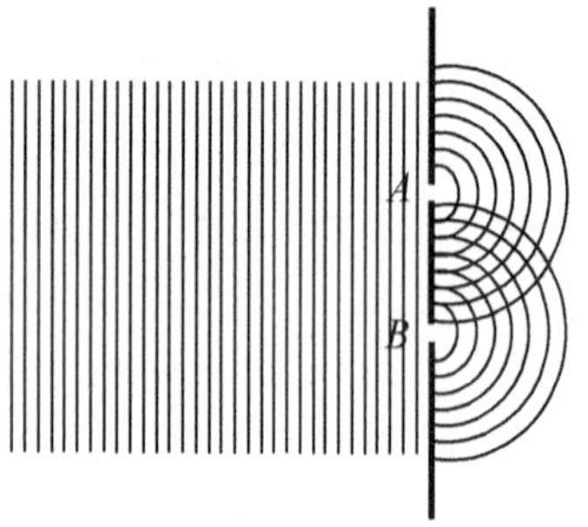

图 9.3.2　电子的双缝衍射

首先来看第一种观点。这种观点认为波是由电子构成的。当入射波到达双缝时将分成两列子波，一列通过 A 缝，一列通过 B 缝。这也就意味着入射电子流在双缝处分成两束，一束通过 A 缝，一束通过 B 缝。通过 A 缝的电子构成通过 A 缝的波，通过 B 缝的电子构成通过 B 缝的波，接收屏上的衍射图样就是它们迭加的结果。不难想象，若情况果真如此，衍射图样必与入射电子流的强度（单位时间垂直通过单位面积的电子数）有关。然而实验发现，在保持其它条件不变的前提下，只改变入射电子流的强度，衍射图样无任何改变。为了进一步证实这一点，有人曾把入射电子流的强度减弱到平均相隔相当长的一段时间（例如：为电子飞越时间的 3×10^4 倍）才有一个电子通过双缝。这时电子是一个一个地通过双缝的，每一个电子通过双缝时与其它电子毫无关系。考虑到电子的粒子性，它只能通过双缝中的一缝。也就是说，通过 A 缝的电子就不会通过 B 缝，通过 B 缝的电子就不会通过 A 缝。因此，与电子相联系的波亦然。根据以上分析，自然得到这样的结论：当电子一个个通过双缝时不可能出现双缝衍射。然而实验事实却恰恰相反。只要实验进行的时间足够长，衍射图样与大量电子入射时完全相同。这一结果令人十分惊异，使我们不得不接受这样一个古怪的事实，即**电子的干涉是自己**

与自己的干涉，与其它电子无关。以上讨论说明，关于物质波的第一种观点与实验不符，是错误的。

其次来看第二种观点。这种观点认为电子自身就是一个波（波包）。因此，按这种观点来解释物质波，不会出现第一种观点的困难，但却遇到了新的问题。当波包（电子）通过双缝时将被分成两个子波，这意味着一个电子通过双缝时被分成了两部分，这两部分彼此进行干涉。显然违背了电子的粒子性。当然，在坚持这种观点的前提下，也可同时顾及电子的粒子性，即认为每一个电子或相应的波包只通过双缝中的一条缝（A 缝或 B 缝）。若果真如此，必将出现两缝同时打开和先打开 A 缝关闭 B 缝，再打开 B 缝关闭 A 缝是完全等效的结果。因为这两种情况并无本质的区别，对每一电子来说，无论哪种情况，其实只有一条缝在起作用。然而，实验却发现，两缝同时打开时，得到的是电子的双缝衍射图样。而先后依次打开 A 缝或 B 缝（关闭另一条缝）时，得到的却是两个单缝衍射图样的叠加。由此可见，这样的观点也与实验不符，是错误的。后面我们还将用严格的数学方法证明这种观点是不正确的。

以上对物质波的两种错误观点做了说明。这两种观点的错误主要出自观念上仍未摆脱经典粒子与经典波的束缚，而是纠缠于电子究竟是通过 A 缝还是 B 缝，还是被分割开来同时通过两缝等经典图象。事实上，这样的图象对微观粒子来说毫无意义。欲建立描述微观粒子运动规律的理论，重视的是实验结果。或者说，是以实验结果作为理论的出发点和归宿的，而不去关心（至少在现有理论中）其中间过程（这一点与物理学的其它理论截然不同）。因为我们深信，微观粒子根本没有宏观物体那样的运动图象，抱定宏观运动图象去想象微观粒子的运动，必将陷于无可自拔的境地。当将注意力集中于双缝衍射的实验结果，而放弃探究电子是如何通过双缝的问题时，便可从另外一个角度来考虑这个问题。首先按电子的粒子性，一个电子通过双缝后只落在接收屏的一个点上，而不是按衍射条纹的强度分散地分布于接收屏上。当电子一个个入射时，起初在接收屏上看到的是一个个分散的无规则的点，每一个点记录了一个电子通过双缝后打到接收屏上的位置。那么衍射图样又是如何得到的呢？我们不妨进一步设想，电子通过双缝后并不是可以打到接收屏的任意位置，而是只可能打到出现衍射条纹的位置处。衍射条纹强的地方电子打上的机会大、弱的地方机会小，不出现衍射条纹的地方电子根本打不到。按照这样的设想，无论是大量电子的一次入射，还是电子一个个的长时间入射，都可以得到相同的衍射图样。不难看到，这种设想不仅没破坏电子的粒子性，同时还给出一种出现衍射图样的可能机理：**通过双缝后，电子出现在空间各点的几率分布发生了不均衡改变，这种改变恰如波经双缝后其强度的改变一样。**按照这一机理，**物质波可以解释为几率波，物质波的强度分布正比于粒子出现于空间各点的几率分布。**关于物质波的这种观点被称为物质波的**几率解释**。大量实验证明，这种解释是完全正确的。由于物质波的几率解释最早是由玻恩（Born）于 1926 年首先提出的，因此人们也常把它称为物质波的玻恩解释。

五*、波包的弥散

在本小节中，以最简单的一维情况为例，来讨论波包的弥散问题。问题的讨论分两步进行，第一步构造波包，第二步考察波包随时间的传播规律。

按傅里叶分析，波包可由不同波数 $k=2\pi/\lambda$（波矢的量值）的平面波加权叠加而成。波数为 k 的平面波可表为

$$\psi_k(x)=\mathrm{e}^{\mathrm{i}kx} \tag{9.3.6}$$

权函数记为 $\phi(k)$，则坐标空间的波包为

$$\psi(x)=\frac{1}{\sqrt{2\pi}}\int_{-\infty}^{\infty}\phi(k)\mathrm{e}^{\mathrm{i}kx}\mathrm{d}k \tag{9.3.7}$$

上式就是熟知的傅里叶积分，权函数 $\phi(k)$ 是 $\psi(x)$ 的傅里叶变换式。从频谱分析的角度讲，$\phi(k)$ 代表波包 $\psi(x)$ 中所含波数为 k 的分波的波幅。式（9.3.7）的反变换为

$$\phi(k)=\frac{1}{\sqrt{2\pi}}\int_{-\infty}^{\infty}\psi(x)\mathrm{e}^{-\mathrm{i}kx}\mathrm{d}k \tag{9.3.8}$$

当取 $\psi(x)$ 为坐标空间的高斯型波包时，即

$$\psi(x)=e^{-\alpha^2x^2/2} \tag{9.3.9}$$

式中：α 为任意实常数，代入式（9.3.8），得

$$\phi(k)=\frac{1}{\alpha}e^{-k^2/2\alpha^2} \tag{9.3.10}$$

上式说明，$\phi(k)$ 也是高斯型波包（k 空间）。x 空间和 k 空间中高斯型波包的强度分布分别为 $|\psi(x)|^2$ 和 $|\phi(k)|^2$。分别以 x 和 k 为横坐标，以相应波包的强度分布为纵坐标作图。如图 9.3.3 所示。不难看出，x 空间和 k 空间的波包主要集中在 $|x|<1/\alpha$ 和 $|k|<\alpha$ 区域中。若定义该区域的半宽度为波包的宽度。则 x 空间波包宽度和 k 空间的波包宽度分别为

$$\Delta x=\frac{1}{\alpha}\,,\quad \Delta k=\alpha \tag{9.3.11}$$

它们的乘积

$$\Delta x\cdot\Delta k=1 \tag{9.3.12}$$

上式说明，x 空间波包越窄，k 空间的波包越宽。或者说，欲构造出 x 空间中越窄的波包，所含分波也就越多。式（9.3.12）是频谱分析的一般结论，而非高斯型波包的特有性质。

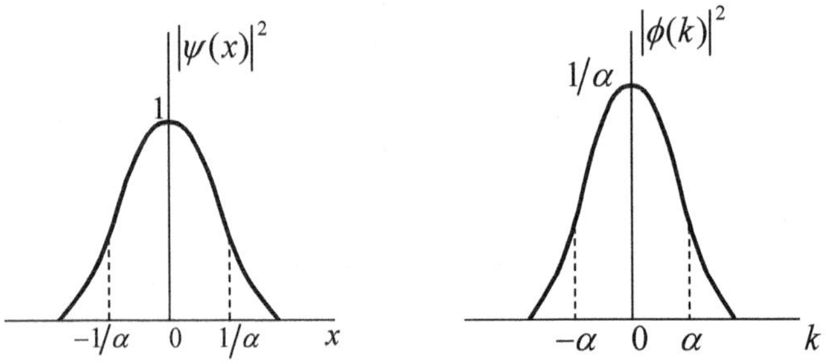

图 9.3.3　高斯型波包的强度分布

与上类似，对于时间函数 $f(t)$ 及其傅里叶变换式 $g(\omega)$，ω 为频率，有

$$f(t)=\frac{1}{\sqrt{2\pi}}\int_{-\infty}^{\infty}g(\omega)\mathrm{e}^{\mathrm{i}\omega t}\mathrm{d}\omega \tag{9.3.13}$$

$$g(\omega)=\frac{1}{\sqrt{2\pi}}\int_{-\infty}^{\infty}f(t)\mathrm{e}^{-\mathrm{i}\omega t}\mathrm{d}t \tag{9.3.14}$$

$$\Delta t\cdot\Delta\omega=1 \tag{9.3.15}$$

式中：Δt 和 $\Delta\omega$ 分别为 f（t）和 $g(\omega)$ 的宽度。

以上讨论的是静止波包的构造，而未涉及波包的运动。当考虑波包的运动时，叠加平面波应为

$$\psi_k(x,t)=\mathrm{e}^{\mathrm{i}(kx-\omega t)} \tag{9.3.16}$$

任意 t 时刻的波包

$$\psi(x,t)=\frac{1}{\sqrt{2\pi}}\int_{-\infty}^{\infty}\phi(k)\psi_k(x,t)\mathrm{d}k \tag{9.3.17}$$

不难看出，在 t=0 的初始时刻，上式化为式（9.3.7）。

一般来讲，频率 ω 是波数 k 的函数，即 $\omega=\omega(k)$，函数形式与具体的波及色散介质的性质有关。在给定分波振幅 $\phi(k)$ 的条件下，要得到任意时刻的波包 $\psi(x,t)$，必须知道 $\omega(k)$ 的具体形式。若设 $\phi(k)$ 只在 k_0 附近很小的范围内不等于零，则只有那些波数 k 在 k_0 附近的平面波对波包有贡献。因此可以把 $\omega(k)$ 在 k_0 点作展开，并只保留到 $(k-k_0)$ 的平方项，即

$$\begin{aligned}\omega(k)&=\omega(k_0)+\left(\frac{\mathrm{d}\omega}{\mathrm{d}k}\right)_{k_0}(k-k_0)+\frac{1}{2}\left(\frac{\mathrm{d}^2\omega}{\mathrm{d}k^2}\right)_{k_0}(k-k_0)^2\\&=\omega_0+V_g(k-k_0)+\frac{1}{2}\beta(k-k_0)^2\end{aligned} \tag{9.3.18}$$

其中

$$V_g=\left(\frac{\mathrm{d}\omega}{\mathrm{d}k}\right)_{k_0} \tag{9.3.19}$$

$$\beta=\left(\frac{\mathrm{d}^2\omega}{\mathrm{d}k^2}\right)_{k_0} \tag{9.3.20}$$

为具体起见，令 $\phi(k)=\frac{1}{\alpha}e^{-(k-k_0)^2/2\alpha^2}$ 为高斯型波包，其强度分布如图 9.3.3 所示，只是波包中心在 $k=k_0$ 处。由此权因子构造出 t=0 时刻 x 空间的波包与图 9.3.3 中完全相同。现将这些结果代入式（9.3.17），得

$$\begin{aligned}\psi(x,t)=&\frac{1}{\sqrt{2\pi}\alpha}\int_{-\infty}^{\infty}\mathrm{d}k\exp[-(k-k_0)^2/2\alpha^2]\\&\times\exp\{\mathrm{i}[kx-\omega_0t-V_gt(k-k_0)-\frac{1}{2}\beta t(k-k_0)^2]\}\end{aligned} \tag{9.3.21}$$

将上式积分求出，得

$$\psi(x,t)=\frac{1}{\sqrt{1+\mathrm{i}\alpha^2\beta t}}\mathrm{e}^{-\frac{\alpha^2(x-V_gt)^2}{2(1+\mathrm{i}\alpha^2\beta t)}}\cdot\mathrm{e}^{\mathrm{i}(k_0x-\omega_0t)} \tag{9.3.22}$$

在积分时用到公式

$$\int_{-\infty}^{\infty} e^{-\alpha x^2} dx = \sqrt{\frac{\pi}{\alpha}} \qquad (\mathrm{Re}\,\alpha \geqslant 0) \tag{9.3.23}$$

强度分布为

$$|\psi(x,t)|^2 = \frac{1}{\sqrt{1+\alpha^4\beta^2t^2}} e^{-\frac{\alpha^2(x-V_g t)^2}{1+\alpha^4\beta^2t^2}} \tag{9.3.24}$$

由上式知，t 时刻波包中心的位置 x_c 为

$$x_c = V_g t \tag{9.3.25}$$

因为 t=0 时刻波包中心位于 x=0 处，所以 V_g 表示波包中心的运动速度，即**群速度**。波包的高度（波包中心处的 $|\psi|^2$ 值）H（t）与宽度 $\Delta x(t)$ 分别为

$$H(t) = \frac{1}{\sqrt{1+\alpha^4\beta^2t^2}} = \frac{H_0}{\sqrt{1+\alpha^4\beta^2t^2}} \tag{9.3.26}$$

$$\Delta x(t) = \frac{1}{\alpha}\sqrt{1+\alpha^4\beta^2t^2} = \Delta x\sqrt{1+\beta^2t^2/(\Delta x)^4} \tag{9.3.27}$$

其中 H_0 和 Δx 分别为 t=0 时刻波包的高度与宽度。容易看出，随时间的增加，只要 $\beta \neq 0$，波包的高度减小而宽度增加，直至波包完全弥散而消失。这就是**波包的弥散**。

下面来讨论波包弥散的两个具体的例子。

1. 电磁波

对于真空中的电磁波，$\omega = ck$，所以

$$V_g = c, \qquad \beta = 0 \tag{9.3.28}$$

以上结果说明：真空中的电磁波包将无形变地以光速 c 传播。但对于在折射率为 $n(\lambda)$ 的色散介质中传播的电磁波，有

$$\omega = 2\pi c / \lambda n(\lambda) \tag{9.3.29}$$

从而 $V_g \neq c$，$\beta \neq 0$ 这时波包将随时间发生弥散。

2. 德布罗意波（非相对情况）

采用非相对论能量动量关系和德布罗意关系式，易得

$$\omega = \frac{\hbar}{2\mu}k^2 \tag{9.3.30}$$

式中：μ 为粒子质量。德布罗意波包的群速度

$$V_g = \frac{\hbar k}{\mu} = \frac{p}{\mu} = v \tag{9.3.31}$$

上式说明德布罗意波包的群速度等于粒子的运动速度。另外，由式（9.3.20），得

$$\beta = \frac{\hbar}{\mu} \neq 0 \tag{9.3.32}$$

根据式（9.3.26）和式（9.3.27）知，德布罗意波包将随时间而弥散。由此清楚地看到，认为粒子是物质波包的观点是错误的。虽然物质波包的群速度的确等于粒子的运动速度，但由于波包的弥散将导致粒子随时间迅速膨胀，直到消失的谎谬结果。利用式（9.3.27）很容易估算出这种观点下电子膨胀一倍所需的时间约为 10^{-25}s。

内容提要

一、经典物理学的困难

（1）辐射场能量密度按频率的分布；

（2）光电效应，康普顿散射；

（3）原子结构和原子线状光谱。

二、量子概念的引出

（1）黑体辐射问题的解决，引出了能量量子化的概念；

（2）光电效应问题的解决，引出了光量子的概念和爱因斯坦关系。康普顿散射证实了其正确性；

（3）原子结构和原子线状光谱问题的研究，导致第一个基于量子论的氢原子理论的建立。其中的定态概念和跃迁概念在量子力学理论中仍然成立。

三、德布罗意物质波假说

1. 物质波假说的内容

能量为 E，动量为 $\boldsymbol{p}$ 的自由粒子，与频率为 ν，波长为 λ 的平面波对应

$$\begin{cases} E = h\nu = \hbar\omega \\ \boldsymbol{p} = h\dfrac{1}{\lambda}\boldsymbol{n} = \hbar\boldsymbol{k} \end{cases}$$

2. 物质波的物理意义

物质波实质上是几率波，物质波的强度分布正比于粒子出现于空间各点的几率分布。

习　　题

9.1 利用玻尔—索末菲的量子化条件求：

（1）一维谐振子的能量。

（2）在均匀磁场中作圆周运动的电子轨道的可能半径。

9.2 在 0K 附近，钠的价电子能量约为 3eV，求其德布罗意波长。

9.3 求运动速度和光速可以比拟的电子的德布罗意波长与电子所通过的电势差之间的函数关系。

9.4 一波包在 t=0 时刻具有振幅 $a(k) = \mathrm{e}^{-\frac{(k-k_0)^2}{q^2}}$，求它的形式。

9.5 假如在开始时刻，波包具有宽度为 1 的高斯曲线形式，研究德布罗意波波包的流散。

第 10 章 量子力学基本原理

本章介绍量子力学的基本原理，内容包括：量子态的描述、量子态的性质、量子态随时间演化的一般规律，以及力学量的描述和对力学量测量结果的预言等。这些内容是量子力学理论（不计粒子的全同性）的基本原理，构成了量子力学理论体系的基本框架。本章所述内容对于学习量子力学来说具有基本重要的意义，掌握好这些内容，也是进一步学习量子力学其它内容以及应用量子力学解决实际问题的基础。

10.1 量子态的描述

一、量子态用波函数描述

在经典力学中，力学体系的状态用一组正则变量（q, p）来描述。在量子力学中，由于所研究对象是微观粒子，而微观粒子具有不同于经典粒子的波粒二象性。因此，仅用具有描述粒子特性状态的正则变量，肯定不足以描述具有波粒二象性的微观粒子的状态（量子态）。描述微观粒子状态的量应兼有描述粒子性的量（如坐标、动量、能量等）和描述波动性的量。为此，量子力学引入了第一条基本假设。

单个粒子的状态用波函数 $\psi(\boldsymbol{r},t)$ 来描述。$|\psi(\boldsymbol{r},t)|^2$ 表示 t 时刻，在 $\boldsymbol{r}$ 点处找到粒子的几率密度，或者说在 $\boldsymbol{r}$ 点附近单位体积内找到粒子的几率。

在上述假设中，波函数本身刻画的就是粒子的波动性，即用波函数来描述物质波，它是时空变数的函数。至于粒子特性的描述，则是通过在波函数中包含能量、动量等参量来实现的。波函数的模方（物质波的强度）表示粒子出现于某时空点的几率密度，反映的是物质波的几率解释，或者说是物质波几率解释的数学表述。由此可见，$\psi(\boldsymbol{r},t)$ 具有**几率振幅**的意义，简称为**几率幅**。这也是波函数唯一的物理含义。除此之外，波函数不代表任何可观测的物理量。只有波函数的模方才代表可观测量，它给出任意时刻粒子在空间的几率密度分布。将来会看到，由波函数 ψ 可以得到体系的一切物理性质，因此，波函数对量子态的描述是完备的。

在经典物理学中，描述经典波动的波函数通常是时空变数的实函数。当然有时为了数学上的方便也用复函数表示经典波，但最终的结果一定要取其实部或者是虚部。这是因为，经典波是真实物理量的波动，波函数本身就代表可观测量。如粒子的位置、电矢量或磁矢量等。但在量子力学中，波函数本身不代表任何可观测量，只有其模方才表示几率分布。而量子力学通常又把波函数取成时空变数的复函数，这与后面要介绍的薛定谔（Schrödinger）方程为复方程密切相关。因此描述量子态的波函数一般是实变量的复函数，不能仅取其实部或虚部。

二、自由粒子的平面波态

以上介绍了量子力学中状态的描述方式，即量子态用波函数描述。为了对此有一个感性认识，下面来看一个简单例子。

设质量为 μ 的自由粒子，有确定的能量 E 和动量 $\boldsymbol{p}$ 。根据德布罗意关系式，与该自由粒子相应的物质波的频率 ω 和波矢 $\boldsymbol{k}$ 分别为

$$\omega=\frac{E}{\hbar},\quad \boldsymbol{k}=\frac{\boldsymbol{p}}{\hbar} \tag{10.1.1}$$

由于 E， $\boldsymbol{p}$ 有确定值，所以 ω 和 $\boldsymbol{k}$ 亦然。根据经典波动学的知识，频率和波矢为确定值的波是平面波，可表示为

$$\psi_p(\boldsymbol{r},t)=A\mathrm{e}^{\mathrm{i}(\boldsymbol{k}\cdot\boldsymbol{r}-\omega t)} \tag{10.1.2}$$

式中： A 为波幅。将式（10.1.1）代入式（10.1.2），得

$$\psi_p(\boldsymbol{r},t)=A\mathrm{e}^{\frac{\mathrm{i}}{\hbar}(\boldsymbol{p}\cdot\boldsymbol{r}-Et)} \tag{10.1.3}$$

上式就是描述所给自由粒子量子状态的波函数。不难看出，对于能量和动量取确定值的自由粒子，其状态为平面波态。值得注意的是，并非任何情况下，自由粒子都处于平面波态。关于这一点，在学习了量子力学的力学量之后会自然明白。

三、波函数的归一化

基本假设指出，波函数的模方表示几率分布。而几率只有相对的意义。如果一个量子态用波函数 $\phi(\boldsymbol{r},t)$ 描述。不难看到， ϕ 与 $C\phi$ （C 为任意非零复数）给出完全相同的相对几率分布，即

$$\frac{|\phi(\boldsymbol{r}_1,t)|^2}{|\phi(\boldsymbol{r}_2,t)|^2}=\frac{|C\phi(\boldsymbol{r}_1,t)|^2}{|C\phi(\boldsymbol{r}_2,t)|^2} \tag{10.1.4}$$

上式左端表示由 $\phi(\boldsymbol{r},t)$ 给出的 $\boldsymbol{r}_1$ 点和 $\boldsymbol{r}_2$ 点的相对几率密度，右端表示由 $C\phi(\boldsymbol{r},t)$ 给出的这两点的相对几率密度。式（10.1.4）说明， ϕ 和 $C\phi$ 描述的是同一个几率波，或者说它们描述的是同一个量子态。因此，**在量子力学中，描述同一个量子态的波函数可以相差一个任意复数因子。**类似的性质对于经典波是不存在的。当一个经典波乘以任意复数 C 后，其振幅和位相与原来的波动不同，波所传递的能量、动量一般也会发生改变。因此，经典波乘以任意复数后变为一个完全不同的波动状态。由此可以看出，几率波与经典波存在着本质的差别。

既然描述同一量子态的波函数可以相差一个任意复数因子，为避免由此带来的不便，约定通过下述方法把这个因子取定。设粒子处于波函数 $\phi(\boldsymbol{r},t)$ 所描述的状态下，根据上面的讨论，也可以说该粒子处于波函数

$$\psi(\boldsymbol{r},t)=C\phi(\boldsymbol{r},t) \tag{10.1.5}$$

所描述的状态下，C 为任意非零复数。注意到波函数的模方代表粒子出现于空间各点的几率分布，相对而言，模方值大的地方粒子出现的几率大，模方值小的地方粒子出现的几率小，但粒子总归要出现在空间中。因此，粒子出现于全空间的总几率应等于 1，故可令

$$\iint_{\infty}|\psi|^2\,\mathrm{d}^3r=|C|^2\iint_{\infty}|\phi|^2\,\mathrm{d}^3r=1 \tag{10.1.6}$$

式中：$\mathrm{d}^3r=\mathrm{d}x\mathrm{d}y\mathrm{d}z$ 为三维空间的体积元，积分号中的∞表示积分是对全空间进行的。由式（10.1.6），得

$$|C|^2=\frac{1}{\iint_{\infty}|\phi|^2\,\mathrm{d}^3r} \tag{10.1.7}$$

把上式代入式（10.1.5）中，得

$$\psi(\boldsymbol{r},t)=\frac{\phi(\boldsymbol{r},t)}{\left[\iint_{\infty}|\phi(\boldsymbol{r},t)|^2\,\mathrm{d}^3r\right]^{1/2}} \tag{10.1.8}$$

式（10.1.8）的波函数ψ称为**归一化波函数**，式（10.1.6）称为**归一化条件**，把ϕ换为ψ的过程称为**波函数的归一化**，式（10.1.7）的 C 称为**归一化系数**。

波函数是否归一化，对相对几率分布无任何影响。归一化的约定仅是为了方便，就物理上而言并无实质性的变化。但是，一旦做出这样的约定，就必须遵循它。今后，若没有相反声明，所用到的波函数均是归一化的。

值得注意的是，在归一化条件下，波函数仍未完全确定。因为，若用常数$\mathrm{e}^{\mathrm{i}\delta}$（$\delta$为任意实数）乘以波函数，结果即不影响几率分布，也不破坏波函数的归一化。$\mathrm{e}^{\mathrm{i}\delta}$称为**相因子**。所以，即使归一化的波函数仍可相差一个任意相因子。一般情况下，习惯于把相因子取为 1（或取δ=0）。

应当指出，归一化条件式（10.1.6）只对平方可积函数成立。即只有当积分$\iint_{\infty}|\phi|^2\,\mathrm{d}^3r$有限时，才能按上述步骤对波函数归一化。否则，如果积分发散，由式（10.1.7）将得到归一化系数 C=0，显然这是无意义的。例如，式（10.1.3）所示自由粒子的平面波态就属此类。对于非平方可积波函数，将采取其它方法对其归一化，具体做法在介绍动量本征态时讨论。

归一化是为了方便，对波函数附加的一个人为条件。从物理上看，波函数还应满足**单值、有界、连续**条件。这三个条件称为波函数的**标准条件**。波函数的标准条件来源于粒子出现在任何点的几率必须是确定的、唯一的和有限的这些合理的物理考虑。此外，连续性条件一般是指，波函数及其对空间变量的一阶导函数连续（因为运动方程为二阶方程）。但需注意，在势能的无限跃变点处只要求波函数连续。将来会看到，波函数的标准条件在确定体系量子态时具有重要作用。

四、测不准关系

在 9.3 节的第五小节，给出了高斯型波包的表述形式式（9.3.9）。当粒子的物质波具有这种形式时，式（9.3.9）就是粒子的状态波函数，这样的态称为**波包态**。按照基本假设，当粒子处于这种波包态时，粒子出现于$|x|<1/\alpha$区域中的几率明显不为零，或者说粒子可以出现在该区域内的任何位置，而在此区域外找到粒子的几率很小，可粗略认为是零。因此，$\Delta x\sim 1/\alpha$可以看成是粒子坐标的**不确定量**。在式（9.3.12）两端同乘以$\hbar$，

利用德布罗意关系式，得

$$\Delta x \cdot \Delta p_x \sim \hbar \tag{10.1.9}$$

若对上式中的 Δp_x 也做类似于 Δx 的理解，即认为 Δp_x 是粒子动量的可能取值范围或不确定量，则式（10.1.9）就是著名的**海森伯格（Heisenberg）测不准关系**，或叫**海森伯格不确定关系**。

测不准关系最直观的意义是：如果知道某时刻粒子的确切位置（即 $\Delta x=0$），那就将失去该时刻对粒子动量的全部知识($\Delta p_x=\infty$)；反之，如果知道某时刻粒子动量的全部知识（$\Delta p_x=0$），则粒子将不可能在该时刻定域于有限坐标空间泛围内($\Delta x=\infty$)。这也就是说，粒子的坐标与相应的动量不可能同时有确定值，二者不确定量的乘积不会小于 $\hbar$。测不准关系的上述含义告诉我们，经典力学关于粒子运动的轨道概念在量子力学中变得毫无意义，或者说**微观粒子的运动没有轨道**。由于 $\hbar$ 很小，测不准关系主要对原子尺度的体系才是重要的，而对宏观系统，给不出任何有价值的结果。事实上，对宏观系统进行的任何测量，测量本身的误差远远大于测不准关系所预言的不确定量，测不准关系早被测量误差所掩盖。因此，宏观粒子的运动有轨道，测不准关系与经典轨道概念不冲突。但对微观粒子，测不准关系的预言是不可忽略的。关于这方面的问题，将来还会做进一步的讨论。

测不准关系不仅存在于 x 和 p_x 一对物理量中，一般而言，它存在于任意一对哈密顿意义上的共轭量中，即正则共轭量中。如 y 与 p_y，z 与 p_z 等。此外，在式（9.3.15）两端同乘以 $\hbar$ 可得

$$\Delta t \cdot \Delta E \sim \hbar \tag{10.1.10}$$

此式称为**时能测不准关系**。

应用量子力学有关力学量的知识，可以严格导出测不准关系。测不准关系是量子力学的基本关系之一，是微观粒子波粒二象性的必然结果。巧妙应用测不准关系，常常能够在不进行繁杂计算的情况下，得出系统能量动量等力学量数量级的准确估计。这在许多理论分析和实验设计中十分重要。

五、多粒子体系的波函数

前面的讨论是针对单粒子体系进行的。对单粒子体系量子态的描述方法，可以平行推广到多粒子体系情况。如三维空间中的 N 粒子体系，描述体系量子态的波函数可表为

$$\psi(\boldsymbol{r}_1,\boldsymbol{r}_2,\cdots,\boldsymbol{r}_N,t)$$

式中：$\boldsymbol{r}_1,\boldsymbol{r}_2,\cdots,\boldsymbol{r}_N$ 分别为体系中各粒子的坐标。而

$$\left|\psi(\boldsymbol{r}_1,\boldsymbol{r}_2,\cdots,\boldsymbol{r}_N,t)\right|^2$$

则表示几率密度分布。具体讲，它表示 t 时刻，体系中 N 个粒子分别处于（$\boldsymbol{r}_1,\boldsymbol{r}_2,\cdots,\boldsymbol{r}_N$）点的几率密度，或者说，体系出现在 $3N$ 维位形空间中（$\boldsymbol{r}_1,\boldsymbol{r}_2,\cdots,\boldsymbol{r}_N$）点处的几率密度。若令

$$\mathrm{d}\tau=\mathrm{d}^3r_1\mathrm{d}^3r_2\cdots\mathrm{d}^3r_N \tag{10.1.11}$$

表示 $3N$ 维位形空间的体积元，则

$$\left|\psi(\boldsymbol{r}_1,\boldsymbol{r}_2,\cdots,\boldsymbol{r}_N,t)\right|^2\mathrm{d}\tau$$

表示 t 时刻体系出现在位形空间中（$\boldsymbol{r}_1,\boldsymbol{r}_2,\cdots,\boldsymbol{r}_N$）点处 $\mathrm{d}\tau$ 体积元内的几率。归一化条件可表示为

$$\int_{\infty}|\psi(\boldsymbol{r}_1,\boldsymbol{r}_2,\cdots,\boldsymbol{r}_N,t)|^2\,\mathrm{d}\tau=1 \tag{10.1.12}$$

积分区域为整个位形空间。

10.2 量子态叠加原理

一、双缝实验的分析

波最重要的性质是叠加性。波的干涉、衍射现象盖源于波的这种性质。之所以断言微观粒子具有波动性，正是因为微观粒子能表现出同波一样的干涉、衍射现象。因此，微观粒子也必然具有某种叠加性。现在的问题是，微观粒子的这种叠加性应如何表述。由第 9 章的讨论知，所谓微观粒子的波动性，是指任何微观粒子都存在一个与之相联系的物质波。因此，微观粒子的叠加性应体现在物质波的叠加性上。上一节中介绍了量子力学的第一条基本原理，明确指出微观粒子的状态用波函数 ψ 描述。ψ 本身刻画的就是物质波，表示粒子出现于空间各点的几率幅。$|\psi|^2$ 是物质波的强度分布，表示粒子出现于空间各点的几率密度。那么，微观粒子的叠加特性应该表现为 ψ（态或几率幅）的叠加，还是表现为 $|\psi|^2$（几率）的叠加？为了弄清这一点，下面来对粒子的双缝衍射实验进行分析。

设有一束粒子射向开有 A、B 两条缝的屏，在双缝屏后面有一接收屏，用以接收通过双缝的粒子。如图 10.2.1 所示。假设单独打开 A 缝（关闭 B 缝）和单独打开 B 缝（关闭 A 缝）时，粒子到达接收屏时的状态分别用波函数 ψ_A 和 ψ_B 表示。则在这两种情况下，粒子到达接收屏时的几率密度分布分别为 $|\psi_A|^2$ 和 $|\psi_B|^2$（在图 10.2.1 中用虚线表示）。也就是说当粒子只通过 A 缝（A 缝开，B 缝关）到达接收屏时的状态为 ψ_A，相应几率分布为 $|\psi_A|^2$，当粒子只通过 B 缝（B 缝开，A 缝关）到达接收屏时的状态为 ψ_B，相应几率分布为 $|\psi_B|^2$。

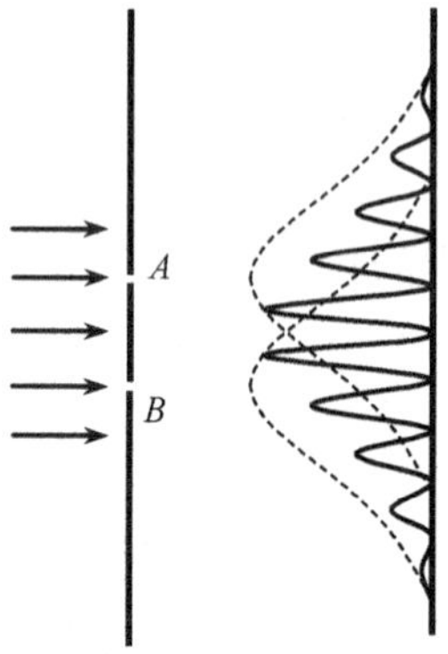

图 10.2.1　双缝衍射

现在考虑 A、B 两缝同时打开的情况。这时逻辑上讲有两种可能性。一种可能性是：入射粒子要么通过 A 缝（不通过 B 缝）到达接收屏，要么通过 B 缝（不通过 A 缝）到达接收屏，就一个粒子来讲，这两个事件互斥，不能同时发生。从经验来看这种可能性最为合理，也最容易理解。如果实际情况果真如此，双缝齐开时粒子到达接收屏的几率分布应等于只开一个缝（A 缝或 B 缝）时几率分布之和，即 $|C_1\psi_A|^2+|C_2\psi_B|^2$。其中，$C_1$、$C_2$ 的引入是为了保证归一性成立。然而实验结果却对这种可能性给出了否定回答。因此，微观粒子的叠加特性并不表现为几率的叠加。

再来看另外一种可能性。这种可能性不谈粒子是通过 A 缝还是 B 缝到达接收屏，而是着眼于物质波。认为描述入射粒子的物质波**同时**经由 A、B 两缝到达接收屏，到达接

收屏的物质波是只开一个缝（A 缝或 B 缝）时相应物质波的**线性组合**，即

$$\psi = C_1\psi_1 + C_2\psi_2 \tag{10.2.1}$$

式中：C_1、C_2 为组合系数。如果实际情况确实如此，双缝齐开时，粒子到达接收屏的几率分布将不再是各缝单开时相应几率分布的简单相加，而是

$$|\psi|^2 = |C_1\psi_1|^2 + |C_2\psi_2|^2 + C_1^*C_1\psi_1^*\psi_2 + C_1C_2^*\psi_1\psi_2^* \tag{10.2.2}$$

与前一种情况相比，现在的几率分布多出了最后两项，这两项称为**干涉项**。实验发现，粒子通过双缝到达接收屏时的几率密度分布（在图 10.2.1 中用实线表示）恰如式（10.2.2）所示。这一结果说明，在双缝衍射中，粒子的叠加特性表现为**波函数的叠加**，或者说**态的叠加**，而非几率的叠加。

二、态叠加原理

以上通过对粒子双缝衍射实验的分析，看出微观粒子所具有的叠加特性表现为态（几率幅）的叠加。若将这一事实加以推广，便得出量子力学的第二条基本假设，**态叠加原理：**

若 ψ_1 和 ψ_2 是体系的两个可能态，则它们的线性组合也是体系的可能状态。

式（10.2.1）就是态叠加原理的数学表述。

当体系的可能状态不只两个，而是有多个（包括无穷多个），例如：ψ_1，ψ_2，…，ψ_n，…都是体系的可能态，则体系状态的一般形式为

$$\psi = \sum_n C_n\psi_n \tag{10.2.3}$$

式中：C_n 为常数。这是态叠加原理的更一般的表述。

关于态叠加原理需要说明和注意以下几点。

1. 量子力学中的态叠加原理，在数学形式上与经典波的叠加原理完全相同，但它们的含义却截然不同。其中的差异主要来源于量子态与经典波的物理内涵不同。关于这点可以通过一个简单例子看出。若设式（10.2.1）中的 $\psi_1 = \psi_2$，则有

$$\psi = (C_1 + C_2)\psi_1 = C\psi_1 \tag{10.2.4}$$

对于这种情况，在量子力学中，叠加前后状态无任何变化。但在经典波动学中，叠加前后则是完全不同的波动状态。

2. 态叠加原理是指，**同一体系、同一时刻各种可能状态的叠加。在叠加态下，体系同时部分地处于各可能态中。**切不可理解为不同体系的可能态的叠加，或同一体系不同时刻可能态的叠加。如式（10.2.1）表示：同一体系、同一时刻，既处于 ψ_1 态，又处于 ψ_2 态。

3. 态叠加原理是线性原理，其正确性已被迄今为止的众多实验所证实。态叠加原理的线性性要求，量子态随时间的演化规律也必须是线性的。这一点对后面将要建立的波动方程至关重要。此外，必须指出，态叠加原理的线性性是否恒成立，还需实验的进一步证实。这是一个十分基本且重要的问题。因为，如果这个性质不成立，今天的量子力学必须做根本上的修改。但可以肯定，在原子、分子层次的微观领域，叠加原理的线性性是成立的。

4. 态叠加原理是一个与测量密切联系在一起的基本原理，正是由于态的叠加才导致

量子力学中对测量结果预言的不确定性。关于这一点，在力学量的表述和测量中再做详细讨论。在此，我们仅通过一个简单例子对它做一些说明。

设粒子处于任意波包态$\psi(\boldsymbol{r},t)$下，按傅里叶分析，此波包态可表为式（10.1.3）所示平面波态的叠加，即

$$\psi(\boldsymbol{r},t)=\int_{\infty} C(\boldsymbol{p})\psi_{\boldsymbol{p}}(\boldsymbol{r},t)\mathrm{d}^3 p \tag{10.2.5}$$

由于动量可连续取值，这里已把叠加原理中的求和改为积分。式中：$C(\boldsymbol{p})$为组合系数；$\mathrm{d}^3 p=\mathrm{d}p_x\mathrm{d}p_y\mathrm{d}p_z$为动量空间的体积元，积分对整个动量空间进行。当取平面波态的归一化系数$A=\dfrac{1}{(2\pi\hbar)^{3/2}}$时（这一点在介绍动量本征态时详细讨论），式（10.2.5）化为

$$\psi(\boldsymbol{r},t)=\frac{1}{(2\pi\hbar)^{3/2}}\int_{\infty} C(\boldsymbol{p},t)\mathrm{e}^{\frac{\mathrm{i}}{\hbar}\boldsymbol{p}\cdot\boldsymbol{r}}\mathrm{d}^3 p \tag{10.2.6}$$

其中

$$C(\boldsymbol{p},t)=C(\boldsymbol{p})\mathrm{e}^{-\frac{\mathrm{i}}{\hbar}Et} \tag{10.2.7}$$

由傅里叶变换，知

$$C(\boldsymbol{p},t)=\frac{1}{(2\pi\hbar)^{3/2}}\int_{\infty} \psi(\boldsymbol{r},t)\mathrm{e}^{-\frac{\mathrm{i}}{\hbar}\boldsymbol{p}\cdot\boldsymbol{r}}\mathrm{d}^3 r \tag{10.2.8}$$

式（10.2.6）与式（10.2.8）互为傅里叶变换，它们是一一对应的。即给定$\psi(\boldsymbol{r},t)$对应唯一一个$C(\boldsymbol{p},t)$，反之亦然。既然$\psi(\boldsymbol{r},t)$描述给定粒子的状态，根据上述一一对应关系，则$C(\boldsymbol{p},t)$也可作为描述给定粒子同一状态的波函数。也就是说，$\psi(\boldsymbol{r},t)$和$C(\boldsymbol{p},t)$是描述粒子同一状态的波函数的两种不同表述方式，它们的差别仅仅在于所选择的表示空间不同而已。$\psi(\boldsymbol{r},t)$是态在坐标空间的表示，$C(\boldsymbol{p},t)$是态在动量空间的表示。将来会看到，这实际上是同一量子态在不同**表象**下的表示。

根据上述讨论，$C(\boldsymbol{p},t)$同样是描述粒子状态的波函数，按照基本假设，$|C(\boldsymbol{p},t)|^2$应具有动量空间中粒子出现于$\boldsymbol{p}$点的几率密度的物理意义。由此可知，当粒子处于$\psi(\boldsymbol{r},t)$所描述的状态时，其动量一般不取确定值，而是取$(-\infty,\infty)$之间的一切值，其中取值在$\boldsymbol{p}$～$\boldsymbol{p}+d\boldsymbol{p}$范围内的几率为$|C(\boldsymbol{p},t)|^2\mathrm{d}^3 p$。

10.3 薛定谔方程

一、薛定谔方程的建立

经典力学中，状态由一组正则变量描述，状态随时间的演化规律满足牛顿运动方程或哈密顿正则方程。只要给定体系初始时刻的状态，由运动方程即可求得任意时刻的状态。任何一个力学理论，都应包含相应的运动方程，运动方程是力学理论体系的核心。量子力学也不例外，量子力学的运动方程就是薛定谔方程。值得注意的是，运动方程是力学理论最基础的内容之一，整个理论体系是建立在包括运动方程在内的几个基础内容之上的。因此，在力学理论范畴内，运动方程是理论的基本假设，不存在比它更基本的

假设能将运动方程推导出来。例如，牛顿运动方程就是经典力学的一条基本假设，它是在总结大量实验事实基础上得到的。

薛定谔方程是量子力学的一条基本假设，其地位相当于经典力学中的牛顿运动方程。由于宏观物体的运动形象、直观，在大量观测基础上，写出牛顿运动方程时显得十分自然，似乎有充分的“理论根据”。然而，要写出量子力学的运动方程，并非易事。首先，对微观粒子运动的观测缺乏形象、直观的特性；其次，我们根本无法直接观测到量子态如何随时间变化。因为，对微观粒子来说，观测本身会引起状态的改变，而且这种改变是显著的、不可控的（对此在介绍力学量时将有详细讨论）。这与经典力学中观测所引起的误差可以忽略不计或加以修正有着本质的区别。由于上述这些带有根本性的原因，致使我们不可能像经典力学那样，通过测量、总结，抽象出运动方程来，而只能采取“纯粹性的理论假设”。即先假定方程的形式，然后进行具体的计算，再把结果与实验比较，通过这种间接手段来验证所设方程是否正确。薛定谔方程就是采取这种方法引入的。当然这样引入方程让人感觉“证据”不足，有“凭空猜测”之嫌，容易产生对其正确性的疑虑。遗憾的是我们别无选择，只能接受这种做法。

如上所述，由于依据的不足，量子力学运动方程的引入将不是一件轻而易举的事情。但我们毕竟不想真的去凭空猜测。因为，很难想象能够“猜”出一个可以正确描述微观粒子运动规律的方程来。尽管决定量子力学运动方程具体形式的直接证据不足，但毕竟已经拥有了关于微观粒子状态描述的方法和一些相关的知识。例如：量子态用波函数描述；量子态满足归一化条件、标准条件和叠加原理；自由粒子的能量动量关系和德布罗意关系以及自由粒子的平面波态等。根据这些知识，得到量子力学运动方程将不再是一件扑朔迷离的事情了。下面就来“推导”，更确切地讲是建立量子力学的运动方程。

在建立方程之前，有几个关键点可先确定下来。

1. 运动方程是波动方程

因为量子态用波函数描述，量子态随时间的演化也就是物质波随时间的演化。

2. 运动方程是线性方程

这直接来源于态叠加原理的线性性。因为，若ψ_1、ψ_2是体系的可能态，则它们应满足运动方程。按态叠加原理，$\psi = C_1\psi_1 + C_2\psi_2$也是体系的可能态，则$\psi$也必定满足运动方程。这只有当运动方程为线性方程时才可能。

3. 运动方程是齐次方程

即$\hat{F}\psi = 0$，其中$\hat{F}$表示含有若干种运算（如微商、数乘、积分等）的运算符号，简称为**算符**或**算子**。在量子力学中算符被广泛使用。齐次性要求来源于ψ与$C\psi$描述同一量子态。

4. 运动方程中的系数不包含粒子的动力学参量（如能量、动量、频率、波数等）

这是因为，我们希望对应于这些参量为不同值的方程的解仍可叠加，或者说，波函数不应是在其本身结构中含有这些参量的方程的解。总之，这一要求是为了使方程更具普遍性，对任何量子体系均成立。

在各类数学方程中，微分方程是我们最为熟悉，也最容易处理的方程，以上各条在微分方程中也很容易得到体现。因此，下面尝试建立微分形式的运动方程。根据数理方

程的知识，波动方程（齐次）的一般形式为

$$\frac{\partial^2}{\partial t^2}\psi = a\nabla^2\psi \tag{10.3.1}$$

式中：a 为波速的平方；∇^2 为拉普拉斯算子。如果量子力学的运动方程确如上式，目前已知的唯一量子态——平面波态应满足该方程。将平面波态式（10.1.3）代入式（10.3.1），经简单计算发现，只要令

$$a = \frac{E^2}{p^2} = \frac{p^2}{4\mu^2} \tag{10.3.2}$$

平面波态便满足方程（10.3.1）。上式的最后一步用到了自由粒子的能量动量关系 $E = p^2/2\mu$。把式（10.3.2）代入式（10.3.1），方程的系数中含有粒子的动量，不满足上述条件 4。因此，形如式（10.3.1）的方程不能作为量子力学的运动方程，必须放弃。

注意到用算子 $\mathrm{i}\hbar\frac{\partial}{\partial t}$ 和 $-\mathrm{i}\hbar\nabla$（∇ 为坐标空间的梯度算子）分别作用于式（10.1.3），得

$$\mathrm{i}\hbar\frac{\partial}{\partial t}\psi_p(\boldsymbol{r},t) = E\psi_p(\boldsymbol{r},t) \tag{10.3.3}$$

$$-\mathrm{i}\hbar\nabla\psi_p(\boldsymbol{r},t) = \boldsymbol{p}\psi_p(\boldsymbol{r},t) \tag{10.3.4}$$

式（10.3.4）两端再用算子 $-\mathrm{i}\hbar\nabla$ 作用，得

$$-\hbar^2\nabla^2\psi_p(\boldsymbol{r},t) = p^2\psi_p(\boldsymbol{r},t) \tag{10.3.5}$$

用 $\frac{1}{2\mu}$ 乘以式（10.3.5），并与式（10.3.3）相减，注意到自由粒子的能量动量关系，得

$$\mathrm{i}\hbar\frac{\partial}{\partial t}\psi_p(\boldsymbol{r},t) = -\frac{\hbar^2}{2\mu}\nabla^2\psi_p(\boldsymbol{r},t) \tag{10.3.6}$$

考虑到式（10.2.5），有

$$\mathrm{i}\hbar\frac{\partial}{\partial t}\psi(\boldsymbol{r},t) = -\frac{\hbar^2}{2\mu}\nabla^2\psi(\boldsymbol{r},t) \tag{10.3.7}$$

容易看出，上式满足对运动方程的所有要求。与传统波动方程（10.3.1）相比，式（10.3.7）中只含对时间的一阶偏微商，而不是二阶偏微商，但它确实是一个波动方程。这里虚单位 i 起着关键性作用，它的出现，使方程的解中必然包含一个随时间周期性变化的振荡因子。式（10.3.7）就是所期望的自由粒子的运动方程。

值得注意的是，若在自由粒子的经典能量动量关系中，作下述代换：

$$E \to \mathrm{i}\hbar\frac{\partial}{\partial t},\quad \boldsymbol{p} \to \boldsymbol{p} = -\mathrm{i}\hbar\nabla \tag{10.3.8}$$

然后作用于波函数 $\psi(\boldsymbol{r},t)$ 上，即得自由粒子的运动方程（10.3.7）。上述代换关系在量子力学中十分有用，称为**算子化规则**。$\mathrm{i}\hbar\frac{\partial}{\partial t}$ 称为**能量算子**，$\hat{\boldsymbol{p}} = -\mathrm{i}\hbar\nabla$ 称为**动量算子**。

当粒子受势场 $V(\boldsymbol{r})$ 的作用时，经典能量动量关系为

$$E = \frac{p^2}{2\mu} + V(\boldsymbol{r}) \tag{10.3.9}$$

假设上述算子化规则仍成立，将建立自由粒子运动方程的方法推广到有外势场的情况，

立刻得

$$i\hbar\frac{\partial}{\partial t}\psi(\boldsymbol{r},t)=\left[-\frac{\hbar^2}{2\mu}\nabla^2+V(\boldsymbol{r})\right]\psi(\boldsymbol{r},t) \tag{10.3.10}$$

上式就是薛定谔于 1926 年首先提出的，描述微观粒子运动规律的运动方程，称为**薛定谔方程**或**波动方程**。它是量子力学的第三条基本假设。不难看出，当势场为零时，式（10.3.10）将化为自由粒子的薛定谔方程。

按经典力学，当粒子在势场$V(\boldsymbol{r})$中运动时，粒子的哈密顿量为

$$H=\frac{p^2}{2\mu}+V(\boldsymbol{r}) \tag{10.3.11}$$

把其中的动量算子化，得

$$\hat{H}=\frac{\hat{p}^2}{2\mu}+V(\boldsymbol{r})=-\frac{\hbar^2}{2\mu}\nabla^2+V(\boldsymbol{r}) \tag{10.3.12}$$

上式称为**哈密顿算子**。利用哈密顿算子，薛定谔方程 （10.3.10）可写成更简洁的形式：

$$i\hbar\frac{\partial}{\partial t}\psi(\boldsymbol{r},t)=\hat{H}\psi(\boldsymbol{r},t) \tag{10.3.13}$$

根据上式，只要写出给定体系的$\hat{H}$，立刻得到体系的薛定谔方程。例如：N粒子体系，各粒子的质量为$\mu_i(i=1,2,\cdots,N)$，粒子间的相互作用势为$U(\boldsymbol{r}_1,\cdots,\boldsymbol{r}_N)$，体系处于外势场$V(\boldsymbol{r})$中，则

$$\hat{H}=\sum_{i=1}^{N}\left[-\frac{\hbar^2}{2\mu_i}\nabla_i^2+V(\boldsymbol{r}_i)\right]+U \tag{10.3.14}$$

相应的薛定谔方程为

$$i\hbar\frac{\partial}{\partial t}\psi(\boldsymbol{r}_1,\cdots,\boldsymbol{r}_N,t)=\left\{\sum_{i=1}^{N}\left[-\frac{\hbar^2}{2\mu_i}\nabla_i^2+V(\boldsymbol{r}_i)\right]+U\right\}\psi(\boldsymbol{r}_1,\cdots,\boldsymbol{r}_N,t) \tag{10.3.15}$$

由上讨论知，薛定谔方程的具体形式一般取决于体系的相互作用势。能量算子和哈密顿算子中的动能部分的表示通常是不变的。但应该注意，动量的算子化是针对正则动量进行的，这一点在讨论电磁场中的带电粒子时非常重要。另外，由于薛定谔方程中含有虚单位 i，所以其解一定是实变量的复函数。切不可将经典物理学中惯用的取解的实部或虚部的做法带到量子力学中来。最后，由于薛定谔方程是关于时间的一阶偏微分方程。因此，只要给定体系初始时刻的态，原则上便可**唯一**确定体系任意时刻的态。也就是说，薛定谔方程给出了量子态随时间演化的**因果关系**，体系的初始状态完全决定了体系任意时刻的状态。由此可见，量子态随时间的演化是**因果决定论**的，在这一点上与经典力学是相同的。但是，由于量子力学与经典力学存在对状态描述的本质差异，使得形式上相同的因果律却有着完全不同的实际内涵。

二、几率守恒定律

薛定谔方程给出了量子态$\psi(\boldsymbol{r},t)$随时间的演化规律。量子态的模方

$$W(\boldsymbol{r},t)=|\psi(\boldsymbol{r},t)|^2 \tag{10.3.16}$$

表示 t 时刻在 $\boldsymbol{r}$ 点处找到粒子的几率密度。因此，量子态随时间的演化，必将导致几率

密度分布 W 随时间的演化。下面利用薛定谔方程导出 W 随时间的演化规律。为此，用 ψ^* 左乘式（10.3.10），再减去 ψ 左乘式（10.3.10）的复共轭，立刻得

$$\frac{\partial}{\partial t}(\psi^*\psi) = -\frac{\mathrm{i}\hbar}{2\mu}\nabla\cdot(\psi\nabla\psi^* - \psi^*\nabla\psi) \tag{10.3.17}$$

令

$$\boldsymbol{J} = \frac{\mathrm{i}\hbar}{2\mu}(\psi\nabla\psi^* - \psi^*\nabla\psi) = \frac{1}{2\mu}(\psi^*\hat{\boldsymbol{p}}\psi - \psi\hat{\boldsymbol{p}}\psi^*) \tag{10.3.18}$$

把式（10.3.16）和式（10.3.18）代入式（10.3.17），得

$$\frac{\partial W}{\partial t} + \nabla\cdot\boldsymbol{J} = 0 \tag{10.3.19}$$

上式与流体力学中的连续性方程形式上完全相同，称为量子力学中的**连续性方程**。它是薛定谔方程的一个直接推论。

式（10.3.19）给出了几率密度随时间的演化规律。下面进一步讨论矢量 $\boldsymbol{J}$ 和连续性方程的物理意义。为此，将式（10.3.19）对空间的任意体积 V 积分，利用高斯定理，有

$$\frac{\mathrm{d}}{\mathrm{d}t}\int_V W\mathrm{d}^3 r = -\oint_S \boldsymbol{J}\cdot\mathrm{d}\boldsymbol{S} \tag{10.3.20}$$

其中 S 为体积 V 的包围面，$\mathrm{d}\boldsymbol{S}$ 为 S 面上的任意面元，方向沿曲面的外法线。式（10.3.20）左边表示单位时间内，体积 V 中几率的增加；右边表示矢量 $\boldsymbol{J}$ 在闭合面 S 上的负通量，换言之，表示 $\boldsymbol{J}$ 从 V 外的周围空间经包围面 S 流入到 V 内的量。因此，$\boldsymbol{J}$ 具有**单位时间垂直通过单位面积的几率**的意义，称为**几率流密度**。于是，式（10.3.20）说明，单位时间内 V 中几率的增量等于由 V 外空间经包围面 S 流入 V 内的几率。故式（10.3.20）的物理意义为**几率守恒**。式（10.3.19）和式（10.3.20）称为**几率守恒定律**。前者是几率守恒定律的微分表达式，后者是几率守恒定律的积分表达式。

在式（10.3.20）中，令 $V\to\infty$（全空间），这时 S 是一包围全空间的闭合面。当波函数平方可积时，波函数的值在无穷远处为零。因此，式（10.3.20）右端积分为零，故

$$\frac{\mathrm{d}}{\mathrm{d}t}\int_\infty W\mathrm{d}^3 r = 0 \tag{10.3.21}$$

上式中的积分恰好是波函数的归一化积分。式（10.3.21）表明**归一化不随时间变**。即若初始时刻的波函数是归一化的，那么任意时刻的波函数也必然是归一化的。即状态随时间的演化规律不破坏态的归一化特性。

物理上看，归一化不随时间变同样反映的是几率守恒。只是它反映全空间的总几率不变。而连续性方程则反映几率守恒还具有**定域**性。即空间某处的几率减少必伴随着另一处几率的增加，几率的增加与减少是由于几率的流入与流出所致，而不是几率的产生与消灭的结果。由此可见，几率守恒的定域性具有更深刻的内涵。

几率守恒是薛定谔方程的一个直接推论。式（10.3.10）是非相对论性的波动方程，因为在建立方程（10.3.10）时利用了非相对论的能量动量关系。以非相对论波动方程为核心的量子力学理论，称为**非相对论量子力学**。至于相对论量子力学是以相对论波动方程为核心的理论，这样的波动方程的建立要从相对论能量动量关系出发。在本课程中将只介绍非相对论量子力学。几率守恒是非相对论量子力学的一个重要特性。在非相对论情况下，由于不涉及高能过程，所以不会发生粒子的产生和湮灭现象，粒子的数目始终

保持不变，即粒子数是守恒的。对于一个粒子来说，在全空间找到它的几率的总和不随时间改变。

在式（10.3.19）两端分别乘以粒子的质量 μ 和电荷 q，得

$$\frac{\partial W_{\mu}}{\partial t}+\nabla\cdot\boldsymbol{J}_{\mu}=0 \tag{10.3.22}$$

$$\frac{\partial W_{q}}{\partial t}+\nabla\cdot\boldsymbol{J}_{q}=0 \tag{10.3.23}$$

其中，$W_{\mu}=\mu W$、$W_{q}=qW$、$\boldsymbol{J}_{\mu}=\mu\boldsymbol{J}$、$\boldsymbol{J}_{q}=q\boldsymbol{J}$，分别称为**质量密度**、**电荷密度**、**质量流密度**和**电流密度**。式（10.3.22）和式（10.3.23）分别称为**质量守恒定律**和**电荷守恒定律**。值得注意的是，以上两个守恒律的含义与经典情况下相应守恒律的含义是不同的。其差异主要来自于微观粒子的不可分割性。例如，测量一个电荷为 q 的粒子，它总是完整的一粒，要么测不到，测到就是 q。但多次重复测量，由于粒子出现于空间的几率分布为 W，在空间某点贡献一个等效电荷密度 qW。类似地，粒子的运动贡献一个等效电流密度 $q\boldsymbol{J}$。W_{μ} 和 $\boldsymbol{J}_{\mu}$ 也作同样理解。由此可见式（10.3.22）和式（10.3.23）反映的是多次重复测量的统计结果，而没有宏观情况下相应量的经典图象。当然，如果有可能使大量粒子处于完全相同的状态，则上述各量的图像和含义将变得与经典情况一样。

应当指出，在导出式（10.3.19）时，假设了 V 为实函数。在复势情况下，将得不出式（10.3.19）的结果，几率不守恒。另外还应注意，几率流密度的表达式（10.3.18）并非对任何体系都成立，如带电粒子在电磁场中的运动，其表示形式就有所不同。

10.4　定态薛定谔方程

一、定态薛定谔方程

上一节指出，只要给定体系初始时刻的态，便可由薛定谔方程求出体系任意时刻的态。一般情况下，即使对最简单的单粒子体系，薛定谔方程的求解也常常十分困难，通常需要采用近似解法（含时微扰）。下面讨论一种重要的特殊情况，即势场不显含时间，这时

$$\frac{\partial V}{\partial t}=0 \quad 或 \quad \frac{\partial \hat{H}}{\partial t}=0 \tag{10.4.1}$$

满足上式的量子体系称为**保守系**。

在保守系情况下，薛定谔方程（10.3.13）中，时间变数和空间变数是分离的，可用分离变量法求解，即令

$$\psi(\boldsymbol{r},t)=\psi(\boldsymbol{r})f(t) \tag{10.4.2}$$

代入式（10.3.13），得

$$\frac{\mathrm{i}\hbar}{f(t)}\frac{\mathrm{d}f}{\mathrm{d}t}=\frac{\hat{H}\psi(\boldsymbol{r})}{\psi(\boldsymbol{r})}=E \tag{10.4.3}$$

式中：E 为与时间参量 t 和空间变量 $\boldsymbol{r}$ 无关的分离变量常数。式（10.4.3）包含两个方程

$$i\hbar\frac{df}{dt}=Ef \tag{10.4.4}$$

和

$$\hat{H}\psi(\boldsymbol{r})=E\psi(\boldsymbol{r}) \tag{10.4.5}$$

积分式（10.4.4），得

$$f(t)\sim e^{-\frac{i}{\hbar}Et} \tag{10.4.6}$$

这里只写出 f 对时间的依赖关系，积分常数归入了 $\psi(\boldsymbol{r})$ 中。因为波函数是归一的，由归一化最终可确定常数因子的值。

可见，对于保守系，波函数与时间的依赖关系已求出。求解薛定谔方程的关键是解方程（10.4.5）。方程（10.4.5）称为**不含时薛定谔方程**或**定态薛定谔方程**。系统哈密顿量不显含时间的问题称为**定态问题**。求解定态问题的关键就是解定态薛定谔方程。定态薛定谔方程的求解需要给定具体的体系，也就是要给定哈密顿量的具体形式。一般来讲定态薛定谔方程也要用近似方法（定态微扰或变分法）求解，只有极少数问题可以求出其精确的解析解。

在实际物理问题中，由于施加于粒子的各种物理条件的限制，使得方程（10.4.5）只有某些 E 值所对应的解才能满足物理上的要求。为了标志这一点，通常把式（10.4.5）满足给定物理条件的解写成 $\psi_E(\boldsymbol{r})$。把这个解代入式（10.4.2），得薛定谔方程的特解为

$$\psi(\boldsymbol{r},t)=\psi_E(\boldsymbol{r})\,e^{-\frac{i}{\hbar}Et} \tag{10.4.7}$$

如果所考察的体系是自由粒子，而自由粒子的特解就是式（10.1.3）所示平面波态。把它与式（10.4.7）比较知，分离变量常数 E 就是粒子的能量。由此可见，式（10.4.7）所描述的是能量有确定值的态，这样的态称为**定态**。形如式（10.4.7）的波函数称为**定态波函数**。

定态薛定谔方程就其数学形式而言，有一个明显的特征：算子 $\hat{H}$ 作用于函数 ψ 等于常数 E 乘以该函数。这种类型的方程在数学中称为**本征值方程**。其中 E 称为算子 $\hat{H}$ 的**本征值**，ψ_E 称为算子 $\hat{H}$ 的属于本征值 E 的**本征函数**或**本征矢**。因此，定态薛定谔方程就是哈密顿算子 $\hat{H}$ 的本征值方程。由于本征值 E 代表定态能量，所以也常把 E 称为**能量本征值**，ψ_E 称为**能量本征函数**或**能量本征矢**，定态薛定谔方程则称为**能量本征方程**。

对于不同问题，能量本征值 E 的取值情况也不同。E 可能只取某些特定的分立值；也可能取任意的连续值；更一般地，还可能在某一范围内取分立值，而在此范围以外连续取值。在量子力学中，把能量本征值 E 的全体可能取值称为**能谱**。当 E 只取分立值时，称能谱为**分立谱**，每个分立的能量值称为**能级**；当 E 连续取值时，称能谱为**连续谱**；当 E 在某一范围取分立值，而在其它范围连续取值时，称能谱为**混合谱**。一般来讲，束缚定态（在无穷远处找到粒子的几率为零的态，即 $\psi(\boldsymbol{r})\xrightarrow[r\to\infty]{}0$）问题的能量构成分立谱；非缚定态（粒子可以运动到无穷远处）问题的能量构成连续谱。

定态问题薛定谔方程的通解，可以由特解（10.4.7）的线性组合得到。

对于分立谱情况，设能量本征值为 E_n，相应的本征矢为 $\psi_n(\boldsymbol{r})$，不妨设 $n=1, 2, \cdots$，薛

定谔方程的通解为

$$\Psi(\boldsymbol{r},t)=\sum_{n=1}C_n\psi_n(\boldsymbol{r})\,\mathrm{e}^{-\frac{\mathrm{i}}{\hbar}E_nt}=\sum_{n=1}C_n(t)\psi_n(\boldsymbol{r}) \tag{10.4.8}$$

式中：C_n 为组合系数；$C_n(t)=C_n\mathrm{e}^{-\frac{\mathrm{i}}{\hbar}E_nt}$；$C_n$ 由初始状态确定。

完全类似，对于连续谱情况和混合谱情况，薛定谔方程的通解可分别表为

$$\Psi(\boldsymbol{r},t)=\int C_E\psi_E(\boldsymbol{r})\mathrm{e}^{-\frac{\mathrm{i}}{\hbar}Et}\mathrm{d}E=\int C_E(t)\psi_E(\boldsymbol{r})\mathrm{d}E \tag{10.4.9}$$

$$\begin{aligned}\Psi(\boldsymbol{r},t)&=\sum_{n=1}C_n\psi_n(\boldsymbol{r})\mathrm{e}^{-\frac{\mathrm{i}}{\hbar}E_nt}+\int C_E\psi_E(\boldsymbol{r})\,\mathrm{e}^{-\frac{\mathrm{i}}{\hbar}Et}\mathrm{d}E\\&=\sum_{n=1}C_n(t)\psi_n(\boldsymbol{r})+\int C_E(t)\psi_E(\boldsymbol{r})\mathrm{d}E\end{aligned} \tag{10.4.10}$$

组合系数由初条件确定，具体做法在 10.6 节中介绍。

二、定态的一般性质

定态是量子力学中的一个十分重要的概念，清楚地了解定态的性质，对于处理实际问题非常有用。现把定态的性质罗列于下。其中有些性质可以立刻给出证明，有些性质则需要学了后面的知识才能证明。

（1）在定态下，粒子的几率密度和几率流密度不随时间变。

（2）在定态下，一切不显含时间的力学量的平均值不随时间变。

（3）在定态下，一切不显含时间的力学量的取值几率分布不随时间变。

（4）若初始时刻（$t=t_0$）体系处于某一定态下，其后体系不受任何外界扰动，则体系将一直处于该定态下。

上述第一个性质很容易证明。只要把定态波函数式（10.4.7）分别代入几率密度和几率流密度的定义式（10.3.16）和式（10.3.18）中，时间因子正好抵消，命题得证。

第二和第三个性质的证明，要用到力学量的平均值和力学量的可能值及相应的取值几率等知识，这要在学习了量子力学中力学量的表示及对力学量测量结果的预言等内容之后才能具备。到那时，上述两条性质的证明将变得十分容易。

下面以分立谱情况为例，来证明定态的第四个性质。设初始时刻体系处于定态

$$\psi(\boldsymbol{r},t_0)=\psi_m(\boldsymbol{r})\,\mathrm{e}^{-\frac{\mathrm{i}}{\hbar}E_mt_0} \tag{10.4.11}$$

按命题的条件，从 t_0 时刻开始，体系不受任何扰动。也就是说，任意时刻体系的 $\hat{H}$ 与初始时刻相同，因此有

$$\frac{\partial\hat{H}}{\partial t}=0 \tag{10.4.12}$$

上式说明，所讨论问题是定态问题，体系任意时刻的状态可表为薛定谔方程的通解式（10.4.8）的形式。把初条件式（10.4.11）代入式（10.4.8），有

$$\psi_m(\boldsymbol{r})\,\mathrm{e}^{-\frac{\mathrm{i}}{\hbar}E_mt_0}=\sum_{n=1}C_n\psi_n(\boldsymbol{r})\,\mathrm{e}^{-\frac{\mathrm{i}}{\hbar}E_nt_0} \tag{10.4.13}$$

由上式得组合系数

$$C_n=\begin{cases}1 & （当n=m时）\\ 0 & （当n\neq m时）\end{cases} \tag{10.4.14}$$

把上式代回通解式（10.4.8），得体系任意 t 时刻的态为

$$\Psi(\boldsymbol{r},t)=\psi_m(\boldsymbol{r})\,\mathrm{e}^{-\frac{\mathrm{i}}{\hbar}E_m t} \tag{10.4.15}$$

上式所表示的态正是体系初始时刻的定态。

10.5 力学量的表示

一、表示力学量的算子

经典力学中，状态用一组正则变量（q,p）描述。正则变量本身就是力学量，或称可观测量。任何其它力学量均可表示为正则变量或状态的单值连续函数。因此，在经典力学中，状态和力学量之间存在一种简单而直接的关系。类似的情况在量子力学中不存在。因为，量子力学中状态用波函数描述，而波函数不是可观测量。所以在量子力学中，力学量不能像经典力学那样表示成态的函数。那么，量子力学中的力学量应如何表示？力学量的测量值和量子态又有怎样的关系？本节和下一节分别讨论这两个问题。应当指出，这两个问题的解决，与前面解决量子态的描述和量子态随时间的演化规律等问题时所遇到的情况一样，甚至更为突出。那就是不存在更基本的事实，使得我们能够从逻辑上导出问题的结果，或得到解决问题的方法。问题的解决依旧采用假设的办法，至于假设正确与否，则要由所得结论是否与实验相符给以最终的判定。

关于量子力学中力学量表述的假设（按照我们的排序，它应是量子力学的第四条基本假设）是：

量子力学中，力学量用线性厄米算子表示。对有经典类比的力学量，只要将其直角坐标系下的经典表示算子化

$$\boldsymbol{r}\to\hat{\boldsymbol{r}}=\boldsymbol{r},\quad \boldsymbol{p}\to\hat{\boldsymbol{p}}=-\mathrm{i}\hbar\nabla \tag{10.5.1}$$

即得量子力学中的相应力学量；对无经典类比的力学量，根据实验给出其矩阵表示或引入某种运算规则。

以上假设不仅规定了量子力学中如何表示一个力学量，而且还具体指明了怎么写出一个力学量。此外，假设中还隐含了一个事实。那就是，经典力学中有的力学量，如坐标、动量、角动量等，量子力学中统统都有。但量子力学中还会出现经典力学所没有的力学量。将来会看到，诸如宇称、自旋等就是量子力学中有，而经典力学中没有的力学量。由此可见，量子力学中的力学量较经典力学更为丰富。

上述基本假设的核心是：用线性厄米算子表示力学量。它是一个算子能否代表量子力学中力学量的前提。仅当这个前提被满足时，相应算子才可能表示力学量。这里讲“可能”，是因为并非所有线性厄米算子从物理上看都是有意义的，只有那些有明确物理含义的线性厄米算子才是我们真正关心的。至于什么叫线性厄米算子，将在下一小节给予严格定义。另外，还需提醒读者注意，假设中的算子化规则必须在直角坐标系下进行，切不可把它平行推广到其它广义坐标系中去。当然，这样讲并不意味着在其它广义坐标系

下不能算子化，只是在一般广义坐标系下，正确的算子化比较复杂，不易掌握。对于某些直角坐标系中不易处理的问题（如角动量），通常采取将直角坐标系下算子化以后的算子形式变换到所期望的坐标系中，这样做较直接算子化广义坐标更为简洁。

下面按照上述假设写出常用的力学量算子。

1. 坐标算子和动量算子

这两个算子假设中已给出，下面把它们的直角分量写出：

$$\hat{x}=x,\ \hat{y}=y,\ \hat{z}=z \tag{10.5.2}$$

$$\hat{p}_x=-\mathrm{i}\hbar\frac{\partial}{\partial x},\ \hat{p}_y=-\mathrm{i}\hbar\frac{\partial}{\partial y},\ \hat{p}_z=-\mathrm{i}\hbar\frac{\partial}{\partial z} \tag{10.5.3}$$

2. 角动量算子

角动量的经典表示为 $\boldsymbol{L}=\boldsymbol{r}\times\boldsymbol{p}$，按假设，量子力学中的角动量算子为

$$\hat{\boldsymbol{L}}=\hat{\boldsymbol{r}}\times\hat{\boldsymbol{p}} \tag{10.5.4}$$

其分量为

$$\begin{cases}\hat{L}_x=y\hat{p}_z-z\hat{p}_y=-\mathrm{i}\hbar\left(y\dfrac{\partial}{\partial z}-z\dfrac{\partial}{\partial y}\right)\\ \hat{L}_y=z\hat{p}_x-x\hat{p}_z=-\mathrm{i}\hbar\left(z\dfrac{\partial}{\partial x}-x\dfrac{\partial}{\partial z}\right)\\ \hat{L}_z=x\hat{p}_y-y\hat{p}_x=-\mathrm{i}\hbar\left(x\dfrac{\partial}{\partial y}-y\dfrac{\partial}{\partial x}\right)\end{cases} \tag{10.5.5}$$

对于角动量算子，通常选择球极坐标系中的表示更为方便。球极坐标与直角坐标的变换关系为

$$\begin{cases}x=r\sin\theta\cos\varphi\\ y=r\sin\theta\sin\varphi\\ z=r\cos\theta\end{cases} \tag{10.5.6}$$

$$\begin{cases}r^2=x^2+y^2+z^2\\ \cos\theta=\dfrac{z}{r}\\ \tan\varphi=\dfrac{y}{x}\end{cases} \tag{10.5.7}$$

利用上述坐标变换关系，经简单计算得

$$\begin{cases}\hat{L}_x=\mathrm{i}\hbar(\sin\varphi\dfrac{\partial}{\partial\theta}+\cot\theta\cos\varphi\dfrac{\partial}{\partial\varphi})\\ \hat{L}_y=-\mathrm{i}\hbar(\cos\varphi\dfrac{\partial}{\partial\theta}-\cot\theta\sin\varphi\dfrac{\partial}{\partial\varphi})\\ \hat{L}_z=-\mathrm{i}\hbar\dfrac{\partial}{\partial\varphi}\end{cases} \tag{10.5.8}$$

由上看到，在球极坐标系下，$\hat{L}_x$ 和 $\hat{L}_y$ 的形式较为复杂，而 $\hat{L}_z$ 的形式却特别简单。这是

因为 z 轴为极轴的缘故。极轴的选择是任意的，若将 x 轴或 y 轴选为极轴，则 $\hat{L}_x$ 或 $\hat{L}_y$ 将具有与式（10.5.8）中 $\hat{L}_z$ 一样的形式。当然，另外两个分量的表示形式也将随之而变。今后，若无特别声明，习惯上均把 z 轴选为极轴。因此，式（10.5.8）就是实际中最常用的，角动量算子三个直角分量在球极坐标系下的表示。

3. 角动量平方算子

角动量平方的经典表示为 $L^2 = L_x^2 + L_y^2 + L_z^2$，相应量子力学中的角动量平方算子为

$$\hat{L}^2 = \hat{L}_x^2 + \hat{L}_y^2 + \hat{L}_z^2 \tag{10.5.9}$$

把式（10.5.8）代入，整理后得

$$\hat{L}^2 = -\hbar^2\left[\frac{1}{\sin\theta}\frac{\partial}{\partial\theta}(\sin\theta\frac{\partial}{\partial\theta}) + \frac{1}{\sin^2\theta}\frac{\partial^2}{\partial\varphi^2}\right] \tag{10.5.10}$$

注意，写出上式时并没有严格按假设去做，这是因为已经有了角动量各分量的算子形式的缘故。由此可见，基本假设只是一种原则性的规定，实际应用时只要不违背这种原则，可以采取灵活的方法。

4. 哈密顿算子（单粒子）

粒子在势场 $V(\boldsymbol{r})$ 中运动时的经典哈密顿量 $H = \dfrac{p^2}{2\mu} + V(\boldsymbol{r})$，相应的量子力学中的哈密顿算子为

$$\hat{H} = -\frac{\hbar^2}{2\mu}\nabla^2 + V(\boldsymbol{r}) \tag{10.5.11}$$

上述哈密顿算子的一个很有用的形式是球极坐标下的表示。在球极坐标系下，拉普拉斯算子为

$$\nabla^2 = \frac{1}{r^2}\frac{\partial}{\partial r}(r^2\frac{\partial}{\partial r}) + \frac{1}{r^2\sin\theta}\frac{\partial}{\partial\theta}(\sin\theta\frac{\partial}{\partial\theta}) + \frac{1}{r^2\sin^2\theta}\frac{\partial^2}{\partial\varphi^2} \tag{10.5.12}$$

代入式（10.5.11）中，并利用式（10.5.10），得

$$\hat{H} = -\frac{\hbar^2}{2\mu r^2}\frac{\partial}{\partial r}(r^2\frac{\partial}{\partial r}) + \frac{\hat{L}^2}{2\mu r^2} + V(\boldsymbol{r}) \tag{10.5.13}$$

上式在研究粒子的有心运动时要用到。

以上所列都是有经典对应的最常用的力学量算子。下面再给出三个常用的无经典类比的力学量算子。

5. 宇称算子

用 $\hat{P}$ 表示宇称算子，其定义为

$$\hat{P}\psi(\boldsymbol{r}) = \psi(-\boldsymbol{r}) \tag{10.5.14}$$

式中：$\psi(\boldsymbol{r})$ 为任意函数。由上定义不难看出，宇称算子实际上就是坐标空间的反演变换。

6. 交换算子

交换算子仅用于多粒子体系，其定义为

$$\hat{P}_{ij}\psi(\boldsymbol{r}_1,\cdots,\boldsymbol{r}_i,\cdots,\boldsymbol{r}_j,\cdots) = \psi(\boldsymbol{r}_1,\cdots,\boldsymbol{r}_j,\cdots,\boldsymbol{r}_i,\cdots) \tag{10.5.15}$$

式中：ψ 为任意函数；$\boldsymbol{r}_i(i=1,2,\cdots)$ 为第 i 个粒子的坐标。由定义不难看出，交换算子 $\hat{P}_{ij}$

就是交换多粒子体系中 i、j 两个粒子坐标的操作。

空间反演和粒子交换等变换在经典力学中也有，但它们不是力学量。因为，在经典力学中，引入它们作为力学量没有任何实际意义。而在量子力学中却不同，宇称算子和交换算子（多粒子系）作为力学量，可以通过它们的取值，对量子态进行分类，而这种分类在许多问题中是十分重要的。

7. 自旋算子（$s=1/2$）

$$\boldsymbol{S}_x=\frac{\hbar}{2}\begin{pmatrix}0 & 1\\ 1 & 0\end{pmatrix}\quad \boldsymbol{S}_y=\frac{\hbar}{2}\begin{pmatrix}0 & -i\\ i & 0\end{pmatrix}\quad \boldsymbol{S}_z=\frac{\hbar}{2}\begin{pmatrix}1 & 0\\ 0 & -1\end{pmatrix} \qquad (10.5.16)$$

以上自旋算子的矩阵表示是根据实验并结合自旋的性质得到的，在第 13 章中将会对它进行详细讨论。

二、线性厄米算子

“线性”和“厄米”是两个概念。当一个算子既是“线性的”，同时又是“厄米的”，这个算子就叫**线性厄米算子**。量子力学中用到的算子不一定都是厄米的，但一般都是线性的。为叙述方便，以后凡提到算子，均指线性算子，而去掉“线性”二字。线性算子有一些重要的运算规则，下面先简要介绍这些规则，然后再给出厄米算子的定义，并对其性质进行详细的讨论。

1. 线性算子及其运算规则

当算子 $\hat{F}$ 满足

$$\hat{F}(C_1\psi_1+C_2\psi_2)=C_1\hat{F}\psi_1+C_2\hat{F}\psi_2 \qquad (10.5.17)$$

时，其中 C_1、C_2 为任意常数，ψ_1、ψ_2 为任意函数，则称 $\hat{F}$ 为**线性算子**。

当算子 $\hat{A}$ 和算子 $\hat{B}$ 作用于任意函数 ψ，有

$$\hat{A}\,\psi=\hat{B}\,\psi \qquad (10.5.18)$$

就称算子 $\hat{A}$ 和算子 $\hat{B}$ 相等，并记为

$$\hat{A}=\hat{B} \qquad (10.5.19)$$

上述算子相等的定义是普遍的，不仅仅适用于线性算子。

当一个算子对任意函数 ψ 的作用，结果仍为该函数，称这样的算子为**单位算子**，记为 I，其定义式为

$$I\psi=\psi \qquad (10.5.20)$$

单位算子显然是线性算子。为方便起见，在不引起误会的情况下，常常把单位算子直接写成数 1。

（1）算子的和。

对任意函数 ψ，若算子 $\hat{A}$、$\hat{B}$ 和 $\hat{R}$，使得

$$\hat{A}\,\psi+\hat{B}\,\psi=\hat{R}\,\psi \qquad (10.5.21)$$

成立，则称 $\hat{R}$ 为 $\hat{A}$、$\hat{B}$ 的和，并记为

$$\hat{R}=\hat{A}+\hat{B} \qquad (10.5.22)$$

把上式代入式（10.5.21），得

$$\hat{A}\psi + \hat{B}\psi = (\hat{A} + \hat{B})\psi \tag{10.5.23}$$

算子和的上述定义可推广到多个算子的情况。

容易看出，**算子的和满足交换律和结合律**，即

$$\hat{A} + \hat{B} = \hat{B} + \hat{A}\ ,\quad \hat{A} + (\hat{B} + \hat{C}) = (\hat{A} + \hat{B}) + \hat{C} \tag{10.5.24}$$

另外，由式（10.5.23）和式（10.5.17），易证：**线性算子之和仍为线性算子**。

（2）算子的积。

对任意函数ψ，若算子$\hat{B}$和算子$\hat{A}$相继作用于ψ，等于算子$\hat{R}$对ψ的作用，即

$$\hat{A}(\hat{B}\psi) = \hat{A}\hat{B}\psi = \hat{R}\psi \tag{10.5.25}$$

则称$\hat{R}$为$\hat{A}$与$\hat{B}$的乘积，记为

$$\hat{R} = \hat{A}\hat{B} \tag{10.5.26}$$

把上式代入式（10.5.25），有

$$\hat{A}\hat{B}\psi = (\hat{A}\hat{B})\psi \tag{10.5.27}$$

上述算子乘积的定义可推广到多个算子的情况。利用上式和式（10.5.17），可以证明：**线性算子之积仍为线性算子**。

由式（10.5.27）不难看出，**算子的积满足结合律和分配律**，即

$$\hat{A}(\hat{B}\hat{C}) = (\hat{A}\hat{B})\hat{C}\ ,\quad \hat{A}(\hat{B} + \hat{C}) = \hat{A}\hat{B} + \hat{A}\hat{C} \tag{10.5.28}$$

必须注意，**算子的积不一定满足交换律**。这是算子运算规则与通常的数或函数运算规则的显著区别。下面来看一个具体例子：

坐标算子x及其共轭动量算子$\hat{p}_x$的乘积作用于任意函数$\psi(x)$,得

$$x\hat{p}_x\psi = -\mathrm{i}\hbar x\frac{\partial}{\partial x}\psi \tag{10.5.29}$$

反之，用$\hat{p}_x x$作用于ψ，得

$$\hat{p}_x x\psi = -\mathrm{i}\hbar\psi - \mathrm{i}\hbar x\frac{\partial}{\partial x}\psi \tag{10.5.30}$$

对比以上两式，知$x\hat{p}_x \neq \hat{p}_x x$。

由于算子乘积不一定满足交换律，在实际推导计算过程中，必须十分谨慎地保持其原有的乘积次序。对于必须交换乘积次序的情况，交换前要判明是否可直接交换，若不能直接交换，必须知道交换前后相差的量。例如：用式（10.5.29）减去式（10.5.30），得

$$x\hat{p}_x\psi = \hat{p}_x x\psi + \mathrm{i}\hbar\psi \tag{10.5.31}$$

交换x和$\hat{p}_x$的作用次序后，多出了上式右端的最后一项。

为方便判断两个算子的乘积次序是否可交换，引入下述**量子泊松括号**，也叫**对易子**或**对易关系**，其定义为

$$[\hat{A},\ \hat{B}] = \hat{A}\hat{B} - \hat{B}\hat{A} \tag{10.5.32}$$

当两个算子的对易子为0时，称这两个算子**对易**或**可易**，这时它们的乘积次序可交换；否则，称这两算子**不对易**或**不可易**，这时它们的乘积次序不能直接交换。

利用式（10.5.32）容易证明（读者自己完成），对易关系有以下关系式成立：

$$
\begin{cases}
[\hat{A},\hat{B}]=-[\hat{B},\hat{A}] \\
[\hat{A},\alpha]=0 \\
[\hat{A},\hat{B}+\hat{C}]=[\hat{A},\hat{B}]+[\hat{A},\hat{C}] \\
[\hat{A},\hat{B}\hat{C}]=\hat{B}[\hat{A},\hat{C}]+[\hat{A},\hat{B}]\hat{C} \\
[\hat{A},[\hat{B},\hat{C}]]+[\hat{C},[\hat{A},\hat{B}]]+[\hat{B},[\hat{C},\hat{A}]]=0
\end{cases}
\tag{10.5.33}
$$

式中：α为常数。将来会看到，对易关系不仅可以判断两个算子是否对易，其中还蕴含着深刻的物理意义。

（3）算子的幂。

任意 n（整数）个相同算子 $\hat{A}$ 的乘积，定义为算子 $\hat{A}$ 的 n 次幂，记为

$$
\underbrace{\hat{A}\hat{A}\cdots\hat{A}}_{n\text{个因子}}=\hat{A}^n \tag{10.5.34}
$$

由上式容易证明：

$$
\hat{A}^n\cdot\hat{B}^n=(\hat{A}\hat{B})^n\quad（当[\hat{A},\hat{B}]=0\text{时}） \tag{10.5.35}
$$

$$
\hat{A}^n\cdot\hat{B}^n\neq(\hat{A}\hat{B})^n\quad（当[\hat{A},\hat{B}]\neq0\text{时}） \tag{10.5.36}
$$

式（10.5.35）与通常的幂的运算规则相同，而（10.5.36）式则不同。总之，彼此对易的算子间的运算与通常的运算一样，而彼此不对易的算子间的运算往往不同于通常的运算。

（4）逆算子。

对于算子 $\hat{A}$，若存在另一算子 $\hat{B}$，使得

$$
\hat{A}\hat{B}=I \tag{10.5.37}
$$

成立，则称 $\hat{B}$ 为 $\hat{A}$ 的逆算子，并记为 $\hat{B}=\hat{A}^{-1}$，代入式（10.5.37)，有

$$
\hat{A}\hat{A}^{-1}=I \tag{10.5.38}
$$

上式即为逆算子的定义。关于逆算子，下述命题成立：

一个算子与其逆算子必对易。

证明：设 ψ 为任意函数，令

$$
\hat{A}^{-1}\psi=\phi \tag{10.5.39}
$$

则 ϕ 亦必为任意函数。用 $\hat{A}$ 作用上式两端，利用式（2.5—38)，得

$$
\hat{A}\phi=\psi
$$

用 $\hat{A}^{-1}$ 作用上式，并注意到式（10.5.39)，得

$$
\hat{A}^{-1}\hat{A}\phi=\phi
$$

由于 ϕ 任意，有

$$
\hat{A}^{-1}\hat{A}=I
$$

上式与式（10.5.38）可合写为

$$
\hat{A}\hat{A}^{-1}=\hat{A}^{-1}\hat{A}=I \tag{10.5.40}
$$

命题得证。

应当指出的是，并非所有算子都存在逆算子。当算子 $\hat{A}$ 和算子 $\hat{B}$ 均有逆算子存在时，可以证明（请读者自己完成）

$$(\hat{A}\hat{B})^{-1}=\hat{B}^{-1}\hat{A}^{-1} \tag{10.5.41}$$

上式可推广到多个有逆算子的情况。

（5）算子函数。

“自变量”为算子的函数称为算子函数，其定义为

$$F(\hat{A})=\sum_{n=0}^{\infty}\frac{1}{n!}\frac{\mathrm{d}^n F(x)}{\mathrm{d}x^n}\bigg|_{x=0}\hat{A}^n \tag{10.5.42}$$

不难看出，仅当函数 $F(x)$ 无限光滑时，上述算子函数的定义才有意义。

以上介绍了线性算子的一般运算规则，这些规则以后会经常用到。下面来介绍线性厄米算子。

2. 线性厄米算子

（1）转置算子。

对算子 $\hat{A}$，若有算子 $\hat{B}$ 使下式

$$\int\psi^*\hat{A}\varphi\mathrm{d}\tau=\int\varphi\hat{B}\psi^*\mathrm{d}\tau$$

成立，其中 ψ，φ 为任意函数，$\mathrm{d}\tau$ 为坐标空间的体积元，$\int\mathrm{d}\tau$ 表示对 ψ 和 φ 的整个定义域积分。今后遇到这样的表示作同样的理解，不再另加说明。满足上式的算子 $\hat{B}$ 称为算子 $\hat{A}$ 的**转置算子**，习惯上记为 $\hat{B}=\tilde{\hat{A}}$。按此记法，上式改写为

$$\int\psi^*\hat{A}\varphi\mathrm{d}\tau=\int\varphi\tilde{\hat{A}}\psi^*\mathrm{d}\tau \tag{10.5.43}$$

式（10.5.43）就是转置算子的定义。下面通过一个简单例子来说明上式的应用。

例 求算子 $\hat{D}_x=\dfrac{\partial}{\partial x}$ 的转置算子。

$$\int_{-\infty}^{\infty}\psi^*\frac{\partial}{\partial x}\varphi\mathrm{d}x=\psi^*\varphi\Big|_{-\infty}^{\infty}-\int_{-\infty}^{\infty}\varphi\frac{\partial}{\partial x}\psi^*\mathrm{d}x \tag{10.5.44}$$

设 ψ 和 φ 在 $x=\pm\infty$ 处为零，有

$$\int_{-\infty}^{\infty}\psi^*\frac{\partial}{\partial x}\varphi\mathrm{d}x=\int_{-\infty}^{\infty}\varphi(-\frac{\partial}{\partial x})\psi^*\mathrm{d}x$$

利用转置算子的定义，知

$$\tilde{\hat{D}}_x=-\frac{\partial}{\partial x} \tag{10.5.45}$$

该例说明，一个算子的转置算子的形式，不仅与算子自身有关，而且与算子所作用的函数类型有关。在本例中，若不假定 ψ、φ 在无穷远处为零，将得不到式（10.5.45）的结果。当然，在量子力学中，实际用到的波函数，通常都能使式（10.5.44）中分部积分的第一项为零。因此，在量子力学中，式（10.5.45）总是成立的。

（2）复共轭算子。

用 $\hat{A}^*$ 表示 $\hat{A}$ 的**复共轭算子**。其含义与熟知的复共轭完全相同，就是把算子 $\hat{A}$ 中的虚单位反号。如动量算子的复共轭

$$\hat{p}_x^*=\mathrm{i}\hbar\frac{\partial}{\partial x}=-\hat{p}_x \tag{10.5.46}$$

（3）厄米共轭算子。

算子 $\hat{A}$ 转置再取复共轭所得的算子称为 $\hat{A}$ 的**厄米共轭算子**，并记为 $\hat{A}^{+}$，即

$$\hat{A}^{+}=\tilde{\hat{A}}^{*} \tag{10.5.47}$$

上式就是厄米共轭算子的定义。利用式（10.5.43），可得厄米共轭算子的另一等价定义为

$$\int\psi^{*}\hat{A}\varphi\mathrm{d}\tau=\int\varphi(\hat{A}^{+}\psi)^{*}\mathrm{d}\tau \tag{10.5.48}$$

（4）厄米算子。

当算子 $\hat{A}$ 的厄米共轭算子 $\hat{A}^{+}$ 就是它自身，即

$$\hat{A}^{+}=\hat{A} \tag{10.5.49}$$

时，称 $\hat{A}$ 为**厄米算子**或**自厄算子**。上式就是厄米算子的定义。利用式（10.5.48）可得厄米算子的另一等价定义为

$$\int\psi^{*}\hat{A}\varphi\mathrm{d}\tau=\int\varphi(\hat{A}\psi)^{*}\mathrm{d}\tau \tag{10.5.50}$$

利用式（10.5.45）和式（10.5.46），知

$$\hat{p}_{x}^{+}=\tilde{\hat{p}}_{x}^{*}=\hat{p}_{x} \tag{10.5.51}$$

即 $\hat{p}_{x}$ 为厄米算子。同样值得注意的是，一个算子是否厄米与所作用的函数类型有关。

由厄米算子的积分定义式（10.5.50）看到，厄米算子 $\hat{A}$ 在形如 $\int\psi^{*}\hat{A}\varphi\mathrm{d}\tau$ 的积分中，既可以向后作用于 φ，也可以向前作用于 ψ，结果不变。厄米算子的这一性质在实际中非常有用。

（5）幺正算子。

当算子 $\hat{A}$ 的厄米共轭算子等于其逆算子时，即

$$\hat{A}^{+}=\hat{A}^{-1} \tag{10.5.52}$$

称 $\hat{A}$ 为**幺正算子**。容易证明，幺正算子的另外两个等价定义为

$$\hat{A}^{+}\hat{A}=I \tag{10.5.53}$$

和

$$\int\psi^{*}\hat{A}\varphi\mathrm{d}\tau=\int\varphi(\hat{A}^{-1}\psi)^{*}\mathrm{d}\tau \tag{10.5.54}$$

厄米算子和幺正算子是量子力学中用到的最主要的两类算子。幺正算子将在第 12 章中做专门讨论，这里主要介绍厄米算子。

利用式（10.5.48）容易证明下列命题：

1. $(\hat{A}+\hat{B})^{+}=\hat{A}^{+}+\hat{B}^{+}$

2. $(\hat{A}\hat{B})^{+}=\hat{B}^{+}\hat{A}^{+}$

证明如下：

1. 根据式（10.5.48），有

$$\begin{aligned}\int\varphi[(\hat{A}+\hat{B})^{+}\psi]^{*}\mathrm{d}\tau&=\int\psi^{*}(\hat{A}+\hat{B})\varphi\mathrm{d}\tau=\int\psi^{*}\hat{A}\varphi\mathrm{d}\tau+\int\psi^{*}\hat{B}\varphi\mathrm{d}\tau\\&=\int\varphi(\hat{A}^{+}\psi)^{*}\mathrm{d}\tau+\int\varphi(\hat{B}^{+}\psi)^{*}\mathrm{d}\tau\\&=\int\varphi[(\hat{A}^{+}+\hat{B}^{+})\psi]^{*}\mathrm{d}\tau\end{aligned}$$

由于 ψ、φ 为任意函数，所以命题 1 成立。

2. 根据式（10.5.48），有

$$\int\varphi[(\hat{A}\hat{B})^{+}\psi]^{*}\mathrm{d}\tau=\int\psi^{*}(\hat{A}\hat{B})\varphi\mathrm{d}\tau=\int\psi^{*}\hat{A}(\hat{B}\varphi)\mathrm{d}\tau$$
$$=\int(\hat{A}^{+}\psi)^{*}\hat{B}\varphi\mathrm{d}\tau=\int\varphi(\hat{B}^{+}\hat{A}^{+}\psi)^{*}\mathrm{d}\tau$$

由于ψ、φ为任意函数，所以命题2成立。

不难看出，以上两个命题可以推广到多个算子的情况。根据上述命题，还可以得到以下推论：

推论1　厄米算子之和仍厄米。

推论2　厄米算子之积不一定厄米。

推论3　对易的厄米算子之积必厄米。

推论4　厄米算子的任意整数次幂仍厄米。

推论5　若$\hat{A}$、$\hat{B}$为厄米算子，则$\hat{A}\hat{B}+\hat{B}\hat{A}$和$\mathrm{i}[\hat{A},\hat{B}]$必厄米。

以上推论请读者自己证明。

根据厄米算子的定义和上述命题及推论，不难证明，前一小节给出的诸力学量算子均为厄米算子。为叙述方便，今后对“厄米算子”和“力学量算子”两种称谓不加区分，表示同一意思（基本假设四）。

三、力学量算子的对易关系

对易关系的最直接的应用，就是判断算子乘积是否可易。为以后应用方便，下面给出一些常用力学量算子的对易关系。

1. 基本对易关系

$$[x_{\alpha},\hat{p}_{\beta}]=\mathrm{i}\hbar\delta_{\alpha\beta}\quad(\alpha,\beta=1,2,3)\tag{10.5.55}$$

式中：x_{α}和$\hat{p}_{\beta}$分别为坐标算子和动量算子的直角分量，下标取1、2、3时，分别为x、y、z分量。

$$\delta_{\alpha\beta}=\begin{cases}1 & (\alpha=\beta)\\ 0 & (\alpha\neq\beta)\end{cases}$$

称为δ**符号**或**克罗内克耳符号**。

现在来证明式（10.5.55）。用x_{α}和$\hat{p}_{\beta}$的乘积及$\hat{p}_{\beta}$和x_{α}的乘积作用于任意波函数ψ，有

$$x_{\alpha}\hat{p}_{\beta}\psi=-\mathrm{i}\hbar x_{\alpha}\frac{\partial\psi}{\partial x_{\beta}}$$

$$\hat{p}_{\beta}x_{\alpha}\psi=-\mathrm{i}\hbar\frac{\partial x_{\alpha}}{\partial x_{\beta}}\psi-\mathrm{i}\hbar x_{\alpha}\frac{\partial\psi}{\partial x_{\beta}}$$

以上两式相减，并注意到$\dfrac{\partial x_{\alpha}}{\partial x_{\beta}}=\delta_{\alpha\beta}$，得

$$(x_{\alpha}\hat{p}_{\beta}-\hat{p}_{\beta}x_{\alpha})\psi=\mathrm{i}\hbar\delta_{\alpha\beta}\psi$$

由于ψ为任意函数，所以

$$x_{\alpha}\hat{p}_{\beta}-\hat{p}_{\beta}x_{\alpha}=[x_{\alpha},\hat{p}_{\beta}]=\mathrm{i}\hbar\delta_{\alpha\beta}$$

式（10.5.55）得证。

坐标算子与动量算子的对易关系（10.5.55）称为**基本对易关系**。所以这样称呼它，

原因有二：一是利用它可以求出一切有经典类比的力学量算子间的对易关系；二是它代表由经典力学向量子力学过渡的**量子条件**。应当指出，式（10.5.1）的算子化规则并不是经典力学向量子力学过渡的唯一方案。可以证明，若采用算子化规则：$\boldsymbol{r} \to \hat{\boldsymbol{r}} = \mathrm{i}\hbar\nabla_p$，$\boldsymbol{p} \to \hat{\boldsymbol{p}} = \boldsymbol{p}$，同样可以完成由经典力学向量子力学的过渡。事实上，由经典力学向量子力学过渡的**量子化方案**可以有很多，不同的量子化方案，将得到量子力学不同的数学表述形式，但它们在物理上是等价的。也就是说，量子力学有各种等价的数学表述形式。无论量子力学的数学形式怎样改变，对易关系(10.5.55)却始终不变。由此可见式(10.5.55)在量子力学中的基本地位。同时，这也意味着，可以完全撇开坐标算子和动量算子的具体表示形式，来看待式（10.5.55）。即不管算子的具体表示形式怎样，只要两个厄米矢量算子的各直角分量满足式（10.5.55）的对易关系，便可认为这两个矢量算子一定代表量子力学中的坐标与动量。这种思想在量子力学中十分重要，如量子力学中，对角动量的一般定义就是通过对易关系来实现的。

利用式（10.5.55），不难证明（请读者自己完成）

$$[f, \hat{\boldsymbol{p}}] = \mathrm{i}\hbar\nabla f \tag{10.5.56}$$

式中：f 为空间变量的可微函数（坐标算子的算子函数）。

2. 角动量算子的对易关系

下面利用基本对易关系式（10.5.55），求角动量算子与坐标算子的对易关系。为了统一起见，把角动量算子的定义式（10.5.5）改写为

$$\hat{L}_\alpha = x_\beta \hat{p}_\gamma - x_\gamma \hat{p}_\beta \tag{10.5.57}$$

为保证角动量算子的正确定义，式（10.5.57）中，标识直角分量的下标α、β和γ只能按正循环方式取值，即（α,β,γ）的取值只能是（1,2,3）、（2,3,1）和（3,1,2）三种情况中的一种，依次给出式（10.5.5）中的三个表达式。下面来计算 $\hat{L}_\alpha$ 与坐标算子任一分量 $x_k\ (k=1,2,3)$ 的对易关系。

$$[\hat{L}_\alpha, x_k] = [x_\beta \hat{p}_\gamma - x_\gamma \hat{p}_\beta, x_k] = x_\beta[\hat{p}_\gamma, x_k] - x_\gamma[\hat{p}_\beta, x_k]$$

上式最后一步，用到了式（10.5.33）中的第三式和第四式，以及坐标算子各分量彼此对易的事实。再利用基本对易关系，上式化为

$$[\hat{L}_\alpha, x_k] = \mathrm{i}\hbar(x_\gamma \delta_{\beta k} - x_\beta \delta_{\gamma k}) \tag{10.5.58}$$

式（10.5.58）给出下述三个结果

$$[\hat{L}_\alpha, x_\alpha] = 0,\quad [\hat{L}_\alpha, x_\beta] = \mathrm{i}\hbar x_\gamma,\quad [\hat{L}_\alpha, x_\gamma] = -\mathrm{i}\hbar x_\beta \tag{10.5.59}$$

其中，第一个表达式说明：角动量算子与坐标算子的对应分量彼此对易（包含三个对易关系）。后两个表达式说明：角动量算子与坐标算子的不同分量彼此不对易。根据约定，第二个表达式给出分量次序为正循环时的对易关系（包含三个对易关系）；第三个表达式给出分量次序为逆循环时的对易关系（包含三个对易关系）。为将式（10.5.59）表示成更为简洁的形式，引入下述符号

$$\varepsilon_{\alpha\beta\gamma} = \begin{cases} 1 & （下标取值次序为正循环）\\ 0 & （存在相同下标）\\ -1 & （下标取值次序为逆循环）\end{cases} \tag{10.5.60}$$

此符号称为**Levi-Civita符号**或**三阶全反对称单位张量**。利用Levi-Civita符号，式(10.5.59)可统一写为

$$[\hat{L}_\alpha, x_\beta] = \mathrm{i}\hbar\varepsilon_{\alpha\beta\gamma}x_\gamma \tag{10.5.61}$$

上式共给出九个对易关系，具体写开为

$$\begin{aligned}
&[\hat{L}_x, x] = 0 \quad &[\hat{L}_x, y] = \mathrm{i}\hbar z \quad &[\hat{L}_x, z] = -\mathrm{i}\hbar y \\
&[\hat{L}_y, x] = -\mathrm{i}\hbar z \quad &[\hat{L}_y, y] = 0 \quad &[\hat{L}_y, z] = \mathrm{i}\hbar x \\
&[\hat{L}_z, x] = \mathrm{i}\hbar y \quad &[\hat{L}_z, y] = -\mathrm{i}\hbar x \quad &[\hat{L}_z, x] = 0
\end{aligned} \tag{10.5.62}$$

完全类似，可得

$$[\hat{L}_\alpha, \hat{p}_\beta] = \mathrm{i}\hbar\varepsilon_{\alpha\beta\gamma}\hat{p}_\gamma \tag{10.5.63}$$

$$[\hat{L}_\alpha, \hat{L}_\beta] = \mathrm{i}\hbar\varepsilon_{\alpha\beta\gamma}\hat{L}_\gamma \tag{10.5.64}$$

值得注意的是，角动量算子的三个分量彼此不对易，式（10.5.64）中形式上包含九个对易关系，但独立的只有如下六个

$$[\hat{L}_x, \hat{L}_x] = [\hat{L}_y, \hat{L}_y] = [\hat{L}_z, \hat{L}_z] = 0$$

$$[\hat{L}_x, \hat{L}_y] = \mathrm{i}\hbar\hat{L}_z \quad [\hat{L}_y, \hat{L}_z] = \mathrm{i}\hbar\hat{L}_x \quad [\hat{L}_z, \hat{L}_x] = \mathrm{i}\hbar\hat{L}_y$$

其中前三个对易关系自然成立，因为算子自己和自己一定对易。后三个对易关系可以合写为下述简单形式

$$\hat{\boldsymbol{L}} \times \hat{\boldsymbol{L}} = \mathrm{i}\hbar\hat{\boldsymbol{L}} \tag{10.5.65}$$

由此可见，式（10.5.65）与式（10.5.64）完全等价。在量子力学中，凡是满足式（10.5.64）或式（10.5.65）的算子均称为角动量算子。即式（10.5.64）或式（10.5.65）是量子力学中角动量的一般定义。这一点很重要。因为，在量子力学中，除了有经典对应的轨道角动量$\hat{\boldsymbol{L}}$外，还有无经典对应的角动量，如自旋角动量$\hat{\boldsymbol{S}}$。之所以把$\hat{\boldsymbol{S}}$称为角动量，正是因为它满足对易关系式（10.5.64）和式（10.5.65）的原故。

利用上述角动量算子的对易关系，还可以进一步证明（请读者自己完成）

$$[\hat{L}^2, \hat{L}_\alpha] = 0 \quad (\alpha = 1,2,3) \tag{10.5.66}$$

$$[\hat{L}_\alpha, \boldsymbol{r}^2] = 0 \quad (\alpha = 1,2,3) \tag{10.5.67}$$

$$[\hat{L}_\alpha, \hat{\boldsymbol{p}}^2] = 0 \quad (\alpha = 1,2,3) \tag{10.5.68}$$

注意到$\hat{\boldsymbol{L}}$在球坐标系中的表达式（10.5.8），立刻得

$$[\hat{L}_\alpha, f(r)] = 0 \quad (\alpha = 1,2,3) \tag{10.5.69}$$

式中：$f(r)$是径向坐标r的函数。

10.6 力学量算子的本征值与本征矢

一、厄米算子本征值与本征矢的性质

对任意厄米算子（即力学量算子）$\hat{F}$，均可写出如下方程

$$\hat{F}\psi_F = F\psi_F \tag{10.6.1}$$

其中 F 为数。方程（10.6.1）称为算子 $\hat{F}$ 的**本征值方程**；数 F 称为算子 $\hat{F}$ 的**本征值**；与本征值 F 对应的函数 ψ_F 称为算子 $\hat{F}$ 的属于本征值 F 的**本征函数**或**本征矢**；全体本征值构成的序列称为算子 $\hat{F}$ 的**本征值谱**，记为 $\{F\}$；当 F 取分立值时，称本征值谱为**分立谱**，当 F 连续取值时，称本征值谱为**连续谱**；当 F 的取值既有分立值，又有连续值时，称本征值谱为**混合谱**；当 F 与 ψ_F 一一对应时，称 F 是**非简併**的；当一个本征值 F 对应多个本征函数 ψ_F 时，称 F 是**简併**的，所对应的 ψ_F 的个数称为 F 的**简併度**；全体本征函数构成的函数序列称为**本征函数系**或**本征矢系**，记为 $\{\psi_F\}$。

厄米算子的本征值和本征矢有若干重要性质，下面来介绍这些性质。

1. 厄米算子的本征值为实数

为证明厄米算子的这一性质，取式（10.6.1）的复共轭，有

$$(\hat{F}\psi_F)^* = F^*\psi_F^* \tag{10.6.2}$$

在厄米算子的定义式（10.5.50）中，令 $\psi=\varphi=\psi_F$，$\hat{A}=\hat{F}$，得

$$\int\psi_F^*\hat{F}\psi_F\mathrm{d}\tau = \int\psi_F(\hat{F}\psi_F)^*\mathrm{d}\tau$$

把式（10.6.1）和式（10.6.2）代入上式，得

$$F\int\psi_F^*\psi_F\mathrm{d}\tau = F^*\int\psi_F^*\psi_F\mathrm{d}\tau \tag{10.6.3}$$

注意到 $\int\psi_F^*\psi_F\mathrm{d}\tau=\int|\psi_F|^2\mathrm{d}\tau\neq 0$，于是 $F=F^*$。命题得证。

2. 厄米算子的本征矢彼此正交

首先明确正交的含义。设 ψ_1 和 ψ_2 为两个波函数，则 $(\psi_1,\psi_2)\equiv\int\psi_1^*\psi_2\mathrm{d}\tau$ 称为 ψ_1 和 ψ_2 的**内积**。当内积为零时，即

$$(\psi_1,\psi_2)=\int\psi_1^*\psi_2\mathrm{d}\tau=0 \tag{10.6.4}$$

称 ψ_1 和 ψ_2 **正交**。

下面以分立谱情况为例，证明厄米算子本征矢彼此正交。结果可平行推广到连续谱和混合谱情况。

首先考虑非简併情况。设 $\hat{F}$ 的本征值谱为 $\{F_n\}$，相应的非简併本征矢系为 $\{\psi_n\}$，即

$$\hat{F}_n\psi_n = F_n\psi_n \tag{10.6.5}$$

利用厄米算子的定义式，有

$$\int\psi_m^*\hat{F}\psi_n\mathrm{d}\tau = \int\psi_n(\hat{F}\psi_m)^*\mathrm{d}\tau \tag{10.6.6}$$

根据式（10.6.5）和性质 1，得

$$(F_m-F_n)\int\psi_m^*\psi_n\mathrm{d}\tau = 0 \tag{10.6.7}$$

由上式知，当 $F_m\neq F_n$ 时，必有

$$\int\psi_m^*\psi_n\mathrm{d}\tau = 0\quad(m\neq n) \tag{10.6.8}$$

前面曾指出过，量子力学要求波函数是归一化的，此要求对本征函数也不例外。当计及本征矢的归一化时，有

$$\int\psi_m^*\psi_n\mathrm{d}\tau = \delta_{mn} \tag{10.6.9}$$

上式同时反映了本征矢的正交性和归一性，称为本征矢的**正交归一性**，简称**正一性**。

当 $\hat{F}$ 的本征值构成连续谱时，即本征值谱 $\{F\}$ 连续取值，相应的本征矢系为 $\{\psi_F\}$，这时本征矢的正一性表为

$$\int\psi_F^*\psi_{F'}\mathrm{d}\tau=\delta(F-F') \tag{10.6.10}$$

上式与式（10.6.9）的区别是把 δ 符号换成了 δ 函数，这种改变对本征矢的正交性来说是一样的，因为当 $F\neq F'$ 时，式（10.6.10）右端亦为零。但对本征矢的归一性，情况有所不同。当 $m=n$ 时，式（10.6.9）右边 $\delta_{mn}=1$，这说明本征矢是真正归一的。而当 $F=F'$ 时，式（10.6.10）右端的 $\delta(F-F')=\infty$，这说明本征矢并没有真正归一。事实上，具有连续谱本征值的本征矢，数学上是不能归一的，如前面给出的平面波态（动量算子的本征矢）就是这样的波函数。在量子力学中，会遇到很多具有连续谱本征值的力学量算子，如坐标算子、动量算子、动能算子 $(\hat{T}=\hat{p}^2/2\mu)$ 以及非束缚态情况下的哈密顿算子，等等。为了数学处理上的方便，即为了把波函数确定到只相差一个相因子的程度，对具有连续谱本征值的本征矢，通常采取所谓的 δ 函数“归一化”，或更确切地说“归一化”为 δ 函数。关于这一点，在介绍动量本征矢时再做详细讨论。

以上就非简併情况证明了性质 2。对简併情况，即同一本征值 F_n 对应多个本征矢，如 $\varphi_{n1},\varphi_{n2},\cdots,\varphi_{ng}$，上述证明显然不能保证这些简併本征矢彼此正交。对这种情况，若将这些简併本征矢进行如下组合：

$$\begin{cases}C_1\psi_{n1}=\varphi_{n1}\\ C_2\psi_{n2}=\varphi_{n2}-\psi_{n1}\int\psi_{n1}^*\varphi_{n2}\mathrm{d}\tau\\ C_3\psi_{n3}=\varphi_{n3}-\psi_{n1}\int\psi_{n1}^*\varphi_{n3}\mathrm{d}\tau-\psi_{n2}\int\psi_{n2}^*\varphi_{n3}\mathrm{d}\tau\\ \vdots\\ C_g\psi_{ng}=\varphi_{ng}-\psi_{n1}\int\psi_{n1}^*\varphi_{ng}\mathrm{d}\tau-\cdots-\psi_{ng-1}\int\psi_{ng-1}\varphi_{ng}\mathrm{d}\tau\end{cases} \tag{10.6.11}$$

其中，系数 $C_k\,(k=1,2,\cdots,g)$ 由归一化条件

$$\int\psi_{nk}^*\psi_{nk'}\mathrm{d}\tau=\delta_{kk'}\quad(k,k'=1,2,\cdots,g) \tag{10.6.12}$$

确定。容易证明，这样组合出的 g 个函数 $\psi_{n1},\psi_{n2},\cdots,\psi_{ng}$，仍为 $\hat{F}$ 的属于本征值 F_n 的 g 重简併本征矢，而且它们彼此正交。上述方法称为**施密特（Schmidt）正交化方法**。至此，无论厄米算子的本征值是否简併，其本征矢都彼此正交。性质 2 得证。

应当指出，实际处理简併本征矢的正交化问题时，并不真采用繁琐的施密特正交化方法。由于在简併情况下，仅靠 $\hat{F}$ 的本征值 F_n 不能把本征矢唯一确定下来，为了唯一确定本征矢，通常采用与 $\hat{F}$ 具有某种关系（与 $\hat{F}$ 对易）的其它力学量算子的本征值，来对 $\hat{F}$ 的简併本征矢进行分类。分类后，正一性自动满足。这涉及到后面将要介绍的两个或多个力学量算子的共同本征矢的问题。

为方便将来使用，在此列出 δ 函数的一些有用的关系式，它们的证明都很简单，请读者自己完成或参考有关书籍（例如：梁昆淼编《数学物理方法》，人民教育出版社）。δ 函数的定义：

$$\delta(x-a)=\begin{cases}0 & (x\neq a)\\ \infty & (x=a)\end{cases} \tag{10.6.13}$$

$$\int\delta(x-a)\mathrm{d}x=1 \quad （积分域包含x=a点在内） \tag{10.6.14}$$

由上定义看出，δ 函数不是通常意义下的函数，因为它没有通常意义下的函数值。因此，δ 函数不可能是实际问题的最终计算结果，仅当对其宗量积分之后，才能给出有物理意义的结果。δ 函数的常用公式：

$$\begin{cases}\delta(x)=\delta(-x)\\ \delta'(x)=-\delta'(-x)\\ \delta(ax)=\dfrac{1}{|a|}\delta(x)\\ x\delta'(x)=-\delta(x)\\ f(x)\delta(x-a)=f(a)\delta(x-a)\\ \delta(x^2-a^2)=\dfrac{1}{2a}[\delta(x+a)+\delta(x-a)] \qquad (a>0)\\ \delta(x)=\lim\limits_{t\to\infty}\dfrac{\sin^2 tx}{\pi tx^2}\\ \delta(p-p')=\dfrac{1}{2\pi}\displaystyle\int_{-\infty}^{\infty}\mathrm{e}^{\mathrm{i}(p-p')x}\mathrm{d}x=\dfrac{1}{2\pi\hbar}\int_{-\infty}^{\infty}\mathrm{e}^{\frac{\mathrm{i}}{\hbar}(p-p')x}\mathrm{d}x\end{cases} \tag{10.6.15}$$

3. 厄米算子的本征矢具有完备性

所谓本征矢的完备性，是指对任意连续函数ψ，均可按这些本征矢展开成广义傅里叶级数。即

（1）分立谱情况：

$$\psi=\sum_n C_n\psi_n,\qquad C_n=\int\psi_n^*\psi\,\mathrm{d}\tau \tag{10.6.16}$$

（2）连续谱情况：

$$\psi=\int C_F\psi_F dF,\qquad C_F=\int\psi_F^*\psi\,\mathrm{d}\tau \tag{10.6.17}$$

（3）混合谱情况：

$$\psi=\sum_n C_n\psi_n+\int C_F\psi_F\mathrm{d}F\ ,\quad C_n=\int\psi_n^*\psi\,\mathrm{d}\tau\ ,\quad C_F=\int\psi_F^*\psi\,\mathrm{d}\tau \tag{10.6.18}$$

其中展开系数C_n和C_F的计算公式，可由本征矢的正一性得到。如在式（10.6.16）的第一式两端同乘以ψ_m^*，并对空间积分，有

$$\int\psi_m^*\psi\,\mathrm{d}\tau=\sum_n C_n\int\psi_m^*\psi_n\mathrm{d}\tau=\sum_n C_n\delta_{mn}=C_m$$

同理，可得C_F的计算公式。

厄米算子本征矢的这一性质，是基于数学中关于满足一定条件的厄米算子的全体本征矢构成完备集的定理给出的。在量子力学中，我们不去严格论证力学量算子是否满足这些数学条件，而是假定数学上的必要条件，力学量算子都能满足。因此，这条性质在量子力学中实际上是一种假设。在大量实际应用中，尚未发现违背此假设的情况出现。关于数学中对完备性的严格讨论，感兴趣的读者可以参考 R.Courant, D.Hilbert,《Methods of Mathematical Physics》Vol.I, 369 页（中译本，R.柯朗，D.希耳伯特 著，钱敏，郭敦仁译，《数学物理方法》，科学出版社，1958）。

将式（10.6.16）中的C_n代入展开式中，得

$$\psi(\xi)=\sum_n\int\psi_n^*(\xi')\psi(\xi')\mathrm{d}\xi'\psi_n(\xi) \tag{10.6.19}$$

为清楚起见，这里写出了变量ξ，ξ是空间变量的简记。交换上式中求和与积分的次序，得

$$\psi(\xi)=\int\mathrm{d}\xi'\left[\sum_n\psi_n^*(\xi')\psi_n(\xi)\right]\psi(\xi') \tag{10.6.20}$$

注意到ψ为任意函数，上式成立，必有

$$\sum_n\psi_n^*(\xi')\psi_n(\xi)=\delta(\xi'-\xi) \tag{10.6.21}$$

同理，对连续谱情况和混合谱情况也有类似的关系式：

$$\int\psi_F^*(\xi')\psi_F(\xi)\mathrm{d}F=\delta(\xi'-\xi) \tag{10.6.22}$$

$$\sum_n\psi_n^*(\xi')\psi_n(\xi)+\int\psi_F^*(\xi')\psi_F(\xi)\mathrm{d}F=\delta(\xi'-\xi) \tag{10.6.23}$$

式（10.6.21）~式（10.6.23）是本征矢完备性的必然结果，称为**完备性条件**，也叫本征矢的**封闭性**。

根据以上讨论，10.4 节所讲定态问题薛定谔方程的通解式（10.4.10）中，组合系数可表为

$$C_n=\int\psi_n^*(\boldsymbol{r})\Psi(\boldsymbol{r},0)\mathrm{d}^3r\,,\quad C_E=\int\psi_E^*(\boldsymbol{r})\Psi(\boldsymbol{r},0)\mathrm{d}^3r \tag{10.6.24}$$

利用上式，只要给定初始状态$\Psi(\boldsymbol{r},0)$，就可求出组合系数。把所得组合系数代回式（10.4.10），即得系统满足初条件的任意时刻的态。

二、共同本征矢

前面介绍厄米算子$\hat{F}$的本征矢的正交性时曾指出，在简併情况下，简併本征矢间的正交性，是通过与$\hat{F}$有某种“特定关系”的其它厄米算子（如$\hat{G}$）的本征值，将$\hat{F}$的简併本征矢进行分类来实现的。换言之，就是使$\hat{F}$的本征矢同时还是$\hat{G}$的本征矢。若设ψ_{mn}是$\hat{F}$和$\hat{G}$的共同本征矢，对应的本征值分别为F_m和G_n，则通过F_m和G_n的取值就可将本征矢唯一确定下来。若两个算子的本征值仍不足以唯一确定本征矢，还可以引入第三个、第四个等，直至它们的共同本征矢是唯一的。现在的问题是，并非任意两个或多个算子都可以有共同本征矢，有共同本征矢的算子间应满足某种特定关系，下面就来详细讨论这一问题。

定理：力学量算子$\hat{F}$和$\hat{G}$有共同完备本征矢系的充要条件是它们对易。

证明： 设$\{\psi_{mn}\}$是$\hat{F}$和$\hat{G}$的共同完备本征矢系，相应本征值谱分别为$\{F_m\}$和$\{G_n\}$，即

$$\hat{F}\psi_{mn}=F_m\psi_{mn}\quad,\quad\hat{G}\psi_{mn}=G_n\psi_{mn}$$

由上式，有

$$\hat{F}\hat{G}\psi_{mn}=G_nF_m\psi_{mn}\quad,\quad\hat{G}\hat{F}\psi_{mn}=F_mG_n\psi_{mn}$$

两式相减，得

$$[\hat{F},\hat{G}]\psi_{mn}=0 \tag{10.6.25}$$

由于$\{\psi_{mn}\}$完备，所以任意波函数

$$\psi=\sum_{mn}C_{mn}\psi_{mn}$$

用$[\hat{F},\hat{G}]$作用上式两端，并利用式（10.6.25），得

$$[\hat{F},\hat{G}]\psi=0 \tag{10.6.26}$$

由于ψ为任意函数，按算子相等的定义，得

$$[\hat{F},\hat{G}]=0 \tag{10.6.27}$$

必要性得证。

反之，若式（10.6.27）成立，并设$\hat{F}$的非简併本征矢系为$\{\psi_{mn}\}$，相应本征值谱为$\{F_m\}$，则

$$\hat{F}\psi_{mn}=F_m\psi_{mn}$$

用$\hat{G}$作用上式两端，注意到式（10.6.27），得

$$\hat{G}\hat{F}\psi_{mn}=\hat{F}\hat{G}\psi_{mn}=F_m\hat{G}\psi_{mn}$$

上式的第二个等式说明，$\hat{G}\psi_{mn}$也是$\hat{F}$的属于本征值F_m的本征矢。由于假设F_m非简併，所以$\hat{G}\psi_{mn}$与ψ_{mn}只能相差一个常数因子，即

$$\hat{G}\psi_{mn}=C\psi_{mn} \tag{10.6.28}$$

上式正是$\hat{G}$的本征值方程，常数C就是$\hat{G}$的本征值。因此ψ_{mn}是$\hat{F}$和$\hat{G}$的共同本征矢。由于ψ_{mn}是本征矢系$\{\psi_{mn}\}$中的任意一个，所以$\hat{F}$的本征矢系$\{\psi_{mn}\}$同时也是$\hat{G}$的本征矢系。至于其完备性是自然的，因为作为厄米算子$\hat{F}$的本征矢系本身就可保证这一点成立。至此，针对非简併情况充分性得证。对简併情况，充分性的证明相对繁琐些，这里从略。

特别值得注意的是，命题中“完备”二字是重要的。因为当两个力学量算子有共同本征矢，而不要求其构成完备系时，仅有式（10.6.25）成立。此处ψ_{mn}不是任意函数，不能保证$\hat{F}$和$\hat{G}$对易。反过来，即使两个算子不对易，并不排除它们存在共同本征矢。但可以肯定的是，它们的共同本征矢决不会构成完备系。容易看出，上述命题对多个力学量算子情况同样成立。

三、常见力学量算子的本征值和本征矢

为了便于将来使用，下面讨论坐标、动量和角动量等常用力学量算子的本征值与本征矢。

1. 坐标算子

为简单起见，考虑x分量，本征值方程为

$$x\psi_{x'}(x)=x'\psi_{x'}(x) \tag{10.6.29}$$

利用式（10.6.15）的第5个表达式，令其中的$f(x)=x$、$a=x'$，有

$$x\delta(x-x')=x'\delta(x-x') \tag{10.6.30}$$

比较以上两式，立刻得坐标算子 x 的属于本征值 x' 的本征矢为

$$\psi_{x'}(x)=\delta(x-x') \tag{10.6.31}$$

同理可得，算子 y 的属于本征值 y' 的本征矢和算子 z 的属于本征值 z' 的本征矢分别为

$$\psi_{y'}(y)=\delta(y-y') \tag{10.6.32}$$

$$\psi_{z'}(z)=\delta(z-z') \tag{10.6.33}$$

由于 δ 函数的宗量可取 $(-\infty,\infty)$ 间的任意值，所以，坐标算子各分量的本征值构成连续谱，取值范围是 $(-\infty,\infty)$。不难看出，上述坐标算子的本征矢自动满足连续谱本征矢的正一性条件。例如：

$$\int_{-\infty}^{\infty}\psi_{x'}^{*}(x)\psi_{x''}(x)\mathrm{d}x=\int_{-\infty}^{\infty}\delta(x-x')\delta(x-x'')\mathrm{d}x=\delta(x'-x'') \tag{10.6.34}$$

根据以上结果，易得算子 $\boldsymbol{r}$ 的属于本征值 $\boldsymbol{r}'$ 的正一化本征矢为

$$\psi_{\boldsymbol{r}'}(\boldsymbol{r})=\delta(\boldsymbol{r}-\boldsymbol{r}')=\delta(x-x')\delta(y-y')\delta(z-z') \tag{10.6.35}$$

即

$$\boldsymbol{r}\delta(\boldsymbol{r}-\boldsymbol{r}')=\boldsymbol{r}'\delta(\boldsymbol{r}-\boldsymbol{r}') \tag{10.6.36}$$

坐标算子本征值 $\boldsymbol{r}'$ 构成连续谱，取值范围是整个坐标空间。

2. 动量算子

动量算子 $\hat{\boldsymbol{p}}=-\mathrm{i}\hbar\nabla$ 的本征值方程为

$$\hat{\boldsymbol{p}}\psi_{\boldsymbol{p}}(\boldsymbol{r})=\boldsymbol{p}\psi_{\boldsymbol{p}}(\boldsymbol{r}) \tag{10.6.37}$$

上式经分离变量，得三个形式完全相同的方程。下面只写出 x 分量的方程为

$$\hat{p}_x\psi_{p_x}(x)=-\mathrm{i}\hbar\frac{\mathrm{d}}{\mathrm{d}x}\psi_{p_x}(x)=p_x\psi_{p_x}(x) \tag{10.6.38}$$

另外两个方程，只要把上式中的 x 分别换成 y 或 z 即得。直接积分上式，得动量 x 分量 $\hat{p}_x$ 的本征矢为

$$\psi_{p_x}(x)=A\exp(\mathrm{i}p_x x/\hbar) \tag{10.6.39}$$

相应本征值 $\hat{p}_x$ 在区域 $(-\infty,\infty)$ 连续取值。同理，动量算子 y 分量 $\hat{p}_y$ 和 z 分量 $\hat{p}_z$ 的本征矢分别为

$$\psi_{p_y}(y)=A\exp(\mathrm{i}p_y y/\hbar) \tag{10.6.40}$$

和

$$\psi_{p_z}(z)=A\exp(\mathrm{i}p_z z/\hbar) \tag{10.6.41}$$

相应本征值 p_y 和 p_z 在区域 $(-\infty,\infty)$ 中连续取值。综合以上结果，得方程式（10.6.37）的解，即动量算子 $\hat{\boldsymbol{p}}=-\mathrm{i}\hbar\nabla$ 的本征矢为

$$\psi_{\boldsymbol{p}}(\boldsymbol{r})=C\exp(\mathrm{i}\boldsymbol{p}\cdot\boldsymbol{r}/\hbar) \tag{10.6.42}$$

相应本征值 $\boldsymbol{p}$ 构成连续谱，在整个动量空间连续取值。不难看出，上式恰为自由粒子哈密顿算子 $\hat{H}=\hat{p}^2/2\mu$ 的本征矢，相应本征值 $E=p^2/2\mu$，在 $(-\infty,\infty)$ 中连续取值。

因为 $|\psi_{\boldsymbol{p}}|^2$ 在全空间的积分发散，所以，动量本征矢不能按通常方法归一化。对于这样（具有连续谱本征值）的本征矢，通常采用下述两种方法进行归一化。

（1）动量本征矢的 δ 函数归一化。

考虑如下积分

$$\int_{\infty}\psi_{p'}^{*}(\boldsymbol{r})\psi_{p}(\boldsymbol{r})\mathrm{d}^3 r=|C|^2\int_{-\infty}^{\infty}\mathrm{e}^{\frac{\mathrm{i}}{\hbar}(p_x-p'_x)x}\mathrm{d}x\int_{-\infty}^{\infty}\mathrm{e}^{\frac{\mathrm{i}}{\hbar}(p_x-p'_x)y}\mathrm{d}y\int_{-\infty}^{\infty}\mathrm{e}^{\frac{\mathrm{i}}{\hbar}(p_x-p'_x)z}\mathrm{d}z$$

利用式（10.6.15）的最后一个表达式，有

$$\int_{\infty}\psi_{p'}^{*}(\boldsymbol{r})\psi_{p}(\boldsymbol{r})\mathrm{d}^3 r=|C|^2(2\pi\hbar)^3\delta(p_x-p'_x)\delta(p_y-p'_y)\delta(p_z-p'_z)$$

$$=|C|^2(2\pi\hbar)^3\delta(\boldsymbol{p}-\boldsymbol{p}') \tag{10.6.43}$$

若令

$$|C|^2=1/(2\pi\hbar)^3 \tag{10.6.44}$$

有

$$\int_{\infty}\psi_{p'}^{*}(\boldsymbol{r})\psi_{p}(\boldsymbol{r})\mathrm{d}^3 r=\delta(\boldsymbol{p}-\boldsymbol{p}') \tag{10.6.45}$$

上式就是动量本征矢的δ函数归一化。同时还蕴含了动量本征矢的正交性，因此它表达了动量本征矢的正一性。从式（10.6.44）解出C，并略去无关紧要的相因子，得动量本征矢的归一化系数为

$$C=\frac{1}{(2\pi\hbar)^{3/2}} \tag{10.6.46}$$

代入式（10.6.42），得δ函数归一化的动量本征矢为

$$\psi_{p}(\boldsymbol{r})=\frac{1}{(2\pi\hbar)^{3/2}}\exp(\mathrm{i}\boldsymbol{p}\cdot\boldsymbol{r}/\hbar) \tag{10.6.47}$$

由以上推导不难看出，对一维情况，归一化系数$A=\dfrac{1}{(2\pi\hbar)^{1/2}}$。

（2）动量本征矢的箱归一化。

动量本征矢的箱归一化，是数学中处理发散积分经常采用的传统方法。其基本思想是，先在有限区域内完成积分，然后取消对积分区域的限制，即取积分区域趋于无穷的极限。此方法用到动量本征矢的归一化中，从物理上看等效于把一个处于平面波态的粒子（不受任何限制的自由粒子）限定在一个有限空间范围内（人为的将本来的自由粒子变为非自由粒子）运动，这样把本来的连续本征值谱人为地化为分立谱，从而可以进行真正意义上的归一化，完成归一化积分。最后再将对粒子的限制去掉，即让限制粒子运动空间范围的边界趋于无穷（又恢复为自由粒子）。

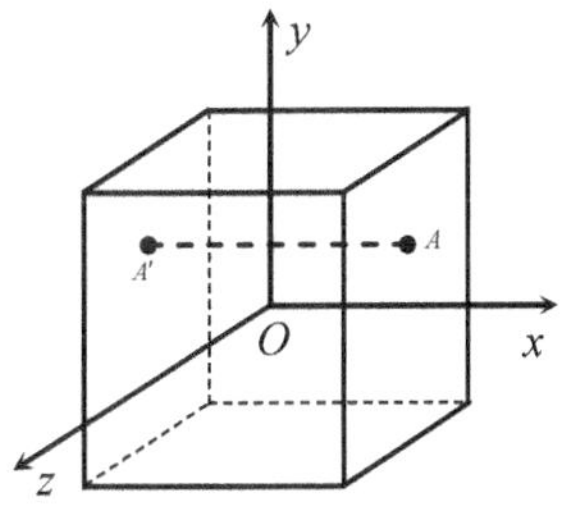

图 10.6.1　动量本征矢的箱归一化

根据上述思想，由于最终要把对粒子运动空间范围的限制去掉，故所加限制的几何形状对最终结果没有影响。因此，不妨选择最方便处理的区域——立方箱。设立方箱的边长为 L，坐标原点选在箱子的中心，坐标轴垂直穿过立方箱的各面，如图 10.6.1 所示。粒子被限制在箱内运动，其坐标的变化区域为

$$x\in[-L/2,L/2],\quad y\in[-L/2,L/2],\quad z\in[-L/2,L/2]$$

在上述限制下，为保证形如$\hat{\boldsymbol{p}}=-\mathrm{i}\hbar\nabla$的动量算子的厄米性，需对定义于该区域的波函数$\psi$加上所谓的**周期性边界条件**，即要求波函数$\psi$在立方箱相对面上对应点的值相等。如

图 10.6.1 中，ψ 在 A 点和 A' 点处的值相等，表示为

$$\psi(-L/2,y,z)=\psi(L/2,y,z) \tag{10.6.48}$$

下面来证明这一结果。

设 $\psi_1(x,y,z)$ 和 $\psi_2(x,y,z)$ 是定义于立方箱内的两个任意波函数，动量的 x 分量 $\hat{p}_x$ 厄米要求关系式

$$\int_{-L/2}^{L/2}\psi_1^*(x)\hat{p}_x\psi_2(x)\mathrm{d}x=\int_{-L/2}^{L/2}\psi_2(x)[\hat{p}_x\psi_1(x)]^*\mathrm{d}x \tag{10.6.49}$$

成立。为了书写方便，这里没有写出无关的变量 y 和 z。将 $\hat{p}_x$ 的算子形式代入上式，经简单计算，得

$$\psi_1^*(L/2)\psi_2(L/2)=\psi_1^*(-L/2)\psi_2(-L/2)$$

或

$$\frac{\psi_1^*(L/2)}{\psi_1^*(-L/2)}\cdot\frac{\psi_2(L/2)}{\psi_2(-L/2)}=1 \tag{10.6.50}$$

由于 ψ_1 和 ψ_2 是任意函数，特别的，若令 $\psi_1=\psi_2=\psi$，则上式化为

$$\left|\frac{\psi(L/2)}{\psi(-L/2)}\right|^2=1$$

故

$$\psi(-L/2)=\mathrm{e}^{\mathrm{i}\delta}\psi(L/2)$$

令无关紧要的相因子 $\mathrm{e}^{\mathrm{i}\delta}=1$，上式化为式（10.6.48）。同理可证

$$\begin{cases}\psi(x,-L/2,z)=\psi(x,L/2,z)\\ \psi(x,y,-L/2)=\psi(x,y,L/2)\end{cases} \tag{10.6.51}$$

把周期性边界条件式（10.6.48）用于 $\hat{p}_x$ 的本征矢式（10.6.39），得

$$\exp(\mathrm{i}p_xL/\hbar)=1$$

由上式得本征值 p_x 为

$$p_{n_x}=\frac{2\pi\hbar}{L}n_x\quad(n_x=0,\pm1,\pm2,\cdots) \tag{10.6.52}$$

同样方法可得 $\hat{p}_y$ 和 $\hat{p}_z$ 的本征值为

$$p_{n_y}=\frac{2\pi\hbar}{L}n_y\quad(n_y=0,\pm1,\pm2,\cdots) \tag{10.6.53}$$

和

$$p_{n_z}=\frac{2\pi\hbar}{L}n_z\quad(n_z=0,\ \pm1,\ \pm2,\ \cdots) \tag{10.6.54}$$

由此可知，加箱后动量本征值变成了分立谱，相邻本征值等“间距”，如 $\hat{p}_x$ 的任意两个相邻本征值之差

$$\Delta p_{n_x}=2\pi\hbar/L=h/L \tag{10.6.55}$$

当 $L\to\infty$（去掉箱）时，$\Delta p_{n_x}\to0$，本征值恢复为原本的连续谱情况。

现在动量本征矢可按通常方式归一化，如式（10.6.39）所示 $\hat{p}_x$ 的本征矢的归一化为

$$\int_{-L/2}^{L/2}\left|\psi_{p_{n_x}}\right|^2\mathrm{d}x=|A|^2L=1$$

把相因子取成 1，得归一化系数 $A=1/\sqrt{L}$。从而 $\hat{p}_x$ 的箱归一化本征矢为

$$\psi_{p_{n_x}}(x)=\frac{1}{\sqrt{L}}\mathrm{e}^{\frac{\mathrm{i}}{\hbar}p_{n_x}x}=\frac{1}{\sqrt{L}}\mathrm{e}^{\mathrm{i}\frac{2\pi}{L}n_x x} \tag{10.6.56}$$

同理可得 $\hat{p}_y$ 和 $\hat{p}_z$ 的箱归一化本征值为

$$\begin{cases}\psi_{p_{n_y}}(y)=\dfrac{1}{\sqrt{L}}\mathrm{e}^{\frac{\mathrm{i}}{\hbar}p_{n_y}y}=\dfrac{1}{\sqrt{L}}\mathrm{e}^{\mathrm{i}\frac{2\pi}{L}n_y y}\\ \psi_{p_{n_z}}(z)=\dfrac{1}{\sqrt{L}}\mathrm{e}^{\frac{\mathrm{i}}{\hbar}p_{n_z}z}=\dfrac{1}{\sqrt{L}}\mathrm{e}^{\mathrm{i}\frac{2\pi}{L}n_z z}\end{cases} \tag{10.6.57}$$

综合以上两式，得 $\hat{\boldsymbol{p}}$ 的箱归一化本征矢为

$$\psi_{p_n}(\boldsymbol{r})=\frac{1}{\sqrt{V}}\mathrm{e}^{\frac{\mathrm{i}}{\hbar}\boldsymbol{p}_n\cdot\boldsymbol{r}} \tag{10.6.58}$$

式中：$V=L^3$ 为箱的体积；$\boldsymbol{p}_n=\boldsymbol{i}p_{n_x}+\boldsymbol{j}p_{n_y}+\boldsymbol{k}p_{n_z}$ 为箱归一化时 $\hat{\boldsymbol{p}}$ 的本征值。

至此，动量本征矢的箱归一化已经完成。值得注意的是，在应用箱归一化方法处理实际问题时，要在求解的最后结果中，取 $L\to\infty$ 的极限。在大多数情况下，L 常常在中间计算过程中已被消去，这时最后的取极限过程可省掉。

最后来讨论箱归一化动量本征矢与 δ 函数的关系。为此，考虑下述求和

$$\sum_{n_x=-\infty}^{\infty}\psi^*_{p_{n_x}}(x')\psi_{p_{n_x}}(x)=\sum_{n_x=-\infty}^{\infty}\frac{1}{L}\mathrm{e}^{\frac{\mathrm{i}}{\hbar}p_{n_x}(x-x')}=\frac{1}{2\pi\hbar}\sum_{p_{n_x}=-\infty}^{\infty}\Delta p_{n_x}\mathrm{e}^{\frac{\mathrm{i}}{\hbar}p_{n_x}(x-x')}$$

上式最后一步用到了式（10.6.55）以及对 n_x 求和与对 p_{n_x} 求和等效的事实。当 $L\to\infty$ 时，分立本征值 $p_{n_x}\to$ 连续本征值 p_x，相邻本征值之差 $\Delta p_{n_x}\to$ 连续本征值的微分 $\mathrm{d}p_x$，从而上式化为

$$\sum_{n_x=-\infty}^{\infty}\psi^*_{p_{n_x}}(x')\psi_{p_{n_x}}(x)=\frac{1}{2\pi\hbar}\int_{-\infty}^{\infty}\mathrm{e}^{\frac{\mathrm{i}}{\hbar}p_x(x-x')}\mathrm{d}p_x=\delta(x-x') \tag{10.6.59}$$

式（10.6.59）正是动量本征矢的封闭性条件。由上面的推导不难看出，当 L 足够大时，有如下替换关系：

$$\sum_{n_x=-\infty}^{\infty}\frac{1}{L}\to\frac{1}{h}\int_{-\infty}^{\infty}\mathrm{d}p_x \quad 或 \sum_{n_x=-\infty}^{\infty}\to\int_{-\infty}^{\infty}\frac{L\mathrm{d}p_x}{h} \tag{10.6.60}$$

由于 $\sum\limits_{n_x=-\infty}^{\infty}$ 表示对 $\hat{p}_x$ 的所有本征矢求和，按上述 L 足够大时的替换关系，自然可以把 $\dfrac{L\mathrm{d}p_x}{h}$ 理解为在长度 L 内、动量在 $p_x\sim p_x+\mathrm{d}p_x$ 范围内 $\hat{p}_x$ 的本征矢的“个数”。以上讨论可以推广到三维情况：

$$\sum_{n=-\infty}^{\infty}\psi^*_{p_n}(\boldsymbol{r}')\psi_{p_n}(\boldsymbol{r})=\frac{1}{(2\pi\hbar)^3}\int_{-\infty}^{\infty}\mathrm{e}^{\frac{\mathrm{i}}{\hbar}\boldsymbol{p}\cdot(\boldsymbol{r}-\boldsymbol{r}')}\mathrm{d}p_x\mathrm{d}p_y\mathrm{d}p_z=\delta(\boldsymbol{r}-\boldsymbol{r}') \tag{10.6.61}$$

$$\sum_{n=-\infty}^{\infty}\to\int_{-\infty}^{\infty}\frac{V\mathrm{d}p_x\mathrm{d}p_y\mathrm{d}p_z}{h^3} \tag{10.6.62}$$

其中n是n_x、n_y、n_z的缩写，类似于一维情况，可以把$\dfrac{V\mathrm{d}p_x\mathrm{d}p_y\mathrm{d}p_z}{h^3}$理解为体积$V$内，动量在$\boldsymbol{p}\sim(\boldsymbol{p}+\mathrm{d}\boldsymbol{p})$范围内动量本征矢的“个数”。这种理解以及式（10.6.62）的替换关系在统计物理学中有非常重要的应用。

3. 角动量z分量

式（10.5.8）给出了角动量算子三个分量的算子形式，其中$\hat{L}_Z$（极轴方向的分量）的形式最为简单，实用中也最为常用。下面计算$\hat{L}_Z$的本征值和本征矢。

设$\phi_{L_z}(\varphi)$为$\hat{L}_Z$的本征矢，相应本征值为L_z，则$\hat{L}_Z$的本征值方程写为

$$\hat{L}_z\phi_{L_z}(\varphi)=L_z\phi_{L_z}(\varphi) \tag{10.6.63}$$

将$\hat{L}_z=-\mathrm{i}\hbar\dfrac{\partial}{\partial\varphi}$代入，得

$$-\mathrm{i}\hbar\frac{\mathrm{d}}{\mathrm{d}\varphi}\phi_{L_z}(\varphi)=L_z\phi_{L_z}(\varphi) \tag{10.6.64}$$

直接积分上式，得

$$\phi_{L_z}(\varphi)=A\exp(\mathrm{i}L_z\varphi/\hbar) \tag{10.6.65}$$

式中：A为积分常数，由归一化确定。注意到波函数的单值性，$\phi_{L_z}(\varphi)$应满足下述周期性条件：

$$\phi_{L_z}(\varphi)=\phi_{L_z}(\varphi+2\pi) \tag{10.6.66}$$

把式（10.6.65）代入上式，得$\hat{L}_Z$的本征值为

$$L_z=m\hbar\quad(m=0,\pm1,\pm2,\cdots) \tag{10.6.67}$$

上式说明，$\hat{L}_Z$的本征值构成分立谱，其取值完全由数m决定，习惯上称m为**磁量子数**或角动量**投影量子数**。把式（10.6.67）代入式（10.6.65），得$\hat{L}_Z$的本征矢为

$$\phi_m(\varphi)=A\exp(\mathrm{i}m\varphi)\quad(m=0,\pm1,\pm2,\cdots) \tag{10.6.68}$$

这里，为书写简单，已把本征矢的下标“L_z”换成了量子数“m”。因为m的值与L_z的值是一一对应的。给定m的值，即知L_z的值，同时也知道了所对应的本征矢ϕ_m。所以，用本征值的取值来确定本征态，等同于用量子数的值来确定本征态，这就是量子力学中用量子数标识态的思想。

把式（10.6.68）代入归一化积分：

$$\int_0^{2\pi}\phi_m^*(\varphi)\phi_m(\varphi)\mathrm{d}\varphi=1 \tag{10.6.69}$$

中，求得归一化系数$A=1/\sqrt{2\pi}$。所以，$\hat{L}_Z$的归一化本征矢为

$$\phi_m(\varphi)=\frac{1}{\sqrt{2\pi}}\exp(\mathrm{i}m\varphi)\quad(m=0,\pm1,\pm2,\cdots) \tag{10.6.70}$$

4. 角动量平方

量子力学中，当涉及到粒子的角动量问题时，角动量平方是十分重要的物理量。下面讨论角动量平方的本征值和本征矢。

设$Y(\theta,\varphi)$是$\hat{L}^2$的本征矢，相应本征值为$\lambda\hbar^2$，即

$$\hat{L}^2 Y(\theta,\varphi)=\lambda\hbar^2 Y(\theta,\varphi) \tag{10.6.71}$$

将式（10.5.10）所示 $\hat{L}^2$ 的形式代入上式，得

$$-\left[\frac{1}{\sin\theta}\frac{\partial}{\partial\theta}(\sin\theta\frac{\partial}{\partial\theta})+\frac{1}{\sin^2\theta}\frac{\partial^2}{\partial\varphi^2}\right]Y=\lambda Y \tag{10.6.72}$$

不难看出，方程（10.6.72）可用分离变量法求解。令

$$Y(\theta,\varphi)=\Theta(\theta)\phi(\varphi) \tag{10.6.73}$$

并代入式（10.6.72），整理后，得

$$-\frac{1}{\phi}\frac{\mathrm{d}^2\phi}{\mathrm{d}\varphi^2}=\sin\theta\frac{1}{\Theta}\frac{\mathrm{d}}{\mathrm{d}\theta}(\sin\theta\frac{\mathrm{d}\Theta}{\mathrm{d}\theta})+\lambda\sin^2\theta \tag{10.6.74}$$

上式两端分别依赖于独立变数 θ 和 φ，要使等式恒成立，它们必等于一个共同的常数。设此常数为 m^2，于是有如下两个方程：

$$\frac{\mathrm{d}^2\phi}{\mathrm{d}\varphi^2}+m^2\phi=0 \tag{10.6.75}$$

和

$$\sin\theta\frac{\mathrm{d}}{\mathrm{d}\theta}(\sin\theta\frac{\mathrm{d}\Theta}{\mathrm{d}\theta})+(\lambda\sin^2\theta-m^2)\Theta=0 \tag{10.6.76}$$

方程（10.6.75）满足周期性条件的归一化解为

$$\phi_m(\varphi)=\frac{1}{\sqrt{2\pi}}\exp(\mathrm{i}m\varphi)\quad(m=0,\pm1,\pm2,\cdots) \tag{10.6.77}$$

为求解方程（10.6.76），令 $x=\cos\theta$，（$|x|\leqslant 1$），代入方程，得

$$(1-x^2)\frac{\mathrm{d}^2\Theta}{\mathrm{d}x^2}-2x\frac{\mathrm{d}\Theta}{\mathrm{d}x}+(\lambda-\frac{m^2}{1-x^2})\Theta=0 \tag{10.6.78}$$

上式正是熟知的缔合勒让德（Legendre）方程。在 $|x|\leqslant 1$ 区域内，方程有两个正则奇点 $x=\pm1$，余者均为常点。按照微分方程理论，方程（10.6.78）在 $|x|\leqslant 1$ 区域内存在有界解的条件是

$$\lambda=l(l+1)\quad(l=0,1,2,\cdots) \tag{10.6.79}$$

有界解为

$$\Theta_{lm}(\theta)=NP_l^m(\cos\theta)\quad(m=0,\pm1,\pm2,\cdots,\pm l) \tag{10.6.80}$$

其中 N 为归一化系数，$P_l^m(x)$ 为缔合勒让德多项式，它可以表示成下述微分形式：

$$P_l^m(x)=(-1)^m\frac{1}{2^l l!}(1-x^2)^{m/2}\frac{\mathrm{d}^{l+m}}{\mathrm{d}x^{l+m}}(x^2-1)^l\quad(|m|\leqslant l) \tag{10.6.81}$$

利用 $P_l^m(x)$ 的积分

$$\int_{-1}^{1}P_l^m(x)P_{l'}^m(x)\mathrm{d}x=\frac{2}{2l+1}\frac{(l+m)!}{(l-m)!}\delta_{ll'} \tag{10.6.82}$$

得归一化解为

$$\Theta_{lm}(\theta)=(-1)^m\sqrt{\frac{2l+1}{2}\frac{(l-m)!}{(l+m)!}}P_l^m(\cos\theta)\qquad(|m|\leqslant l) \tag{10.6.83}$$

其中，相因子是按惯用的戈登-索特莱（Condon-Shortley）取法取定的。把式（10.6.77）

和式（10.6.83）代入式（10.6.73），得 $\hat{L}^2$ 的正一化本征矢为

$$Y_{lm}(\theta,\varphi)=(-1)^m\sqrt{\frac{2l+1}{4\pi}\frac{(l-m)!}{(l+m)!}}P_l^m(\cos\theta)\mathrm{e}^{\mathrm{i}m\varphi}\quad\begin{pmatrix}l=0,1,2,\cdots\\ m=0,\pm1,\cdots,\pm l\end{pmatrix}\tag{10.6.84}$$

上式称为**球谐函数**。其正一化关系为

$$\int_{4\pi}Y_{lm}^*(\theta,\varphi)Y_{l'm'}(\theta,\varphi)\mathrm{d}\Omega=\delta_{ll'}\delta_{mm'}\tag{10.6.85}$$

式中：$\mathrm{d}\Omega=\sin\theta\mathrm{d}\theta\mathrm{d}\varphi$ 称为**立体角元**，$\int_{4\pi}\mathrm{d}\Omega=\int_0^{\pi}\sin\theta\mathrm{d}\theta\int_0^{2\pi}\mathrm{d}\varphi$ 表示对三维空间的整个立体角（所有方向）积分。由式（10.6.79）和式（10.6.71）知，$\hat{L}^2$ 的本征值为

$$\lambda\hbar^2=l(l+1)\hbar^2\quad(l=0,1,2,\cdots)\tag{10.6.86}$$

式中：l 称为**角量子数**。由它可唯一确定角动量平方的本征值。用 $\hat{L}_z$ 作用于球谐函数，易得

$$\hat{L}_zY_{lm}=m\hbar Y_{lm}\tag{10.6.87}$$

上式说明，球谐函数$\{Y_{lm}\}$不但是 $\hat{L}^2$ 的本征矢系，同时还是 $\hat{L}_z$ 的本征矢系，而下标 m 恰好就是确定 $\hat{L}_z$ 本征值的磁量子数。$\hat{L}^2$ 和 $\hat{L}_z$ 所以有共同完备本征矢系$\{Y_{lm}\}$，是因为 $\hat{L}^2$ 和 $\hat{L}_z$ 对易，这与前面共同本征矢的讨论是一致的。

由式(10.6.86)知，$\hat{L}^2$ 的本征值只依赖于角量子数 l，与磁量子数 m 无关。而式(10.6.84)所示 $\hat{L}^2$ 的本征矢 Y_{lm} 却由角量子数和磁量子数（l，m）共同决定。因此，当给定 $\hat{L}^2$ 的本征值，即给定角量子数 l 的值时，一般不能将 $\hat{L}^2$ 的本征矢唯一确定下来（除非 l=0），因为，磁量子数 m 还可以取（$0,\pm1,\cdots,\pm l$）共 $2l+1$ 个值。所以，$\hat{L}^2$ 的本征值是 $2l+1$ 度简併的。若同时给定 $\hat{L}^2$ 和 $\hat{L}_z$ 的本征值，即同时给定角量子数 l 和磁量子数 m 的值时，本征矢将唯一确定。这正是前面曾提到的，当一个力学量算子的本征值有简併时，仅通过该力学量算子的本征值不能把本征矢唯一确定下来。为了唯一确定本征矢，需引入与该力学量算子对易的其它力学量，并用这个新引入的力学量算子的本征值对原来简併本征矢分类，从而将本征矢唯一确定下来。不难看到，在这里 $\hat{L}_z$ 起得就是这样的作用。同时，作为 $\hat{L}^2$ 的简併的本征矢 Y_{lm}，在没有使用施密特正交化方法的情况下，正交性已自动满足。

由以上讨论看到：$\hat{L}^2$ 和 $\hat{L}_z$ 的本征值、球谐函数 Y_{lm}、角量子数和磁量子数（l，m）三者一一对应。只要给定其一，便知另外两个。显然，给定量子数无论是书写还是表述都最为简洁。因此，在量子力学中常常用一组量子数来表示一组彼此对易的力学量的共同本征矢，这样的一组量子数称为**态指标**。

10.7 力学量的测量

一、力学量的单次测量

建立理论是为了预言实验测量结果，进行实验测量是为了证实理论预言是否正确(从而证实理论是否正确)。所有这些，都要通过将理论计算结果与实验测量结果进行比较来完成。在经典力学中，这种比较是直接的。因为，经典力学中的态就是用力学量（正则

变量）来描述的，任何其它力学量都是态的单值连续函数。所以，经典力学中的一切计算和测量，原则上都归结为对态的计算和测量。但在量子力学中，情况却截然不同。量子力学中的状态用波函数来描述，力学量用厄米算子来描述，两者是完全分开的，没有任何直接联系。更重要的是，波函数和算子本身都不能直接测量。那么，量子力学理论用什么去和测量结果进行比较呢？要普遍解决这一问题，看来还需引入一个新的假设。为此，我们先来就以前所学知识中，与测量有关的内容做一简单回顾。

在 10.1 节中介绍量子态的描述时曾指出，当粒子处于波函数$\psi(\boldsymbol{r},t)$所描述的状态时，t时刻在$\boldsymbol{r}'$点处找到粒子的几率密度为$|\psi(\boldsymbol{r}',t)|^2$。或等价地叙述为，$t$时刻测得粒子坐标为$\boldsymbol{r}'$的几率密度是$|\psi(\boldsymbol{r}',t)|^2$。根据上一节的讨论知，$\boldsymbol{r}'$是坐标算子的本征值，相应本征矢为$\delta(\boldsymbol{r}-\boldsymbol{r}')$。根据$\delta$函数的性质，粒子状态波函数$\psi(\boldsymbol{r},t)$可表示成

$$\psi(\boldsymbol{r},t)=\int\psi(\boldsymbol{r}',t)\delta(\boldsymbol{r}-\boldsymbol{r}')\mathrm{d}^3r' \tag{10.7.1}$$

上式也可理解为量子态$\psi(\boldsymbol{r},t)$按坐标本征态$\delta(\boldsymbol{r}-\boldsymbol{r}')$的展开，展开系数为$\psi(\boldsymbol{r}',t)$。类似的，在 10.2 节介绍态叠加原理时，曾将$\psi(\boldsymbol{r},t)$表示为平面波态的叠加，即式（10.2.6）。这实质上是将量子态$\psi(\boldsymbol{r},t)$按动量本征矢$\psi_p(\boldsymbol{r})=\dfrac{1}{(2\pi\hbar)^{3/2}}\exp(\mathrm{i}\boldsymbol{p}\cdot\boldsymbol{r}/\hbar)$的展开，展开系数$C(\boldsymbol{p},t)$就是式（10.2.8）。按 10.2 节最后一段的讨论，$|C(\boldsymbol{p},t)|^2$同样可以理解为在t时刻测得粒子动量为$\boldsymbol{p}$的几率密度。而$\boldsymbol{p}$恰是动量算子的本征值。

通过以上两个例子，不难看出它们的一些共同特点。

（1）无论是测量粒子的坐标还是动量，测得的值必为相应力学量算子的本征值。

（2）当粒子处于波函数$\psi(\boldsymbol{r},t)$所描述的量子态时，无论是测量坐标还是测量动量，可能测到的值的几率幅，恰为$\psi(\boldsymbol{r},t)$按被测力学量算子的本征矢展开时，相应的展开系数。

若将关于坐标和动量测量的上述结论加以推广，认为对一切力学量的测量均是如此，便得到量子力学理论关于力学量测量结果预言的基本假设，即量子力学的第五条基本假设：

在体系处于波函数ψ所描述的状态下，测量任意力学量F时，单次测量所得结果一定是该力学量算子$\hat{F}$的某个本征值F_n，且测得F_n的几率幅为

$$C_n=\int\psi_n^*\psi\,\mathrm{d}\tau \tag{10.7.2}$$

$\{\psi_n\}$为$\hat{F}$的本征矢系。

上述假设把力学量的测量结果与力学量算子的本征值谱联系在了一起。同时假设还明确指出：**量子力学对单次测量结果的预言是不确定的、统计性的。**也就是说，如果设想有许许多多完全相同的、均处于同一状态ψ的体系，若对这些体系的某个力学量F进行测量，测量结果将不是唯一的，而是得到各种不同的值（但一定是$\hat{F}$的本征值）。并且，得到各个可能值的几率幅由式（10.7.2）所决定。不难看出，在对力学量测量结果的预言问题上，量子力学与经典力学有着本质的区别。经典力学对测量结果的预言是**决定论**的，量子力学对测量结果的预言是非决定论的、统计性的。量子力学关于测量结果的统计性预言被大量理论和实验证明是正确的。

当然，以上所讲是针对一般情况而言的。在某些特殊情况下，量子力学也能给出类似于经典力学那样，对测量结果的“决定论性”的预言。关于这一点，假设已明确指出。事实上，如果体系所处状态就是算子 $\hat{F}$ 的本征矢 ψ_n。由式（10.7.2）知，测量力学量 F 得到 F_n 的几率幅 $C_n=1$（一般为 $e^{i\delta}$），几率 $|C_n|^2=1$。因此，在这种情况下，测量结果是唯一确定的。由此可见，**当且仅当体系处于某力学量算子的本征矢所描述的状态时，该力学量才有确定值，这个确定值就是本征矢所对应的本征值。**此时体系所处的态称为该力学量的**本征态。**

在 10.6 节中曾指出，当两个或多个力学量算子彼此对易时，它们存在共同的完备本征矢系。如果体系处于这些力学量的共同本征态时，按假设，这些力学量必然同时有确定值。值得注意的是，两个或多个力学量是否同时取确定值，关键不在于力学量算子是否对易，而在于体系所处状态是否为它们的共同本征态。例如，当体系所处状态为球谐函数 $Y_{lm}(\theta,\phi)$ 时，角动量平方 L^2 和角动量 z 分量 L_z 必然同时取确定值 $l(l+1)\hbar^2$ 和 $m\hbar$。但在这个态下，L^2 和 L_x（或 L_y）却不同时取确定值，尽管这两个力学量是对易的。再如，当体系处于 $Y_{00}(\theta,\phi)=1/\sqrt{4\pi}$ 所表示的状态时，角动量三个分量同时取确定值 0。尽管这三个力学量彼此都不对易，但 $Y_{00}(\theta,\phi)$ 是它们的共同本征矢。当然，彼此不对易的力学量有共同本征矢的情况是比较少见的。因此，习惯上常说对易的力学量可以同时取确定值。但切记一定是在它们的共同本征态下。

假设五还蕴含着另外一个重要事实，这就是：**测量必将引起体系状态的改变，而且，这种改变是几率性的突变。**测量所引起体系状态的几率性突变称为**波包扁缩**或**波包塌缩**。波包塌缩现象在经典力学中是不存在的。在经典力学中，测量对体系的影响是可以预知的，能够控制的，原则上能使测量的影响降为零，即使技术上达不到，也可通过理论修正来实现。但在量子力学中，测量对体系的影响是无法预知的、不可控制的。关于测量对体系状态的影响，可作如下理解：假定测量前体系处于任意波函数 ψ 所描述的状态。当对力学量 F 进行测量时，若测得的结果为 F_n。设想紧接着刚才的测量再进行相同的测量，可以想见，得到的结果必然还是 F_n。这是因为，量子态随时间的演化是连续的，而两次测量的时间间隔为无穷小，在无穷小的时间间隔内量子态不可能有明显的改变。同样，在第二次测量之后紧接着进行第三次测量、第四次测量，等等。如果一次紧接着一次一直测量下去，每次的测量结果必然都是 F_n。这意味着，在第一次测量后的瞬间，体系实际上处于力学量算子 $\hat{F}$ 的属于本征值 F_n 本征态 ψ_n 下，而不再处于测量前的状态 ψ 下，否则不可能在以后的测量中得到一个确定值 F_n。再注意到第一次测量并不一定得到 F_n，完全可能得到其它值，到底得到哪个值，在测量前是无法预知的，我们只知道可能得到哪些值，以及得到这些可能值的几率。但是，一旦测得某个值，体系就由测量前的状态 ψ，突然变为所测值对应的本征态下。由上讨论可知，量子力学中，测量确实会引起量子态的几率性突变，而且这种几率性突变与测量手段、测量技能等因素无关，是量子力学基本原理的直接推论。应当指出，量子态随时间的变化和由于测量引起的量子态的变化是完全不同的两件事。前者遵从薛定谔方程，是决定论的；而后者不遵从薛定谔方程，是量子力学关于测量假设的直接结论，不是决定论的，是几率性的。二者有着本质的差别。大量理论研究和实验研究证明，波包塌缩是正确的。波包塌缩是微观粒子的一个普遍特性，这一特性在实践中有着重要应用，如量子态的制备。

二、力学量的平均值

当体系处于波函数$\psi(\boldsymbol{r},t)$所描述的状态时，由上面的讨论知，任何力学量的可能取值及取值几率分布都是确定的。因此，在给定状态下，任何力学量的平均值也必然是确定的。下面导出计算平均值的一般公式。

设力学量算子$\hat{F}$的本征值谱和本征矢系分别为$\{F_n,F\}$和$\{\psi_n,\psi_F\}$。这里考虑最一般的混合谱情况。任意量子态ψ可以按$\hat{F}$的本征矢展开为

$$\psi=\sum_n C_n\psi_n+\int C_F\psi_F\mathrm{d}F \tag{10.7.3}$$

其中展开系数为

$$C_n=\int\psi_n^*\psi\mathrm{d}\tau\,,\quad C_F=\int\psi_F^*\psi\mathrm{d}\tau \tag{10.7.4}$$

当ψ是归一化波函数时，容易证明

$$\sum_n|C_n|^2+\int|C_F|^2\mathrm{d}F=1 \tag{10.7.5}$$

上式保证了假设中把展开系数的模方解释为几率的正确性。根据由可能值和相应几率求平均值的一般规则，在ψ下，力学量$\hat{F}$的平均值$\overline{F}$为

$$\overline{F}=\sum_n F_n|C_n|^2+\int F|C_F|^2\mathrm{d}F \tag{10.7.6}$$

把式（10.7.4）代入上式，经简单推导，得

$$\overline{F}=\int\psi^*\hat{F}\psi\mathrm{d}\tau \tag{10.7.7}$$

式（10.7.7）与式（10.7.6）完全等价，是计算平均值的常用公式，也是量子力学中的基本公式之一。由式（10.7.6）不难看出，力学量的平均值必为实数。

三、测不准关系

在10.1节中，通过对波包弥散问题的讨论，得出粒子坐标不确定量及其共轭动量不确定量乘积的一个粗略估计，即式（10.1.9）。下面对这个问题进行严格的讨论。

设力学量算子$\hat{F}$和$\hat{G}$的对易关系为

$$[\hat{F},\hat{G}]=\mathrm{i}\hat{k} \tag{10.7.8}$$

容易证明$\hat{k}$为厄米算子。定义算子

$$\Delta\hat{F}=\hat{F}-\overline{F}\,,\quad \Delta\hat{G}=\hat{G}-\overline{G} \tag{10.7.9}$$

其中$\overline{F}$和$\overline{G}$分别表示$\hat{F}$和$\hat{G}$在任意量子态ψ下的平均值，它们一定是实数。于是$\Delta\hat{F}$和$\Delta\hat{G}$厄米。利用式（10.7.8），有

$$[\Delta\hat{G},\Delta\hat{F}]=[\hat{G},\hat{F}]=-\mathrm{i}\hat{k} \tag{10.7.10}$$

现考虑含实参数ξ的积分：

$$I(\xi)=\int|(\xi\Delta\hat{F}-\mathrm{i}\Delta\hat{G})\psi|^2\mathrm{d}\tau\geqslant 0 \tag{10.7.11}$$

由于被积函数恒不为负，所以上面的不等式恒成立。把上式的积分写开，并利用厄米共轭算子的定义（注意算子$\xi\Delta\hat{F}-\mathrm{i}\Delta\hat{G}$不厄米），有

$$\begin{aligned}I(\xi)&=\int[(\xi\Delta\hat{F}-\mathrm{i}\Delta\hat{G})\psi]^*(\xi\Delta\hat{F}-\mathrm{i}\Delta\hat{G})\psi\,\mathrm{d}\tau\\&=\int\psi^*(\xi\Delta\hat{F}-\mathrm{i}\Delta\hat{G})^+(\xi\Delta\hat{F}-\mathrm{i}\Delta\hat{G})\psi\,\mathrm{d}\tau\\&=\int\psi^*\{\xi^2(\Delta\hat{F})^2+i\xi[\Delta\hat{G},\Delta\hat{F}]+(\Delta\hat{G})^2\}\psi\,\mathrm{d}\tau\\&=\overline{(\Delta\hat{F})^2}\xi^2+\overline{k}\xi+\overline{(\Delta\hat{G})^2}\end{aligned}$$

其中

$$\overline{(\Delta\hat{F})^2}=\int\psi^*(\Delta\hat{F})^2\psi\,\mathrm{d}\tau=\overline{F^2}-\overline{F}^2$$

$$\overline{(\Delta\hat{G})^2}=\int\psi^*(\Delta\hat{G})^2\psi\,\mathrm{d}\tau=\overline{G^2}-\overline{G}^2$$

分别称为$\hat{F}$和$\hat{G}$的**均方偏差**或**散差**。把上面所得积分结果代入式（10.7.11），有

$$\overline{(\Delta\hat{F})^2}\xi^2+\overline{k}\xi+\overline{(\Delta\hat{G})^2}\geqslant 0 \tag{10.7.12}$$

上式是关于实数ξ的二次代数方程，它成立的条件是判别式不大于零，即

$$\overline{(\Delta\hat{F})^2}\cdot\overline{(\Delta\hat{G})^2}\geqslant\frac{\overline{k}^2}{4} \tag{10.7.13}$$

令

$$\Delta F=\sqrt{\overline{(\Delta F)^2}}\;,\quad \Delta G=\sqrt{\overline{(\Delta G)^2}} \tag{10.7.14}$$

则式（10.7.13）化为

$$\Delta\hat{F}\cdot\Delta\hat{G}\geqslant\frac{1}{2}|\overline{k}|=\frac{1}{2}\left|\overline{[\hat{F},\hat{G}]}\right| \tag{10.7.15}$$

ΔF和ΔG称为$\hat{F}$和$\hat{G}$的**不确定量**，也就是**均方根偏差**。式（10.7.13）和式（10.7.15）称为**海森堡测不准关系**或**海森堡不确定关系**。

海森堡测不准关系的核心是：给出了**同时测量两个力学量时，其不确定量的乘积必须满足的下限。**这里**“同时测量”**是重要的。对于不同时刻的测量完全不受测不准关系的制约。

由式（10.7.15）看出，当两个力学量对易时，一般来讲这两个力学量也不一定同时有确定值。事实上，前面已经指出，只有在它们的共同本征态下才能同时有确定值。而当两个力学量不对易时，通常它们不能同时有确定值（除非极特殊情况），或者说不能有共同本征矢。

在式（10.7.15）中，若令$\hat{F}=x$、$\hat{G}=\hat{p}_x$，立刻得

$$\Delta x\Delta p_x\geqslant\frac{\hbar}{2} \tag{10.7.16}$$

上式正是海森堡给出的测不准关系的原始形式。由于式（10.7.16）右端是一有限常数，这意味着，在一切状态下，坐标和与其共轭（正则共轭）的动量永远不可能同时有确定值。因此，在量子力学中，经典轨道概念在任何情况下都不适用。

必须强调指出，普朗克常数的数量级至关重要。如同光速c的数量级规定了牛顿力学的适用范围，成为牛顿力学和相对论力学的“界标”一样。$\hbar$的数量级从另一侧面规

定了经典力学的适用范围，成为经典力学和量子力学的“界标”。当$\hbar$远远小于粒子的作用量，以至于可近似认为“$\hbar=0$”时，按照测不准关系式（10.7.16），将允许Δx和Δp_x同时为零，即坐标和动量可以同时有确定值，经典轨道概念适用，粒子运动遵从经典力学规律。反之，当粒子的作用量可以和$\hbar$相比拟时，将不能认为“$\hbar=0$”。因而Δx和Δp_x不能同时为零，粒子运动无轨道。这时，必须应用量子力学描述粒子的运动规律。更一般的，在任何情况下，若$\hbar$和系统的作用量相比足够的小，以至于可以忽略不计时，测不准关系给不出任何有意义的结果。事实上，在可以认为“$\hbar=0$”的前提下，光子的能量$\hbar\omega$和实物粒子的德布罗意波长λ也都成为零，光将不再出现粒子性，实物粒子也将不再呈现波动性。这时，微观运动现象与宏观运动现象毫无差别，微观运动与宏观运动具有相同的物理图象，量子理论也就过渡到了经典理论。

四、力学量的完全集

我们常说“体系处于波函数ψ所描述的状态下”。试问：“怎么知道体系处于ψ所描述的状态下呢？”，或“如何让体系处于ψ描述的状态下呢？”。有了关于力学量测量的假设后，便可回答这个问题。

关于体系状态的所有知识都来源于测量。测量前，我们对体系处于什么样的状态一无所知。只有通过测量才能知道体系所处的状态。例如：测量力学量F，必然得到一个测量值，不妨假设测得的值为F_n。根据基本假设五，测量后的瞬间，体系处于力学量算子$\hat{F}$的属于本征值F_n的本征态ψ_n下。在此之后的任意时刻（下次测量前），说体系处于ψ态下才有了确切的含义。因为，ψ可由薛定谔方程，以ψ_n为初条件唯一确定。由此可见，要想确切知道体系所处的量子态，必须通过测量才能实现。我们把通过测量来确定量子态称为**量子态的制备**。

不难看出，通过测量力学量F来制备体系一个确定的状态，仅当$\hat{F}$的本征值F_n非简併时才是可能的。当F_n有简併时，只通过对F的测量是不能把态唯一确定下来的。这时，必须同时再测量其它力学量才行。这与经典力学中必须同时测量三个坐标分量，才能唯一确定三维空间中粒子的位置完全类似。前面已经指出，不对易的力学量一般不能同时有确定值，而对易的力学量可以同时有确定值。因此，要想制备一个确定的量子态，只能通过对一组彼此对易的力学量的同时测量来实现。至于需要多少个这样的力学量，普遍来讲，所需力学量的个数与体系的自由度相等。我们把能够制备一个确定状态的测量称为**完全测量**。完全测量中所要测量的力学量称为**力学量完全集**。由于这些力学量相互独立，彼此对易，且个数等于体系的自由度数，所以，力学量完全集也可定义为：**个数与体系自由度数相等的相互独立且彼此对易的一组力学量**。完全测量可以将量子态唯一确定下来，这样确定的状态称为**纯态**。与完全测量对应还有所谓的**不完全测量**。不完全测量所测力学量个数小于体系自由度数。这种情况通常发生在由大量粒子构成的体系中。不完全测量不能穷尽体系量子态的全部信息，所以也就不能制备一个完全确定的状态（纯态）。但一般来讲，能够知道体系可能纯态及出现这些纯态的相应几率（注意不是几率幅）。这样的态称为**混合态**。在本课程中，将不涉及混合态的问题，而只介绍纯态量子力学，因此以后提到态均指纯态。

通过完全测量可以确定一个量子态，或者说由力学量完全集中各力学量的取值可以确定一个量子态。由于力学量的取值又可用相应的量子数的取值来决定，因此，一个确定的量子态也可以用决定力学量完全集中各力学量取值的量子数来标识。

值得注意的是，完全测量确定的量子态是力学量完全集中各力学量的某个共同本征态。体系任意时刻的状态ψ，可通过薛定谔方程，以这个共同本征态为初条件求出。一般来讲，ψ表示为体系力学量完全集的共同本征态的线性组合。

对一个给定体系而言，力学量完全集通常不唯一。例如：在有心势场$V(r)$中运动的粒子，力学量完全集可以取为(x,y,z)，也可以取为$(\hat{p}_x,\hat{p}_y,\hat{p}_z)$，还可以取为$(\hat{H},\hat{L}^2,\hat{L}_z)$（$\hat{H}$为系统的哈密顿算子），等等。力学量完全集的不唯一，为解决问题带来了极大的方便。我们可以根据问题的具体特点，选择最方便、最合适的力学量完全集进行求解，会使求解大为简化。这与经典力学中，广义坐标选择的任意性为解决问题带来方便十分类似。

10.8 力学量平均值随时间的演化

一、力学量平均值随时间的演化

由力学量平均值的定义式（10.7.7）知，无论力学量算子是否随时间变，由于波函数随时间的变化，必然导致力学量平均值也将随时间而变。下面导出力学量平均值随时间的演化规律。

对式（10.7.7）两端求时间的微商，得

$$\frac{\mathrm{d}\overline{F}}{\mathrm{d}t}=\int\psi^*\frac{\partial\hat{F}}{\partial t}\psi\mathrm{d}\tau+\int\frac{\partial\psi^*}{\partial t}\hat{F}\psi\mathrm{d}\tau+\int\psi^*\hat{F}\frac{\partial\psi}{\partial t}\mathrm{d}\tau$$

利用薛定谔方程式（10.3.13）和式（10.7.7），上式化为

$$\frac{\mathrm{d}\overline{F}}{\mathrm{d}t}=\overline{\frac{\partial\hat{F}}{\partial t}}-\frac{1}{\mathrm{i}\hbar}\int(\hat{H}\psi)^*\hat{F}\psi\mathrm{d}\tau+\frac{1}{\mathrm{i}\hbar}\int\psi^*\hat{F}\hat{H}\psi\mathrm{d}\tau$$

把厄米算子的定义用于上式右端第二项，得

$$\frac{\mathrm{d}\overline{F}}{\mathrm{d}t}=\overline{\frac{\partial\hat{F}}{\partial t}}+\frac{1}{\mathrm{i}\hbar}\overline{[\hat{F},\hat{H}]}\tag{10.8.1}$$

上式就是力学量平均值随时间的演化规律。若力学量$\hat{F}$不显含时间，即

$$\frac{\partial\hat{F}}{\partial t}=0\tag{10.8.2}$$

式（10.8.1）化为

$$\frac{\mathrm{d}\overline{F}}{\mathrm{d}t}=\frac{1}{\mathrm{i}\hbar}\overline{[\hat{F},\hat{H}]}\tag{10.8.3}$$

上述力学量平均值随时间变化的公式，在形式上与经典力学中力学量随时间变化的公式十分相似。事实上，在量子力学的海森堡表述中，式（10.8.1）中的平均值符号可以去掉，这样，它所表示的就是力学量算子随时间的演化规律。这时的方程称为**海森堡运动方程**，是量子力学海森堡表述的基本方程。海森堡运动方程在形式上与经典力学方程完全一样。

二、守恒量

与经典力学一样，量子力学也存在守恒量。但量子力学与经典力学对守恒量的定义截然不同。我们知道，经典力学中的守恒量，是指在体系的运动过程中，其值始终保持确定不变的量。而量子力学中守恒量定义为：

在体系的任意状态下，平均值不随时间变的力学量。

根据上述守恒量的定义，由式（10.8.1）不难得到守恒量的判定条件为

$$\overline{\frac{\partial \hat{F}}{\partial t}}=0\,,\quad [\hat{F},\hat{H}]=0 \tag{10.8.4}$$

满足上述条件的力学量 F 就是给定体系的一个守恒量。由此，给出守恒量的另一个等价的定义：

与体系 $\hat{H}$ 对易，且不显含时间的力学量即为体系的守恒量。

守恒量的一个重要特性是：**在体系的任意状态下，守恒量的取值几率分布不随时间变。**显然，只有取值几率分布不随时间变才能保证平均值不随时间变。下面对守恒量的这一特性进行证明。

设体系的哈密顿算子为 $\hat{H}$，$\hat{F}$ 是体系的一个守恒量。选择包含 $\hat{H}$、$\hat{F}$ 在内的一组力学量作为体系的力学量完全集。它们的共同本征矢系记为$\{\varphi_k\}$，其中 k 是标识力学量完全集中的各力学量取值的量子数的缩写，它代表一组量子数。体系的任意状态波函数 ψ 可表为$\{\varphi_k\}$的线性组合，即

$$\psi=\sum_k C_k\varphi_k \tag{10.8.5}$$

在 ψ 态下，力学量 $\hat{F}$ 取第 k 个本征值的几率幅为

$$C_k=\int\varphi_k^*\psi\,\mathrm{d}\tau \tag{10.8.6}$$

对上式求时间的微商，有

$$\frac{\mathrm{d}C_k}{\mathrm{d}t}=\int\varphi_k^*\frac{\partial\psi}{\partial t}\mathrm{d}\tau=\frac{1}{\mathrm{i}\hbar}\int\varphi_k^*\hat{H}\psi\,\mathrm{d}\tau \tag{10.8.7}$$

利用 $\hat{H}$ 的厄米性，以及所设 $\hat{H}\varphi_k=E_k\varphi_k$，得

$$\frac{\mathrm{d}C_k}{\mathrm{d}t}=\frac{E_k}{\mathrm{i}\hbar}\int\varphi_k^*\psi\,\mathrm{d}\tau=\frac{E_k}{\mathrm{i}\hbar}C_k \tag{10.8.8}$$

积分上式，得

$$C_k(t)=C_k(0)\exp(-\mathrm{i}E_kt/\hbar) \tag{10.8.9}$$

所以，在任意状态 ψ 下，力学量 $\hat{F}$ 的取值几率分布为

$$|C_k(t)|^2=|C_k(0)|^2 \tag{10.8.10}$$

上式说明，t 时刻守恒量 $\hat{F}$ 的取值几率分布与初始时刻相同。

由守恒量的上述特性，还可推论出守恒量的另一特性：**若初始时刻守恒量取确定值，则以后任何时刻它都取这个确定值。即体系将始终保持在守恒量的初始本征态下。**由于守恒量的这一特性，常把守恒量的量子数称为**好量子数**。一般来讲，力学量完全集中所含力学量均为体系的守恒量，所以标识力学量完全集中各力学量取值的量子数均为好量子数。

必须注意，**守恒量不一定取确定值**。只有那些初始时刻取确定值的守恒量，以后才

取确定值。而初始时刻不取确定值的守恒量，以后也不取确定值。守恒量的要点是，**在体系的任意状态下平均值和取值几率不随时间变。**另外，当体系初始时刻处于某守恒量的本征态时，以后体系将保持在该守恒量的同一本征态下。这并不意味着体系的状态不变，而是说无论状态怎么变，仍是开始时有确定值的守恒量的本征态。

利用守恒量，可以对体系能级的简併情况进行定性分析。下面介绍一个相关定理。

定理：当体系有两个不对易的守恒量时，体系的能级一般是简併的。

证明：设 $\hat{F}$ 、$\hat{G}$ 为体系的两个守恒量，$[\hat{F},\hat{G}]\neq 0$，ψ 是 $\hat{F}$ 和体系 $\hat{H}$ 的共同本征矢，则

$$\hat{F}\psi = F\psi , \quad \hat{H}\psi = E\psi \tag{10.8.11}$$

考虑波函数 $\hat{G}\psi$ 。由于 $\hat{G}$ 也是体系的守恒量，必与 $\hat{H}$ 对易，所以

$$\hat{H}\hat{G}\psi = \hat{G}\hat{H}\psi = E\hat{G}\psi \tag{10.8.12}$$

上式说明，$\hat{G}\psi$ 也是 $\hat{H}$ 的属于本征值 E 的本征矢。另外

$$\hat{F}\hat{G}\psi \neq \hat{G}\hat{F}\psi = F\hat{G}\psi \tag{10.8.13}$$

上式说明，$\hat{G}\psi$ 不是 $\hat{F}$ 的本征矢。因此，ψ 和 $\hat{G}\psi$ 不可能只差一个复数因子，故它们是描述两个不同量子态的波函数，但对应同一个能量本征值 E ，所以，体系能级至少二度简併。定理得证。

注意，上一节曾指出，当两个算子不对易时，不存在共同完备本征矢系，但不排除某特殊态是它们的共同本征态。对于这个特殊状态，式（10.8.13）为等式，此时能级非简併。因此定理的叙述中用了“一般”二字。

三、守恒量举例

1. 保守系

对保守系，体系哈密顿算子不显含时间，所以

$$\frac{\mathrm{d}\bar{H}}{\mathrm{d}t} = 0 \tag{10.8.14}$$

故，体系能量守恒，上式就是量子力学中的能量守恒定律。

2. 自由粒子

自由粒子的哈密顿算子为

$$\hat{H} = \hat{\boldsymbol{p}}^2 / 2\mu \tag{10.8.15}$$

不难看出

$$[\hat{\boldsymbol{p}}, \hat{H}] = 0 \tag{10.8.16}$$

所以

$$\frac{\mathrm{d}\bar{\boldsymbol{p}}}{\mathrm{d}t} = 0 \tag{10.8.17}$$

故，体系的动量守恒，上式就是量子力学中的动量守恒定律。对自由粒子同样还有能量守恒。

3. 粒子在有心力场中运动

有心力场的势函数为 $V(r)$ ，由式（10.5.13），体系哈密顿算子为

$$\hat{H}=-\frac{\hbar^2}{2\mu r^2}\frac{\partial}{\partial r}(r^2\frac{\partial}{\partial r})+\frac{\hat{L}^2}{2\mu r^2}+V(r) \qquad (10.8.18)$$

由此易得

$$[\hat{\boldsymbol{L}},\hat{H}]=0 \qquad (10.8.19)$$

所以

$$\frac{\mathrm{d}\overline{\boldsymbol{L}}}{\mathrm{d}t}=0 \qquad (10.8.20)$$

故，体系的角动量守恒，上式就是量子力学中的角动量守恒定律。另外，不难看出，角动量平方和能量也守恒。

4. 具有空间反演对称性的体系

所谓空间反演对称，是指体系 $\hat{H}$ 满足

$$\hat{H}(\boldsymbol{r})=\hat{H}(-\boldsymbol{r}) \qquad (10.8.21)$$

由此可得

$$[\hat{P},\hat{H}]=0 \qquad (10.8.22)$$

式中：$\hat{P}$ 为宇称算子。下面来证明上式。

设 $\psi(\boldsymbol{r})$ 为任意波函数，按宇称算子的定义式（10.5.14），有

$$\hat{P}\hat{H}(\boldsymbol{r})\psi(\boldsymbol{r})=\hat{H}(-\boldsymbol{r})\psi(-\boldsymbol{r})=\hat{H}(\boldsymbol{r})\hat{P}\psi(\boldsymbol{r}) \qquad (10.8.23)$$

上式最后一步用到了式（10.8.21）。由于 $\psi(\boldsymbol{r})$ 任意，所以，式（10.8.22）成立。由式（10.8.22）知，宇称守恒。

为了说明宇称守恒的含义，先来计算宇称算子的本征值和本征矢。设 $\psi(\boldsymbol{r})$ 是宇称算子的本征矢，相应本征值为 λ，即

$$\hat{P}\psi(\boldsymbol{r})=\lambda\psi(\boldsymbol{r}) \qquad (10.8.24)$$

用宇称算子作用上式两端，得

$$\hat{P}^2\psi(\boldsymbol{r})=\lambda^2\psi(\boldsymbol{r}) \qquad (10.8.25)$$

根据宇称算子的定义，有

$$\hat{P}^2\psi(\boldsymbol{r})=\hat{P}\psi(-\boldsymbol{r})=\psi(\boldsymbol{r}) \qquad (10.8.26)$$

比较式（10.8.25）和式（10.8.26），得

$$\lambda^2=1,\quad \lambda=\pm 1 \qquad (10.8.27)$$

故，宇称算子的本征值只有两个：$+1$ 和 -1。把式（10.8.27）代回式（10.8.24），得

$$\hat{P}\psi(\boldsymbol{r})=\psi(-\boldsymbol{r})=\pm\psi(\boldsymbol{r}) \qquad (10.8.28)$$

显然，宇称算子的本征函数就是奇函数或偶函数。我们称宇称算子的属于本征值 $+1$ 的本征函数（偶函数）所描述的态为**偶宇称态**，属于本征值 -1 的本征函数（奇函数）所描述的态为**奇宇称态**。

现在回过来看宇称守恒的意义。由式（10.8.22）知，$\hat{H}$ 和 $\hat{P}$ 有共同本征态，所以能量本征态可按宇称的取值来分类（奇宇称或偶宇称）。当体系初始时刻处于宇称有确定值的态时，以后将始终处于该宇称态不变，这就是宇称守恒定律。

应当指出，具有空间反演对称性的体系，其能量本征态不一定具有确定的宇称，这与能级的简併情况有关。为看清这点，设 ψ 为具有空间反演对称性体系的一个能量本征

态，它满足

$$\hat{H}\psi = E\psi \tag{10.8.29}$$

用宇称算子作用上式两端，利用式（10.8.22），有

$$\hat{H}\hat{P}\psi = \hat{P}\hat{H}\psi = E\hat{P}\psi \tag{10.8.30}$$

可见 $\hat{P}\psi$ 也是 $\hat{H}$ 的本征矢，相应本征值亦为 E 。当 E 非简併时，必有

$$\hat{P}\psi = C\psi \quad （C\text{ 为常数}） \tag{10.8.31}$$

于是，常数 C 为 $\hat{P}$ 的本征值，所以

$$\hat{P}\psi = \pm\psi \tag{10.8.32}$$

上式说明，在非简併情况下，具有空间反演对称性体系的能量本征态一定也是 $\hat{P}$ 的本征态，或者说能量本征态一定具有确定宇称。反之，当 E 有简併时，$\hat{P}\psi$ 完全可能是另一个简併能量本征态，与 ψ 不是简单地相差一个常数因子。因而 ψ 不一定有确定宇称。当然，若用宇称对能量本征态进行分类，即将无确定宇称的能量本征态重新组合，便可使简併能量本征态有确定宇称。

内容提要

一、量子力学基本原理

1. 量子力学第一条基本假设（量子态的描述）

量子态用归一化波函数 ψ 描述，$|\psi|^2$ 表示粒子的几率密度分布。

2. 量子力学第二条基本假设（态叠加原理）

若 ψ_1，ψ_2，…，ψ_n，…是体系的可能态，则 $\psi = \sum_n C_n\psi_n$ 也是体系的可能状态。

3. 量子力学第三条基本假设（薛定谔方程）

单粒子量子态随时间的演化满足方程：

$$i\hbar\frac{\partial}{\partial t}\psi(\boldsymbol{r},t) = \left[-\frac{\hbar^2}{2\mu}\nabla^2 + V(\boldsymbol{r})\right]\psi(\boldsymbol{r},t)$$

4. 量子力学第四条基本假设（力学量的描述）

量子力学中，力学量用线性厄米算子表示。对有经典类比的力学量，只要将其直角坐标系下的经典表示进行算子化

$$\boldsymbol{r} \to \hat{\boldsymbol{r}} = \boldsymbol{r}\,,\quad \boldsymbol{p} \to \hat{\boldsymbol{p}} = -\mathrm{i}\hbar\nabla$$

即得量子力学中的相应力学量；对无经典类比的力学量，根据实验给出其矩阵表示或引入某种运算规则。

5. 量子力学第五条基本假设（力学量测量结果的预言）

当体系处于波函数 ψ 所描述的状态下，对力学量 $\hat{F}$ 进行测量时，单次测量所得结果一定是该力学量算子的某个本征值 F_n，且测得 F_n 的几率幅为

$$C_n = \int \psi_n^* \psi \,\mathrm{d}\tau$$

$\{\psi_n\}$为 $\hat{F}$ 的本征矢系。

二、波函数的归一化条件与标准条件

1. 归一化条件

$$\int_{\infty} |\psi|^2 \mathrm{d}^3 r = 1$$

2. 标准条件

波函数单值、连续、有界。

三、定态薛定谔方程

1. 定态问题

系统哈密顿量不显含时间的问题称为定态问题。

2. 定态薛定谔方程

$$\hat{H}\psi_E(\boldsymbol{r}) = E\psi_E(\boldsymbol{r})$$

式中：E 为能量本征值；$\psi_E(\boldsymbol{r})$ 为能量本征态。

3. 定态

能量取确定值的态称为定态。

4. 定态波函数

$$\psi_E(\boldsymbol{r},t) = \psi_E(\boldsymbol{r})\exp(-\frac{\mathrm{i}}{\hbar}Et)$$

5. 定态的性质

（1）在定态下，粒子的几率密度和几率流密度不随时间变。

（2）在定态下，一切不显含时间的力学量的平均值不随时间变。

（3）在定态下，一切不显含时间的力学量的取值几率分布不随时间变。

（4）若初始时刻（$t = t_0$）体系处于某一定态下，其后体系不受任何外界扰动，则体系将一直处于该定态下。

6. 定态问题薛定谔方程的一般解：

$$\Psi(\boldsymbol{r},t) = \sum_n C_n\psi_n(\boldsymbol{r})\mathrm{e}^{-\frac{\mathrm{i}}{\hbar}E_n t} + \int C_E\psi_E(\boldsymbol{r})\mathrm{e}^{-\frac{\mathrm{i}}{\hbar}Et}\mathrm{d}E$$

其中，

$$C_n = \int\psi_n^*(\boldsymbol{r})\Psi(\boldsymbol{r},0)\mathrm{d}\tau \qquad C_E = \int\psi_E^*(\boldsymbol{r})\Psi(\boldsymbol{r},0)\mathrm{d}\tau$$

四、线性厄米算子

1. 线性厄米算子的定义

$$\hat{A}^+ = \hat{A} \quad 或 \qquad \int\psi^*\hat{A}\varphi\mathrm{d}\tau = \int\varphi(\hat{A}\psi)^*\mathrm{d}\tau$$

2. 线性厄米算子的性质

（1）厄米算子之和仍厄米。

（2）厄米算子之积不一定厄米。

（3）对易的厄米算子之积必厄米。

（4）厄米算子的任意整数次幂仍厄米。

（5）若 $\hat{A}$ 、$\hat{B}$ 为厄米算子，则 $\hat{A}\hat{B}+\hat{B}\hat{A}$ 和 $\mathrm{i}[\hat{A},\hat{B}]$ 必厄米。

3. 线性厄米算子本征值与本征矢的性质

（1）线性厄米算子的本征值和平均值为实数。

（2）线性厄米算子的本征矢彼此正交。

（3）线性厄米算子的全体本征矢构成完备集。

五、常见力学量及其本征值和本征矢

1. 常见力学量的表示

（1）坐标和动量：

$$\hat{\boldsymbol{r}}=\boldsymbol{r} \quad ; \quad \hat{\boldsymbol{p}}=-\mathrm{i}\hbar\nabla$$

（2）轨道角动量：

$$\begin{cases} \hat{L}_x = \mathrm{i}\hbar(\sin\varphi\dfrac{\partial}{\partial\theta}+\cot\theta\cos\varphi\dfrac{\partial}{\partial\varphi}) \\ \hat{L}_y = -\mathrm{i}\hbar(\cos\varphi\dfrac{\partial}{\partial\theta}-\cot\theta\sin\varphi\dfrac{\partial}{\partial\varphi}) \\ \hat{L}_z = -\mathrm{i}\hbar\dfrac{\partial}{\partial\varphi} \end{cases}$$

（3）轨道角动量平方：

$$\hat{L}^2=-\hbar^2\left[\frac{1}{\sin\theta}\frac{\partial}{\partial\theta}(\sin\theta\frac{\partial}{\partial\theta})+\frac{1}{\sin^2\theta}\frac{\partial^2}{\partial\varphi^2}\right]$$

（4）哈密顿量（单粒子）：

$$\hat{H}=H(\hat{\boldsymbol{r}},\hat{\boldsymbol{p}})$$

2. 常见力学量的本征值与本征矢

（1）坐标。

坐标算子的本征值 $\boldsymbol{r}'$ 构成连续谱。本征矢为

$$\psi_{\boldsymbol{r}'}(\boldsymbol{r})=\delta(\boldsymbol{r}-\boldsymbol{r}')$$

（2）动量。

δ 函数归一化时，动量本征值构成连续谱。本征矢为

$$\psi_{\boldsymbol{p}}(\boldsymbol{r})=\frac{1}{(2\pi\hbar)^{3/2}}\exp(\mathrm{i}\boldsymbol{p}\cdot\boldsymbol{r}/\hbar)$$

箱归一化时，动量本征值为

$$\boldsymbol{p}_n=\boldsymbol{i}p_{n_x}+\boldsymbol{j}p_{n_y}+\boldsymbol{k}p_{n_z}=\frac{2\pi\hbar}{L}(\boldsymbol{i}n_x+\boldsymbol{j}n_y+\boldsymbol{k}n_z) \quad (n_x,n_y,n_z=0,\ \pm1,\ \pm2,\ \cdots)$$

本征值为

$$\psi_{\boldsymbol{p}_n}(\boldsymbol{r})=\frac{1}{\sqrt{V}}\mathrm{e}^{\frac{\mathrm{i}}{\hbar}\boldsymbol{p}_n\cdot\boldsymbol{r}}$$

（3）轨道角动量 z 分量。

$$\begin{cases}\phi_m(\varphi)=\dfrac{1}{\sqrt{2\pi}}\exp(\mathrm{i}m\varphi) \\ L_z=m\hbar\end{cases}\quad (m=0\ ,\ \pm1\ ,\ \pm2\ ,\ \cdots)$$

（4）轨道角动量平方。

$$\begin{cases}Y_{lm}(\theta,\varphi)=(-1)^m\sqrt{\dfrac{2l+1}{4\pi}\dfrac{(l-m)!}{(l+m)!}}P_l^m(\cos\theta)\mathrm{e}^{\mathrm{i}m\varphi} \\ L^2=l(l+1)\hbar^2\end{cases}\quad \begin{pmatrix}l=0\ ,\ 1\ ,\ 2\ ,\cdots \\ m=0,\pm1,\cdots,\pm l\end{pmatrix}$$

六、常见力学量的对易关系

1. 基本对易关系

$$[x_\alpha,x_\beta]=0\ ,\ [\hat{p}_\alpha,\hat{p}_\beta]=0\ ,\ [x_\alpha,\hat{p}_\beta]=\mathrm{i}\hbar\delta_{\alpha\beta}\quad (\alpha,\beta=1,2,3)$$

2. 角动量算子的对易关系

$$\hat{\boldsymbol{L}}\times\hat{\boldsymbol{L}}=\mathrm{i}\hbar\hat{\boldsymbol{L}}\ \ 或\ \ [\hat{L}_\alpha,x_\beta]=\mathrm{i}\hbar\varepsilon_{\alpha\beta\gamma}x_\gamma$$

$$[\hat{L}^2,\hat{L}_\alpha]=0\ ,\ [\hat{L}_\alpha,\boldsymbol{r}^2]=0\ ,\ [\hat{L}_\alpha,\hat{\boldsymbol{p}}^2]=0\quad (\alpha=1,2,3)$$

3. 对易关系的物理意义

（1）对易的力学量存在共同完备本征矢系，在其共同本征态下同时取确定值。

（2）个数等于体系自由度数、独立的、彼此对易的一组力学量，构成体系的一组力学量完全集。力学量完全集中各力学量的取值可以唯一确定体系的状态。

（3）不对易的力学量不存在共同完备本征矢系，通常不能同时取确定值。

七、量子力学基本原理的重要推论

1. 几率守恒定律

$$\frac{\partial W}{\partial t}+\nabla\cdot\boldsymbol{J}=0$$

2. 平均值公式

$$\overline{F}=\sum_n F_n|C_n|^2+\int F|C_F|^2\,\mathrm{d}F$$

$$\overline{F}=\int\psi^*\hat{F}\psi\,\mathrm{d}\tau$$

3. 测不准关系

$$\Delta\hat{F}\cdot\Delta\hat{G}\geqslant\frac{1}{2}\left|\overline{[\hat{F},\hat{G}]}\right|$$

4. 力学量平均值随时间的演化

$$\frac{\mathrm{d}\overline{F}}{\mathrm{d}t}=\overline{\frac{\partial\hat{F}}{\partial t}}+\frac{1}{\mathrm{i}\hbar}\overline{[\hat{F},\hat{H}]}$$

5. 守恒量的定义与判据

（1）守恒量的定义：在体系任意状态下，平均值不随时间变的力学量为系统的守恒量。

（2）守恒量的判据。

$$\overline{\frac{\partial \hat{F}}{\partial t}}=0，\ [\hat{F},\hat{H}]=0$$

（3）守恒量的性质：在体系任意状态下，守恒量的取值几率分布不随时间变。

习　　题

10.1　由下列两定态波函数计算几率流密度：

（1）$\psi_1=\frac{1}{r}\mathrm{e}^{\mathrm{i}kr}$；

（2）$\psi_2=\frac{1}{r}\mathrm{e}^{-\mathrm{i}kr}$。

从所得结果说明 ψ_1 表示向外传播的球面波，ψ_2 表示向内（即向原点）传播的球面波。

10.2　考虑单粒子的薛定谔方程

$$\mathrm{i}\hbar\frac{\partial}{\partial t}\psi=[-\frac{\hbar^2}{2\mu}\nabla^2+V_1(\boldsymbol{x})+\mathrm{i}V_2(\boldsymbol{x})]\psi$$

$V_1(\boldsymbol{x})$ 和 $V_2(\boldsymbol{x})$ 是实函数。证明粒子的几率不守恒。求出在空间体积 Ω 中粒子几率“丧失”或“增加”的速率。

10.3　设 ψ_1 与 ψ_2 是薛定谔方程的两个任意解，证明：$\int\psi_1^*(\boldsymbol{r},t)\psi_2(\boldsymbol{r},t)\mathrm{d}\tau$ 与时间无关。

10.4　证明：

（1）$\mathrm{i}(\hat{p}_x^2x-x\hat{p}_x^2)$ 是厄米算子；

（2）已知 $\hat{P}$ 是厄米算子，证明 $F(\hat{P})=\sum_n A_n\hat{P}^n$ 也是厄米算子，其中 A_n 为实数。

10.5　证明 $\sum_{m,n=0}^{\infty}A_{mn}\frac{\hat{P}^n\hat{X}^m+\hat{X}^m\hat{P}^n}{2}$ 是厄米算子。其中 A_{mn} 为实数，$\hat{X}$ 和 $\hat{P}$ 为厄米算子。

10.6　证明：

（1）$[q,\hat{p}^2f(q)]=2\mathrm{i}\hbar\hat{p}f(q)$。

（2）$[q,\hat{p}f(q)\hat{p}]=\mathrm{i}\hbar(f\,\hat{p}+\hat{p}\,f)$。

（3）$[q,f(q)\hat{p}^2]=2\mathrm{i}\hbar f\,\hat{p}$。

（4）$[\hat{p},\hat{p}^2f(q)]=-\mathrm{i}\hbar\hat{p}^2f'(q)$。

（5）$[\hat{p},\hat{p}f(q)\hat{p}]=-\mathrm{i}\hbar\hat{p}f'\hat{p}$。

（6）$[\hat{p},f(q)\hat{p}^2]=-\mathrm{i}\hbar f'\hat{p}^2$。

10.7　证明：

（1）$\hat{\boldsymbol{l}}\times\boldsymbol{r}+\boldsymbol{r}\times\hat{\boldsymbol{l}}=2\mathrm{i}\hbar\boldsymbol{r}$。

（2）$\hat{\boldsymbol{l}}\times\hat{\boldsymbol{p}}+\hat{\boldsymbol{p}}\times\hat{\boldsymbol{l}}=2\mathrm{i}\hbar\hat{\boldsymbol{p}}$。

（3）$\hat{l}^2x-x\hat{l}^2=\mathrm{i}\hbar[(\boldsymbol{r}\times\hat{\boldsymbol{l}})_x-(\hat{\boldsymbol{l}}\times\boldsymbol{r})_x]$。

（4）$\hat{l}^2\hat{p}_x-\hat{p}_x\hat{l}^2=\mathrm{i}\hbar[(\hat{\boldsymbol{p}}\times\hat{\boldsymbol{l}})_x-(\hat{\boldsymbol{l}}\times\hat{\boldsymbol{p}})_x]$。

10.8　$\hat{F}$ 为任一力学量，$\hat{\boldsymbol{l}}$ 为角动量。证明：

$$[\hat{\boldsymbol{l}},\hat{F}]=-\mathrm{i}\hbar(\boldsymbol{r}\times\frac{\partial\hat{F}}{\partial\boldsymbol{r}}-\frac{\partial\hat{F}}{\partial\boldsymbol{p}}\times\hat{\boldsymbol{p}})$$

其中 $\frac{\partial}{\partial \boldsymbol{r}}=\boldsymbol{i}\frac{\partial}{\partial x}+\boldsymbol{j}\frac{\partial}{\partial y}+\boldsymbol{k}\frac{\partial}{\partial z}$ ，$\frac{\partial}{\partial \boldsymbol{p}}=\boldsymbol{i}\frac{\partial}{\partial p_x}+\boldsymbol{j}\frac{\partial}{\partial p_y}+\boldsymbol{k}\frac{\partial}{\partial p_z}$ 。

10.9 设算子 $\hat{A}$ ，$\hat{B}$ 与它们的对易式 $[\hat{A},\hat{B}]$ 都对易，则

$$[\hat{A},\hat{B}^n]=n\hat{B}^{n-1}[\hat{A},\hat{B}]\text{ ， }[\hat{A}^n,\hat{B}]=n\hat{A}^{n-1}[\hat{A},\hat{B}]$$

10.10 若算子 $e^{\hat{L}}$ 满足 $e^{\hat{L}}=1+\hat{L}+\frac{\hat{L}^2}{2!}+\cdots+\frac{\hat{L}^n}{n!}+\cdots$ ，求证：

$$e^{\hat{L}}\hat{a}e^{-\hat{L}}=\hat{a}+[\hat{L},\hat{a}]+\frac{1}{2!}[\hat{L},[\hat{L},\hat{a}]]+\frac{1}{3!}[\hat{L},[\hat{L},[\hat{L},\hat{a}]]]+\cdots$$

10.11 设 $[\hat{A},\hat{B}]\neq 0$ ，但 $[[\hat{A},\hat{B}],\hat{A}]=0$ ，$[[\hat{A},\hat{B}],\hat{B}]=0$ ，证明：

（1）$e^{\lambda\hat{A}}\hat{B}e^{-\lambda\hat{A}}=\hat{B}-\lambda[\hat{B},\hat{A}]$

（2）$e^{\hat{A}+\hat{B}}=e^{\hat{A}}e^{\hat{B}}e^{[B,A]/2}$

（3）$[e^{\lambda\hat{A}}e^{\lambda\hat{B}},\hat{A}+\hat{B}]=0$

10.12 只限于 $l=1$（用原子单位 $\hbar=1$）才成立。

（1）证明：$\hat{L}_x^3=\hat{L}_x$ 。

（2）证明：$e^{i\theta\hat{L}_x}=1+i\hat{L}_x\sin\theta-\hat{L}_x^2(1-\cos\theta)$ 。

10.13 一刚性转子转动惯量为 I，其哈密顿量的经典表示是 $H=\frac{L^2}{2I}$，L^2 为角动量平方，求与对应的量子体系在下列情况下的定态能量及波函数：

（1）转子绕一固定轴转动；

（2）转子绕一固定点转动。

10.14 量子化对称陀螺的哈密顿量可写为

$$\hat{H}=\frac{1}{2I_1}(\hat{L}_x^2+\hat{L}_y^2)+\frac{1}{2I_2}\hat{L}_z^2$$

求该对称陀螺的能量本征值。

10.15 对于一维运动的自由粒子，设 $\psi(x,0)=\delta(x)$ ，求：$|\psi(x,t)|^2$ 。

10.16 设 t=0 时，粒子的状态为

$$\psi(x)=A(\sin^2 kx+\frac{1}{2}\cos kx)$$

求粒子的动量平均值和动能平均值。

10.17 证明：

$$\psi(\theta,\phi)=A(\cos\theta+i\sin\theta\cos\phi)$$

为 $\hat{L}^2$ 和 $\hat{L}_y$ 的共同本征函数，并求相应的本征值，说明体系处在此状态时 $\hat{L}_z$ 没有确定值。

10.18 一维运动的粒子处在

$$\psi(x)=\begin{cases}Axe^{-\lambda x} & (x\geqslant 0)\\ 0 & (x<0)\end{cases}$$

的状态，其中 $\lambda>0$ ，求：

（1）粒子动量几率分布函数；

（2）粒子动量平均值；

（3）在何处找到粒子的几率最大？

10.19 设粒子处在

$$\psi(x,t)=A\mathrm{e}^{-\frac{\mathrm{i}}{\hbar}Et}\cos kx \quad (-\infty<x<\infty)$$

所描写的状态，求归一化常数，动量几率分布函数及动量平均值

10.20 设体系在 $\psi=C_1Y_{11}+C_2Y_{10}$ 态中，求：

（1）力学量 $\hat{L}_z$ 的可能值和平均值；

（2）力学量 $\hat{L}^2$ 的可能值；

（3）力学量 $\hat{L}_x$， $\hat{L}_y$ 的可能值。

10.21 设体系处在某一状态，在该状态中测量力学量 $\hat{L}^2$ 得到的值是 $2\hbar^2$，测量力学量 $\hat{L}_z$ 得到的值是 $-\hbar$，求测量 $\hat{L}_x$ 和 $\hat{L}_y$ 可能得到的值。

10.22 t=0 时，平面转子的波函数为

$$\psi=\sqrt{\frac{1}{3\pi}}(1-\cos 2\phi)$$

问它的状态如何随时间变化？并求能量平均值。

10.23 如果体系的哈密顿算子不显含时间，证明对于具有分立谱的状态，动量的平均值为零。

10.24 证明：$\dfrac{\mathrm{d}\overline{x^2}}{\mathrm{d}t}=\dfrac{1}{\mu}\overline{(x\hat{p}_x+\hat{p}_x x)}$

10.25 试证明在分立谱的本征态或简并的能量本征态叠加而成的定态中，不显含时间的物理量对时间的导数平均值为零。

10.26 证明力学量 $\hat{A}$（不显含时间）的平均值对时间的二阶微商为

$$-\hbar^2\frac{\mathrm{d}^2\overline{A}}{\mathrm{d}t^2}=\overline{[[\hat{A},\hat{H}],\hat{H}]}$$

$\hat{H}$ 为哈密顿量。

10.27 电子在均匀场 $\boldsymbol{\varepsilon}=(0,0,\varepsilon)$ 中运动，哈密顿量为 $\hat{H}=\dfrac{\hat{p}^2}{2\mu}-e\varepsilon z$。试判断：

$$\hat{p}_x,\hat{p}_y,\hat{p}_z,\hat{p}^2,\hat{L}_x,\hat{L}_y,\hat{L}_z,\hat{L}^2,\hat{S}_x,\hat{S}_y,\hat{S}_z,\hat{S}^2$$

各量中哪些是守恒量。

10.28 粒子处于状态：

$$\psi(x)=\left(\frac{1}{2\pi\xi^2}\right)^{1/2}\exp\left(\frac{\mathrm{i}}{\hbar}p_0x-\frac{x^2}{4\xi^2}\right)$$

其中 ξ 为常数。求粒子的动量平均值，并计算测不准关系 $\overline{(\Delta x)^2}\cdot\overline{(\Delta p_x)^2}$。

10.29 一维运动的粒子处在状态

$$\psi(x)=\begin{cases}Ax\mathrm{e}^{-\lambda x} & (x\geqslant 0)\quad(\lambda>0)\\ 0 & (x<0)\end{cases}$$

中，求 $\overline{(\Delta x)^2}\cdot\overline{(\Delta p_x)^2}$。

10.30 求平面转子的位置和动量的“测不准关系” $\overline{(\Delta x)^2}\cdot\overline{(\Delta p_x)^2}$。

10.31 求粒子处在状态 Y_{lm} 时，角动量的 x 分量和 y 分量的平均值：$\overline{L}_x$，$\overline{L}_y$；并证明：

$$\overline{(\Delta L_x)^2}=\overline{(\Delta L_y)^2}=\frac{\hbar^2}{2}(l^2+l-m^2)$$

10.32 用测不准关系说明：电子不可能是原子核的成员。

10.33 求在任意方向上动量与坐标的测不准关系。

第 11 章　束缚定态问题

第 10 章建立起不涉及粒子全同性情况（全同粒子问题在第 5 章讨论）下，量子力学的基本理论框架。正如所看到的，量子力学与经典力学有着本质的区别。经典力学中，任意力学量是状态的单值连续函数，态的确定伴随着力学量的确定，态随时间演化的决定论性预言，导致力学量测量结果的决定论性预言。但在量子力学中，态和力学量的描述没有任何直接联系。尽管态随时间的演化依旧是决定论的，但这只意味着任意力学量的取值几率分布随时间的演化是决定论性的，而对力学量测量结果的预言却是非决定论的、统计性的。

应用量子力学解决具体问题时，最基本的任务是求出体系的量子态，即求解体系的薛定谔方程。只要求得体系的状态波函数，任何力学量的可能取值、取值几率分布、平均值等可直接观测的物理量都可求出。本章将介绍几个简单的束缚态问题的求解，希望通过这些具体问题的解决，加深对量子力学基本原理的理解，掌握求解薛定谔方程的一般方法。

11.1　一维束缚定态问题

一、一维束缚定态问题的一般性质

虽然一维问题是最简单的问题，但量子力学的许多特征都能在其中展现出来。此外，对一维问题的求解也是解决更复杂问题的基础。在对具体的一维束缚态问题进行求解之前，先来简要介绍这类问题的一些共同特性。

（1）一维束缚定态的能级是非简併的。

证明： 一维定态问题的哈密顿算子可一般地写为

$$\hat{H}=-\frac{\hbar^2}{2\mu}\frac{\mathrm{d}^2}{\mathrm{d}x^2}+V(x) \tag{11.1.1}$$

式中：$V(x)$ 为势函数。设 ψ_1 和 ψ_2 是 $\hat{H}$ 的两个本征函数，相应的本征值均为 E，即

$$\hat{H}\psi_1=E\psi_1，\quad \hat{H}\psi_2=E\psi_2 \tag{11.1.2}$$

利用上式，可得

$$\psi_2\hat{H}\psi_1-\psi_1\hat{H}\psi_2=0 \tag{11.1.3}$$

把式（11.1.1）代入式（11.1.3），得

$$\frac{\mathrm{d}}{\mathrm{d}x}(\psi_2\frac{\mathrm{d}}{\mathrm{d}x}\psi_1-\psi_1\frac{\mathrm{d}}{\mathrm{d}x}\psi_1)=0$$

所以

$$\psi_2\psi_1'-\psi_1\psi_2'=A \tag{11.1.4}$$

式中：上标“′”为对 x 的微商；A 为任意常数。在束缚态条件下，当 $|x|\to\infty$ 时，ψ_1，$\psi_2\to 0$，于是常数 A=0，故式（11.1.4）化为

$$\psi_2\psi_1'=\psi_1\psi_2' \tag{11.1.5}$$

上式两端同除以 $\psi_1\psi_2$，得

$$\psi_1'/\psi_1=\psi_2'/\psi_2$$

或

$$\frac{\mathrm{d}}{\mathrm{d}x}\ln\psi_1=\frac{\mathrm{d}}{\mathrm{d}x}\ln\psi_2$$

积分上式，得

$$\psi_1=C\psi_2 \tag{11.1.6}$$

式中：C 为积分常数。上式指出，ψ_1 和 ψ_2 只相差一个常数因子，所以它们描述同一量子态，故能级非简併。

注意：此命题对非束缚态不成立。例如，一维自由粒子，$\hat{H}=-\dfrac{\hbar^2}{2\mu}\dfrac{\mathrm{d}^2}{\mathrm{d}x^2}$，能量本征值 $E=\dfrac{p_x^2}{2\mu}$，相应的本征矢为 $A\mathrm{e}^{\frac{\mathrm{i}}{\hbar}p_x x}$ 和 $A\mathrm{e}^{-\frac{\mathrm{i}}{\hbar}p_x x}$。乘以时间因子 $\mathrm{e}^{-\frac{\mathrm{i}}{\hbar}Et}$ 后，容易看出，它们分别表示沿 x 轴正向和负向传播的平面波，代表两个不同的态，所以能级是简併的。

（2）当势函数满足 $V(x)=V(-x)$ 时，一维束缚定态的能量本征函数有确定的字称。

当势函数具有空间反演对称时，哈密顿量也有这种对称性，按 10.8 节最后所讲，结论不证自明。而且，此结论的成立不限于一维情况。

（3）若 $V^*=V$，一维束缚定态的能量本征函数可以是实函数。

证明：由于 V 是实函数，故 $\hat{H}^*=\hat{H}$，定态薛定谔方程

$$\hat{H}\psi=E\psi \tag{11.1.7}$$

的复共轭为

$$\hat{H}^*\psi^*=\hat{H}\psi^*=E\psi^* \tag{11.1.8}$$

写出上式时，用到 $\hat{H}$ 的本征值 E 为实量的事实。根据命题 1，有

$$\psi=C\psi^* \tag{11.1.9}$$

式中：C 为任意常数。上式两端取复共轭，得

$$\psi^*=C^*\psi$$

代回式（11.1.9），得

$$\psi=|C|^2\psi$$

故 $C=\mathrm{e}^{\mathrm{i}\delta}$。若取 $\delta=0$，则 $C=1$，所以（11.1.9）式化为

$$\psi=\psi^* \tag{11.1.10}$$

能量本征矢为实函数。

注意，此结论通常只限于一维情况。

二、一维无限深方势阱

设质量为 μ 的粒子，在势场

$$V(x)=\begin{cases}0 & (0\leqslant x\leqslant 2a)\\ \infty & (x<0,x>2a)\end{cases} \tag{11.1.11}$$

中运动。如图 11.1.1 所示。讨论粒子的能级和状态。此问题称为一维无限深方势阱问题。实际中，这样的系统并不存在，但它可以作为某些实际系统的粗略近似。例如：一维金属内自由电子的运动，便可近似为一维无限深方势阱问题。

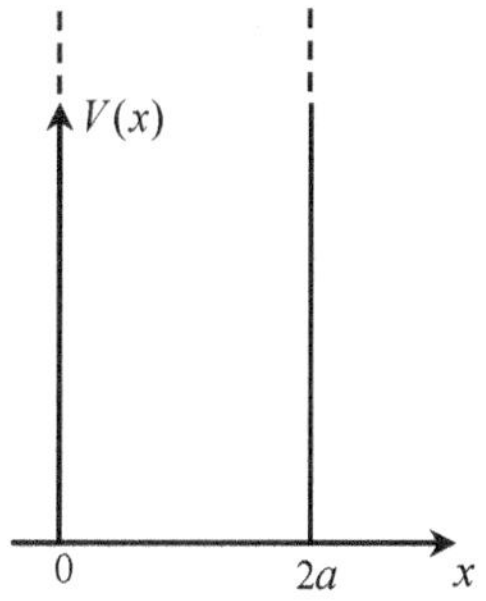

图 11.1.1 一维无限深势阱

由式（11.1.11）知，系统的定态薛定谔方程为

$$-\frac{\hbar^2}{2\mu}\frac{\mathrm{d}^2\psi}{\mathrm{d}x^2}=E\psi \quad (0\leqslant x\leqslant 2a) \tag{11.1.12}$$

$$-\frac{\hbar^2}{2\mu}\frac{\mathrm{d}^2\psi}{\mathrm{d}x^2}+\infty\cdot\psi=E\psi \quad (x<0,x>2a) \tag{11.1.13}$$

根据波函数的标准条件，方程（11.1.13）的解为（见附录 F）

$$\psi(x)=0 \quad (x<0,x>2a) \tag{11.1.14}$$

从物理上看，上述结果是合理的。因为势壁无限高且无限厚，粒子不可能透过势壁到达势阱外。为书写方便，令

$$\alpha=\sqrt{\frac{2\mu E}{\hbar^2}} \tag{11.1.15}$$

方程（11.1.12）化为

$$\frac{\mathrm{d}^2\psi}{\mathrm{d}x^2}+\alpha^2\psi=0 \tag{11.1.16}$$

其解为

$$\psi(x)=A\cos\alpha x+B\sin\alpha x \quad (0<x<2a) \tag{11.1.17}$$

式中：A、B 为待定常数。根据波函数的连续性条件，当 $x=0$ 和 $x=2a$ 时，有

$$\psi(0)=0,\quad \psi(2a)=0$$

于是定出 A=0，和

$$\psi(2a)=B\sin 2\alpha a=0 \tag{11.1.18}$$

注意，B 不能等于零，若 B 等于零将得到无意义的零解。于是，由式（11.1.18），有

$$\alpha=\frac{n\pi}{2a} \quad (n=1,2,\cdots) \tag{11.1.19}$$

这里 n 不能取零，因为，如果 n=0，同样给出无意义的零解。把式(11.1.19)代入式(11.1.15)，得能量本征值为

$$E_n=\frac{\pi^2\hbar^2}{8\mu a^2}n^2 \quad (n=1,2,\cdots) \tag{11.1.20}$$

把式（11.1.19）和 A=0 代入式（11.1.17），得

$$\psi_n(x)=B\sin\frac{n\pi x}{2a} \quad (n=1,2,\cdots) \tag{11.1.21}$$

利用归一化条件

$$\int_{-\infty}^{\infty}|\psi(x)|^2\,\mathrm{d}x=\int_0^{2a}|\psi_n(x)|^2\,\mathrm{d}x=1$$

得归一化系数 $B=\dfrac{1}{\sqrt{a}}$。于是，能量本征态为

$$\psi_n(x)=\begin{cases}\dfrac{1}{\sqrt{a}}\sin\dfrac{n\pi x}{2a} & (0\leqslant x\leqslant 2a)\\ 0 & (x<0,x>2a)\end{cases}\qquad (n=1,2,\cdots)\tag{11.1.22}$$

至此，求出了一维无限深方势阱中粒子的能级和能量本征函数。相应的定态波函数为

$$\psi_n(x,\ t)=\psi_n(x)\mathrm{e}^{-\frac{\mathrm{i}}{\hbar}E_n t}\qquad (n=1,2,\cdots)\tag{11.1.23}$$

下面对所得结果做几点讨论。

（1）能量构成分立谱，相邻能级间隔 $\Delta E_n\approx\dfrac{\pi^2\hbar^2}{4\mu a^2}n$，与量子数 n 成正比。所以，能级越高，相邻能级间隔越大。但与能量值本身来比，当 $n\to\infty$ 时，$(\Delta E_n/E_n)\to 0$。因此，当能级很高时，可近似认为能量连续。

（2）由式（11.1.20）知，粒子的最低能级（基态能级）$E_1=\dfrac{\pi^2\hbar^2}{8\mu a^2}\neq 0$。这与经典情况不同，是微观粒子波动性的表现，能量为零的“静止的波”是没有意义的。基态能量不为零也可用测不准关系加以说明。粒子在势阱中运动时，坐标的不确定量 $\Delta x\sim 2a$，按测不准关系 $\Delta p_x\sim\hbar/2a$，所以

$$E\sim\frac{p_x^2}{2\mu}\sim\frac{\Delta p_x^2}{2\mu}\sim\frac{\hbar^2}{8\mu a^2}\neq 0$$

习惯上把基态能量不为零称为**零点运动**。存在零点运动是量子力学的一个普遍现象。这意味着，微观粒子不能像经典粒子那样被完全**冻结**，即使在绝对零度，粒子仍有运动。

（3）能级和能量本征函数都只依赖于量子数 n，因此，能级非简併。另外，由式（11.1.22）知，能量本征态是实函数（这与把相因子取为 1 有关）。这些结果满足一维束缚定态的一般性质。

（4）由于势能不具有空间反演对称性，所以能量本征函数式（11.1.22）也无确定宇称。若将坐标原点沿 x 轴正向移动距离 a，则势函数表为

$$V(x)=\begin{cases}0 & (|x|\leqslant a)\\ \infty & (|x|>a)\end{cases}\tag{11.1.24}$$

容易看出，上述势函数空间反演对称。这时只需把式（11.1.22）中的 x 换成 $x+a$，即得式（11.1.24）所示势阱的能量本征态，其形式为

$$\psi_n(x)=\begin{cases}\dfrac{1}{\sqrt{a}}\cos\dfrac{n\pi x}{2a} & (|x|\leqslant a)\\ 0 & (|x|>a)\end{cases}\qquad (n=1,3,5\cdots)\tag{11.1.25}$$

和

$$\psi_n(x)=\begin{cases}\dfrac{1}{\sqrt{a}}\sin\dfrac{n\pi x}{2a} & (|x|\leqslant a)\\ 0 & (|x|>a)\end{cases}\qquad (n=2,4,6,\cdots)\tag{11.1.26}$$

以上两式表示的能量本征态有确定的宇称。式（11.1.25）为偶宇称态，式（11.1.26）为

奇宇称态。

三、线性谐振子

粒子在势场

$$V(x)=\frac{1}{2}\mu\omega^2x^2 \tag{11.1.27}$$

中的运动称为线性谐振子。其中，μ 为粒子的质量，ω 为振子频率。严格的谐振子体系自然界中并不存在，但它是在平衡点附近作小振动系统的极好近似。例如：双原子分子中原子的运动，固体中晶格的振动以及辐射场的振动等。对于这类系统，通过坐标的适当选择（简正坐标），均可化为若干个彼此独立的线性谐振子组成的系统。因此，对谐振子问题的研究有重要的实际意义。

在经典力学中，势能为式（11.1.27）的粒子的运动是简谐振动，坐标随时间的变化为

$$x(t)=A\cos(\omega t+\delta)$$

式中：A 为振幅；δ 为初位相。任意时刻，振子的坐标 $|x(t)|\leqslant A$。

在量子力学中，振子的运动由薛定谔方程解出。振子的哈密顿算子为

$$\hat{H}=-\frac{\hbar^2}{2\mu}\frac{\mathrm{d}^2}{\mathrm{d}x^2}+\frac{1}{2}\mu\omega^2x^2 \tag{11.1.28}$$

定态薛定谔方程为

$$\frac{\mathrm{d}^2}{\mathrm{d}x^2}\psi+\left(\frac{2\mu E}{\hbar^2}-\frac{\mu^2\omega^2}{\hbar^2}x^2\right)\psi=0 \tag{11.1.29}$$

式中：E 为能量本征值。由式（11.1.27），当 $|x|\to\infty$ 时，$V(x)\to\infty$，所以谐振子势类似于无限深势阱，粒子只有束缚态（渐进束缚），即

$$\psi(x)\xrightarrow[|x|\to\infty]{}0 \tag{11.1.30}$$

为简单起见，引入无量纲变数

$$\xi=\alpha x\,,\quad \alpha=\sqrt{\frac{\mu\omega}{\hbar}} \tag{11.1.31}$$

代入式（11.1.29），得

$$\frac{\mathrm{d}^2}{\mathrm{d}\xi^2}\psi+(\lambda-\xi^2)\psi=0 \tag{11.1.32}$$

其中

$$\lambda=\frac{2E}{\hbar\omega} \tag{11.1.33}$$

式（11.1.32）是变系数二阶常微分方程，$\xi=\pm\infty$ 是方程的奇点，ξ 为有限时是方程的常点。为了求得方程（11.1.32）的解，先考察 $\xi\to\pm\infty$ 时方程的渐进解。当 $\xi\to\pm\infty$ 时，方程（11.1.32）可写成

$$\frac{\mathrm{d}^2}{\mathrm{d}\xi^2}\psi-\xi^2\psi=0 \tag{11.1.34}$$

注意到上式中ξ任意大，所以其解为$\psi \sim e^{\pm\frac{1}{2}\xi^2}$。再考虑到$\psi$的有界性，应舍弃$\psi \sim e^{\frac{1}{2}\xi^2}$，所以，渐进解为$\psi \sim e^{-\frac{1}{2}\xi^2}$。于是，原方程的解可表为

$$\psi = H(\xi)e^{-\frac{1}{2}\xi^2} \tag{11.1.35}$$

式中：$H(\xi)$为待定函数。把式（11.1.35）代入式（11.1.32），得$H(\xi)$满足的方程为

$$\frac{d^2H}{d\xi^2} - 2\xi\frac{dH}{d\xi} + (\lambda - 1)H = 0 \tag{11.1.36}$$

为保证ψ满足式（11.1.30），方程（11.1.36）中

$$\lambda = 2n + 1 \quad (n = 0,1,2,\cdots) \tag{11.1.37}$$

此时，方程（11.1.36）的解为**厄米（Hermitian）多项式**$H_n(\xi)$（详细求解过程参见附录G）。厄米多项式可表为下述微分形式

$$H_n(\xi) = (-)^n e^{\xi^2}\frac{d^n}{d\xi^n}e^{-\xi^2} \tag{11.1.38}$$

利用式（11.1.38），不难求出取定量子数n时，厄米多项式的具体形式。下面列出前几个厄米多项式

$$\begin{cases} H_0(\xi) = 1 \\ H_1(\xi) = 2\xi \\ H_2(\xi) = 4\xi^2 - 2 \\ H_3(\xi) = 8\xi^3 - 12\xi \\ H_4(\xi) = 16\xi^4 - 48\xi^2 + 12 \end{cases} \tag{11.1.39}$$

利用式（11.1.38）和分部积分法，可以证明，厄米多项式的正交性关系为

$$\int_{-\infty}^{+\infty} H_m(\xi)H_n(\xi)e^{-\xi^2}d\xi = \sqrt{\pi}2^n n!\delta_{mn} \tag{11.1.40}$$

把式（11.1.37）代入式（11.1.33），得线性谐振子的能级为

$$E_n = \hbar\omega\left(n + \frac{1}{2}\right) \quad (n = 0,1,2,\cdots) \tag{11.1.41}$$

把式（11.1.35）中的待定函数$H(\xi)$用厄米多项式代，得线性谐振子的能量本征态为

$$\psi_n(\xi) = N_n H_n(\xi)e^{-\frac{1}{2}\xi^2} \quad (n = 0,1,2,\cdots) \tag{11.1.42}$$

式中：N_n为归一化系数。利用式（11.1.40），得

$$N_n = \sqrt{\frac{\alpha}{\sqrt{\pi}2^n n!}} \tag{11.1.43}$$

至此，求出了线性谐振子的定态能量和相应的能量本征态。

下面对上述结果做几点讨论。

（1）线性谐振子的能量构成分立谱。能级等间距，相邻能级间隔为$\hbar\omega$，这正是普朗克当初假设的能量子。当n足够大时，$\Delta E_n/E_n \to 0$。这说明在n足够大的情况下，可认为线性谐振子的能级连续。

（2）基态能量$E_0 = \hbar\omega/2 \neq 0$，存在零点运动。这与普朗克当初的假设不同，零点能的存在是一个纯粹的量子效应，也是微观粒子波动性的体现。

（3）满足一维束缚态问题的所有一般特性：能级非简併、能量本征函数为实函数、能量本征态有确定的宇称。由式（11.1.42）和式（11.1.38）容易看出，当 n 取奇数时，ψ_n 为奇宇称态；当 n 取偶数时，ψ_n 为偶宇称态。即能量本征态的宇称完全由量子数 n 决定，这称为能量本征态具有关于量子数 n 的宇称。

（4）对于经典振子，当给定振子能量 $E = E_n = \hbar\omega(n+1/2)$ 时，振子的振幅为

$$A = \sqrt{\frac{\hbar}{\mu\omega}}(2n+1)^{1/2} = \frac{1}{\alpha}(2n+1)^{1/2}$$

任何时刻，该振子只能出现在 $|x| \leqslant A$ 的区域内，而在 $|x| > A$ 的区域找不到振子。因此 $|x| > A = \frac{1}{\alpha}(2n+1)^{1/2}$ 是振子的经典禁区。若用无量纲的 ξ 表示，经典禁区为

$$|\xi| > (2n+1)^{1/2} \tag{11.1.44}$$

但对于量子振子，振子出现于空间各点的几率分布为

$$|\psi_n|^2 = N_n{}^2[H_n(\xi)]^2 \mathrm{e}^{-\xi^2} \tag{11.1.45}$$

由上式看到，在经典禁区找到振子的几率不等于零。即：量子振子可以出现在经典禁区之内。例如：基态振子，经典禁区为 $|\xi| > 1$，但在此区域 $|\psi_0|^2$ 并不等于零，有量子振子出现。

可以证明，当振子能级很高时，即 n 足够大时。在经典禁区找到量子振子的几率趋于零。此时量子振子的能量改变也趋于连续。即量子振子趋于经典振子。这便是量子振子与经典振子的联系。

11.2　有心力场的一般描述

一、力学量完全集

有心力场是自然界中广泛存在的一类相互作用势。大到行星，小到原子内的电子，都是在有心力场作用下的运动——**有心运动**。甚至，迄今为止并不十分清楚的核子间的相互作用，采用各向同性谐振子势或球方势阱也能给出一些有价值的结果。因此，对有心运动的研究，无论在经典力学还是量子力学，都具有十分重要的意义。

有心运动是三维定态问题。与一维问题不同，在处理三维定态问题时，首先需要考虑力学量完全集的选择（在一维定态问题中，哈密顿量就是体系的力学量完全集）。下面就来讨论这个问题。

有心力场的哈密顿算子为

$$\hat{H} = -\frac{\hat{p}^2}{2\mu} + V(r) = -\frac{\hbar^2}{2\mu}\nabla^2 + V(r) \tag{11.2.1}$$

式中：$V(r)$ 为有心力场的势函数。由式（10.5.68）和式（10.5.69），知

$$[\hat{H}, \hat{\boldsymbol{L}}] = 0，\ [\hat{H}, \hat{L}^2] = 0 \tag{11.2.2}$$

上式说明，角动量各分量及角动量平方均为守恒量，这是有心运动的重要特性之一。由于角动量各分量彼此不对易，按 10.8 节所讲，有心力场中粒子能级一般是简併的（除角

动量为 0 的态)。又由于角动量平方与角动量各分量对易，因此，描述有心运动存在三组力学量完全集$\{(\hat{H},\hat{L}^2,\hat{L}_\alpha)$，$\alpha=1,2,3\}$。习惯上，选择$(\hat{H},\hat{L}^2,\hat{L}_Z)$为力学量完全集进行求解。这样选择的理由是，$Z$ 轴为极轴，$\hat{L}_Z$ 的形式最为简单，因而，求解也最为方便。在选择了$(\hat{H},\hat{L}^2,\hat{L}_Z)$为力学量完全集后，能量本征态将按 L^2 和 L_Z 的取值来分类，从而，使简併能量本征矢的正交性自动满足。

二、径向方程

有心运动的定态薛定谔方程为

$$\hat{H}\psi(\boldsymbol{r})=E\psi(\boldsymbol{r}) \tag{11.2.3}$$

利用式（10.5.13），上式写成

$$\left[-\frac{\hbar^2}{2\mu r^2}\frac{\partial}{\partial r}\left(r^2\frac{\partial}{\partial r}\right)+\frac{\hat{L}^2}{2\mu r^2}+V(r)\right]\psi(\boldsymbol{r})=E\psi(\boldsymbol{r}) \tag{11.2.4}$$

由前所述，要求$\psi(\boldsymbol{r})$是$(\hat{H},\hat{L}^2,\hat{L}_Z)$的共同本征矢，故可令

$$\psi(\boldsymbol{r})=R(r)Y_{lm}(\theta,\varphi) \tag{11.2.5}$$

式中：$R(r)$为待定函数，称为**径向波函数**；Y_{lm} 为球谐函数。将上式代入方程（11.2.4），并注意到 $\hat{L}^2Y_{lm}=l(l+1)\hbar^2Y_{lm}$，得

$$\left[-\frac{\hbar^2}{2\mu r^2}\frac{\mathrm{d}}{\mathrm{d}r}\left(r^2\frac{\mathrm{d}}{\mathrm{d}r}\right)+\frac{l(l+1)\hbar^2}{2\mu r^2}+V(r)\right]R(r)=ER(r)$$

或

$$\frac{1}{r^2}\frac{\mathrm{d}}{\mathrm{d}r}\left(r^2\frac{\mathrm{d}R}{\mathrm{d}r}\right)+\left[\frac{2\mu}{\hbar}(E-V)-\frac{l(l+1)}{r^2}\right]R=0 \quad (l=0,1,2,\cdots) \tag{11.2.6}$$

为求解方便，做如下变换

$$R(r)=\frac{1}{r}u(r) \tag{11.2.7}$$

把上式代入式（11.2.6），得

$$-\frac{\hbar^2}{2\mu}\frac{\mathrm{d}^2u}{\mathrm{d}r^2}+\left[V(r)+\frac{l(l+1)\hbar^2}{2\mu r^2}\right]u=Eu \tag{11.2.8}$$

式（11.2.8）也称为有心运动的**径向方程**。把它和一维问题的定态薛定谔方程相比，形式上多出$\dfrac{l(l+1)\hbar^2}{2\mu r^2}$项，这一项称为**离心势**。它与粒子的角动量有关，当$l=0$时，离心势为零。

方程（11.2.8）的解 $u(r)$ 必须保证 $R(r)$ 有界，因此

$$u(r)\xrightarrow[r\to 0]{}0 \qquad （不慢于 r\to 0） \tag{11.2.9}$$

上式在确定 $u(r)$ 的具体形式时非常重要。

三、有心运动的一般特性

1. 能级的简併度

有心运动的能级由径向方程（11.2.8）确定。径向方程中显含角量子数 l，而不含磁

量子数 m。因此，一般来讲，有心运动的定态能量 E 应与角量子数 l 有关，而与磁量子数 m 无关。当取定能量 E 的值时，角量子数 l 的值也相应确定，但磁量子数 m 可取 $(0,\pm 1,\cdots,\pm l)$ 中的任何一个值。由（11.2.5）式知，不同的 m 对应不同的能量本征态。所以同一能量本征值，对应 $2l+1$ 个能量本征态。即能级是 $2l+1$ 度简併的。

值得注意的是，这一结论并不具有普遍性，只是一般性的结论。例如：后面要介绍的库仑场，能级简併度就不是 $2l+1$。

2. 能量本征态的宇称

有心运动的能量本征态具有关于角量子数 l 的宇称，即

$$\psi(-\boldsymbol{r})=(-)^l\psi(\boldsymbol{r}) \tag{11.2.10}$$

下面来证明这一结论。

当进行空间反演变换时，$\boldsymbol{r}\to-\boldsymbol{r}$，在球极坐标下

$$r\to r,\quad \theta\to\pi-\theta,\quad \varphi\to\pi+\varphi \tag{11.2.11}$$

所以

$$\psi(-\boldsymbol{r})=R(r)Y_{lm}(\pi-\theta,\pi+\varphi) \tag{11.2.12}$$

利用式（10.6.84），有

$$\begin{aligned}\psi(-\boldsymbol{r})&=R(r)N_{lm}p_l^m(\cos(\pi-\theta))\mathrm{e}^{\mathrm{i}m(\pi+\varphi)}\\&=(-)^m R(r)N_{lm}p_l^m(-\cos\theta)\mathrm{e}^{\mathrm{i}m\varphi}\end{aligned} \tag{11.2.13}$$

利用式（10.6.81），有

$$p_l^m(-\cos\theta)=(-)^{l+m}p_l^m(\cos\theta) \tag{11.2.14}$$

代入式（11.2.13），得

$$\psi(-\boldsymbol{r})=(-)^l R(r)N_{lm}p_l^m(\cos\theta)\mathrm{e}^{\mathrm{i}m\varphi}=(-)^l\psi(\boldsymbol{r})$$

由以上证明不难看出，此结论对中心场问题普遍成立。

四、二体问题

在实际的中心力场问题中，中心体的质量一般是有限的。例如：原子核对电子的作用。尽管核的质量远大于电子质量，但由于光谱测量精度很高，若不考虑核质量的有限性，理论计算结果与实验结果相比会有较大误差。

当考虑中心体质量为有限后，粒子在有心力场中的运动为二体问题。和经典力学情况完全类似，通过引入**质心坐标**和**相对坐标**，可以把一个二体问题化为两个独立的单体问题。设粒子质量和中心体质量分别为 μ_1 和 μ_2，它们的坐标分别用 $\boldsymbol{r}_1$ 和 $\boldsymbol{r}_2$ 表示。则相互作用势为 $V(|\boldsymbol{r}_1-\boldsymbol{r}_2|)$，只依赖于粒子到中心体的相对距离。体系的哈密顿算子为

$$\hat{H}=-\frac{\hbar^2}{2\mu_1}\nabla_1{}^2-\frac{\hbar^2}{2\mu_2}\nabla_2{}^2+V(|\boldsymbol{r}_1-\boldsymbol{r}_2|) \tag{11.2.15}$$

引入相对坐标 $\boldsymbol{r}$ 和质心坐标 $\boldsymbol{R}$：

$$\boldsymbol{r}=\boldsymbol{r}_1-\boldsymbol{r}_2,\quad \boldsymbol{R}=\frac{\mu_1\boldsymbol{r}_1+\mu_2\boldsymbol{r}_2}{\mu_1+\mu_2} \tag{11.2.16}$$

$\boldsymbol{r}$ 和 $\boldsymbol{R}$ 的直角分量分别记为（x，y，z）和（X，Y，Z），不难证明，体系 $\hat{H}$ 用 $\boldsymbol{r}$ 和 $\boldsymbol{R}$ 可表为

$$\hat{H} = -\frac{\hbar^2}{2M}\nabla_R^2 - \frac{\hbar^2}{2\mu}\nabla^2 + V(r) \tag{11.2.17}$$

式中：$M = \mu_1 + \mu_2$、$\mu = \mu_1\mu_2/(\mu_1 + \mu_2)$，分别为体系的总质量和折合（约化）质量，

$$\begin{cases} \nabla_R^2 = \dfrac{\partial^2}{\partial X^2} + \dfrac{\partial^2}{\partial Y^2} + \dfrac{\partial^2}{\partial Z^2} \\ \nabla^2 = \dfrac{\partial^2}{\partial x^2} + \dfrac{\partial^2}{\partial y^2} + \dfrac{\partial^2}{\partial z^2} \end{cases} \tag{11.2.18}$$

体系的定态薛定谔方程为

$$\left[-\frac{\hbar^2}{2M}\nabla_R^2 - \frac{\hbar^2}{2\mu}\nabla^2 + V(r)\right]\Psi(\boldsymbol{R},\boldsymbol{r}) = E_t\Psi(\boldsymbol{R},\boldsymbol{r}) \tag{11.2.19}$$

式中：E_t 为体系的总能量。上式可分离变量，设

$$\Psi(\boldsymbol{R},\boldsymbol{r}) = \phi(\boldsymbol{R})\psi(\boldsymbol{r}) \tag{11.2.20}$$

代入式（11.2.19），得

$$-\frac{\hbar^2}{2M}\nabla_R^2\phi(\boldsymbol{R}) = (E_t - E)\phi(\boldsymbol{R}) = E_C\phi(\boldsymbol{R}) \tag{11.2.21}$$

$$\left[-\frac{\hbar^2}{2\mu}\nabla^2 + V(r)\right]\psi(\boldsymbol{r}) = E\psi(\boldsymbol{r}) \tag{11.2.22}$$

式（11.2.21）是体系质心运动的能量本征值方程，它描述体系的整体运动，E_C 为质心运动的能量。不难看出，式（11.2.21）是自由粒子的能量本征值方程，因此，体系的整体运动是自由运动。在中心场问题中，通常不关心体系的整体运动。例如：在研究原子结构问题时，对原子整体的运动并不关心，真正关心的是原子中电子相对于核的运动，即相对运动。式（11.2.22）正是描述相对运动的定态薛定谔方程，E 为粒子相对于中心体的运动能量。式（11.2.22）形式上与式（11.2.4）完全相同。

11.3 库仑场 氢原子

一、库仑场中的电子

求解中心力场问题的核心是解径向方程（11.2.8）。在实际中，只有库仑场、各向同性谐振子场和无限深球方势阱等少数几个中心场问题的径向方程能够求出精确的解析解。下面以库仑场为例来解径向方程，所得结果可直接用于氢原子。

设中心体所带电荷为 Ze_s，Z 为正整数。电子和它的相互作用势为

$$V(r) = -\frac{Ze_s^2}{r} \tag{11.3.1}$$

由于相互作用势 $V(r) \leqslant 0$。所以，当电子能量 $E < 0$ 时，电子被束缚在正电荷周围运动，是束缚态，能量构成分立谱。当电子能量 $E > 0$ 时，电子将摆脱正电荷的吸引而成为自由电子，为非束缚态，能量构成连续谱。以下只讨论我们关心的束缚态情况。

将式（11.3.1）代入式（11.2.8）中，得库仑场中电子的径向方程为

$$\frac{\mathrm{d}^2u}{\mathrm{d}r^2}+\left[\frac{2\mu}{\hbar^2}(E+\frac{Ze_s^2}{r})-\frac{l(l+1)}{r^2}\right]u=0 \tag{11.3.2}$$

式中：μ 为折合质量；r 为电子相对于正电荷的距离。为便于求解，引入无量纲变数

$$\rho=\alpha r\text{，}\quad \alpha=\left(\frac{8\mu|E|}{\hbar^2}\right)^{1/2}>0 \tag{11.3.3}$$

于是，式（11.3.2）化为

$$\frac{\mathrm{d}^2u}{\mathrm{d}\rho^2}+\left[\frac{\beta}{\rho}-\frac{1}{4}-\frac{l(l+1)}{\rho^2}\right]u=0 \tag{11.3.4}$$

其中

$$\beta=\frac{Ze_s^2}{\hbar}\left(\frac{\mu}{2|E|}\right)^{1/2} \tag{11.3.5}$$

$\rho=0$ 和 ∞ 是方程（11.3.4）的两个奇点，其余均为方程的常点。

先来考察 ρ 趋于 ∞ 时解的渐近行为。当 $\rho\to\infty$ 时，式（11.3.4）化为

$$\frac{\mathrm{d}^2u}{\mathrm{d}\rho^2}-\frac{1}{4}u=0 \tag{11.3.6}$$

上式的解为 $u\sim \mathrm{e}^{\pm\frac{\rho}{2}}$，考虑到波函数的有界性，$\mathrm{e}^{+\frac{\rho}{2}}$ 应舍弃。所以方程（11.3.4）的解可表为

$$u(\rho)=f(\rho)\mathrm{e}^{-\frac{1}{2}\rho} \tag{11.3.7}$$

式中：$f(\rho)$ 为待定函数，其形式必须保证径向波函数有界。把上式代入方程（11.3.4），得 $f(\rho)$ 满足的方程为

$$\frac{\mathrm{d}^2f}{\mathrm{d}\rho^2}-\frac{\mathrm{d}f}{\mathrm{d}\rho}+\left[\frac{\beta}{\rho}-\frac{l(l+1)}{\rho^2}\right]f=0 \tag{11.3.8}$$

上式为二阶变系数齐次常微分方程，$\rho=0$ 是方程的奇点。

按微分方程理论，式（11.3.8）的解可表示为幂级数

$$f(\rho)=\sum_{\nu=0}^{\infty}b_\nu\rho^{\nu+s} \tag{11.3.9}$$

其中，$b_0\neq0$。由式（11.2.7）和式（11.3.7），径向波函数

$$R=\frac{u}{r}\sim\frac{1}{\rho}\mathrm{e}^{-\frac{1}{2}\rho}\sum_{\nu=0}^{\infty}b_\nu\rho^{\nu+s}=\mathrm{e}^{-\frac{1}{2}\rho}\sum_{\nu=0}^{\infty}b_\nu\rho^{\nu+s-1}\xrightarrow[\rho\to0]{}b_0\rho^{s-1}$$

由上式知，要保证波函数在 $r\to0$ 时有界，必须有

$$s\geqslant1 \tag{11.3.10}$$

把式（11.3.9）代入式（11.3.8），得无穷级数系数的递推关系为

$$b_{\nu+1}=\frac{s+\nu-\beta}{(\nu+s)(\nu+s+1)-l(l+1)}b_\nu \tag{11.3.11}$$

由上式，只要给定 $b_0(\neq0)$，即可得无穷级数的所有系数。

系数满足递推关系式（11.3.11）的无穷级数（11.3.9），能够保证径向方程成立。但这样的无穷级数能否保证波函数有界，还需对其行为做进一步的分析。根据式（11.3.11），

式（11.3.9）所示无穷级数尾部的相邻项系数之比为

$$\frac{b_{\nu+1}}{b_\nu}\xrightarrow{\nu\to\infty}\frac{1}{\nu} \tag{11.3.12}$$

另外

$$e^\rho=\sum_{\nu=0}^{\infty}\frac{1}{\nu!}\rho^\nu \tag{11.3.13}$$

此级数尾部的相邻项系数之比为

$$\frac{1/(\nu+1)!}{1/\nu!}=\frac{\nu!}{(\nu+1)!}\xrightarrow{\nu\to\infty}\frac{1}{\nu} \tag{11.3.14}$$

比较式（11.3.12）和式（11.3.14）知，无穷级数式（11.3.9）和式（11.3.13）具有相同的行为。因此 $f(\rho)$ 与 e^ρ 具有相同行为。这样，当 f 真表示为系数满足递推关系式（11.3.11）的无穷级数时，有

$$R\sim\frac{1}{\rho}e^{-\frac{1}{2}\rho}f(\rho)\sim\frac{1}{\rho}e^{\frac{\rho}{2}}\xrightarrow{\rho\to\infty}\infty \tag{11.3.15}$$

即：$r\to\infty$ 时波函数发散。于是，为保证波函数有界，$f(\rho)$ 不能是无穷级数，必须在某一项截断，成为多项式。设级数在第

$$n_r=0,1,2,\cdots \tag{11.3.16}$$

项截断，成为最高次幂为 n_r+s 的多项式，由递推关系式（11.3.11）知，必有

$$s+n_r-\beta=0 \tag{11.3.17}$$

此外，若令递推关系式（11.3.11）中的 $\nu=-1$，则

$$b_0=\frac{s-1-\beta}{s(s-1)-l(l+1)}b_{-1}$$

因为 $b_0\neq0$，而级数（11.3.9）中不存在系数为 b_{-1} 的项，即 $b_{-1}=0$，所以

$$s(s-1)-l(l+1)=0$$

由上式解得 $s=-l$ 或 $s=l+1$。注意到 $l\geqslant0$，由式（11.3.10）知，$s=l+1$（$s=-l$ 舍弃），把 s 的值代入式（11.3.17），得

$$\beta=n_r+l+1\equiv n\quad(n=1,2,\cdots) \tag{11.3.18}$$

式中：n 为**主量子数**，n_r 为**径向量子数**。由式（11.3.18）知，当主量子数 n 的值取定时，角量子数 l 可以取 $l=0,\ 1,\cdots,n-1$ 共 n 个值。把式（11.3.5）代入式（11.3.18），得库仑场中电子的能量为

$$E_n=-\frac{\mu Z^2e_S^4}{2\hbar^2n^2}=-\frac{Z^2e_S^2}{2a_0n^2}\quad(n=1,2,\cdots) \tag{11.3.19}$$

式中：$a_0=\hbar^2/\mu e_s^2$。把式（11.3.19）代入式（11.3.3），得

$$\alpha=\frac{2\mu Ze_S^2}{n\hbar^2}=\frac{2Z}{na_0} \tag{11.3.20}$$

把式（11.3.18）代入式（11.3.11），得

$$b_{\nu+1}=\frac{\nu+l+1-n}{(\nu+1)(\nu+2l+2)}b_\nu \tag{11.3.21}$$

利用上式，多项式的系数 $b_1,b_2,\cdots,b_{n-l-1}$（往后的系数均为零）都可用 b_0 表出。把这些系

数代入式（11.3.9），得

$$f(\rho)=-b_0\rho^{l+1}\sum_{\nu=0}^{n-l-1}(-)^{\nu+1}\frac{(n-l-1)!(2l+1)!}{(n-l-1-\nu)!(2l+1+\nu)!\nu!}\rho^{\nu} \tag{11.3.22}$$

令

$$L_{n+l}^{2l+1}(\rho)=\sum_{\nu=0}^{n-l-1}(-)^{\nu+1}\frac{[(n+l)!]^2}{(n-l-1-\nu)!(2l+1+\nu)!\nu!}\rho^{\nu} \tag{11.3.23}$$

称为**缔合拉盖尔（Laguerre）多项式**。把上式代入式（11.3.22），得

$$f_{nl}(\rho)=C_{nl}\rho^{l+1}L_{n+l}^{2l+1}(\rho) \tag{11.3.24}$$

其中C_{nl}是与主量子数n和角量子数l有关的常数，由归一化确定。这里已给函数$f(\rho)$加了下标n和l，以示它与这两个量子数有关。由式（11.3.24），得径向波函数为

$$R_{nl}(r)=\frac{u}{r}=N_{nl}(\alpha r)^l\mathrm{e}^{-\frac{\alpha}{2}r}L_{n+1}^{2l+1}(\alpha r)\quad\begin{pmatrix}n=1,2,\cdots\\ l=0,1,\cdots,n-1\end{pmatrix} \tag{11.3.25}$$

式中：N_{nl}为径向波函数的归一化系数。利用归一化积分

$$\int_0^{+\infty}R_{nl}^2(r)r^2\mathrm{d}r=1$$

可求得

$$N_{nl}=-\left\{\left(\frac{2Z}{na_0}\right)^3\frac{(n-l-1)!}{2n[(n+l)!]^3}\right\}^{1/2} \tag{11.3.26}$$

关于缔合拉盖尔多项式的详细讨论，可参阅王竹溪、郭敦仁《特殊函数概论》。

下面列出前几个径向波函数：

$n=1$
$$R_{10}=\left(\frac{Z}{a_0}\right)^{3/2}2\mathrm{e}^{-\frac{Z}{a_0}r}$$

$n=2$
$$R_{20}=\left(\frac{Z}{2a_0}\right)^{3/2}\left(2-\frac{Zr}{a_0}\right)\mathrm{e}^{-\frac{Z}{2a_0}r}$$
$$R_{21}=\left(\frac{Z}{2a_0}\right)^{3/2}\frac{Zr}{a_0\sqrt{3}}\mathrm{e}^{-\frac{Z}{2a_0}r}$$

$n=3$
$$R_{30}=\left(\frac{Z}{3a_0}\right)^{3/2}\left[2-\frac{4Zr}{3a_0}+\frac{4}{27}\left(\frac{Zr}{a_0}\right)^2\right]\mathrm{e}^{-\frac{Z}{3a_0}r}$$
$$R_{31}=\left(\frac{2Z}{a_0}\right)^{3/2}\left(\frac{2}{27\sqrt{3}}-\frac{Zr}{81a_0\sqrt{3}}\right)\frac{Zr}{a_0}\mathrm{e}^{-\frac{Z}{3a_0}r}$$
$$R_{32}=\left(\frac{2Z}{a_0}\right)^{3/2}\frac{1}{81\sqrt{15}}\left(\frac{Zr}{a_0}\right)^2\mathrm{e}^{-\frac{Z}{3a_0}r}$$

至此，求出了库仑场中电子的束缚态能级和能量本征函数。

二、氢原子

在上述库仑场的结果中，只要把中心体看成氢原子核，即令 $Z=1$，同时中心体的质

量 μ_2 取为氢核的质量，μ 为氢原子的折合质量，便得氢原子中电子相对于核的运动能量和相应的能量本征函数，也就是氢原子的能级和能量本征态：

$$\begin{cases} E_n = -\dfrac{\mu e_s^4}{2\hbar^2 n^2} = -\dfrac{e_s^2}{2a_0 n^2} \\ \psi_{nlm} = R_{nl}(r)Y_{lm}(\theta,\varphi) \end{cases} \qquad \begin{pmatrix} n = 0, 1, 2, \cdots \\ l = 0, 1, 2, \cdots, n-1 \\ m=0, \pm 1, \pm 2, \cdots, \pm l \end{pmatrix} \tag{11.3.27}$$

其中

$$a_0 = \frac{\hbar}{\mu e_s^2} \approx 0.529\ \text{Å} \tag{11.3.28}$$

称为**玻尔半径**。

下面对上述结果作几点讨论：

1. 能谱

氢原子的束缚态能谱为分立谱。能级间隔随主量子数 n 的增加迅速减小（与 n^{-3} 成正比）。当 $n \to \infty$ 时，能级间隔趋于零，这时 E_n 也趋于零，电子被电离。定义 E_∞ 与基态能量 E_1 的差为氢原子的**电离能**，即

$$E_\infty - E_1 = -E_1 = \frac{\mu e_s^4}{2\hbar^2} = 13.597\text{eV}$$

当氢原子吸收 13.597eV 的能量后，其中的电子将被电离，成为自由电子。因此，氢原子的全部能谱（包括电离态）为混合谱。

2. 氢原子光谱

当氢原子由较高能态 E_n 跃迁至较低的能态 $E_{n'}$ 时，将发射一个频率为 ν 的光子，ν 由下述公式求出：

$$\nu = \frac{1}{h}(E_n - E_{n'}) = \frac{\mu e_s^4}{4\pi\hbar^3 c}c\left(\frac{1}{n'^2} - \frac{1}{n^2}\right) = R_H c\left(\frac{1}{n'^2} - \frac{1}{n^2}\right) \tag{11.3.29}$$

式中：$R_H = \dfrac{\mu e_s^4}{4\pi\hbar^3 c} = 10967758\ \text{m}^{-1}$ 为氢原子的里德堡常数，式（11.3.29）正是巴尔末公式。但这里里德堡常数由理论计算得到，且与实验值很好吻合。

3. 能级简并度

由式（11.3.27）知，能级只与主量子数有关，与角量子数和磁量子数无关。当取定主量子数 n 的值后，能级确定，但对应该能量本征值的本征矢却不确定。这时角量子数 l 可取 $(0,1,\cdots,n-1)n$ 个值；对应每个 l 值，磁量子数 m 可取 $(0,\pm 1,\cdots,\pm l)$ $2l+1$ 个值。所以，与能级 E_n 对应的能量本征态有

$$\sum_{l=0}^{n-1}(2l+1) = n^2$$

个，即能级 E_n 是 n^2 度简併的。不难看到，此结果与 11.2 节中指出过的，中心场问题的能级是 $2l+1$ 度简併的结果不同。这与库仑场较一般中心场有更高的对称性有关。习惯上，把库仑场的上述简併称为**库仑简併**。

4. 各种几率分布

氢原子中，电子出现在 $\boldsymbol{r}$ 点附近 $\mathrm{d}^3 r$ 体积元内的几率为

$$W_{nlm}\mathrm{d}^3r=\left|\psi_{nlm}\right|^2\mathrm{d}^3r=N_{lm}^2R_{nl}^2(r)\left|P_l^m(\cos\theta)\right|^2\mathrm{d}^3r \tag{11.3.30}$$

将上式对空间所有方向积分，得电子出现在 r —— $r+\mathrm{d}r$ 球壳内的几率为

$$W_{nl}\mathrm{d}r=R_{nl}^2r^2\mathrm{d}r\int_{4\pi}\left|Y_{lm}\right|^2\mathrm{d}\Omega=R_{nl}^2r^2\mathrm{d}r \tag{11.3.31}$$

式中：$W_{nl}(r)=R_{nl}^2(r)r^2$ 为**径向几率密度分布**。将式（11.3.30）对 r 从 0 到 ∞ 积分，得电子出现在 (θ,φ) 方向，$\mathrm{d}\Omega$ 立体角元内的几率为

$$W_{lm}\mathrm{d}\Omega=\left|Y_{lm}\right|^2\mathrm{d}\Omega\int_0^\infty R_{nl}^2r^2\mathrm{d}r=\left|Y_{lm}\right|^2\mathrm{d}\Omega=N_{lm}^2\left|P_l^m(\cos\theta)\right|^2\mathrm{d}\Omega \tag{11.3.32}$$

其中 $W_{lm}(\theta,\varphi)=N_{lm}^2\left|P_l^m(\cos\theta)\right|^2$ 称为**角向几率密度分布**。不难看出，角向几率密度分布与 φ 无关，具有关于极轴（z 轴）的旋转对称性。

内容提要

一、一维束缚定态问题

1. 一维束缚定态问题的一般性质

（1）一维束缚定态的能级非简併；

（2）当势函数满足 $V(x)=V(-x)$ 时，一维束缚定态的能量本征函数有确定宇称；

（3）若 $V^*=V$，一维束缚定态的能量本征函数可以是实函数。

2. 一维无限深方势阱

粒子在宽度为 $2a$ 的一维无限深方势阱

$$V(x)=\begin{cases}0 & (0\leqslant x\leqslant 2a)\\ \infty & (x<0,x>2a)\end{cases}$$

中运动，其能级和能量本征态分别为

$$E_n=\frac{\pi^2\hbar^2}{8\mu a^2}n^2\quad(n=1,2,\cdots)$$

和

$$\psi_n(x)=\begin{cases}\dfrac{1}{\sqrt{a}}\sin\dfrac{n\pi x}{2a} & (0\leqslant x\leqslant 2a)\\ 0 & (x<0,x>2a)\end{cases}\quad(n=1,2,\cdots)$$

3. 线性谐振子

线性谐振子的能级和能量本征态分别为。

$$E_n=\hbar\omega\left(n+\frac{1}{2}\right)\quad(n=0,1,2,\cdots)$$

$$\psi_n(\xi)=\sqrt{\frac{\alpha}{\sqrt{\pi}2^n n!}}H_n(\xi)\mathrm{e}^{-\frac{1}{2}\xi^2}\quad(n=0,1,2,\cdots)$$

二、有心力场的一般描述

1. 有心力场的定态薛定谔方程

$$\left[-\frac{\hbar^2}{2\mu r^2}\frac{\partial}{\partial r}\left(r^2\frac{\partial}{\partial r}\right)+\frac{\hat{L}^2}{2\mu r^2}+V(r)\right]\psi(\boldsymbol{r})=E\psi(\boldsymbol{r})$$

能量本征函数可表为

$$\psi(\boldsymbol{r})=R(r)Y_{lm}(\theta,\varphi)$$

2. 有心力场的径向方程

径向波函数为

$$R(r)=\frac{1}{r}u(r)$$

$u(r)$满足方程

$$-\frac{\hbar^2}{2\mu}\frac{\mathrm{d}^2u}{\mathrm{d}r^2}+\left[V(r)+\frac{l(l+1)\hbar^2}{2\mu r^2}\right]u=Eu$$

上述方程称为有心力场的径向方程。

3. 有心运动的一般特性

（1）能级简併度通常为$2l+1$；

（2）能量本征态具有关于角量子数的宇称。

三、氢原子

1. 氢原子的能量与能量本征态

$$\begin{cases}E_n=-\dfrac{\mu e_S^4}{2\hbar^2n^2}=-\dfrac{e_s^2}{2a_0n^2}\\ \psi_{nlm}=R_{nl}(r)Y_{lm}(\theta,\varphi)\end{cases}\qquad\begin{pmatrix}n=0,1,2,\cdots\\ l=0,1,2,\cdots,n-1\\ m=0,\pm1,\pm2,\cdots,\pm l\end{pmatrix}$$

2. 各种几率分布

（1）电子出现在$\boldsymbol{r}$点的几率密度。

$$W_{nlm}=|\psi_{nlm}|^2=|R_{nl}Y_{lm}|^2=N_{lm}^2|R_{nl}(r)|^2|P_l^m(\cos\theta)|^2$$

该几率密度分布关于Z轴旋转对称。

（2）径向几率密度分布。

$$W_{nl}(r)=R_{nl}^2(r)r^2$$

物理意义为，电子出现在半径为$\boldsymbol{r}$的单位厚度球壳内的几率。

（3）角向几率密度分布。

$$W_{lm}(\theta,\varphi)=N_{lm}^2|P_l^m(\cos\theta)|^2$$

物理意义为，电子出现在(θ,φ)方向，单位立体角元内的几率。该几率密度分布关于Z轴旋转对称。

习　题

11.1　求处于下列状态下粒子的动量几率分布：

（1）在一维无限深势阱中运动的基态粒子；

（2）基态一维谐振子。

11.2　在一维无限深势阱中的粒子，势阱的宽度为 a，如果粒子的状态由波函数

$$\psi(x) = Ax(a-x)$$

描写，A 为归一化常数，求粒子的能量的几率分布和能量的平均值。

11.3　若在一维无限深势阱中运动的粒子的量子数为 n，试求：

（1）距势阱内左壁 1/4 宽度处发现粒子的几率是多少？

（2）n 取何值在此处找到粒子的几率最大？

（3）当 $n \to \infty$ 时，这个几率的极限是多少？这个结果说明了什么问题？

11.4　求处于三维无限深势阱中的粒子的能级和波函数。

11.5　一粒子在三维势场：

$$U_x = \begin{cases} 0 & (-a/2 \leqslant x \leqslant a/2) \\ \infty & (x < -a/2, x > a/2) \end{cases}$$

$$U_y = \begin{cases} 0 & (-b/2 \leqslant y \leqslant b/2) \\ \infty & (y < -b/2, y > b/2) \end{cases}$$

$$U_z = 0 \quad (-\infty < z < +\infty)$$

中运动，求粒子的能级和波函数。

11.6　粒子在一维势阱：

$$U(x) = \begin{cases} \infty & (x < 0) \\ -V_0 & (0 \leqslant x \leqslant a) \\ 0 & (x > a) \end{cases}$$

中运动，求粒子的能量。

11.7　粒子在势能为：

$$U(x) = \begin{cases} U_1 & (x \leqslant 0) \\ 0 & (0<x<a) \\ U_2 & (x \geqslant a) \end{cases}$$

的势场中运动，U_1 和 U_2 为常量。证明对于能量 $E < U_1 < U_2$ 的状态，能量由关系式：

$$ka = n\pi - \arcsin^{-1}\frac{\hbar k}{\sqrt{2\mu U_1}} - \arcsin^{-1}\frac{\hbar k}{\sqrt{2\mu U_2}}$$

决定，其中 $k = \sqrt{\dfrac{2\mu E}{\hbar^2}}$

11.8　从 3.6 题证明下列内容：

（1）$V_0 a^2 \leqslant \dfrac{\pi^2\hbar^2}{8\mu}$ 时，$E < 0$ 的束缚态不存在；

（2）$\dfrac{\pi^2\hbar^2}{8\mu} < V_0 a^2 < \dfrac{9\pi^2\hbar^2}{8\mu}$ 时，存在一个束缚态；

（3）$\dfrac{9\pi^2\hbar^2}{8\mu} < V_0a^2 < \dfrac{25\pi^2\hbar^2}{8\mu}$ 时，存在两个束缚态。

11.9 电子被关在具有理想反射壁的二维势阱中，求电子的能级和波函数，势阱的形状为

$$U=\begin{cases}0 & (|x|\leqslant \dfrac{a}{2},\ |y|\leqslant \dfrac{b}{2}) \\ \infty & (|x|>\dfrac{a}{2},\ |y|>\dfrac{b}{2})\end{cases}$$

11.10 电子在具有理想反射壁的球形势阱中运动，即

$$U=\begin{cases}0 & (r<r_0) \\ \infty & (r\leqslant r_0)\end{cases}$$

求电子的能级和波函数（设电子处于 S 态）。

11.11 粒子在势能

$$U(r)=\begin{cases}U_0 & (r\geqslant a) \\ 0 & (r<a)\end{cases}$$

的中心力场中运动，求在能量 $E<U_0$，$l=0$ 的情况下，粒子的能量和状态。

11.12 一维谐振子的势能 $U(x)=\dfrac{1}{2}\mu\omega^2x^2$，该振子处在

$$\psi(x)=\sqrt{\frac{\alpha}{2\sqrt{\pi}}}\,(2\alpha^2x^2-1)\ \mathrm{e}^{-\frac{1}{2}\alpha^2x^2}$$

状态中，式中 $\alpha=\sqrt{\dfrac{\mu\omega}{\hbar}}$。问：

（1）它的能量有没有确定值？如果有，则确定值是多少？

（2）它的动量有没有确定值？

11.13 一维谐振子处在

$$\psi=\sqrt{\frac{\alpha}{\sqrt{\pi}}}\mathrm{e}^{-\frac{1}{2}\alpha^2x^2-\frac{\mathrm{i}}{2}\omega t}$$

的态，求：

（1）势能的平均值；

（2）动量的几率分布；

（3）动能的平均值。

11.14 三维各向同性谐振子处于 x 方向第一激发态，试求 L_Z 的几率分布和平均值。

11.15 求三维各向同性谐振子基态的径向平均值。

11.16 求三维各向同性谐振子的能级和波函数，并讨论它的简併度。

11.17 在氢原子基态

$$\psi(r)=\frac{1}{\sqrt{\pi a_0^3}}\mathrm{e}^{-\frac{r}{a_0}}$$

中求：

（1）r 的平均值；

（2）势能 $-\dfrac{e_s^2}{r}$ 的平均值；

（3）最可几的半径；

（4）动能的平均值；

（5）动量几率分布函数。

11.18　设氢原子处于状态

$$\psi(r,\theta,\varphi)=\frac{1}{2}R_{21}(r)Y_{10}(\theta,\varphi)-\frac{\sqrt{3}}{2}R_{21}(r)Y_{1-1}(\theta,\varphi)$$

中，求氢原子能量，角动量平方及角动量 Z 分量的可能值，这些可能值出现的几率和这些力学量的平均值。

11.19　试证明：处于 $1s$, $2p$, 和 $3d$ 态的氢原子的电子在离原子核的距离分别为 a_0， $4a_0$ 和 $9a_0$ 的球壳上被发现的几率最大（ a_0 为第一玻尔轨道半径）。

11.20　试证明： $L=\sqrt{6}\hbar, L_Z=\pm\hbar$ 的氢原子中的电子，在 $\theta=45°$ 和 $135°$ 的方向上被发现的几率最大。

11.21　证明氢原子中电子运动所产生的电流密度在球坐标中的分量是

$$(\boldsymbol{J}_e)_r=(\boldsymbol{J}_e)_\theta=0\text{，}\quad (\boldsymbol{J}_e)_\varphi=-\frac{e\hbar m}{\mu r\sin\theta}|\psi_{nlm}|^2$$

11.22　由上题可知，氢原子中的电流可以看做是由许多圆周电流组成的。

（1）求一圆周电流的磁矩；

（2）证明氢原子磁矩为

$$M=M_Z=\begin{cases}-\dfrac{me\hbar}{2\mu} & \text{(SI)}\\[2ex] -\dfrac{me\hbar}{2\mu c} & \text{(CGS)}\end{cases}$$

原子磁矩与角动量之比为

$$\frac{M_Z}{L_Z}=\begin{cases}-e/2\mu & \text{(SI)}\\ -e/2\mu c & \text{(CGS)}\end{cases}$$

这个比值叫回转磁比率。

11.23　利用球坐标求三维各向同性谐振子的能级。

第 12 章　狄拉克符号　态和力学量的表象

在前面的讨论中，总是把量子态表示为时空变数的函数 $\psi(\boldsymbol{r},t)$，把力学量表示为坐标算子和动量算子的算子函数 $\hat{F}=F(\boldsymbol{r},-\mathrm{i}\hbar\nabla)$（有经典对应的力学量）。这种态和力学量的表述方式称为**坐标表象**。事实上，在量子力学中，态和力学量可以有各种不同的表述方式。如在 10.2 节中就曾指出

$$C(\boldsymbol{p},t)=\frac{1}{(2\pi\hbar)^{3/2}}\int_{\infty}\psi(\boldsymbol{r},t)\mathrm{e}^{-\frac{\mathrm{i}}{\hbar}\boldsymbol{p}\cdot\boldsymbol{r}}\mathrm{d}^3r$$

与 $\psi(\boldsymbol{r},t)$ 描述同一个量子态，即 $C(\boldsymbol{p},t)$ 与 $\psi(\boldsymbol{r},t)$ 在物理上完全等价，但它们的数学表述形式却截然不同。$C(\boldsymbol{p},t)$ 就称为态的**动量表象**。除了坐标表象和动量表象外，量子力学中还有许多其它表象。在不同表象下，态和力学量有不同的数学表述形式，对应的，量子力学公式（包括运动方程）也要发生相应变化。但无论态、力学量及量子力学公式的具体表述形式怎样，它们在物理上完全等价。

总之，**表象就是态和力学量的具体表述方式**。

在本章中，我们将一般性的介绍态的表象、力学量的表象、量子力学公式在给定表象下的表示，以及表象变换。

12.1　态矢空间　狄拉克符号

一、态矢空间

第 10 章中指出，任意力学量算子的全体本征矢构成一个完备集，体系的任意量子态均可按这些本征矢展开。这一事实说明，对量子态可以进行两种基本的代数运算：**加法和数乘**。而且对体系的任意状态而言，这两种运算还是封闭的（体系的量子态经这两种运算后仍是体系的量子态）。在数学中，称具有这种性质的量的集合张成一个**线性空间**。由此可见，一个体系的所有量子态的集合构成一个线性空间。在量子力学中，习惯上把这样的线性空间称为**态矢空间**。在态矢空间的概念下，体系的任一量子态均可视为态矢空间中的一个矢量。反之，态矢空间中的任意一个矢量代表体系的一个量子态。这样就建立起了量子态与态矢空间中矢量的一一对应关系，这种对应关系给出了量子态的一个直观的几何图象。正是由于量子态的这种几何性质，在量子力学中常把量子态称为**态矢量**。由于态矢空间中的任意态矢量均可表为任意力学量的本征矢的线性组合，所以，**任意力学量的全体本征矢构成了态矢空间的一组基**。或者说，任意力学量的本征矢系代表态矢空间的一组**基矢**。又由于力学量算子的本征矢一般有无穷多个，所以态矢空间通常是无穷维线性空间。再注意到态矢量是复函数，所以态矢空间是**线性的、无穷维的、复函数空间**。

在 10.6 节中，我们曾把积分 $\int\psi_1^*\psi_2\mathrm{d}\tau$ 称为 ψ_1 和 ψ_2 的内积。从态矢空间的角度看，这样的说法是有道理的。因为 ψ_1 和 ψ_2 是态矢空间中的两个矢量，经上述运算后不再是一个态矢量，而是一个数，这正是矢量内积的特性。由此可见，态矢空间的矢量还定义了第三种运算**内积**。数学上把定义了内积的线性空间称为**内积空间**。所以态矢空间还是一个内积空间。在定义态矢内积的同时，也就定义了态矢的**投影**、**范数**（即**长度**）和**正交**。

在内积空间中，可以通过两个矢量之差的长度来定义两个矢量的**距离**，据此可定义内积空间中的极限运算。当空间中的矢量序列存在极限，即对任意预定的正数 ε，存在一个数 N，当 m 和 n 大于 N 时，序列中矢量 ψ_m 和 ψ_n 的距离小于 ε。矢量空间的这种性质称为完备性。具有完备性的内积空间称为**希尔伯特（Hibert）空间**。量子力学中，要求态矢量能够进行微分积分等分析运算，这只有当态矢空间中能够进行极限运算，并存在极限时才可能。因此，态矢空间就是希尔伯特空间。

应当指出的是，希尔伯特空间中只包含“长度”有限的矢量（正规矢量）。但在量子力学中，为了数学上的方便，包含有非正规矢量（如动量本征矢）。因此态矢空间是比希尔伯特空间更大的空间，或者说态矢空间是扩充了的希尔伯特空间。

当把量子态抽象为态矢空间中的矢量后，作用于量子态的算子便可抽象为对态矢量实施的某种操作或运算，这种操作或运算能够把一个态矢量变为另一个态矢量。

二、狄拉克符号

按照量子态是态矢空间中矢量的思想，狄拉克发明了一种十分便捷的记号，称为**狄拉克（Dirac）符号**。狄拉克符号用 $|\ \rangle$ 表示，称为**右矢（ket vector）**。它的数学意义是：表示态矢空间中的一个抽象矢量。这样，态矢空间中的 ψ 矢量，则记为 $|\psi\rangle$，而矢量 $|\psi\rangle$ 也就代表量子态 ψ。特别地，对于力学量算子的本征态，也可以用本征值或决定本征值的量子数来标识。如算子 $\hat{F}$ 的属于本征值 F_n 的本征矢 ψ_n，用狄拉克符号，表示为 $|\psi_n\rangle$ 或 $|F_n\rangle$，或更简单地 $|n\rangle$。关于这种表示方式，还可以举出一些例子：

坐标算子 $\hat{\boldsymbol{r}}$ 的本征矢：记为 $|\boldsymbol{r}\rangle$，相应本征值为 $\boldsymbol{r}$；

动量算子 $\hat{\boldsymbol{p}}$ 的本征矢：记为 $|\boldsymbol{p}\rangle$，相应本征值为 $\boldsymbol{p}$；

角动量算子 $\hat{L}^2,\hat{L}_z$ 的共同本征矢：记为 $|Y_{lm}\rangle$ 或 $|lm\rangle$，相应本征值分别为 $l(l+1)\hbar^2$ 和 $m\hbar$；

氢原子的能量本征矢：记为 $|\psi_{nlm}\rangle$ 或 $|nlm\rangle$，是 $\hat{H},\hat{L}^2,\hat{L}_z$ 的共同本征矢，相应本征值分别为 $E_n,l(l+1)\hbar^2,m\hbar$。

类似的例子还有很多，这里不再一一列举。值得注意的是，上述记法是抽象的，没涉及任何具体表象。这是狄拉克符号表示态的最大特点（也可以说是优点，在以后的应用中会看得十分清楚）。

与右矢对应，狄拉克还定义了另一个符号 $\langle\ |$，称为**左矢（bra vector）**。左矢表示态矢空间的复共轭空间中的抽象矢量。如 $\langle\psi|$ 是 $|\psi\rangle$ 的复共轭矢量。由此可见，任意一个量子态 ψ 对应两个矢量，一个是态矢空间中的右矢 $|\psi\rangle$，另一个是态矢空间复共轭空间中

的左矢$\langle\psi|$。由于左矢和右矢是分属于不同空间的矢量，因此，它们不能相加或相乘。左矢的引入在数学结构上并不是必须的，但为了便于叙述，我们依旧采取狄拉克当初引入这些符号时的形式。

下面来介绍狄拉克符号的运算规则。

1. 加法

设$|\psi_1\rangle$，$|\psi_2\rangle$是态矢空间的两个矢量，定义

$$|\psi_1\rangle+|\psi_2\rangle=|\psi_1+\psi_2\rangle \tag{12.1.1}$$

为态矢的加法。由上定义，易证：

$$|\psi_1\rangle+|\psi_2\rangle=|\psi_2\rangle+|\psi_1\rangle \tag{12.1.2}$$

$$|\psi_1\rangle+(|\psi_2\rangle+|\psi_3\rangle) = (|\psi_1\rangle+|\psi_2\rangle)+|\psi_3\rangle \tag{12.1.3}$$

即态矢的加法满足交换律和结合律。

2. 数乘

设C为任意复数，定义态矢的数乘为

$$C|\psi\rangle=|C\psi\rangle \tag{12.1.4}$$

容易证明，数乘满足乘法的交换律、结合律和分配律，即

$$C|\psi\rangle=|\psi\rangle C \tag{12.1.5}$$

$$C_1(C_2|\psi\rangle)=(C_1C_2)|\psi\rangle \tag{12.1.6}$$

$$C(|\psi_1\rangle+|\psi_2\rangle)=C|\psi_1\rangle+C|\psi_2\rangle \tag{12.1.7}$$

$$(C_1+C_2)|\psi\rangle=C_1|\psi\rangle+C_2|\psi\rangle \tag{12.1.8}$$

式中：C、C_1、C_2为任意复数；$|\psi\rangle$、$|\psi_1\rangle$、$|\psi_2\rangle$为任意态矢。

以上关于右矢的加法和数乘的规则同样适用于左矢。

3. 内积

态矢量$|\psi_1\rangle$和$|\psi_2\rangle$的内积记为$\langle\psi_1|\psi_2\rangle$。用狄拉克符号表示的内积与早已熟知的波函数的内积$\int\psi_1^*\psi_2\mathrm{d}\tau$等价。只是狄拉克符号的表示是抽象表示，不涉及任何具体表象。而用积分表示内积是坐标表象的表示。由于$\langle\psi_1|\psi_2\rangle$和$\int\psi_1^*\psi_2\mathrm{d}\tau$等价，故有

$$\langle\psi_1|\psi_2\rangle=\int\psi_1^*(\boldsymbol{r},t)\psi_2(\boldsymbol{r},t)\mathrm{d}\tau$$

利用上式，易证

$$\langle\psi_1|\psi_2\rangle=\langle\psi_2|\psi_1\rangle^* \tag{12.1.9}$$

利用狄拉克符号表示内积时，当

$$\langle\psi_1|\psi_2\rangle=0$$

称$|\psi_1\rangle$与$|\psi_2\rangle$正交。当

$$\langle\psi|\psi\rangle=1$$

称$|\psi\rangle$归一。归一化的态矢，可以看成是态矢空间中“长度”为1的矢量。

根据正交性和归一性的定义，力学量算子本征矢的正一性可抽象地表示为

$$\langle m|n\rangle=\delta_{mm} \tag{12.1.10}$$

$$\langle q|q'\rangle=\delta(q-q') \tag{12.1.11}$$

式（12.1.10）和式（12.1.11）分别表示分立谱本征矢和连续谱本征矢的正一性。

应当指出，用狄拉克符号表示态矢的内积仅是一种记法，具体计算内积的值时，通常要在选定的表象下进行，关于这一点后面还会介绍。

利用式（12.1.9）和态矢加法及数乘的运算规则，容易证明

$$\langle\psi_1|C\psi_2\rangle = C\langle\psi_1|\psi_2\rangle \tag{12.1.12}$$

$$\langle C\psi_1|\psi_2\rangle = C^*\langle\psi_1|\psi_2\rangle \tag{12.1.13}$$

$$\langle\psi_1+\psi_2|\phi_1+\phi_2\rangle = \langle\psi_1|\phi_1\rangle + \langle\psi_1|\phi_2\rangle + \langle\psi_2|\phi_1\rangle + \langle\psi_2|\phi_2\rangle \tag{12.1.14}$$

4. 厄米算子

前面已经指出，当把量子态看成态矢量时，作用于量子态的算子可看成是把一个态矢量变为另一个态矢量的某种操作或运算。由此得出算子的抽象定义为

$$\hat{F}|\psi\rangle = |\phi\rangle \tag{12.1.15}$$

线性算子的定义式（10.5.17）的抽象表示为

$$\hat{F}(C_1|\psi_1\rangle + C_2|\psi_2\rangle) = C_1\hat{F}|\psi_1\rangle + C_2\hat{F}|\psi_2\rangle \tag{12.1.16}$$

类似地也可写出算子和、积等的抽象定义式。下面给出最常用的厄米算子和厄米共轭算子的抽象定义。

设算子 $\hat{A}$ 作用于任意态矢量 $|\phi\rangle$ 得到态矢量 $|\Phi\rangle$，即

$$\hat{A}\,|\phi\rangle = |\Phi\rangle \tag{12.1.17}$$

现考虑任意态矢量 $|\psi\rangle$ 与 $|\Phi\rangle$ 的内积，按定义为

$$\langle\psi|\Phi\rangle = \langle\psi|\hat{A}|\phi\rangle \tag{12.1.18}$$

上式右端称为算子 $\hat{A}$ 在态矢 $|\psi\rangle$ 和 $|\phi\rangle$ 之间的**矩阵元**。由于 $\langle\psi|\Phi\rangle$ 和 $\int\psi^*\Phi\mathrm{d}\tau$ 等价，自然有 $\langle\psi|\hat{A}|\phi\rangle$ 和 $\int\psi^*\hat{A}\phi\mathrm{d}\tau$ 等价。厄米共轭算子的定义式（10.5.48）可写为

$$\int\psi^*\hat{A}\phi\mathrm{d}\tau = \int(\hat{A}^+\psi)^*\phi\mathrm{d}\tau = \left(\int\phi^*\hat{A}^+\psi\mathrm{d}\tau\right)^*$$

上式右端与 $\langle\phi|\hat{A}^+|\psi\rangle^*$ 等价，由此得

$$\langle\psi|\hat{A}|\phi\rangle = \langle\phi|\hat{A}^+|\psi\rangle^*$$

或

$$\langle\psi|\hat{A}|\phi\rangle^* = \langle\phi|\hat{A}^+|\psi\rangle \tag{12.1.19}$$

式（12.1.19）就是厄米共轭算子的抽象的定义，在此定义式中没涉及任何具体表象。

当算子 $\hat{A}$ 厄米时，即 $\hat{A}^+=\hat{A}$ 时，由式（12.1.19），立刻得厄米算子的抽象定义为

$$\langle\psi|\hat{A}|\phi\rangle^* = \langle\phi|\hat{A}|\psi\rangle \tag{12.1.20}$$

式（12.1.19）和式（12.1.20）在实际中经常用到，希望读者能熟练掌握。

对式（12.1.18）两端取复共轭，利用式（12.1.9）和式（12.1.19），得

$$\langle\Phi|\psi\rangle = \langle\phi|\hat{A}^+|\psi\rangle \tag{12.1.21}$$

由于 $|\psi\rangle$ 为任意右矢，所以

$$\langle\Phi| = \langle\phi|\hat{A}^{+} \tag{12.1.22}$$

由此可见，当右矢与作用它的算子具有式（12.1.17）的关系时，则左矢与算子将有式（12.1.22）的关系。当 $\hat{A}$ 为厄米算子时，式（12.1.22）化为

$$\langle\Phi| = \langle\phi|\hat{A} \tag{12.1.23}$$

上式说明，一个厄米算子向左作用于左矢所得结果恰好是它向右作用于相应右矢所得结果的对应左矢。在实际中，灵活使用算子向右作用或向左作用，常常会大大简化推导过程。

三、量子力学公式的抽象表示

利用狄拉克符号，可以把第 10 章中坐标表象下的所有量子力学公式，改写为抽象形式。

1. 薛定谔方程

$$\mathrm{i}\hbar\frac{\mathrm{d}}{\mathrm{d}t}|\psi\rangle = \hat{H}|\psi\rangle \tag{12.1.24}$$

注意，和熟知的薛定谔方程相比，这里把原来对时间的偏微商改成了全微商。这是因为，此处未涉及任何表象，态矢量只随时间变化。当选择具体表象后，如坐标表象，态矢量 $|\psi\rangle$ 将变为坐标和时间的函数（波函数），这时对时间的全微商要改为偏微商。

2. 力学量算子的本征值方程

$$\hat{F}|n\rangle = F_n|n\rangle \qquad \text{（分立谱）} \tag{12.1.25}$$

$$\hat{F}|F\rangle = F|F\rangle \qquad \text{（连续谱）} \tag{12.1.26}$$

例如：轨道角动量平方 $\hat{L}^2$ 和轨道角动量 z 分量 $\hat{L}_z$ 的本征值方程为

$$\begin{cases}\hat{L}^2|lm\rangle = l(l+1)\hbar^2|lm\rangle \\ \hat{L}_z|lm\rangle = m\hbar|lm\rangle\end{cases} \tag{12.1.27}$$

坐标 $\hat{\boldsymbol{r}}$ 和动量 $\hat{\boldsymbol{p}}$ 的本征值方程为

$$\hat{\boldsymbol{r}}|\boldsymbol{r}\rangle = \boldsymbol{r}|\boldsymbol{r}\rangle \tag{12.1.28}$$

$$\hat{\boldsymbol{p}}|\boldsymbol{p}\rangle = \boldsymbol{p}|\boldsymbol{p}\rangle \tag{12.1.29}$$

3. 平均值公式

力学量 $\hat{F}$ 在态矢 $|\psi\rangle$ 下的平均值为

$$\overline{F} = \langle\psi|\hat{F}|\psi\rangle \tag{12.1.30}$$

当态矢 $|\psi\rangle = |n\rangle$ 为 $\hat{F}$ 的本征矢时，由式（12.1.25）和本征矢的正一性式（12.1.10），有

$$\overline{F} = \langle n|\hat{F}|n\rangle = F_n \tag{12.1.31}$$

这正是预料中的结果。式（12.1.30）两端取复共轭，利用式（12.1.20），得

$$\overline{F}^{*} = \langle\psi|\hat{F}|\psi\rangle = \overline{F} \tag{12.1.32}$$

上式说明，在任意状态下，力学量的平均值为实数，这与第 10 章的结果完全相同。

以上薛定谔方程和本征值方程均有相应的左矢表示：

$$i\hbar\frac{d}{dt}\langle\psi| = \langle\psi|\hat{H} \tag{12.1.33}$$

$$\langle n|\hat{F} = F_n\langle n| \tag{12.1.34}$$

完全类似的，可以写出量子力学其它公式的抽象表示，这里不再一一列举。

12.2 态和力学量的表象

一、态的表象

在三维空间中，任意矢量 $\boldsymbol{A}$ 总可以在任意选定的坐标系下表示，如在笛卡尔坐标系下，$\boldsymbol{A}$ 表示为

$$\boldsymbol{A} = A_x\boldsymbol{e}_x + A_y\boldsymbol{e}_y + A_z\boldsymbol{e}_z \tag{12.2.1}$$

其中 $(\boldsymbol{e}_x,\boldsymbol{e}_y,\boldsymbol{e}_z)$ 是三维空间中的一组正一完备基，此处就是笛卡尔基。所谓正一性，是指基矢间的内积满足

$$\boldsymbol{e}_\alpha\cdot\boldsymbol{e}_\beta = \delta_{\alpha\beta} \qquad (\alpha,\beta = x,y,z) \tag{12.2.2}$$

完备性，是指三维空间的任意矢量都可表为这组基的线性组合（展开），即式（12.2.1）。由基的正一性，组合系数为

$$A_\alpha = \boldsymbol{e}_\alpha\cdot\boldsymbol{A} \qquad (\alpha = x,y,z) \tag{12.2.3}$$

式中：A_α 是基矢 $\boldsymbol{e}_\alpha$ 与矢量 $\boldsymbol{A}$ 的内积，也可以说，是矢量 $\boldsymbol{A}$ 在基矢 $\boldsymbol{e}_\alpha$ 上的投影。按习惯，在取定的笛卡尔坐标系（或坐标基）下，矢量 $\boldsymbol{A}$ 用它在各坐标基上的投影作为矩阵元排成的列矩阵来表示，即 $\boldsymbol{A}$ 可表示为

$$\boldsymbol{A} = \begin{pmatrix} \boldsymbol{e}_x\cdot\boldsymbol{A} \\ \boldsymbol{e}_y\cdot\boldsymbol{A} \\ \boldsymbol{e}_z\cdot\boldsymbol{A} \end{pmatrix} = \begin{pmatrix} A_x \\ A_y \\ A_z \end{pmatrix} \tag{12.2.4}$$

任意两个矢量 $\boldsymbol{A}$ 和 $\boldsymbol{B}$ 的内积可表为

$$\boldsymbol{A}\cdot\boldsymbol{B} = \sum_\alpha(\boldsymbol{e}_\alpha\cdot\boldsymbol{A})(\boldsymbol{e}_\alpha\cdot\boldsymbol{B}) = \tilde{\boldsymbol{A}}\boldsymbol{B} \tag{12.2.5}$$

式中：$\tilde{\boldsymbol{A}}$ 为列矩阵 $\boldsymbol{A}$ 的转置。

态矢空间中抽象矢量 $|\psi\rangle$ 的表示，与三维空间中矢量 $\boldsymbol{A}$ 的表示，在数学形式上完全类似。

设任意力学量算子 $\hat{A}$ 的本征矢系为 $\{|n\rangle\}$，为方便，假设 $n = 1,2,\cdots$（不影响讨论的普遍性）。由于 $\{|n\rangle\}$ 完备，任意态矢 $|\psi\rangle$ 可表示为

$$|\psi\rangle = \sum_n a_n|n\rangle \tag{12.2.6}$$

用 $\hat{A}$ 的任一本征矢与 $|\psi\rangle$ 作内积，由本征矢的正一性，得展开系数为

$$a_n = \langle n|\psi\rangle \tag{12.2.7}$$

与三维矢量的情况类比，态矢的展开式（12.2.6）与三维矢量的展开式（12.2.1）对应；本征矢的正一性式（12.1.10）与三维基矢的正一性式（12.2.2）对应；态矢按本征矢系的展开系数式（12.2.7）与三维矢量按笛卡尔基的展开系数（12.2.3）式对应。通过以上类

比，得到如下直观图像：

任意力学量算子 $\hat{A}$ 的全体本征矢$\{|n\rangle\}$构成态矢空间的一组正一完备基。以这组基为"轴"可建立态矢空间中的一个正交"坐标系"。这个具有无穷多"坐标轴"的"坐标系"称为 A 表象。各"坐标轴"的单位矢量$\{|n\rangle\}$称为 A 表象的表象基。

按上述表象的几何图像，展开系数式（12.2.7）便可理解为态矢量$|\psi\rangle$在"坐标轴"或表象基$|n\rangle$上的**投影**。采用与三维矢量在具体坐标系中相同的表示方法，态矢量$|\psi\rangle$在 A 表象中表示为

$$\psi=\begin{pmatrix}\langle 1|\psi\rangle\\ \langle 2|\psi\rangle\\ \vdots\end{pmatrix}=\begin{pmatrix}a_1\\ a_2\\ \vdots\end{pmatrix} \tag{12.2.8}$$

上式的列矩阵称为量子态ψ的 A 表象，或 A 表象下的波函数。

把式（12.2.7）代入式（12.2.6），得

$$|\psi\rangle=\sum_n|n\rangle\langle n|\psi\rangle \tag{12.2.9}$$

上式中，被求和的部分

$$|n\rangle\langle n|\psi\rangle=|n\rangle a_n=a_n|n\rangle \tag{12.2.10}$$

表示态矢$|\psi\rangle$在表象基$|n\rangle$上的投影或分量。若定义算子

$$P_n=|n\rangle\langle n| \tag{12.2.11}$$

不难看出，P_n 对任意态矢的作用，将把该态矢向基矢$|n\rangle$作投影。因此，P_n 称为**投影算子**。利用式（12.2.9）和式（12.1.20）容易证明，P_n 是厄米算子。注意到式（12.2.9）中$|\psi\rangle$的任意性，有

$$\sum_n|n\rangle\langle n|=\sum_n p_n=I \tag{12.2.12}$$

上式称为**单位算子**。单位算子在理论推导和计算中有十分广泛的应用。灵活使用单位算子，常常能使推演大为简化。

下面导出具体表象下态矢内积的计算公式。设$\{|n\rangle\}$为 A 表象的表象基，则

$$|\psi\rangle=\sum_n a_n|n\rangle,\quad a_n=\langle n|\psi\rangle \tag{12.2.13}$$

$$|\phi\rangle=\sum_n b_n|n\rangle,\quad b_n=\langle n|\phi\rangle \tag{12.2.14}$$

态矢$|\psi\rangle$和$|\phi\rangle$的内积

$$\langle\psi|\phi\rangle=\sum_{mn}a_m^*b_n\langle m|n\rangle=\sum_n a_n^*b_n \tag{12.2.15}$$

上式最后一步用到了基矢的正一性。把上式写成矩阵形式，有

$$\langle\psi|\phi\rangle=(a_1^*a_2^*\cdots)\begin{pmatrix}b_1\\ b_2\\ \vdots\end{pmatrix}=\psi^+\boldsymbol{\phi} \tag{12.2.16}$$

式中：$\boldsymbol{\psi}$ 和 $\boldsymbol{\phi}$ 为态矢$|\psi\rangle$和$|\varphi\rangle$在 A 表象的表示，$\boldsymbol{\psi}^+$ 表示$\boldsymbol{\psi}$转置取复共轭，称为ψ的**厄米共轭矩阵**。式（12.2.16）就是在 A 表象计算内积的公式。公式左边是内积的抽象表示，没

涉及任何具体表象。把式（12.2.13）和式（12.2.14）中的 a_n 和 b_n 代入式（12.2.15），得

$$\langle\psi|\phi\rangle=\sum_n\langle n|\psi\rangle^*\langle n|\phi\rangle=\sum_n\langle\psi|n\rangle\langle n|\phi\rangle=\langle\psi|(\sum_n|n\rangle\langle n|)|\phi\rangle$$

上式说明，只要把 A 表象的单位算子 $\sum_n|n\rangle\langle n|$ 直接插在 $\langle\psi|$ 和 $|\phi\rangle$ 之间，立刻得式（12.2.16）。由此看到单位算子给计算带来的方便。

以上介绍的是分立谱表象，对于连续谱表象可以采用完全类似方法。设力学量算子 $\hat{Q}$ 的本征值 q 构成连续谱，本征矢系为 $\{|q\rangle\}$。任意态矢 $|\psi\rangle$ 可按连续谱表象 Q 表象的基展开为

$$|\psi\rangle=\int a_q|q\rangle\mathrm{d}q \tag{12.2.17}$$

利用连续谱基的正一性关系式（12.1.11），得展开系数为

$$a_q=\langle q|\psi\rangle \tag{12.2.18}$$

在分立谱表象中，波函数就是把展开系数排成一个列矩阵。而在连续谱表象中，由于阵元的下标 q 连续变化，这实际上就是 q 的一般函数。因此，连续谱表象中的波函数就是

$$\psi(q)=\langle q|\psi\rangle\quad（q\text{ 连续取值}） \tag{12.2.19}$$

把式（12.2.18）代入式（12.2.17），得

$$|\psi\rangle=\int|q\rangle\mathrm{d}q\langle q|\psi\rangle \tag{12.2.20}$$

与分立谱表象类似，连续谱表象的投影算子和单位算子分别为

$$P_q=|q\rangle\langle q| \tag{12.2.21}$$

$$\int|q\rangle\mathrm{d}q\langle q|=I \tag{12.2.22}$$

特别地，当 Q 表象为坐标表象时，表象基为 $\{|\boldsymbol{r}\rangle\}$。式（12.2.20）化为

$$|\psi\rangle=\int|\boldsymbol{r}\rangle\mathrm{d}r^3\langle\boldsymbol{r}|\psi\rangle \tag{12.2.23}$$

式（12.2.19）化为

$$\psi(\boldsymbol{r})=\langle\boldsymbol{r}|\psi\rangle \tag{12.2.24}$$

为坐标表象的波函数。式（12.2.21）和式（12.2.22）分别化为

$$P_r=|\boldsymbol{r}\rangle\langle\boldsymbol{r}| \tag{12.2.25}$$

$$\int|\boldsymbol{r}\rangle\mathrm{d}r^3\langle\boldsymbol{r}|=I \tag{12.2.26}$$

为坐标表象的投影算子和单位算子。

完全类似的，可以得到动量表象的相应表达式：

$$\begin{cases}|\psi\rangle=\int|\boldsymbol{p}\rangle\mathrm{d}p^3\langle\boldsymbol{p}|\psi\rangle\\ \psi(\boldsymbol{p})=\langle\boldsymbol{p}|\psi\rangle\\ P_p=|\boldsymbol{p}\rangle\langle\boldsymbol{p}|\\ \int|\boldsymbol{p}\rangle\mathrm{d}p^3\langle\boldsymbol{p}|=I\end{cases} \tag{12.2.27}$$

下面导出连续谱表象下态矢内积的计算公式。直接将连续谱表象的单位算子式（12.2.22）插入内积的抽象表示 $\langle\psi|\phi\rangle$ 之间，得

$$\begin{aligned}\langle\psi|\phi\rangle &= \int\langle\psi|q\rangle\mathrm{d}q\langle q|\phi\rangle \\ &= \int\langle q|\psi\rangle^*\mathrm{d}q\langle q|\phi\rangle \\ &= \int\psi^*(q)\phi(q)\mathrm{d}q\end{aligned}$$

上式就是连续谱表象中计算内积的公式。特别地，当连续谱表象就是坐标表象时，上式化为

$$\langle\psi|\phi\rangle = \int\psi^*(\boldsymbol{r})\phi(\boldsymbol{r})\mathrm{d}^3r \tag{12.2.28}$$

这正是熟知的内积的定义。利用上式不难得到态矢$|\psi\rangle$在分立谱表象中阵元计算公式

$$a_n = \langle n|\psi\rangle = \int u_n^*(\boldsymbol{r})\psi(\boldsymbol{r})\mathrm{d}^3r \tag{12.2.29}$$

式中：$u_n(\boldsymbol{r}) = \langle\boldsymbol{r}|n\rangle$为$\hat{A}$的本征矢$|n\rangle$的坐标表象。

将单位算子式（12.2.12）插入坐标基的正一性关系

$$\langle\boldsymbol{r}|\boldsymbol{r}'\rangle = \delta(\boldsymbol{r}-\boldsymbol{r}')$$

中得

$$\langle\boldsymbol{r}|\boldsymbol{r}'\rangle = \sum_n\langle\boldsymbol{r}|n\rangle\langle n|\boldsymbol{r}'\rangle = \sum_n u_n^*(\boldsymbol{r})u_n(\boldsymbol{r}') = \delta(\boldsymbol{r}-\boldsymbol{r}')$$

上式的最后一个等式，恰为第 10 章中给出的厄米算子本征矢的完备性条件式（10.6.21）。由此可见，单位算子式（12.2.12）实质上是本征矢完备性条件的抽象表示。

对于更一般的混合谱表象，表象基为$\{|n\rangle,|q\rangle\}$。则

$$\begin{cases}|\psi\rangle = \sum_n a_n|n\rangle + \int a_q|q\rangle\mathrm{d}q \\ a_n = \langle n|\psi\rangle,\quad a_q = \langle q|\psi\rangle\end{cases} \tag{12.2.30}$$

波函数为

$$\boldsymbol{\psi} = \begin{pmatrix}a_1 \\ a_2 \\ \vdots \\ a_q\end{pmatrix} \tag{12.2.31}$$

单位算子为

$$\sum_n|n\rangle\langle n| + \int|q\rangle\mathrm{d}q|q\rangle = I \tag{12.2.32}$$

投影算子的形式不变。

最后来考察一种特殊情况。若令式（12.2.6）中的$|\psi\rangle = |m\rangle$，为$\hat{A}$的第 m 个本征矢，则有

$$|m\rangle = \sum_n a_n|n\rangle$$

所以

$$a_n = \langle n|m\rangle = \begin{cases}1 & (n=m) \\ 0 & (n\neq m)\end{cases}$$

于是，式（12.2.8）化为

$$
\boldsymbol{u}_m = \begin{pmatrix} 0 \\ \vdots \\ 0 \\ 1 \\ 0 \\ \vdots \end{pmatrix} \leftarrow \text{第}m\text{行} \tag{12.2.33}
$$

上述列矩阵 $\boldsymbol{u}_m$ 就是算子 $\hat{A}$ 的本征矢 $|m\rangle$ 在 A 表象的表示，称为力学量算子本征矢在**自身表象**的表示。

二、力学量的表象

由以上讨论看到，在不同表象中，态矢量的表示形式不同。与此相应，在不同表象中，力学量也必然表示为不同的形式。下面讨论力学量在具体表象中的表示。

仍然考虑分立谱表象 A 表象。力学量算子 $\hat{F}$ 的抽象定义式（12.1.15）重写于下

$$
\hat{F}|\psi\rangle = |\phi\rangle \tag{12.2.34}
$$

用 A 表象的任意基 $|m\rangle$ 与上式作内积，有

$$
\langle m|\hat{F}|\psi\rangle = \langle m|\phi\rangle \tag{12.2.35}
$$

在上式左端 $\hat{F}$ 和 $|\psi\rangle$ 之间插入 A 表象的单位算子式（12.2.12），得

$$
\sum_n \langle m|\hat{F}|n\rangle\langle n|\psi\rangle = \langle m|\phi\rangle \tag{12.2.36}
$$

令

$$
a_n = \langle n|\psi\rangle，\quad b_n = \langle n|\phi\rangle \tag{12.2.37}
$$

分别表示 $|\psi\rangle$ 和 $|\phi\rangle$ 在表象基 $|n\rangle$ 上的投影，即 A 表象中波函数 $\boldsymbol{\psi}$ 和 $\boldsymbol{\phi}$ 的第 n 个阵元。再令

$$
F_{mn} = \langle m|\hat{F}|n\rangle \tag{12.2.38}
$$

把式（12.2.37）和式（12.2.38）代入式（12.2.36），得

$$
\sum_n F_{mn} a_n = b_m \tag{12.2.39}
$$

式中：$m = 1,2,\cdots$，因此，式（12.2.39）给出一联立代数方程组，写成矩阵形式为

$$
\begin{pmatrix} F_{11} & F_{12} & \cdots & F_{1n} & \cdots \\ F_{21} & F_{22} & \cdots & F_{2n} & \cdots \\ \cdots & \cdots & \cdots & \cdots & \cdots \\ F_{n1} & F_{n2} & \cdots & F_{nn} & \cdots \\ \cdots & \cdots & \cdots & \cdots & \cdots \end{pmatrix} \begin{pmatrix} a_1 \\ a_2 \\ \vdots \\ a_n \\ \vdots \end{pmatrix} = \begin{pmatrix} b_1 \\ b_2 \\ \vdots \\ b_n \\ \vdots \end{pmatrix} \tag{12.2.40}
$$

上式左端的列矩阵是 $|\psi\rangle$ 的 A 表象 $\boldsymbol{\psi}$，右端的列矩阵是 $|\phi\rangle$ 的 A 表象 $\boldsymbol{\phi}$。按 $|\psi\rangle$ 和 $|\phi\rangle$ 的关系式（12.2.34），式（12.2.40）左端的方矩阵必为算子 $\hat{F}$ 在 A 表象的表示，或算子 $\hat{F}$ 的 A 表象。若用 $\boldsymbol{F}$ 记之，则

$$F=\begin{pmatrix} F_{11} & F_{12} & \cdots & F_{1n} & \cdots \\ F_{21} & F_{22} & \cdots & F_{2n} & \cdots \\ \cdots & \cdots & \cdots & \cdots & \cdots \\ F_{n1} & F_{n2} & \cdots & F_{nn} & \cdots \\ \cdots & \cdots & \cdots & \cdots & \cdots \end{pmatrix} \tag{12.2.41}$$

式（12.2.40）可简写为

$$\boldsymbol{F}\boldsymbol{\psi}=\boldsymbol{\phi}$$

式（12.2.38）称为算子 $\hat{F}$ 在 A 表象的矩阵元。

若 A 表象是 F 的自身表象，即表象基 $|n\rangle$ 是 $\hat{F}$ 的本征矢时。由式（12.2.38），有

$$F_{mn}=\langle m|\hat{F}|n\rangle=F_n\langle m|n\rangle=F_n\delta_{mn} \tag{12.2.42}$$

其中，F_n 是算子 $\hat{F}$ 的本征值。上式说明：**力学量算子在其自身表象中表示为对角矩阵，对角元就是该力学量的本征值。**这为计算力学量算子的本征值提供了一种新的代数的方法，即对角化算子的矩阵表示。

将式（12.2.38）取复共轭，利用厄米算子的定义式（12.1.20），得

$$F_{mn}^*=\langle m|\hat{F}|n\rangle^*=\langle m|\hat{F}|n\rangle=F_{nm}$$

或

$$F_{mn}=F_{nm}^* \tag{12.2.43}$$

上式说明：**厄米算子矩阵表示的对角元是实量；相对于对角元对称的阵元互为复共轭。**这一事实可以更简单地叙述为：**厄米算子的矩阵表示转置并取复共轭等于它自身。**对一给定方阵 $\boldsymbol{A}$，对其转置并取复共轭后，所得矩阵称为原来矩阵的**厄米共轭矩阵**，记为 $\boldsymbol{A}^+$，即

$$\boldsymbol{A}^+=\tilde{\boldsymbol{A}}^* \tag{12.2.44}$$

当一个方阵的厄米共轭矩阵等于它自身时，称此方阵为**厄米矩阵**或**自厄矩阵**。即厄米矩阵满足

$$\boldsymbol{A}^+=\boldsymbol{A} \tag{12.2.45}$$

由厄米矩阵的定义和式（12.2.43）知，**厄米算子的矩阵表示必为厄米矩阵。**

下面考察算子乘积的矩阵表示。设算子 $\hat{F}$ 和算子 $\hat{G}$ 的乘积为算子 $\hat{R}$，即

$$\hat{R}=\hat{F}\hat{G} \tag{12.2.46}$$

在 A 表象中，$\hat{R}$ 的阵元为

$$R_{mn}=\langle m|\hat{R}|n\rangle=\langle m|\hat{F}\hat{G}|n\rangle$$

在上式 $\hat{F}$ 和 $\hat{G}$ 之间插入 A 表象的单位算子式（12.2.12），得

$$R_{mn}=\sum_k\langle m|\hat{F}|k\rangle\langle k|\hat{G}|n\rangle=\sum_k F_{mk}G_{kn}$$

写成矩阵形式为

$$\boldsymbol{R}=\boldsymbol{F}\boldsymbol{G} \tag{12.2.47}$$

上式说明：**算子的乘积在具体表象中可以直接表示为相应矩阵的乘积。**值得注意的是，矩阵乘积与算子乘积一样，不一定可易。所以，在由算子乘积写成矩阵乘积时要保持原来的乘积次序。另外，容易证明，算子间的对易关系在具体表象下不会发生变化，即若

$$[\hat{F},\hat{G}]=\hat{M}$$

则

$$[\boldsymbol{F},\boldsymbol{G}]=\boldsymbol{M}$$

采用完全类似的方法，可以得到连续谱 Q 表象中力学量算子的表示。用 Q 表象的任意基 $|q\rangle$ 和式（12.2.34）作内积，有

$$\langle q|\hat{F}|\psi\rangle=\langle q|\phi\rangle \tag{12.2.48}$$

插入 Q 表象的单位算子式（12.2.22），得

$$\int\langle q|\hat{F}|q'\rangle dq'\langle q'|\psi\rangle=\langle q|\phi\rangle \tag{12.2.49}$$

令

$$F_{qq'}=\langle q|\hat{F}|q'\rangle \tag{12.2.50}$$

为 $\hat{F}$ 在 Q 表象的阵元。把它代回式（12.2.49），并利用式（12.2.19），有

$$\int F_{qq'}\psi(q')\mathrm{d}q'=\phi(q) \tag{12.2.51}$$

关于连续谱表象，只能暂时写到这里。因为下标连续变化，我们不知道这样的矩阵如何来写。事实上，在连续谱表象中态矢量表为一般的函数，可以想见，力学量算子也必表为一般的算子而不是矩阵。关于这一点，后面通过动量表象会看得十分清楚。

根据上面的讨论已经看到，写出力学量算子在给定表象（分立谱表象或连续谱表象）中的表示形式，首先要计算出力学量算子在给定表象基之间的矩阵元。下面就来导出阵元的计算公式。

式（12.2.34）给出了力学量 $\hat{F}$ 与态矢量 $|\psi\rangle$ 和 $|\phi\rangle$ 三者间的关系。若把这一关系在坐标表象下写出，为

$$F(\boldsymbol{r},-\mathrm{i}\hbar\nabla)\psi(\boldsymbol{r})=\phi(\boldsymbol{r}) \tag{12.2.52}$$

式（12.2.52）与式（12.2.34）完全等价，只是表述方式不同。前者是在坐标表象中表示它们的关系，后者是不涉及任何表象的抽象表示。现用坐标表象基 $|\boldsymbol{r}\rangle$ 与式（12.2.34）作内积，得

$$\int\langle\boldsymbol{r}|\hat{F}|\boldsymbol{r}'\rangle\mathrm{d}^3r'\langle\boldsymbol{r}'|\psi\rangle=\langle\boldsymbol{r}|\phi\rangle$$

或

$$\int\langle\boldsymbol{r}|\hat{F}|\boldsymbol{r}'\rangle\psi(\boldsymbol{r}')\mathrm{d}^3r'=\phi(\boldsymbol{r}) \tag{12.2.53}$$

比较式（12.2.52）和式（12.2.53），并注意到 ψ 和 ϕ 的任意性，必有

$$\langle\boldsymbol{r}|\hat{F}|\boldsymbol{r}'\rangle=F(\boldsymbol{r},-\mathrm{i}\hbar\nabla)\delta(\boldsymbol{r}-\boldsymbol{r}') \tag{12.2.54}$$

上式给出了任意力学量算子在坐标表象中的矩阵元。利用这个表达式，可以把力学量算子在任意态矢之间的阵元表示成我们熟悉的可直接计算的形式。

设 $|\psi\rangle$ 和 $|\phi\rangle$ 为两个任意态矢量，$\hat{F}$ 在它们之间的阵元：

$$\begin{aligned}\langle\psi|\hat{F}|\phi\rangle&=\int\mathrm{d}^3r\mathrm{d}^3r'\langle\psi|\boldsymbol{r}\rangle\langle\boldsymbol{r}|\hat{F}|\boldsymbol{r}'\rangle\langle\boldsymbol{r}'|\phi\rangle\\&=\int\mathrm{d}^3r\mathrm{d}^3r'\psi^*(\boldsymbol{r})F(\boldsymbol{r},-\mathrm{i}\hbar\nabla)\delta(\boldsymbol{r}-\boldsymbol{r}')\phi(\boldsymbol{r}')\end{aligned}$$

上式第一步在 $\hat{F}$ 的两侧各插入一个坐标表象的单位算子，第二步用到了式（12.2.54）。

将上式中对 r' 的积分求出，得

$$\langle\psi|\hat{F}|\phi\rangle=\int\psi^*(\boldsymbol{r})F(\boldsymbol{r},-\mathrm{i}\hbar\nabla)\phi(\boldsymbol{r})\mathrm{d}^3r \tag{12.2.55}$$

式（12.2.55）就是计算力学量算子矩阵元的一般公式。若把式（12.2.55）用于式（12.2.38），有

$$F_{mn}=\langle m|\hat{F}|n\rangle=\int u_m^*(\boldsymbol{r})F(\boldsymbol{r},-\mathrm{i}\hbar\nabla)u_n(\boldsymbol{r})\mathrm{d}^3r \tag{12.2.56}$$

利用上式，只要知道算子 $\hat{A}$ 在坐标表象的本征函数 $u_n(\boldsymbol{r})$（通常情况正是如此），便可求得算子 $\hat{F}$ 在 A 表象的阵元 F_{mn}。把这些阵元排成方阵，就得到了 $\hat{F}$ 在 A 表象的算子形式。

式（12.2.55）可改写为

$$\langle\psi|\hat{F}|\phi\rangle=\int\langle\psi|\boldsymbol{r}\rangle F(\boldsymbol{r},-\mathrm{i}\hbar\nabla)\langle\boldsymbol{r}|\phi\rangle\mathrm{d}^3r \tag{12.2.57}$$

上式可作为固定规则来使用。灵活应用这一规则，能给运算带来很大方便。

作为连续谱表象的例子，下面讨论动量表象中的算子。首先导出动量算子 $\hat{\boldsymbol{p}}$ 在动量表象中的表示形式。设 $|\psi\rangle$ 为任意态矢，经 $\hat{\boldsymbol{p}}$ 作用后变为另一态矢 $|\phi\rangle$，即

$$\hat{\boldsymbol{p}}|\psi\rangle=|\phi\rangle \tag{12.2.58}$$

用 $\hat{\boldsymbol{p}}$ 的本征矢 $|\boldsymbol{p}'\rangle$ 与上式两端作内积，得

$$\int\langle\boldsymbol{p}'|\hat{\boldsymbol{p}}|\boldsymbol{p}''\rangle\mathrm{d}^3p''\langle\boldsymbol{p}''|\psi\rangle=\langle\boldsymbol{p}'|\phi\rangle \tag{12.2.59}$$

注意到 $|\boldsymbol{p}''\rangle$ 是 $\hat{\boldsymbol{p}}$ 的本征矢，相应本征值为 $\boldsymbol{p}''$，所以阵元：

$$\langle\boldsymbol{p}'|\hat{\boldsymbol{p}}|\boldsymbol{p}''\rangle=\boldsymbol{p}''\delta(\boldsymbol{p}'-\boldsymbol{p}'')$$

代入式（12.2.59），得

$$\boldsymbol{p}'\langle\boldsymbol{p}'|\psi\rangle=\langle\boldsymbol{p}'|\phi\rangle$$

或

$$\boldsymbol{p}\psi(\boldsymbol{p})=\phi(\boldsymbol{p}) \tag{12.2.60}$$

上式是（12.2.58）式在动量表象的表示，所以有

$$\hat{\boldsymbol{p}}=\boldsymbol{p} \tag{12.2.61}$$

即：在动量表象中，动量算子就是动量本身。

再来看坐标算子 $\hat{\boldsymbol{r}}$ 在动量表象中的表示。与前面类似，设任意态矢 $|\psi\rangle$，经 $\hat{\boldsymbol{r}}$ 作用后变为另一态矢 $|\phi\rangle$，即

$$\hat{\boldsymbol{r}}|\psi\rangle=|\phi\rangle \tag{12.2.62}$$

用动量本征矢 $|\boldsymbol{p}\rangle$ 与上式作内积，得

$$\int\langle\boldsymbol{p}|\hat{\boldsymbol{r}}|\boldsymbol{p}'\rangle\mathrm{d}^3p'\langle\boldsymbol{p}'|\psi\rangle=\langle\boldsymbol{p}|\phi\rangle \tag{12.2.63}$$

利用式（12.2.57），阵元

$$\langle\boldsymbol{p}|\hat{\boldsymbol{r}}|\boldsymbol{p}'\rangle=\int\langle\boldsymbol{p}|\boldsymbol{r}\rangle\boldsymbol{r}\langle\boldsymbol{r}|\boldsymbol{p}'\rangle\mathrm{d}^3r$$
$$=\frac{1}{(2\pi\hbar)^3}\int\mathrm{e}^{-\frac{\mathrm{i}}{\hbar}\boldsymbol{p}\cdot\boldsymbol{r}}\cdot\mathrm{e}^{\frac{\mathrm{i}}{\hbar}\boldsymbol{p}'\cdot\boldsymbol{r}}\boldsymbol{r}\mathrm{d}^3r$$

上式最后一步用到坐标表象中的动量本征矢 $\langle\boldsymbol{r}|\boldsymbol{p}\rangle=\dfrac{1}{(2\pi\hbar)^{3/2}}\mathrm{e}^{\frac{\mathrm{i}}{\hbar}\boldsymbol{p}\cdot\boldsymbol{r}}$。注意到

$$\mathrm{i}\hbar\nabla_p \mathrm{e}^{-\frac{\mathrm{i}}{\hbar}\boldsymbol{p}\cdot\boldsymbol{r}} = \boldsymbol{r}\mathrm{e}^{-\frac{\mathrm{i}}{\hbar}\boldsymbol{p}\cdot\boldsymbol{r}}$$

其中$\nabla_p = \boldsymbol{i}\frac{\partial}{\partial p_x} + \boldsymbol{j}\frac{\partial}{\partial p_y} + \boldsymbol{k}\frac{\partial}{\partial p_z}$。将此结果代入，得

$$\begin{aligned}\langle \boldsymbol{p}|\hat{\boldsymbol{r}}|\boldsymbol{p}'\rangle &= \frac{1}{(2\pi\hbar)^3}\mathrm{i}\hbar\nabla_p \int \mathrm{e}^{-\frac{\mathrm{i}}{\hbar}\boldsymbol{p}\cdot\boldsymbol{r}} \cdot \mathrm{e}^{\frac{\mathrm{i}}{\hbar}\boldsymbol{p}'\cdot\boldsymbol{r}} \mathrm{d}^3 r \\ &= \mathrm{i}\hbar\nabla_p \int \langle \boldsymbol{p}|\boldsymbol{r}\rangle \mathrm{d}^3 r \langle \boldsymbol{r}|\boldsymbol{p}'\rangle \\ &= \mathrm{i}\hbar\nabla_p \langle \boldsymbol{p}|\boldsymbol{p}'\rangle \\ &= \mathrm{i}\hbar\nabla_p \delta(\boldsymbol{p}-\boldsymbol{p}')\end{aligned} \tag{12.2.64}$$

把式（12.2.64）代入式（12.2.63），得

$$\mathrm{i}\hbar\nabla_p \langle \boldsymbol{p}|\psi\rangle = \langle \boldsymbol{p}|\phi\rangle$$

或

$$\mathrm{i}\hbar\nabla_p \psi(\boldsymbol{p}) = \phi(\boldsymbol{p}) \tag{12.2.65}$$

上式就是式（12.2.62）在动量表象的表示。于是

$$\hat{\boldsymbol{r}} = \mathrm{i}\hbar\nabla_p \tag{12.2.66}$$

为坐标算子在动量表象中的算子形式。式（12.2.64）是坐标算子在动量表象的阵元（实际上阵元还可表为$-\mathrm{i}\hbar\nabla_{p'}\delta(\boldsymbol{p}-\boldsymbol{p}')$）。

由以上坐标算子$\hat{\boldsymbol{r}}$和动量算子$\hat{\boldsymbol{p}}$在动量表象的表示，不难得到任意有经典类比的力学量$F(\boldsymbol{r},\boldsymbol{p})$在动量表象的算子形式为

$$\hat{F} = F(\mathrm{i}\hbar\nabla_p, \boldsymbol{p}) \tag{12.2.67}$$

三、量子力学公式的矩阵表示

前面介绍了态和力学量的表象。看到在分立谱表象（设为A表象）中，态矢量表示为列矩阵，力学量表示为厄米矩阵。因此，在A表象中，量子力学公式也必然表示为矩阵形式。

1. 薛定谔方程

用A表象的任意表象基$|m\rangle$与薛定谔方程的抽象表示式（12.1.24）作内积，得

$$\mathrm{i}\hbar\frac{\mathrm{d}}{\mathrm{d}t}\langle m|\psi\rangle = \langle m|\hat{H}|\psi\rangle \tag{12.2.68}$$

注意，在写出上式时用到了表象基不随时间变的事实。在我们所介绍的量子力学理论表述中，力学量一般不随时间变，因而，力学量本征矢也不随时间变。在式（12.2.68）右端插入A表象的单位算子，有

$$\mathrm{i}\hbar\frac{\mathrm{d}}{\mathrm{d}t}\langle m|\psi\rangle = \sum_n \langle m|\hat{H}|n\rangle\langle n|\psi\rangle \tag{12.2.69}$$

令$\langle m|\psi\rangle = a_m(t)$，$\langle m|\hat{H}|n\rangle = H_{mn}$，上式写为

$$\mathrm{i}\hbar\frac{\mathrm{d}a_m}{\mathrm{d}t} = \sum_n H_{mn}a_n \tag{12.2.70}$$

式中：$m=1,2,\cdots$。因此，式（12.2.70）给出一联立的一阶常微分方程组，写成矩阵形式

为

$$\mathrm{i}\hbar\frac{\mathrm{d}}{\mathrm{d}t}\psi=\boldsymbol{H}\psi \tag{12.2.71}$$

式中：$\boldsymbol{\psi}$ 为态矢 $|\psi\rangle$ 的 A 表象，是一列矩阵；$\boldsymbol{H}$ 为系统哈密顿算子 $\hat{H}$ 的 A 表象，是一厄米矩阵。在以前的讨论中知道，薛定谔方程在坐标表象中是二阶偏微分方程，而在分立谱的 A 表象中则表为一阶线性常微分方程组。有时这种表示可以简化问题的求解。比如，当表象选择恰当时，式（12.2.71）并不是无穷多个方程联立的方程组。而是分成无穷多组，每组中只包含有限个方程，组内方程是联立的，与其它组的方程无关。这样就可以有选择的，只求那些我们感兴趣的解，而不必把方程的所有解都求出。从态矢空间的角度来看，这相当于把态矢空间分成了若干子空间，只求我们所关心的那些子空间中薛定谔方程的解。

2. 本征值方程

设 $|\psi\rangle$ 为力学量算子 $\hat{F}$ 的本征矢，相应本征值为 λ，即

$$\hat{F}|\psi\rangle=\lambda|\psi\rangle \tag{12.2.72}$$

上式是本征值方程的抽象表示，没涉及任何表象。用 A 表象的任意基 $|m\rangle$ 与上式作内积，有

$$\sum_n\langle m|\hat{F}|n\rangle\langle n|\psi\rangle=\lambda\langle m|\psi\rangle \tag{12.2.73}$$

令 $F_{mn}=\langle m|\hat{F}|n\rangle$，$\langle n|\psi\rangle=a_n$，代入上式，得

$$\sum_n F_{mn}a_n=\lambda a_m$$

与前同理，当 m 取不同值时，上式给出一联立代数方程组，写成矩阵形式，为

$$\boldsymbol{F}\boldsymbol{\psi}=\lambda\boldsymbol{\psi}\quad 或(\boldsymbol{F}-\lambda\boldsymbol{I})\boldsymbol{\psi}=0 \tag{12.2.74}$$

式（12.2.74）就是本征值方程的矩阵表示，是一齐次线性代数方程组。根据线性代数理论，方程有非零解的条件是

$$|\boldsymbol{F}-\lambda\boldsymbol{I}|=0 \tag{12.2.75}$$

上式是关于 λ 的代数方程，称为**久期方程**。由它可解得本征值 $\lambda=\lambda_1,\lambda_2,\cdots$，把每个本征值代回本征值方程式（12.2.74），便可求得相应的本征矢（A 表象中）。

注意，由于式（12.2.75）成立，使方程组（12.2.74）中的方程不完全独立。因此代入本征值后不能把本征矢完全确定下来，还要加上归一化条件才能最终定出本征矢。另外，当久期方程有重根时，比如 λ_1 是 S 重根。这意味着 λ_1 是 S 重简併的。在这种情况下，把 λ_1 代入方程式（12.2.74）后，有 S 个方程不独立，所以加上归一化条件仍不能把本征矢确定下来。这时必须考虑与 $\hat{F}$ 对易的其它力学量来对 $\hat{F}$ 的简併本征矢进行分类，从而确定出它们的共同本征矢来。

3. 平均值

力学量平均值，实际上就是力学量在态矢间阵元的特例。在式（12.2.55）中，令 $|\psi\rangle=|\phi\rangle$，得

$$\langle\psi|\hat{F}|\psi\rangle=\int\psi^*(\boldsymbol{r})F(\boldsymbol{r},-\mathrm{i}\hbar\nabla)\psi(\boldsymbol{r})\mathrm{d}^3r \tag{12.2.76}$$

上式左端是平均值的抽象表示式(12.1.30)，右端是熟知的坐标表象中计算平均值的公式。利用上式左端，很容易得到分立谱表象中计算平均值的公式。把 A 表象的单位算子分别插入算子 $\hat{F}$ 的两端，得

$$\overline{F}=\langle\psi|\hat{F}|\psi\rangle=\sum_{mn}\langle\psi|m\rangle\langle m|\hat{F}|n\rangle\langle n|\psi\rangle$$

令 $F_{mn}=\langle m|\hat{F}|n\rangle, a_n=\langle n|\psi\rangle$，代入上式，得

$$\overline{F}=\sum_{mn}a_m^* F_{mn}a_n \tag{12.2.77}$$

写成矩阵形式，为

$$\overline{F}=\boldsymbol{\psi}^+\boldsymbol{F}\boldsymbol{\psi} \tag{12.2.78}$$

式中：$\boldsymbol{\psi}$ 和 $\boldsymbol{F}$ 是 A 表象中态矢 $|\psi\rangle$ 和力学量 $\hat{A}$ 的矩阵表示，$\boldsymbol{\psi}^+$ 是 $\boldsymbol{\psi}$ 的厄米共轭矩阵。完全类似，可以写出量子力学其它公式的矩阵表示。

12.3　表象变换

由上一节的讨论知，在不同表象，态、力学量以及量子力学公式表示为不同的形式。在实际计算中，为使推演尽可能简洁，针对不同的目的，或在计算过程的不同阶段，需要采用不同的表象。因此，知道态和力学量在不同表象间的变换规律是十分有益的。下面来讨论态和力学量的表象变换。

一、态的表象变换

设有 A，B 两个表象，表象基分别为 $\{|m\rangle\}$ 和 $\{|\alpha\rangle\}$。为避免混淆，约定凡用英文字母，如 m、n 等表示的基均为 A 表象的基，凡用希腊字母，如 α、β 等表示的基均为 B 表象的基。另外，为确定起见，不失一般性地假设 m（或 n 等）和 α（或 β 等）均取（1, 2, …）等值。

考虑任意态矢 $|\psi\rangle$，它在 B 表象的阵元为 $\langle\alpha|\psi\rangle$，插入 A 表象的单位算子，有

$$\langle\alpha|\psi\rangle=\sum_n\langle\alpha|n\rangle\langle n|\psi\rangle \tag{12.3.1}$$

令

$$b_\alpha=\langle\alpha|\psi\rangle\ ,\ a_n=\langle n|\psi\rangle\ ,\ S_{n\alpha}=\langle n|\alpha\rangle=\langle\alpha|n\rangle^* \tag{12.3.2}$$

由 b_α 排成列矩阵就是 $|\psi\rangle$ 的 B 表象，记为 $\boldsymbol{\psi}^{(B)}$；由 a_n 排成列矩阵就是 $|\psi\rangle$ 的 A 表象，记为 $\boldsymbol{\psi}^{(A)}$，由 $S_{n\alpha}$ 排成的方阵称为**由 A 表象到 B 表象的变换矩阵**，记为 $\boldsymbol{S}$。利用这些记号，式（12.3.1）可写为

$$\boldsymbol{\psi}^{(B)}=\boldsymbol{S}^+\boldsymbol{\psi}^{(A)} \tag{12.3.3}$$

上式就是态矢的表象变换。

由式（12.3.2）不难看出，变换矩阵 $\boldsymbol{S}$ 只和 A、B 表象的基有关，而且，$\boldsymbol{S}$ 的任意一列都是 B 表象的基在 A 表象的表示。此外，变换矩阵 $\boldsymbol{S}$ 是一幺正矩阵，即

$$\boldsymbol{S}^+\boldsymbol{S}=\boldsymbol{S}\boldsymbol{S}^+=\boldsymbol{I} \tag{12.3.4}$$

下面来证明上式：

$$\begin{aligned}(\boldsymbol{S}^{+}\boldsymbol{S})_{\alpha\beta} &= \sum_{n}(\boldsymbol{S}^{+})_{\alpha n}\boldsymbol{S}_{n\beta} = \sum_{n} S_{n\alpha}^{*} S_{n\beta} \\ &= \sum_{n}\langle\alpha|n\rangle\langle n|\beta\rangle = \langle\alpha|\beta\rangle \\ &= \delta_{\alpha\beta}\end{aligned}$$

同理

$$\begin{aligned}(\boldsymbol{S}\boldsymbol{S}^{+})_{mn} &= \sum_{\alpha}\boldsymbol{S}_{m\alpha}(\boldsymbol{S}^{+})_{\alpha n} = \sum_{\alpha} S_{m\alpha} S_{n\alpha}^{*} \\ &= \sum_{\alpha}\langle m|\alpha\rangle\langle\alpha|n\rangle = \langle m|n\rangle \\ &= \delta_{mn}\end{aligned}$$

故式（12.3.4）成立。由于变换矩阵为幺正矩阵，所以，也常把表象变换称为**幺正变换**。

二、力学量的表象变换

根据态的表象变换，容易导出力学量的表象变换。设任意态矢量$|\psi\rangle$，在力学量算子$\hat{F}$作用下，变为另一态矢量$|\phi\rangle$，即

$$\hat{F}|\psi\rangle = |\phi\rangle \tag{12.3.5}$$

上式在A表象和B表象分别表为

$$\boldsymbol{F}^{(A)}\boldsymbol{\psi}^{(A)} = \boldsymbol{\phi}^{(A)} \tag{12.3.6}$$

$$\boldsymbol{F}^{(B)}\boldsymbol{\psi}^{(B)} = \boldsymbol{\phi}^{(B)} \tag{12.3.7}$$

式中：上标“(A)”和“(B)”分别表示在A表象和B表象中的力学量或态矢量。按态的表象变换式（12.3.3），有

$$\boldsymbol{\phi}^{(B)} = \boldsymbol{S}^{+}\boldsymbol{\phi}^{(A)} \tag{12.3.8}$$

用$\boldsymbol{S}^{+}$左乘式（12.3.6），并注意到$\boldsymbol{S}$的幺正性式（12.3.4），有

$$\boldsymbol{S}^{+}\boldsymbol{F}^{(A)}\boldsymbol{\psi}^{(A)} = \boldsymbol{S}^{+}\boldsymbol{F}^{(A)}\boldsymbol{S}\boldsymbol{S}^{+}\boldsymbol{\psi}^{(A)} = \boldsymbol{S}^{+}\boldsymbol{\phi}^{(A)}$$

把式（12.3.3）和式（12.3.8）代入上式，得

$$\boldsymbol{S}^{+}\boldsymbol{F}^{(A)}\boldsymbol{S}\boldsymbol{\psi}^{(B)} = \boldsymbol{\phi}^{(B)} \tag{12.3.9}$$

上式与式（12.3.7）比较，注意到ψ的任意性，得

$$\boldsymbol{F}^{(B)} = \boldsymbol{S}^{+}\boldsymbol{F}^{(A)}\boldsymbol{S} \tag{12.3.10}$$

式（12.3.10）就是力学量的表象变换。

三、幺正变换的性质

表象变换是幺正变换，即联系不同表象之间的变换矩阵是幺正矩阵。变换矩阵的幺正性，使得表象变换具有如下重要性质。

性质 1　幺正变换不改变态矢的内积。

证明：设有态矢$|\psi\rangle$和$|\phi\rangle$。根据式(12.2.16)，在A表象中，它们的内积表为$\boldsymbol{\psi}^{(A)^{+}}\boldsymbol{\phi}^{(A)}$，在$B$表象中表为$\boldsymbol{\psi}^{(B)^{+}}\boldsymbol{\phi}^{(B)}$。利用式（12.3.3），有

$$\boldsymbol{\psi}^{(B)^{+}}\boldsymbol{\phi}^{(B)} = (\boldsymbol{S}^{+}\boldsymbol{\psi}^{(A)})^{+}\boldsymbol{S}^{+}\boldsymbol{\phi}^{(A)} = \boldsymbol{\psi}^{(A)^{+}}\boldsymbol{S}\boldsymbol{S}^{+}\boldsymbol{\phi}^{(A)}$$

由 $\boldsymbol{S}$ 的幺正性，得

$$\psi^{(B)^+}\boldsymbol{\phi}^{(B)}=\psi^{(A)^+}\boldsymbol{\phi}^{(A)} \tag{12.3.11}$$

命题得证。

这一性质指出，计算态矢的内积可在任意表象下进行，所得结果不会因表象选择的不同而改变。特别的，若态矢量 $|\psi\rangle$ 是归一的，则在表象变换下其归一性不变。另外，态矢量 $|\psi\rangle$ 按某力学量的本征矢展开时，展开系数也不随表象变换而变。这意味着可以在任何表象中计算给定量子态下力学量的取值几率分布，所得结果不会因所选表象的不同而改变。

性质 2　幺正变换不改变算子的厄米性、代数关系和对易关系。

证明： 设在 A 表象中，有

$$\boldsymbol{F}^{(A)^+}=\boldsymbol{F}^{(A)} \qquad \text{（厄米性）}$$

$$\left.\begin{aligned}\boldsymbol{F}^{(A)}+\boldsymbol{G}^{(A)}&=\boldsymbol{M}^{(A)}\\ \boldsymbol{F}^{(A)}\boldsymbol{G}^{(A)}&=\boldsymbol{R}^{(A)}\end{aligned}\right\} \qquad \text{（代数关系）}$$

$$[\boldsymbol{F}^{(A)},\boldsymbol{G}^{(A)}]=\boldsymbol{Q}^{(A)} \qquad \text{（对易关系）}$$

则在 B 表象中

$$\boldsymbol{F}^{(B)^+}=(\boldsymbol{S}^+\boldsymbol{F}^{(A)}\boldsymbol{S})^+=\boldsymbol{S}^+\boldsymbol{F}^{(A)^+}\boldsymbol{S}=\boldsymbol{S}^+\boldsymbol{F}^{(A)}\boldsymbol{S}=\boldsymbol{F}^{(B)}$$

即在 B 表象中 $\hat{F}$ 仍厄米。上式第二步用到 $(\boldsymbol{AB})^+=\boldsymbol{B}^+\boldsymbol{A}^+$。

$$\begin{aligned}\boldsymbol{F}^{(B)}+\boldsymbol{G}^{(B)}&=\boldsymbol{S}^+\boldsymbol{F}^{(A)}\boldsymbol{S}+\boldsymbol{S}^+\boldsymbol{G}^{(A)}\boldsymbol{S}=\boldsymbol{S}^+(\boldsymbol{F}^{(A)}+\boldsymbol{G}^{(A)})\boldsymbol{S}\\&=\boldsymbol{S}^+\boldsymbol{M}^{(A)}\boldsymbol{S}=\boldsymbol{M}^{(B)}\end{aligned}$$

完全类似地，也可得到

$$\boldsymbol{F}^{(B)}\boldsymbol{G}^{(B)}=\boldsymbol{R}^{(B)}$$

$$[\boldsymbol{F}^{(B)},\boldsymbol{G}^{(B)}]=\boldsymbol{Q}^{(B)}$$

本命题说明，在进行算子运算时，可在任意表象下进行。不会因表象选择的不同，而改变算子间的相互关系。

性质 3　幺正变换不改变力学量算子在两个量子态间的阵元的值。

证明： 在 B 表象中，算子 $\hat{F}$ 在态矢 $|\psi\rangle$ 和 $|\phi\rangle$ 间的阵元为 $\psi^{(B)^+}\boldsymbol{F}^{(B)}\boldsymbol{\phi}^{(B)}$，而

$$\psi^{(B)^+}\boldsymbol{F}^{(B)}\boldsymbol{\phi}^{(B)}=(\boldsymbol{S}^+\psi^{(A)})^+\boldsymbol{S}^+\boldsymbol{F}^{(A)}\boldsymbol{S}\boldsymbol{S}^+\boldsymbol{\phi}^{(A)}=\psi^{(A)^+}\boldsymbol{S}\boldsymbol{S}^+\boldsymbol{F}^{(A)}\boldsymbol{S}\boldsymbol{S}^+\boldsymbol{\phi}^{(A)}$$

由 $\boldsymbol{S}$ 的幺正性，得

$$\psi^{(A)^+}\boldsymbol{F}^{(A)}\boldsymbol{\phi}^{(A)}=\psi^{(B)^+}\boldsymbol{F}^{(B)}\boldsymbol{\phi}^{(B)} \tag{12.3.12}$$

特别地，当 $|\psi\rangle=|\phi\rangle$ 时，幺正变换的此性质说明力学量平均值的计算不会因表象选择的不同而不同。

性质 4　幺正变换不改变力学量算子的本征值。

证明： 设 B 表象中，力学量 $\hat{F}$ 的本征值方程为

$$\boldsymbol{F}^{(B)}\boldsymbol{\psi}^{(B)}=\lambda\boldsymbol{\psi}^{(B)} \tag{12.3.13}$$

由态和力学量的幺正变换规律，有

$$\boldsymbol{S}^+\boldsymbol{F}^{(A)}\boldsymbol{S}\boldsymbol{S}^+\boldsymbol{\psi}^{(A)}=\lambda\boldsymbol{S}^+\boldsymbol{\psi}^{(A)}$$

上式两端左乘变换矩阵 $\boldsymbol{S}$，利用其幺正性，得

$$F^{(A)}\psi^{(A)} = \lambda\psi^{(A)} \tag{12.3.14}$$

比较式（12.3.13）和式（12.3.14）知，本征值 λ 不变。

性质 5　幺正变换不改变力学量算子的迹。

证明：首先需要明确算子**迹**的概念。所谓算子的迹是指算子在给定表象中的对角元之和，用“Tr”或“Sp”表示。如算子 $\hat{F}$ 的迹为

$$\mathrm{Tr}\hat{F} = \sum_n \langle n|\hat{F}|n\rangle = \sum_n F_{nn} = \mathrm{Tr}\boldsymbol{F} \tag{12.3.15}$$

上式就是算子迹的定义，其中 $\boldsymbol{F}$ 是 $\hat{F}$ 的矩阵表示。因此，在分立谱表象，算子的迹也就是表示算子的矩阵的迹。

利用上述算子迹的定义，可以证明算子乘积的迹满足如下关系：

$$\mathrm{Tr}(\hat{A}\hat{B}) = \mathrm{Tr}(\hat{B}\hat{A}) \tag{12.3.16}$$

事实上，

$$\begin{aligned}\mathrm{Tr}(\hat{A}\hat{B}) &= \sum_m \langle m|\hat{A}\hat{B}|m\rangle \\ &= \sum_{mn} \langle m|\hat{A}|n\rangle\langle n|\hat{B}|m\rangle \\ &= \sum_{mn} \langle n|\hat{B}|m\rangle\langle m|\hat{A}|n\rangle \\ &= \sum_n \langle n|\hat{B}\hat{A}|n\rangle = Tr(\hat{B}\hat{A})\end{aligned}$$

下面证明性质 5。在 B 表象中算子 $\hat{F}$ 的迹，为

$$\mathrm{Tr}\hat{F} = \mathrm{Tr}(\boldsymbol{F}^{(B)})$$

而

$$\mathrm{Tr}(\boldsymbol{F}^{(B)}) = \mathrm{Tr}(\boldsymbol{S}^{+}\boldsymbol{F}^{(A)}\boldsymbol{S}) = \mathrm{Tr}(\boldsymbol{S}\boldsymbol{S}^{+}\boldsymbol{F}^{(A)})$$

上式最后一步用到式（12.3.16）。利用 $\boldsymbol{S}$ 的幺正性，立刻得

$$\mathrm{Tr}(\boldsymbol{F}^{(A)}) = \mathrm{Tr}(\boldsymbol{F}^{(B)}) \tag{12.3.17}$$

命题得证。

此性质说明，尽管在不同表象中，算子的表示形式可以千变万化，但其对角元之和却始终不变。因此，计算算子的迹可以在任意表象下进行。特别地，若选择力学量的自身表象，这时对角元即为算子的全体本征值，所以算子的迹就是算子的全体本征值之和，这就是迹的数学意义。迹不因表象变换而变的物理意义是力学量算子的本征值谱不随表象变换而变。

上述幺正变换的各条性质，概括起来反应了一个核心内涵：**量子态、力学量以及量子力学公式虽然可以有各种不同的数学表述形式，但无论数学形式如何变化，问题的物理本质始终不变。或者说，由幺正变换相联系的量子力学的各种表述形式在物理上是完全等价的。**幺正变换的这一核心性质，极大地丰富了解决问题的方法和手段，使得我们可以灵活地采取各种不同的方法和步骤求得问题的解，而无需担心方法的不同带来结果的差异。

12.4 线性谐振子的占有数表象

作为狄拉克符号和表象理论的应用，本节采用纯代数的方法，重解线性谐振子问题。同时，还将引入现代量子力学理论中非常重要的占有数表象和占有数的概念。

在用代数方法解线性谐振子问题时，对易关系的计算极为重要。事实上，在整个求解中，只用到量子条件：

$$[\hat{x},\hat{p}_x]=\mathrm{i}\hbar \tag{12.4.1}$$

而不需要其它进一步的知识，甚至坐标算子和动量算子的具体形式也无需知道。

线性谐振子的哈密顿算子

$$\hat{H}=\frac{\hat{p}^2}{2\mu}+\frac{1}{2}\mu\omega^2\hat{x}^2 \tag{12.4.2}$$

为书写简单，已略去了动量算子的下标“x”。现对 $\hat{H}$ 的形式进行改写

$$\begin{aligned}\hat{H}&=\hbar\omega\left(\frac{\hat{p}^2}{2\mu\hbar\omega}+\frac{\mu\omega}{2\hbar}\hat{x}^2\right)\\&=\hbar\omega\left[\frac{1}{2}\left(\sqrt{\frac{\mu\omega}{\hbar}}\hat{x}-\frac{\mathrm{i}\hat{p}}{\sqrt{\mu\hbar\omega}}\right)\left(\sqrt{\frac{\mu\omega}{\hbar}}\hat{x}+\frac{\mathrm{i}\hat{p}}{\sqrt{\mu\hbar\omega}}\right)+\frac{\mathrm{i}}{2\hbar}(\hat{p}\hat{x}-\hat{x}\hat{p})\right]\end{aligned}$$

令

$$\hat{a}=\frac{1}{\sqrt{2}}\left(\sqrt{\frac{\mu\omega}{\hbar}}\hat{x}+\frac{\mathrm{i}\hat{p}}{\sqrt{\mu\hbar\omega}}\right) \tag{12.4.3}$$

则 $\hat{a}$ 的厄米共轭为

$$\hat{a}^+=\frac{1}{\sqrt{2}}\left(\sqrt{\frac{\mu\omega}{\hbar}}\hat{x}-\frac{\mathrm{i}\hat{p}}{\sqrt{\mu\hbar\omega}}\right) \tag{12.4.4}$$

因此，$\hat{a}$ 不是厄米算子，不代表力学量。把式（12.4.3）和式（12.4.4）代入 $\hat{H}$ 中，并注意到对易关系式（12.4.1），得

$$\hat{H}=\hbar\omega(\hat{a}^+\hat{a}+1/2) \tag{12.4.5}$$

再定义算子

$$\hat{N}=\hat{a}^+\hat{a} \tag{12.4.6}$$

不难看出 $\hat{N}$ 是厄米算子，代表力学量。则

$$\hat{H}=\hbar\omega(\hat{N}+1/2) \tag{12.4.7}$$

设归一化态矢 $|n\rangle$ 是 $\hat{N}$ 的本征矢，相应本征值为 n，即

$$\hat{N}|n\rangle=n|n\rangle \tag{12.4.8}$$

则 $|n\rangle$ 也是 $\hat{H}$ 的本征矢，相应本征值为 $E_n=\hbar\omega(n+1/2)$，即

$$\hat{H}|n\rangle=\hbar\omega(n+1/2)|n\rangle \tag{12.4.9}$$

由此可见，只要求出 n 的取值，便解得了谐振子的能量本征值和本征矢。

为确定 n 的取值，首先需要计算 $\hat{a}$、$\hat{a}^+$、$\hat{N}$ 三个算子间的对易关系。利用式（12.4.3）、式（12.4.4）和式（12.4.1），易得

$$[\hat{a},\hat{a}^+]=1 \tag{12.4.10}$$

式（12.4.10）所示对易关系，是下面求解的基础。利用上式，立刻得

$$[\hat{N},\hat{a}]=-\hat{a} \tag{12.4.11}$$

$$[\hat{N},\hat{a}^+]=\hat{a}^+ \tag{12.4.12}$$

由式（12.4.11），有

$$\hat{N}\hat{a}|n\rangle=(\hat{a}\hat{N}-\hat{a})|n\rangle=\hat{a}\hat{N}|n\rangle-\hat{a}|n\rangle$$

把式（12.4.8）代入上式，得

$$\hat{N}\hat{a}|n\rangle=(n-1)\hat{a}|n\rangle \tag{12.4.13}$$

上式说明 $\hat{a}|n\rangle$ 是 $\hat{N}$ 的本征矢，相应本征值为 $n-1$。按式（12.4.8），$\hat{N}$ 的属于本征值 $n-1$ 的归一化本征矢为 $|n-1\rangle$，所以

$$|n-1\rangle=A_n\hat{a}|n\rangle \tag{12.4.14}$$

A_n 为归一化系数。同理可证：$\hat{a}^+|n\rangle$ 是 $\hat{N}$ 的属于本征值 $n+1$ 的本征矢，即

$$|n+1\rangle=B_n\hat{a}^+|n\rangle \tag{12.4.15}$$

式中：B_n 为归一化系数。

由于任意态矢的模方都不为负。因此，$\hat{a}|n\rangle$ 的模方

$$\langle n|\hat{a}^+\hat{a}|n\rangle=\langle n|\hat{N}|n\rangle=n\geqslant 0 \tag{12.4.16}$$

上式说明，n 存在下界 0。且当 $n=0$ 时，有

$$\hat{a}|0\rangle=0 \tag{12.4.17}$$

另外，$\hat{a}^+|n\rangle$ 的模方为

$$\langle n|\hat{a}\hat{a}^+|n\rangle=\langle n|\hat{N}+1|n\rangle=n+1 \tag{12.4.18}$$

注意到 $n\geqslant 0$。由上式知，对任意 n 值，有

$$\hat{a}^+|n\rangle\neq 0 \tag{12.4.19}$$

利用式（12.4.19）可以证明，n 的取值无上界。下面来证明这一事实。用反证法，假设 n 有上界 m。用 $\hat{a}^+$ 作用 $|m\rangle$，由式（12.4.15），得

$$\hat{a}^+|m\rangle=\frac{1}{B_m}|m+1\rangle$$

按假设，态 $|m+1\rangle$ 不存在，所以，$\hat{a}^+|m\rangle=0$。此结果与式（12.4.19）矛盾，故假设不真，n 无上界。

现在，已经确定出 n 的取值范围为 $[0,\infty)$。但还需要回答一个问题，就是 n 可以取 $[0,\infty)$ 的所有值呢？还是只能取其中某些特定的值？答案是：n 只能取 $[0,\infty)$ 的整数。这个结论证明如下：

假设 n 可取 $[0,\infty)$ 的非整数 α，则

$$k<\alpha<k+1 \tag{12.4.20}$$

式中：k 为整数。现用 $\hat{a}$ 连续作用 $|\alpha\rangle$。根据式（12.4.14），每作用一次，α 的值减 1。

当$|\alpha\rangle$被$\hat{a}$作用$k+1$次后，有

$$\hat{a}^{k+1}|\alpha\rangle \sim |\alpha-k-1\rangle$$

即$\hat{a}^{k+1}|\alpha\rangle$是$\hat{N}$的属于本征值$\alpha-k-1$的本征矢。由式（12.4.20）知，$\alpha-k-1<0$，这与$\hat{N}$的本征值的下界为0矛盾。故，假设不真，$n$不能取非整数。

若n取整数，不妨设$n=k$，k为整数。当$\hat{a}$对$|n\rangle=|k\rangle$作用k次后，得到$|0\rangle$（差一归一化系数）。此时，若再用$\hat{a}$作用，无论作用多少次，按照式（12.4.17），结果都为0。不会出现$\hat{N}$的本征值为负的情况。因此，n只能取整数。

至此，已经求出n的取值为$(0,1,2,\cdots)$。于是，由式（12.4.9）知，线性谐振子的能量本征值为

$$E_n=\hbar\omega(n+1/2) \qquad (n=0,1,2,\cdots) \tag{12.4.21}$$

这与坐标表象中计算的结果完全相同。但这里没进行任何复杂的解方程的过程。至于本征矢，现在得到的是抽象的狄拉克符号的表示$|n\rangle$，$(0,1,2,\cdots)$。根据式（12.4.15），不难看出，任意一个能量本征矢都可用基态和算子$\hat{a}^{+}$表出：

$$|n\rangle=C_n(\hat{a}^{+})^n|0\rangle$$

式中：归一化系数$C_n=1/\sqrt{n!}$（证明请读者自己完成）。所以

$$|n\rangle=\frac{1}{\sqrt{n!}}(\hat{a}^{+})^n|0\rangle \tag{12.4.22}$$

利用上式还可以得到另外两个重要公式：

$$\hat{a}|n\rangle=\sqrt{n}|n-1\rangle \tag{12.4.23}$$

$$\hat{a}^{+}|n\rangle=\sqrt{n+1}|n+1\rangle \tag{12.4.24}$$

式（12.4.24）可由式（12.4.22）直接写出。下面只证式（12.4.23）。

$$\hat{a}|n\rangle=\frac{1}{\sqrt{n!}}\hat{a}\hat{a}^{+}(\hat{a}^{+})^{n-1}|0\rangle=\frac{1}{\sqrt{n!}}(\hat{N}+1)(\hat{a}^{+})^{n-1}|0\rangle \tag{12.4.25}$$

上式最后一步用到对易关系式（12.4.10）。注意到$(\hat{a}^{+})^{n-1}|0\rangle\sim|n-1\rangle$，故

$$\hat{N}(\hat{a}^{+})^{n-1}|0\rangle=(n-1)(\hat{a}^{+})^{n-1}|0\rangle$$

代入式（12.4.25），得

$$\hat{a}|n\rangle=\frac{1}{\sqrt{n!}}n(\hat{a}^{+})^{n-1}|0\rangle=\sqrt{n}\frac{1}{\sqrt{(n-1)!}}(\hat{a}^{+})^{n-1}|0\rangle$$

利用式（12.4.22），立刻得式（12.4.23）。

现在来讨论算子$\hat{N}$、$\hat{a}$和$\hat{a}^{+}$的物理意义。在量子力学中，把量$\hbar\omega$称为能量子或声子，它是振子吸收或发射能量的最小单位。按照这种观点，式（12.4.21）中的量子数n可理解为谐振子拥有或占有能量子$\hbar\omega$的个数（$\hbar\omega/2$是零点能，即谐振子能量的起点），简称为**占有数**。而态矢$|n\rangle$则表示谐振子占有n个能量子的态，或占有数为n的态。称为**占有数基**。以$\{|n\rangle\}$为基的表象称为**占有数表象**，也叫**粒子数表象**（此处的粒子是指能量子）或 **Fock 表象**。不难看出，占有数表象，实际上就是线性谐振子的能量表象，因为表象基$\{|n\rangle\}$是线性谐振子$\hat{H}$的本征矢。

有了对数n的上述理解，算子$\hat{N}$、$\hat{a}$和$\hat{a}^{+}$的物理含义也就自然明确了。

由式（12.4.8）知，$\hat{N}$是**数算子**，即振子占有能量子个数的算子，也称为**粒子数算子**。粒子数自然不能为负，所得结果也正是如此。由推导过程知道，这是对易关系式（12.4.10）的必然结果。

由式（12.4.23）和式（12.4.24）知，$\hat{a}$和$\hat{a}^{+}$对$|n\rangle$的作用，分别使能量子个数减少或增加1，因此$\hat{a}$和$\hat{a}^{+}$分别称为能量子的**湮灭算子**和**产生算子**。$\hat{a}$和$\hat{a}^{+}$之所以具有湮灭和产生一个能量子的特性，同样源于对易关系式（12.4.10）。

由上可见，对易关系式（12.4.10）具有基本的意义。任何一对互为厄米共轭的算子，无论其算子形式怎样，只要满足式（12.4.10）的对易关系，就必然具有湮灭算子和产生算子的含义，并可由它们按式（12.4.6）定义粒子数算子。产生算子、湮灭算子及粒子数算子，在处理全同多粒子（玻色子）体系问题，和场（玻色场）的量子化理论中有重要应用。

上面已经得到与11.1节完全相同的线性谐振子的能量表达式，但能量本征态是用狄拉克符号$|n\rangle$表示的抽象形式，而不是习惯的坐标表象的波函数。下面证明，把能量本征态的这个抽象表示在坐标表象中表出，就是11.1节中线性谐振子的能量本征函数。

根据式（12.4.3）和式（12.4.4），$\hat{a}$和$\hat{a}^{+}$在坐标表象的表示为

$$\hat{a}=\frac{1}{\sqrt{2}}\left(\sqrt{\frac{\mu\omega}{\hbar}}x+\sqrt{\frac{\hbar}{\mu\omega}}\frac{\mathrm{d}}{\mathrm{d}x}\right)=\frac{1}{\sqrt{2}}\left(\xi+\frac{\mathrm{d}}{\mathrm{d}\xi}\right) \tag{12.4.26}$$

$$\hat{a}^{+}=\frac{1}{\sqrt{2}}\left(\xi-\frac{\mathrm{d}}{\mathrm{d}\xi}\right) \tag{12.4.27}$$

式中：$\xi=\alpha x$为无量纲变数，$\alpha=\sqrt{\frac{\mu\omega}{\hbar}}$。根据式（12.2.19）和式（12.4.22），有

$$\psi_n(x)=\langle x|n\rangle=\frac{1}{\sqrt{n!}}\langle x|(\hat{a}^{+})^n|0\rangle$$

利用式（12.2.57）和式（12.4.27），上式化为

$$\begin{aligned}\psi_n(x)&=\frac{1}{\sqrt{2^n n!}}\int\langle x|x'\rangle\left(\alpha x'-\frac{1}{\alpha}\frac{\mathrm{d}}{\mathrm{d}x'}\right)^n\langle x'|0\rangle\mathrm{d}x'\\&=\frac{1}{\sqrt{2^n n!}}\left(\alpha x-\frac{1}{\alpha}\frac{\mathrm{d}}{\mathrm{d}x}\right)^n\psi_0(x)\end{aligned} \tag{12.4.28}$$

由上式，只要求出$\psi_0(x)$，即可求得$\psi_n(x)$。注意到式（12.4.17），有

$$\langle x|\hat{a}|0\rangle=0$$

采用得到式（12.4.28）相同的方法，并利用式（12.4.26），得

$$\left(\alpha x+\frac{1}{\alpha}\frac{\mathrm{d}}{\mathrm{d}x}\right)\psi_0(x)=0$$

积分上式，并归一化$\psi_0(x)$，立刻得

$$\psi_0(x)=\sqrt{\frac{\alpha}{\sqrt{\pi}}}\mathrm{e}^{-\frac{1}{2}\alpha^2x^2} \tag{12.4.29}$$

把式（12.4.29）代入式（12.4.28），得

$$\begin{aligned}\psi_n(x) &= \sqrt{\frac{\alpha}{\sqrt{\pi}2^n n!}}\left(\xi-\frac{\mathrm{d}}{\mathrm{d}\xi}\right)^n \mathrm{e}^{-\frac{1}{2}\xi^2} \\ &= \sqrt{\frac{\alpha}{\sqrt{\pi}2^n n!}}\mathrm{e}^{-\frac{1}{2}\xi^2}\cdot \mathrm{e}^{\frac{1}{2}\xi^2}\left(\xi-\frac{\mathrm{d}}{\mathrm{d}\xi}\right)^n \mathrm{e}^{-\frac{1}{2}\xi^2}\end{aligned} \tag{12.4.30}$$

直接计算可以证明

$$\mathrm{e}^{\frac{1}{2}\xi^2}\left(\xi-\frac{\mathrm{d}}{\mathrm{d}\xi}\right)\mathrm{e}^{-\frac{1}{2}\xi^2} = -\mathrm{e}^{\xi^2}\frac{\mathrm{d}}{\mathrm{d}\xi}\mathrm{e}^{-\xi^2}$$

由上式立刻得

$$\mathrm{e}^{\frac{1}{2}\xi^2}\left(\xi-\frac{\mathrm{d}}{\mathrm{d}\xi}\right)^n \mathrm{e}^{-\frac{1}{2}\xi^2} = (-)^n \mathrm{e}^{\xi^2}\frac{\mathrm{d}^n}{\mathrm{d}\xi^n}\mathrm{e}^{-\xi^2} \tag{12.4.31}$$

上式右端正是厄米多项式 $H_n(\xi)$ 的微分表达式（11.1.38）。把式（12.4.31）代入式（12.4.30），得

$$\psi_n(x) = \sqrt{\frac{\alpha}{\sqrt{\pi}2^n n!}}\mathrm{e}^{-\frac{1}{2}\alpha^2 x^2}H_n(\alpha x) \tag{12.4.32}$$

上式正是 11.1 节中线性谐振子的能量本征函数式（11.1.42）。但这里得到它却简洁得多。

内容提要

一、态矢空间狄拉克符号

1. 态矢空间

体系量子态张成的空间称为态矢空间。任意力学量的全体本征矢构成态矢空间的一组正交归一完备基。任意量子态是态矢空间中“长度”为一的矢量，可用态矢空间的任意一组基的线性组合来表示。

2. 狄拉克符号

狄拉克符号用$|\ \rangle$和$\langle\ |$表示，分别称为右矢（ket vector）和左矢（bra vector）。右矢代表态矢空间中的抽象矢量，左矢代表态矢空间复共轭空间中的抽象矢量。左矢和右矢的关系为

$$|\ \rangle^* = \langle\ |$$

$|\psi\rangle$ 表示量子态 ψ。几何上表示态矢空间中名为 ψ 的矢量。

3. 狄拉克符号的运算

（1）加法。

$$|\psi_1\rangle + |\psi_2\rangle = |\psi_1+\psi_2\rangle$$
$$|\psi_1\rangle + |\psi_2\rangle = |\psi_2\rangle + |\psi_1\rangle$$
$$|\psi_1\rangle + (|\psi_2\rangle + |\psi_3\rangle) = (|\psi_1\rangle + |\psi_2\rangle) + |\psi_3\rangle$$

（2）数乘。

$$C|\psi\rangle = |C\psi\rangle$$
$$C|\psi\rangle = |\psi\rangle C$$

$$C_1(C_2|\psi\rangle)=(C_1C_2)|\psi\rangle$$
$$C(|\psi_1\rangle+|\psi_2\rangle)=C|\psi_1\rangle+C|\psi_2\rangle$$
$$(C_1+C_2)|\psi\rangle=C_1|\psi\rangle+C_2|\psi\rangle$$

其中，C、C_1、C_2 为任意复数，$|\psi\rangle$、$|\psi_1\rangle$、$|\psi_2\rangle$ 为任意态矢。

（3）内积。

$$\langle\psi_1|\psi_2\rangle=\int\psi_1^*(\boldsymbol{r},t)\psi_2(\boldsymbol{r},t)d\tau$$
$$\langle\psi_1|\psi_2\rangle=\langle\psi_2|\psi_1\rangle^*$$

当 $|\psi_1\rangle$ 与 $|\psi_2\rangle$ 正交时，有

$$\langle\psi_1|\psi_2\rangle=0$$

当 $|\psi\rangle$ 归一时，有

$$\langle\psi|\psi\rangle=1$$

态矢内积有下述关系式成立：

$$\langle\psi_1|C\psi_2\rangle=C\langle\psi_1|\psi_2\rangle$$
$$\langle C\psi_1|\psi_2\rangle=C^*\langle\psi_1|\psi_2\rangle$$
$$\langle\psi_1+\psi_2|\phi_1+\phi_2\rangle=\langle\psi_1|\phi_1\rangle+\langle\psi_1|\phi_2\rangle+\langle\psi_2|\phi_1\rangle+\langle\psi_2|\phi_2\rangle$$

（4）厄米算子。

厄米共轭算子的定义为

$$\langle\psi|\hat{A}|\phi\rangle^*=\langle\phi|\hat{A}^+|\psi\rangle$$

厄米算子的定义为

$$\langle\psi|\hat{A}|\phi\rangle^*=\langle\phi|\hat{A}|\psi\rangle$$

4. 量子力学公式的抽象表示

（1）薛定谔方程。

$$\mathrm{i}\hbar\frac{\mathrm{d}}{\mathrm{d}t}|\psi\rangle=\hat{H}|\psi\rangle$$

（2）力学量算子的本征值方程。

$$\hat{F}|n\rangle=F_n|n\rangle \quad 或 \quad \hat{F}|F\rangle=F|F\rangle$$

（3）平均值公式。

$$\overline{F}=\langle\psi|\hat{F}|\psi\rangle$$

二、态和力学量的表象

1. 表象的概念

表象：态和力学量的具体表示方式。

表象的几何图像是：以给定力学量本征矢为基，在态矢空间中构造出的一个正交“坐标系”。

2. 分离谱表象

表象基为 $\{|n\rangle, n=1,2,\cdots\}$

态表示为列矩阵：

$$\boldsymbol{\psi}=\begin{pmatrix} a_1 \\ a_2 \\ \vdots \end{pmatrix}\ ,\quad a_n=\langle n|\psi\rangle$$

力学量表示为厄米矩阵：

$$\boldsymbol{F}=\begin{pmatrix} F_{11} & F_{12} & \cdots \\ F_{21} & F_{22} & \cdots \\ \vdots & \vdots & \ddots \end{pmatrix},\quad F_{mn}=\langle m|\hat{F}|n\rangle$$

3. 连续谱表象

表象基为$\{|q\rangle\}$

态表示为q的函数：$\psi(q,t)=\langle q|\psi\rangle$

力学量算子的阵元为：$F_{qq'}=\langle q|\hat{F}|q'\rangle$

实际中，最重要的连续谱表象是坐标表象和动量表象。

坐标表象中：

态表示为：$\psi(\boldsymbol{r},t)=\langle \boldsymbol{r}|\psi\rangle$

力学量算子的阵元为：$\langle \boldsymbol{r}|\hat{F}|\boldsymbol{r}'\rangle=F(\boldsymbol{r},-i\hbar\nabla)\delta(\boldsymbol{r}-\boldsymbol{r}')$

算子形式为：$\hat{F}=F(\boldsymbol{r},-i\hbar\nabla)$

动量表象中：

态表示为：$\psi(\boldsymbol{p},t)=\langle \boldsymbol{p}|\psi\rangle$

力学量算子的阵元为：$\langle \boldsymbol{p}|\hat{F}|\boldsymbol{p}'\rangle=F(i\hbar\nabla_p,\boldsymbol{p})\delta(\boldsymbol{p}-\boldsymbol{p}')$

算子形式为：$\hat{F}=F(i\hbar\nabla_p,\boldsymbol{p})$

4. 量子力学公式的矩阵表示

薛定谔方程：$\mathrm{i}\hbar\dfrac{\mathrm{d}}{\mathrm{d}t}\psi=\boldsymbol{H}\boldsymbol{\psi}$

力学量算子的本征值方程：$\boldsymbol{F}\boldsymbol{\psi}=\lambda\boldsymbol{\psi}$

平均值公式：$\overline{F}=\boldsymbol{\psi}^{+}\boldsymbol{F}\boldsymbol{\psi}$

三、表象（幺正）变换

1. 变换矩阵

设A表象的基为$\{|m\rangle\}$，B表象的基为$\{|\alpha\rangle\}$。由A表象到B表象的变换矩阵为

$$\boldsymbol{S}=(S_{n\alpha}),\quad S_{n\alpha}=\langle n|\alpha\rangle$$

变换矩阵为幺正矩阵：$\boldsymbol{S}^{+}\boldsymbol{S}=\boldsymbol{S}\boldsymbol{S}^{+}=\boldsymbol{I}$。

2. 态和力学量的表象变换

$$\boldsymbol{\psi}^{(B)}=\boldsymbol{S}^{+}\boldsymbol{\psi}^{(A)}\quad ,\quad \boldsymbol{F}^{(B)}=\boldsymbol{S}^{+}\boldsymbol{F}^{(A)}\boldsymbol{S}$$

3. 幺正变换的性质

在幺正变换下：①态矢的内积不变。②算子的厄米性、代数关系和对易关系不变。③力学量算子在两个态间的阵元的值不变。④力学量算子的本征值不变。⑤力学量算子

的迹不变。

四、线性谐振子的占有数表象

1. 占有数和占有数表象的概念

把$\hbar\omega$看成准粒子（能量子或声子），n看成粒子数。$|n\rangle$表示占有n个能量子的态，称为占有数基。以$\{|n\rangle\}$为基的表象称为占有数表象。

2. 占有数表象中求解线性谐振子问题的基本方法

3. 占有数表象的几个重要公式

$$[\hat{a},\hat{a}^+]=1，\ [\hat{N},\hat{a}]=-\hat{a}\ ，\ [\hat{N},\hat{a}^+]=\hat{a}^+$$

$$|n\rangle=\frac{1}{\sqrt{n!}}(\hat{a}^+)^n|0\rangle$$

$$\hat{a}|n\rangle=\sqrt{n}|n-1\rangle，\ \hat{a}^+|n\rangle=\sqrt{n+1}|n+1\rangle$$

习　　题

12.1　求在动量表象中角动量 L_x 的矩阵元和 L_x^2 的矩阵元。

12.2　求线性谐振子哈密顿量在动量表象中的矩阵元。

12.3　求一维无限深势阱中粒子坐标和动量在能量表象中的矩阵元。

12.4　如果系统的哈密顿量不显含时间，用矩阵的方法证明在能量表象中有

$$\sum_n (E_n-E_m)|x_{nm}|^2=\frac{\hbar^2}{2\mu}$$

12.5　$\hat{F}$ 为厄米算符 $(\hat{F}^+=\hat{F})$，

$$\hat{H}|n\rangle=E_n|n\rangle$$

$\hat{H}|0\rangle=E_0|0\rangle,|0\rangle$ 为特定的本征态（不一定是基态）。证明下列求和规则：

$$\sum_n (E_n-E_0)|F_{n0}|^2=\frac{1}{2}\langle 0|[\hat{F},[\hat{H},\hat{F}]]|0\rangle$$

12.6　已知在 L^2 和 L_z 的共同表象中，算符 $\hat{L}_x$ 和 $\hat{L}_y$ 的矩阵表示分别为

$$\boldsymbol{L}_x=\frac{\sqrt{2}}{2}\hbar\begin{pmatrix}0&1&0\\1&0&1\\0&1&0\end{pmatrix},\boldsymbol{L}_y=\frac{\sqrt{2}}{2}\hbar\begin{pmatrix}0&-i&0\\i&0&-i\\0&i&0\end{pmatrix}$$

求它们的本征值和归一化的本征矢。最后将矩阵 L_x 和 L_y 对角化。

12.7　在正交归一基矢 $\{|u_1\rangle,|u_2\rangle,|u_3\rangle\}$ 所张成的三维子空间中，物理体系的能量算符与另外两个物理量 $\hat{A}$ 和 $\hat{B}$ 写成：

$$\boldsymbol{H}=\hbar\omega_0\begin{pmatrix}1&0&0\\0&2&0\\0&0&2\end{pmatrix}\ ,\ \boldsymbol{A}=a\begin{pmatrix}2&0&0\\0&0&1\\0&1&0\end{pmatrix}\ ,\ \boldsymbol{B}=b\begin{pmatrix}0&1&0\\1&0&0\\0&0&1\end{pmatrix}$$

其中 $\omega_0,a,b,$ 均为正实常数。设 $t=0$ 时体系处在 $|\psi(0)\rangle=\frac{1}{\sqrt{2}}|u_1\rangle+\frac{1}{2}|u_2\rangle+\frac{1}{2}|u_3\rangle$ 所描述的状态。

（1）对 $|\psi(0)\rangle$ 所描述的状态，指出能量的取值及相应的取值几率，并算出差方平均值 $\overline{(\Delta\hat{H})^2}$。

（2）对 $|\psi(0)\rangle$ 所描述的状态，计算可观测量 $\hat{A}$ 的取值及相应取值几率。

（3）计算 $t>0$ 的任意时刻，体系的态矢 $|\psi(t)\rangle$。

（4）对 $|\psi(t)\rangle$ 所描述的态，计算 $\hat{B}$ 的平均值，并解释它依赖时间的原因。

（5）在 t 时刻测量 $\hat{A}$ 时，结果与（2）中结论相同，原因是什么？

12.8 设厄米算符 $\hat{A},\hat{B}$ 满足 $\hat{A}^2=\hat{B}^2=1$，且 $\hat{A}\hat{B}+\hat{B}\hat{A}=0$，求

（1）在 A 表象中，算符 $\hat{A},\hat{B}$ 的矩阵表示。

（2）在 B 表象中，算符 $\hat{A},\hat{B}$ 的矩阵表示。

（3）在 A 表象中，算符 $\hat{B}$ 的本征值和本征函数。

（4）在 B 表象中，算符 $\hat{A}$ 的本征值和本征函数。

（5）由 A 表象到 B 表象的幺正变换矩阵 S。

12.9 正一完备基 $\{|u_1\rangle, |u_2\rangle, |u_3\rangle\}$，张开成一个三维态空间。在态空间中，算符 $\hat{L}_z$ 和 $\hat{A}$ 定义为

$$\hat{L}_z|u_1\rangle=|u_1\rangle,\quad \hat{L}_z|u_2\rangle=0,\quad \hat{L}_z|u_3\rangle=-|u_3\rangle$$

$$\hat{A}|u_1\rangle=|u_3\rangle,\quad \hat{A}|u_2\rangle=|u_2\rangle,\quad \hat{A}|u_3\rangle=|u_1\rangle$$

（1）在此态空间中，写出表示 $\hat{L}_z,\hat{L}_z^2,\hat{A},\hat{A}^2$ 的矩阵。它们是否是厄米的？它们是否对应可观测的力学量？

（2）若另有算符 $\hat{M}$ 与 $\hat{L}_z$ 对易，$\hat{N}$ 与 $\hat{L}_z^2$ 对易，在此态空间中，写出 $\hat{M}$，$\hat{N}$ 的矩阵表示。

（3）求 $\hat{L}_z^2$ 和 $\hat{A}$ 的共同本征矢。

12.10 证明：

（1）$\det(\boldsymbol{AB})=\det\boldsymbol{A}\cdot\det\boldsymbol{B}$。

（2）$\det(\boldsymbol{S}^{-1}\boldsymbol{AS})=\det\boldsymbol{A}$。

（3）$\mathrm{Tr}(\boldsymbol{AB})=\mathrm{Tr}(\boldsymbol{BA})$。

（4）$\mathrm{Tr}(\boldsymbol{ABC})=\mathrm{Tr}(\boldsymbol{CAB})=\mathrm{Tr}(\boldsymbol{BCA})$。

（5）$\mathrm{Tr}(\boldsymbol{S}^{-1}\boldsymbol{AS})=\mathrm{Tr}\boldsymbol{A}$。

由此说明矩阵的 det 及 Tr，不因表象而异，或者说矩阵的本征值之积不因表象而异，矩阵的本征值之和不因表象而异。

12.11 $\boldsymbol{A}$ 的本征值为 $A_i'(i=1,2,\cdots)$，令 $\boldsymbol{B}=\mathrm{e}^{\boldsymbol{A}}$，其本征值为 $B_i'(i=1,2,\cdots)$。证明：$B_i'=\mathrm{e}^{A_i'}$；进一步证明 $\det\boldsymbol{B}=\mathrm{e}^{\mathrm{Tr}A}$。

12.12 在线性谐振子的能量本征矢 $|n\rangle$ 下，计算 x^2 和 $\hat{p}_x^2$ 的平均值。

12.13 设谐振子的叠加态

$$|V\rangle=\sum_{n=0}|n\rangle\langle n|V\rangle$$

并且 $\hat{a}|V\rangle=V|V\rangle,\langle V|V\rangle=1$，其中 $|n\rangle$ 是能量算符 $\hat{H}=\left(\hat{a}^{+}\hat{a}+\dfrac{1}{2}\right)\hbar\omega$ 的本征态。试证明：在 $|V\rangle$ 中出现第 n 态的几率为 $\dfrac{\langle n\rangle^n}{n!}\mathrm{e}^{-\langle n\rangle}$。式中 $\langle n\rangle=\langle V|\hat{N}|V\rangle$。

第 13 章　自旋与全同粒子

大量理论和实验证明，量子粒子存在两个经典粒子所没有的重要特性。

一个特性是：一切微观粒子，包括“基本”粒子（如电子、质子等）和复合粒子（如原子核、原子、分子等作为一个粒子看待时），都存在**内禀角动量**。由于历史的原因，为了区别于因粒子空间运动而具有的角动量（轨道角动量），习惯上，称粒子的内禀角动量为**自旋角动量**，或简称为**自旋**。粒子的自旋与粒子的静质量和电荷等一样，是粒子固有的内禀性质。自旋角动量无经典对应，是一个纯量子的量。在非相对论量子力学中，粒子自旋不能自动反映在理论中，只能另行引进，以“附加”的方式将它纳入到量子力学的理论体系之中，这是非相对论量子力学的一个主要缺陷。

微观粒子的另一特性是：全同粒子的**不可区分性**。经典力学的基本假设确保了对一切粒子均可区分，哪怕体系中的粒子“长的完全一样”也不例外。然而，量子力学中的情况却恰恰相反。所有涉及全同多粒子体系的实验，都反映出量子全同粒子在原则上的不可区分性。微观粒子的这种特性对量子力学的多体理论产生了深刻影响，出现了一些经典力学所设有的物理效应。

本章将首先介绍微观粒子（电子）的自旋，给出自旋算子、自旋态以及能够同时描述粒子空间运动和自旋运动的状态波函数。其次介绍量子全同粒子的特性，并给出全同多粒子体系状态的描述方法。

13.1　角动量的一般描述

一、角动量的一般定义

在第 10 章中曾给出因粒子的空间运动而具有的角动量 $\hat{\boldsymbol{L}}$ 的定义式：

$$\hat{\boldsymbol{L}} = \boldsymbol{r} \times \hat{\boldsymbol{p}} \tag{13.1.1}$$

为了叙述方便，今后称 $\hat{\boldsymbol{L}}$ 为**轨道角动量**（注意：量子力学中没有粒子运动轨道的概念，这样称呼仅仅是为了与自旋角动量、总角动量加以区别）。由上定义，根据量子条件，得轨道角动量满足对易关系：

$$[\hat{L}_\alpha, \hat{L}_\beta] = \mathrm{i}\hbar\varepsilon_{\alpha\beta\gamma}\hat{L}_\gamma \tag{13.1.2}$$

或

$$\hat{\boldsymbol{L}} \times \hat{\boldsymbol{L}} = \mathrm{i}\hbar\hat{\boldsymbol{L}} \tag{13.1.3}$$

根据量子力学表象理论，力学量的所有性质均体现在对易关系中，与力学量算子的具体表示形式无关。式（13.1.1）是通过给出 $\hat{\boldsymbol{L}}$ 在坐标表象的表示形式来定义轨道角动量的，这种定义方式有很大的局限性，它无法给出自旋角动量和总角动量等无经典对应的角动量的定义。因此，在量子力学中，是把对易关系式（13.1.2）或式（13.1.3）作为角动量的一般定义。即若有线性厄米算子 $\hat{\boldsymbol{J}}$，满足对易关系

$$[\hat{J}_\alpha,\hat{J}_\beta]=\mathrm{i}\hbar\varepsilon_{\alpha\beta\gamma}J_\gamma \tag{13.1.4}$$

或

$$\hat{\boldsymbol{J}}\times\hat{\boldsymbol{J}}=\mathrm{i}\hbar\hat{\boldsymbol{J}} \tag{13.1.5}$$

则不管 $\hat{\boldsymbol{J}}$ 具有什么样的表示形式，均把它称为角动量。不难看出这种定义包含了轨道角动量。

根据角动量算子的上述定义，容易证明，角动量平方

$$\hat{J}^2=\hat{J}_x^2+\hat{J}_y^2+\hat{J}_z^2$$

与角动量任一分量对易，即

$$[\hat{J}^2,\hat{\boldsymbol{J}}]=0 \tag{13.1.6}$$

现定义算子：

$$\hat{J}_\pm=\hat{J}_x\pm\mathrm{i}\hat{J}_y \tag{13.1.7}$$

由于 $\hat{\boldsymbol{J}}$ 为厄米算子，根据上式不难看出，$\hat{J}_+$ 与 $\hat{J}_-$ 互为厄米共轭算子，即

$$\hat{J}_+^+=\hat{J}_-,\quad \hat{J}_-^+=J_+ \tag{13.1.8}$$

因为 $\hat{J}_\pm$ 不是厄米算子，按照量子力学基本原理，它们不代表力学量。虽然 $\hat{J}_\pm$ 不是力学量，但在对角动量进行一般讨论时，或在实际计算中，这两个算子均有重要的应用。

利用式（13.1.4），容易证明下列关系式：

$$[\hat{J}_+,\hat{J}_-]=2\hbar\hat{J}_z \tag{13.1.9}$$

$$[\hat{J}_z,\hat{J}_\pm]=\pm\hbar\hat{J}_\pm \tag{13.1.10}$$

$$[\hat{J}^2,\hat{J}_\pm]=0 \tag{13.1.11}$$

$$\hat{J}_+\hat{J}_-=\hat{J}^2-\hat{J}_z^2+\hbar\hat{J}_z \tag{13.1.12}$$

$$\hat{J}_-\hat{J}_+=\hat{J}^2-\hat{J}_z^2-\hbar\hat{J}_z \tag{13.1.13}$$

$$\hat{J}^2=\hat{J}_z^2+\frac{1}{2}(\hat{J}_+\hat{J}_-+\hat{J}_-\hat{J}_+) \tag{13.1.14}$$

$$\hat{J}_x=\frac{1}{2}(\hat{J}_++\hat{J}_-),\quad \hat{J}_y=\frac{1}{2i}(\hat{J}_+-\hat{J}_-) \tag{13.1.15}$$

以上诸式的证明请读者自己完成。

二、角动量的本征值与本征矢

下面从角动量算子的定义式（13.1.4）出发，求角动量的本征值与本征矢。

由定义知，角动量各分量彼此不对易。所以，它们没有共同完备本征矢系。而角动量平方与角动量各分量均对易。所以，角动量平方与角动量各分量都有共同完备本征矢系。按照习惯，下面来求 $(\hat{J}^2,\hat{J}_z)$ 的共同本征矢系。由于角动量三个分量的地位完全对称，因此，所得结果同样适用于 $(\hat{J}^2,\hat{J}_x)$ 或 $(\hat{J}^2,\hat{J}_y)$。

设 $|\lambda m\rangle$ 是 $\hat{J}^2$ 和 $\hat{J}_z$ 的共同正一化本征矢，相应的本征值分别为 $\lambda\hbar^2$ 和 $m\hbar$，即

$$\begin{cases}\hat{J}^2\left|\lambda\ m\right\rangle=\lambda\hbar^2\left|\lambda\ m\right\rangle\\ \hat{J}_z\left|\lambda\ m\right\rangle=m\hbar\left|\lambda\ m\right\rangle\end{cases}\tag{13.1.16}$$

于是，只要求得λ和 m 的取值，也就求出了$\hat{J}^2$和$\hat{J}_z$的本征值谱，以及相应的共同本征矢系。下面就来完成这项工作。

1. $\hat{J}_\pm\left|\lambda\ m\right\rangle$的性质

用$\hat{J}_z$作用于$\hat{J}_\pm\left|\lambda\ m\right\rangle$，利用式（13.1.10），得

$$\hat{J}_z\hat{J}_\pm\left|\lambda\ m\right\rangle=(\hat{J}_\pm\hat{J}_z\pm\hbar\hat{J}_\pm)\left|\lambda\ m\right\rangle=(m\pm1)\hbar\hat{J}_\pm\left|\lambda\ m\right\rangle\tag{13.1.17}$$

上式指出，$\hat{J}_\pm\left|\lambda\ m\right\rangle$仍是$\hat{J}_z$的本征矢，相应本征值分别为$(m\pm1)\hbar$。或者说，$\hat{J}_+$作用于$\hat{J}_z$的属于本征值$m\hbar$的本征矢$\left|\lambda m\right\rangle$后，使量子数 m 增加 1；$\hat{J}_-$作用于$\hat{J}_z$的属于本征值$m\hbar$的本征矢$\left|\lambda m\right\rangle$后，使量子数 m 减少 1。因此，$\hat{J}_+$称为**升算子**；$\hat{J}_-$称为**降算子**。根据式（13.1.17）和式（13.1.16）的第二式，有

$$\hat{J}_\pm\left|\lambda\ m\right\rangle=c_{\lambda m}^{\pm}\left|\lambda\ m\pm1\right\rangle\tag{13.1.18}$$

式中：$c_{\lambda m}^{\pm}$是归一化系数，与λ和 m 有关。

2. λ取值与 m 取值的关联

由式（13.1.18）和$\left|\lambda\ m\right\rangle$的正一性，得$\hat{J}_\pm\left|\lambda\ m\right\rangle$的模方为

$$\left\langle\lambda\ m\right|\hat{J}_\mp\hat{J}_\pm\left|\lambda\ m\right\rangle=\left|c_{\lambda m}^{\pm}\right|^2\geqslant0\tag{13.1.19}$$

把式（13.1.12）和式（13.1.13）代入上式，得

$$\begin{aligned}\left\langle\lambda\ m\right|\hat{J}_\mp\hat{J}_\pm\left|\lambda\ m\right\rangle&=\left\langle\lambda\ m\right|(\hat{J}^2-\hat{J}_z^2\mp\hbar\hat{J}_z)\left|\lambda\ m\right\rangle\\&=(\lambda-m^2\mp m)\hbar^2\geqslant0\end{aligned}$$

由上式知

$$\lambda\geqslant m^2\pm m\tag{13.1.20}$$

上式给出了λ和 m 取值的一种制约关系，当λ给定以后，m 的取值有上下界，即$|m|\leqslant\sqrt{\lambda}$。另外，由于 m 是实数（厄米算子的本征值是实数），式（13.1.20）还说明$\lambda\geqslant0$，即λ的取值有下界 0。

3. 确定$\hat{J}^2$和$\hat{J}_z$的本征值谱

由上所述，在λ值取定的情况下，m 的取值有上下界，不妨设上界为 j，下界为 j'，即

$$m_{\max}=j\ ,\quad m_{\min}=j'$$

根据式（13.1.18），有

$$\begin{cases}\hat{J}_+\left|\lambda\ m_{\max}\right\rangle=\hat{J}_+\left|\lambda\ j\right\rangle=0\\ \hat{J}_-\left|\lambda\ m_{\min}\right\rangle=\hat{J}_-\left|\lambda\ j'\right\rangle=0\end{cases}$$

从而

$$\hat{J}_-\hat{J}_+\left|\lambda\ j\right\rangle=0\ ,\quad \hat{J}_+\hat{J}_-\left|\lambda\ j'\right\rangle=0\tag{13.1.21}$$

将式（13.1.13）和式（13.1.12）分别代入以上两式，得

$$\begin{cases}\hat{J}_-\hat{J}_+\left|\lambda\ j\right\rangle=(\hat{J}^2-\hat{J}_z^2-\hbar\hat{J}_z)\left|\lambda\ j\right\rangle=(\lambda-j^2-j)\hbar^2\left|\lambda\ j\right\rangle=0\\ \hat{J}_+\hat{J}_-\left|\lambda\ j'\right\rangle=(\hat{J}^2-\hat{J}_z^2+\hbar\hat{J}_z)\left|\lambda\ j'\right\rangle=(\lambda-j'^2+j')\hbar^2\left|\lambda\ j'\right\rangle=0\end{cases}$$

所以

$$\lambda-j^2-j=0，\ \lambda-j'^2-j'=0， \tag{13.1.22}$$

消去λ，解得

$$j'=-j \quad 或 \quad j'=j+1$$

上面第二个结果应该舍弃，因为最小值不可能大于最大值加 1。于是，有

$$m_{\max}=j\ ,\ \ m_{\min}=-j$$

注意到式（13.1.18），m 的取值应从$-j$开始，以步长 1，一直取到j，即

$$m=0,\ \ \pm1,\ \ \pm2,\ \ \cdots,\ \ \pm j \tag{13.1.23}$$

注意，上式是在λ值取定情况下m的取值。另外，由式（13.1.22）知

$$\lambda=j(j+1) \tag{13.1.24}$$

这样，只要求出j的取值，也就求出了$\hat{J}^2$和$\hat{J}_z$的本征值谱。

下面考察j的取值。为此，用$\hat{J}_-$对$\left|\lambda\ j\right\rangle$连续作用$2j$次，由式（13.1.18），得

$$\hat{J}_-^{2j}\left|\lambda\ j\right\rangle\sim\left|\lambda\ \ -j\right\rangle$$

若用$\hat{J}_-$再作用上式，结果为零。所以，$2j=$整数，由此得

$$j=0\ ，\ 1/2\ ，\ 1\ ，\ 3/2\ ，\ \cdots$$

因而，j可以取包括 0 在内的所有正整数和半奇数。至此，求出了$\hat{J}^2$和$\hat{J}_z$的本征值谱及共同本征矢系。由于λ的值完全由j的值决定，所以，习惯上把角动量本征矢$\left|\lambda m\right\rangle$记为$\left|jm\right\rangle$，于是

$$\begin{cases}\hat{J}^2\left|jm\right\rangle=j(j+1)\hbar^2\left|jm\right\rangle & (j=0,1/2,1,3/2,\cdots)\\ \hat{J}_z\left|jm\right\rangle=m\hbar\left|jm\right\rangle & (m=j,j-1,\cdots,-j)\end{cases} \tag{13.1.25}$$

式中：j为**角量子数**；m为**磁量子数**或角动量**投影量子数**。当j取整数时，上式给出熟知的轨道角动量的结果；当$j=1/2$时，就是后面将要介绍的电子自旋角动量。

三、$c_{jm}^{\pm}$的值

由式（13.1.19）和式（13.1.13），有

$$\left|c_{jm}^{+}\right|^2=\left\langle j\ m\right|\hat{J}_-\hat{J}_+\left|j\ m\right\rangle=\left\langle j\ m\right|\hat{J}^2-\hat{J}_z^2-\hbar\hat{J}_z\left|j\ m\right\rangle$$

利用式（13.1.25）及$\left|jm\right\rangle$的正一性，得

$$\left|c_{jm}^{+}\right|^2=(j-m)(j+m+1)\hbar^2$$

当取相因子为 1 时，有

$$c_{jm}^{+}=\sqrt{(j-m)(j+m+1)}\ \hbar \tag{13.1.26}$$

同理可得

$$c_{jm}^{-}=\sqrt{(j+m)(j-m+1)}\ \hbar \tag{13.1.27}$$

把以上两式代入式（13.1.18），得

$$\hat{J}_{\pm}\left|j\ m\right\rangle=\hbar\sqrt{(j\mp m)(j\pm m+1)}\left|j\ m\pm 1\right\rangle \tag{13.1.28}$$

利用上式及$\left|jm\right\rangle$的正一性，有

$$\left\langle j'm'\right|\hat{J}_{\pm}\left|j\ m\right\rangle=\hbar\sqrt{(j\mp m)(j\pm m+1)}\delta_{j'j}\delta_{m'm\pm 1} \tag{13.1.29}$$

利用以上两式，能够非常方便地求出J_z表象（以$\hat{J}^2$和$\hat{J}_z$的共同本征矢为基的表象）中，$\hat{J}_x$和$\hat{J}_y$的阵元。事实上，由式（13.1.15），有

$$\left\langle j'm'\right|\hat{J}_x\left|jm\right\rangle=\frac{1}{2}\left\langle j'm'\right|(\hat{J}_+ +\hat{J}_-)\left|jm\right\rangle$$

$$\left\langle j'm'\right|\hat{J}_y\left|jm\right\rangle=\frac{1}{2i}\left\langle j'm'\right|(\hat{J}_+ -\hat{J}_-)\left|jm\right\rangle$$

利用式（13.1.28）和式（13.1.29），立刻得

$$\left\langle j'm'\right|\hat{J}_x\left|jm\right\rangle=\frac{\hbar}{2}\left[\sqrt{(j-m)(j+m+1)}\delta_{m'm+1}+\sqrt{(j+m)(j-m+1)}\delta_{m'm-1}\right]\delta_{j'j} \tag{13.1.30}$$

$$\left\langle j'm'\right|\hat{J}_y\left|jm\right\rangle=\frac{\hbar}{2i}\left[\sqrt{(j-m)(j+m+1)}\delta_{m'm+1}-\sqrt{(j+m)(j-m+1)}\delta_{m'm-1}\right]\delta_{j'j} \tag{13.1.31}$$

由此看到，角动量各分量在J_z表象中的阵元关于角量子数j是对角的。这对简化问题的求解十分重要，因为在角量子数j给定的情况下，不必在整个态矢空间中讨论角动量问题，而只需在$2j+1$维态矢子空间讨论即可。

例：当$j=1/2$时，在J_z表象中写出$\hat{J}_x$、$\hat{J}_y$和$\hat{J}_z$的矩阵表示。

解：表象基为$\{\left|1/2\ m_s\right\rangle\equiv\left|m_s\right\rangle,\ m_s=1/2,-1/2\}$，由式（13.1.29）知，$J_{\pm}$的对角元为0，非对角元：

$$\left\langle 1/2\right|\hat{J}_+\left|-1/2\right\rangle=\hbar \qquad \left\langle -1/2\right|\hat{J}_+\left|1/2\right\rangle=0$$

$$\left\langle 1/2\right|\hat{J}_-\left|-1/2\right\rangle=0 \qquad \left\langle -1/2\right|\hat{J}_-\left|1/2\right\rangle=\hbar$$

所以

$$\boldsymbol{J}_+=\hbar\begin{pmatrix}0&1\\0&0\end{pmatrix},\qquad \boldsymbol{J}_-=\hbar\begin{pmatrix}0&0\\1&0\end{pmatrix}$$

利用式（13.1.15），立刻得

$$\boldsymbol{J}_x=\frac{\hbar}{2}\begin{pmatrix}0&1\\1&0\end{pmatrix},\qquad \boldsymbol{J}_y=\frac{\hbar}{2}\begin{pmatrix}0&-i\\i&0\end{pmatrix} \tag{13.1.32}$$

因为所给表象是$\hat{J}_z$的自身表象。所以，$\boldsymbol{J}_z$是对角矩阵，对角元就是$\hat{J}_z$的本征值，故

$$\boldsymbol{J}_z=\frac{\hbar}{2}\begin{pmatrix}1&0\\0&-1\end{pmatrix} \tag{13.1.33}$$

以上角动量三个分量的矩阵表示，就是下一节要介绍的电子自旋算子的表示。

13.2 自旋角动量（电子自旋）

一、电子自旋假设

历史上，并不是先有了角动量的一般描述，再从理论上预言电子存在自旋。而是反过来，先通过对实验的分析，得出电子存在自旋角动量和自旋磁矩，再建立关于电子自旋的理论。进而发现不仅电子，一切微观粒子都存在自旋，而且自旋角动量和轨道角动量还存在相互作用，从而扩展了量子力学中的角动量概念。角动量的一般描述正是在这样的背景下产生的。

电子自旋的提出，稍早于量子力学理论的完全建立。1925 年，荷兰两位年青物理学家乌伦贝克（G. E. Uhlenbeck）和古兹密特（S. A. Goudsmit），为解释一直困扰人们的光谱线精细结构和反常塞曼效应，提出电子存在自旋的假设。所谓光谱线精细结构，是指原来认为的一条谱线，在用分辨率更高的光谱仪进行观测时，发现是由靠得很近的几条（两条或三条）谱线组成。如著名的纳黄线（5893Å），实际上是由两条谱线组成，波长分别为 5890Å 和 5896Å。反常塞曼效应，是指在弱磁场中，原子光谱的复杂的劈裂现象，但谱线总是劈裂成偶数条。

乌伦贝克和古兹密特把原子中电子的运动，想象成如同地球绕太阳运动一样。认为电子一方面绕原子核运动，从而具有相应的轨道角动量，另一方面还有自转，从而有一个自转（自旋）角动量，并假设：

（1）每个电子都有自旋角动量 $\boldsymbol{S}$，它在空间任何方向上的投影只可能取两个值 $\pm\hbar/2$。

（2）每个电子都有自旋磁矩 $\boldsymbol{M}_S=-\dfrac{e}{\mu}\boldsymbol{S}$。

由电子自旋假设不难看出，自旋磁矩在空间任何方向上的投影也只可能取两个值 $\pm\dfrac{\hbar e}{2\mu}=\pm\mu_B$，$\mu_B$ 称为**玻尔磁子**。

电子存在自旋及自旋磁矩被斯特恩—盖拉赫实验直接证实。随后，人们在实验中发现，不仅电子，一切微观粒子都有自旋，自旋和静质量、电荷一样，是微观粒子自身固有的重要物理性质。

必须指出，乌伦贝克和古兹密特关于电子自旋假设的结论是正确的，但对电子自旋物理机理的认识是错误的。他们把电子自旋看成是小球自转所具有的机械角动量，按照这样的观点，将得到电子表面的线速度约为光速的 137 倍。这显然是一个荒谬的结论。另外，电子自旋磁矩与自旋角动量的比值为

$$\gamma_s=\left|\frac{\boldsymbol{M}_S}{\boldsymbol{S}}\right|=\frac{e}{\mu} \tag{13.2.1}$$

称为自旋的**回转磁比率**。同样电子轨道角动量的回转磁比率为

$$\gamma_L=\left|\frac{\boldsymbol{M}_L}{\boldsymbol{L}}\right|=\frac{e}{2\mu}=\frac{1}{2}\gamma_s \tag{13.2.2}$$

由上看出，自旋的回转磁比率是轨道角动量回转磁比率的两倍。这从另一个角度反映出两种角动量的物理根源是不同的，把自旋角动量看成机械角动量是不正确的。

迄今为止，微观粒子自旋角动量的物理机制仍无定论。

二、自旋算子与自旋态

乌伦贝克和古兹密特虽然指出电子存在自旋，但真正从理论上解决自旋问题的工作，是由泡利（Pauli）完成的。在非相对论领域内，泡利把自旋角动量表示为线性厄米算子 $\hat{\boldsymbol{S}}$，并设它的分量满足对易关系：

$$[\hat{S}_\alpha,\hat{S}_\beta]=\mathrm{i}\hbar\varepsilon_{\alpha\beta\gamma}\hat{S}_\gamma \quad 或 \quad \hat{\boldsymbol{S}}\times\hat{\boldsymbol{S}}=\mathrm{i}\hbar\hat{\boldsymbol{S}} \tag{13.2.3}$$

自旋角动量平方为

$$\hat{S}^2=\hat{S}_x^2+\hat{S}_y^2+\hat{S}_z^2 \tag{13.2.4}$$

自旋角动量平方与自旋角动量各分量对易。设 $|s\ m_s\rangle$ 为 $\hat{S}^2$ 和 $\hat{S}_z$ 的共同正一化本征矢，称为**自旋态**，其中 s 为**自旋角量子数**，m_s 为**自旋磁量子数**或**自旋投影量子数**。根据上一节知

$$\begin{cases}\hat{S}^2|s\ m_s\rangle=s(s+1)\hbar^2|s\ m_s\rangle\\ \hat{S}_z|s\ m_s\rangle=m_s\hbar|s\ m_s\rangle\end{cases} \tag{13.2.5}$$

按照乌伦贝克和古兹密特的假设，$m_s=\pm1/2$。根据角量子数与投影量子数的关系，自旋角量子数 $s=1/2$。

大量实验证明，任何一种粒子的自旋角量子数都只取一个确定值。如电子、质子、中子等 $s=1/2$；光子、W 粒子等 $s=1$；π 介子、η 介子等 $s=0$，等等。这是自旋角动量与轨道角动量的一个重要区别。正是由于自旋的这一特性，使自旋成为区分不同粒子的一个重要物理量。当然，仅靠自旋是不能把不同粒子区分开来的，如电子、质子、中子等就具有相同的自旋，区分它们还要靠诸如静质量、所带电荷等其它物理量。由于质子、中子和电子自旋相同，所以，本节介绍的内容，也适用于质子、中子等所有 $s=1/2$ 的粒子。更普遍的讲，本节所介绍的是 $s=1/2$ 粒子的自旋。

既然电子的 s 恒为 1/2，为书写简单，习惯上把自旋态中的 s 略去，直接写为 $|m_s\rangle$。这样式（13.2.5）写为

$$\begin{cases}\hat{S}^2|m_s\rangle=\dfrac{3}{4}\hbar^2|m_s\rangle\\ \hat{S}_z|m_s\rangle=m_s\hbar|m_s\rangle\end{cases}\qquad (m_s=\pm1/2) \tag{13.2.6}$$

在讨论电子自旋时，为方便起见，常常用到一个无量纲算子 $\hat{\boldsymbol{\sigma}}$，称为**泡利算子**。其定义为

$$\hat{\boldsymbol{S}}=\frac{\hbar}{2}\hat{\boldsymbol{\sigma}} \tag{13.2.7}$$

由定义知，$\hat{\boldsymbol{\sigma}}$ 为厄米算子。利用自旋算子的对易关系式（13.2.3），可得泡利算子满足如下对易关系：

$$[\hat{\sigma}_\alpha,\hat{\sigma}_\beta]=2\mathrm{i}\varepsilon_{\alpha\beta\gamma}\hat{\sigma}_\gamma \quad 或 \quad \hat{\boldsymbol{\sigma}}\times\hat{\boldsymbol{\sigma}}=2\mathrm{i}\hat{\boldsymbol{\sigma}} \tag{13.2.8}$$

注意到乌伦贝克和古兹密特的假设，电子自旋角动量任意分量的本征值为$\pm\hbar/2$。所以，泡利算子任意分量$\hat{\sigma}_\alpha(\alpha=x,y,z)$的本征值为±1。进而，泡利算子任意分量的平方$\hat{\sigma}_\alpha^2$的本征值恒为1。一个本征值恒为1的算子必然是单位算子。于是

$$\hat{\sigma}_x^2=\hat{\sigma}_y^2=\hat{\sigma}_z^2=1 \tag{13.2.9}$$

定义力学量算子$\hat{A}$和$\hat{B}$的**反对易关系**为

$$[\hat{A},\hat{B}]_+=\hat{A}\hat{B}+\hat{B}\hat{A} \tag{13.2.10}$$

利用式（13.2.8）和式（13.2.9），可得

$$[\hat{\sigma}_\alpha,\hat{\sigma}_\beta]_+=0 \qquad (\alpha\neq\beta) \tag{13.2.11}$$

例如

$$\begin{aligned}[\hat{\sigma}_x,\hat{\sigma}_y]_+&=\hat{\sigma}_x\hat{\sigma}_y+\hat{\sigma}_y\hat{\sigma}_x=\frac{1}{2i}\left(\hat{\sigma}_x[\hat{\sigma}_z,\hat{\sigma}_x]+[\hat{\sigma}_z,\hat{\sigma}_x]\hat{\sigma}_x\right)\\&=\frac{1}{2i}(\hat{\sigma}_x\hat{\sigma}_z\hat{\sigma}_x-\hat{\sigma}_x{}^2\hat{\sigma}_z+\hat{\sigma}_z\hat{\sigma}_x{}^2-\hat{\sigma}_x\hat{\sigma}_z\hat{\sigma}_x)=0\end{aligned}$$

同理，可证其它分量的反对易关系。式（13.2.9）和式（13.2.11）可合写为

$$[\hat{\sigma}_\alpha,\hat{\sigma}_\beta]_+=2\delta_{\alpha\beta} \tag{13.2.12}$$

利用式（13.2.8）和式（13.2.11）可以证明（请读者自己完成）：

$$\hat{\sigma}_x\hat{\sigma}_y\hat{\sigma}_z=i \tag{13.2.13}$$

泡利算子及其对易关系和反对易关系在讨论电子自旋时有重要应用。

下面介绍自旋算子和自旋态在S_z表象（有时也称为泡利表象）中的表示。由上一节最后的例子，得

$$\boldsymbol{S}_x=\frac{\hbar}{2}\begin{pmatrix}0&1\\1&0\end{pmatrix},\quad \boldsymbol{S}_y=\frac{\hbar}{2}\begin{pmatrix}0&-i\\i&0\end{pmatrix},\quad \boldsymbol{S}_z=\frac{\hbar}{2}\begin{pmatrix}1&0\\0&-1\end{pmatrix} \tag{13.2.14}$$

$$\boldsymbol{S}^2=\frac{3\hbar^2}{4}\begin{pmatrix}1&0\\0&1\end{pmatrix}=\frac{3\hbar^2}{4}\boldsymbol{I} \tag{13.2.15}$$

利用式（13.2.7），得S_z表象中泡利算子表示为

$$\boldsymbol{\sigma}_x=\begin{pmatrix}0&1\\1&0\end{pmatrix},\quad \boldsymbol{\sigma}_y=\begin{pmatrix}0&-\mathrm{i}\\\mathrm{i}&0\end{pmatrix},\quad \boldsymbol{\sigma}_z=\begin{pmatrix}1&0\\0&-1\end{pmatrix} \tag{13.2.16}$$

这就是著名的**泡利矩阵**，其用途十分广泛，读者应熟记之。

泡利矩阵和2×2单位矩阵一起，构成四个独立的2×2厄米矩阵。任何一个2×2厄米矩阵都可由它们的组合而得到。由式（13.2.13）知，任何幺正交换，都不可能使三个泡利矩阵均表示为实矩阵。

以上根据已知结果，直接写出了泡利矩阵。事实上，利用前面泡利算子的关系式（13.2.9）～式（13.2.13），在适当选择任意相角后，亦可导出上述泡利矩阵（请读者自己推导）。

设S_z表象中，$\hat{S}^2$和$\hat{S}_z$的共同本征矢为

$$\boldsymbol{\chi}_{m_s}=\langle S_z|m_s\rangle \qquad (m_s=\pm1/2) \tag{13.2.17}$$

注意S_z表象是$\hat{S}_z$的自身表象，所以

$$\boldsymbol{\chi}_{1/2}=\begin{pmatrix}1\\0\end{pmatrix},\quad \boldsymbol{\chi}_{-1/2}=\begin{pmatrix}0\\1\end{pmatrix} \tag{13.2.18}$$

自旋态矢的正一性表为

$$\langle m_s'|m_s\rangle=\delta_{m_s'm_s}\quad 或\quad \boldsymbol{\chi}_{m_s'}^{+}\boldsymbol{\chi}_{m_s}=\delta_{m_s'm_s} \tag{13.2.19}$$

自旋态矢空间，简称为**自旋空间**，是二维空间。$\hat{S}_z$ 的本征矢就是该空间的一组正一完备基。其完备性条件为

$$\sum_{m_s}|m_s\rangle\langle m_s|=1\quad 或\quad \sum_{m_s}\boldsymbol{\chi}_{m_s}\boldsymbol{\chi}_{m_s}^{+}=\boldsymbol{I} \tag{13.2.20}$$

上式就是自旋空间 S_z 表象的单位算子。由于$\{|m_s\rangle\}$构成自旋空间的完备基，故自旋空间中的任意自旋态$|\chi\rangle$，均可表为这组基的线性组合：

$$|\chi\rangle=a|1/2\rangle+b|-1/2\rangle \tag{13.2.21}$$

任意自旋态的 S_z 表象为

$$\boldsymbol{\chi}=\langle S_z|\chi\rangle=a\langle S_z|1/2\rangle+b\langle S_z|-1/2\rangle=a\boldsymbol{\chi}_{1/2}+b\boldsymbol{\chi}_{-1/2}=\begin{pmatrix}a\\b\end{pmatrix} \tag{13.2.22}$$

任意自旋态$|\chi'\rangle$和$|\chi\rangle$的内积为

$$\begin{aligned}\langle\chi'|\chi\rangle&=\sum_{m_s}\langle\chi'|m_s\rangle\langle m_s|\chi\rangle=a'^{*}a+b'^{*}b\\&=(a'^{*}b'^{*})\begin{pmatrix}a\\b\end{pmatrix}=\boldsymbol{\chi}'^{+}\boldsymbol{\chi}\end{aligned} \tag{13.2.23}$$

式中：a' 和 b' 为$|\chi'\rangle$按基$\{|m_s\rangle\}$展开时的展开系数。特别地任意自旋态的归一化为

$$\langle\chi|\chi\rangle=\boldsymbol{\chi}^{+}\boldsymbol{\chi}=1 \tag{13.2.24}$$

以上结果与分立谱表象的情况完全类似，只是现在的态矢空间是二维自旋空间。

三、二分量旋量波函数

以上针对电子自旋态的描述进行了讨论。在本章之前，谈到粒子的运动状态，单指粒子的空间运动状态。而一个粒子的运动，既有空间运动，同时还有自旋运动。所以，要全面描述粒子的运动状态，仅有三个空间自由度是不够的，还应包含一个自旋自由度。也就是说，在考虑粒子空间运动的同时，还要考虑粒子自旋在某特定方向的投影。通常把这个方向选为 z 方向。所以，波函数中除了空间变数 $\boldsymbol{r}$ 外，还要包含自旋变数 S_z。这样，描述粒子量子态的波函数就是空间坐标 $\boldsymbol{r}$ 和自旋坐标 S_z 的函数。习惯上把$(\boldsymbol{r},S_z)$称为粒子的**全坐标**。描述粒子运动状态的波函数表为

$$\psi(\boldsymbol{r},S_z)=\langle\boldsymbol{r}\,S_z|\psi\rangle\equiv\langle\boldsymbol{r}\,m_s|\psi\rangle \tag{13.2.25}$$

上式就是量子态$|\psi\rangle$在$(\boldsymbol{r},S_z)$表象的表示。由于坐标变量在坐标空间连续取值，而自旋变量只取两个分立的值。按表象理论，对分立谱表象，波函数表示为列矩阵，所以

$$\begin{aligned}\psi(\boldsymbol{r},S_z)&=\begin{pmatrix}\psi(\boldsymbol{r},\hbar/2)\\\psi(\boldsymbol{r},-\hbar/2)\end{pmatrix}=\begin{pmatrix}\psi_1(\boldsymbol{r})\\\psi_2(\boldsymbol{r})\end{pmatrix}\\&=\psi_1\begin{pmatrix}1\\0\end{pmatrix}+\psi_2\begin{pmatrix}0\\1\end{pmatrix}=\psi_1\boldsymbol{\chi}_{1/2}+\psi_2\boldsymbol{\chi}_{-1/2}\end{aligned} \tag{13.2.26}$$

上式称为**二分量旋量波函数**。其含意为：

$|\psi_1(\boldsymbol{r})|^2$：表示电子处于 $\boldsymbol{r}$ 点，且自旋向上↑ $(S_z=\hbar/2)$ 的几率密度；

$|\psi_2(\boldsymbol{r})|^2$：表示电子处于 $\boldsymbol{r}$ 点，且自旋向下↓ $(S_z=-\hbar/2)$ 的几率密度；

$|\psi_1(\boldsymbol{r})|^2+|\psi_2(\boldsymbol{r})|^2$：表示电子处于 $\boldsymbol{r}$ 点处的几率密度（无论自旋↑还是↓）；

$\int|\psi_1(\boldsymbol{r})|^2\,\mathrm{d}^3r$：表示电子自旋向上↑的几率；

$\int|\psi_2(\boldsymbol{r})|^2\,\mathrm{d}^3r$：表示电子自旋向下↓的几率。

设另有一态矢量 $|\phi\rangle$，在 $(\boldsymbol{r},S_z)$ 表象的表示为

$$\boldsymbol{\phi}(\boldsymbol{r},S_z)=\langle \boldsymbol{r}\,m_s|\phi\rangle=\begin{pmatrix}\phi_1(\boldsymbol{r})\\ \phi_2(\boldsymbol{r})\end{pmatrix}$$

则 $|\phi\rangle$ 与 $|\psi\rangle$ 的内积，按表象理论为

$$\langle\phi|\psi\rangle=\int\boldsymbol{\phi}^+\psi\,\mathrm{d}^3r=\sum_{m_s}\int\mathrm{d}^3r\langle\phi|\boldsymbol{r}\,m_s\rangle\langle\boldsymbol{r}\,m_s|\psi\rangle \tag{13.2.27}$$

由上式知，$(\boldsymbol{r},S_z)$ 表象的单位算子为

$$\sum_{m_s}\int\mathrm{d}^3r|\boldsymbol{r}\,m_3\rangle\langle\boldsymbol{r}\,m_s|=I \tag{13.2.28}$$

同时也看到，旋量波函数的内积既要对自旋求和，又要对坐标积分。$(\boldsymbol{r},S_z)$ 表象的单位算子亦然。

在实际问题中，有时，即使考虑电子自旋，薛定谔方程中的自旋变量和坐标变量也是分离的。例如：哈密顿算子中不含自旋算子或表示成自旋部分和坐标部分之和。对于这种情况，可用分离变量法求解方程。即把波函数对空间坐标的依赖关系和对自旋坐标的依赖关系分开，表示成

$$\boldsymbol{\psi}(\boldsymbol{r},S_z)=\psi(\boldsymbol{r})\boldsymbol{\chi}(S_z) \tag{13.2.29}$$

的形式。把这个波函数代回原方程，可得只含空间变数的方程（$\psi(\boldsymbol{r})$ 满足的方程）和只含自旋变数的方程（$\boldsymbol{\chi}(S_z)$ 满足的方程）。各自求解方程，把解代入式（13.2.29），既得体系的状态波函数。例如：当不考虑氢原子或类氢离子的自旋轨道相互作用时，体系哈密顿算子将不含自旋。因此，求解与不考虑自旋时完全一样，能级不发生任何变化。但要注意，波函数要乘上自旋态，结果能级的简併度发生了变化。由于同一个空间态，电子自旋可↑也可↓，所以考虑自旋后，氢原子或类氢离子能级的简并度不再是 n^2，而是 $2n^2$。

当自旋和空间有相互作用时，往往不能进行上述分离变量。例如：在研究氢原子或类氢离子的精细结构问题时，系统哈密顿算子中将含有自旋轨道相互作用项，表为

$$\hat{H}=-\frac{\hbar^2}{2\mu}\nabla^2+V(r)+\xi(r)\hat{\boldsymbol{L}}\cdot\hat{\boldsymbol{S}} \tag{13.2.30}$$

其中

$$\xi(r)=\frac{1}{2\mu^2c^2}\frac{1}{r}\frac{\mathrm{d}V}{\mathrm{d}r} \tag{13.2.31}$$

式（13.2.30）中的最后一项就是自旋轨道作用项。这一项从经典物理学的角度看，是自旋磁矩与电子绕原子核运动时所产生磁场的相互作用能。按此思想，可以用经典方法导

出相互作用能的表达式，再经算子化，便得式（13.2.30）的最后一项。更为严格的做法是，将有心力场中电子的相对论波动方程取非相对论极限，将会自动出现该项（参见：L. I. 席夫著，李淑娴，陈崇光译《量子力学》，人民教育出版社，1981 年，P556～558）。式（13.2.30）所示哈密顿算子的本征值方程，就不能用简单的分离变量法，把自旋变数和空间变数分开，而必须考虑自旋轨道的耦合。

13.3 两个角动量的耦合

一、问题的提出

两个角动量的耦合问题，是在解决实际问题中提出来的。

如式（13.2.30）所示的哈密顿算子，当不计自旋轨道相互作用时，$\hat{L}^2$、$\hat{L}_z$、$\hat{S}^2$、$\hat{S}_z$ 均与 $\hat{H}$ 对易，同时它们彼此也对易。因此，$(\hat{H},\hat{L}^2,\hat{L}_z,\hat{S}^2,\hat{S}_z)$ 是体系的一组力学量完全集。标志它们取值的量子数 (n,l,m_l,s,m_s) 是体系的一组好量子数。由这组量子数即可描述体系的态。

但是，当考虑自旋轨道相互作用时，$\hat{L}_z$ 和 $\hat{S}_z$ 与 $\hat{H}$ 不对易：

$$[\hat{L}_z,\hat{H}]=\xi(r)[\hat{L}_z,\hat{\boldsymbol{L}}\cdot\hat{\boldsymbol{S}}]=\mathrm{i}\hbar\xi(r)(\hat{L}_y\hat{S}_x-\hat{L}_x\hat{S}_y) \tag{13.3.1}$$

$$[\hat{S}_z,\hat{H}]=\xi(r)[\hat{S}_z,\hat{\boldsymbol{L}}\cdot\hat{\boldsymbol{S}}]=\mathrm{i}\hbar\xi(r)(\hat{S}_y\hat{L}_x-\hat{S}_x\hat{L}_y) \tag{13.3.2}$$

在上面的计算中，用到自旋算子与坐标空间中算子对易的事实。由于 $\hat{L}_z$ 和 $\hat{S}_z$ 与体系 $\hat{H}$ 不对易，因而，它们不再是体系的守恒量，相应的量子数也不再是好量子数。所以，m_l 和 m_s 也就不适于用来描述体系的状态。

如果定义算子

$$\hat{\boldsymbol{J}}=\hat{\boldsymbol{L}}+\hat{\boldsymbol{S}} \tag{13.3.3}$$

容易证明，$\hat{\boldsymbol{J}}$ 为厄米算子，且满足角动量算子的对易关系。由定义知，$\hat{\boldsymbol{J}}$ 是粒子轨道角动量与自旋角动量的和，称为粒子的**总角动量**。由总角动量的定义式，不难得到，其平方和 z 分量为

$$\begin{cases}\hat{J}^2=\hat{L}^2+\hat{S}^2+2\hat{\boldsymbol{L}}\cdot\hat{\boldsymbol{S}}\\ \hat{J}_z=\hat{L}_z+\hat{S}_z\end{cases} \tag{13.3.4}$$

利用上式和式（13.2.30）以及角动量的对易关系，并注意到自旋算子与坐标空间的算子对易，经简单推导知，$(\hat{H},\hat{L}^2,\hat{S}^2,\hat{J}^2,\hat{J}_z)$ 彼此对易。所以，这组力学量可以作为有自旋轨道相互作用体系的力学量完全集。相应的量子数记为 (n,l,s,j,m_j)，是体系的一组好量子数，可以用来描述体系的状态。其中 j 和 m_j 为标志总角动量平方和总角动量 z 分量取值的量子数，称为**总角量子数**和**总磁量子数**或总角动量**投影量子数**。

以上举了一个涉及粒子轨道角动量与自旋角动量和的例子。事实上，类似的例子还有很多。而且，实际中不仅会碰到单个粒子的轨道角动量和自旋角动量和的问题，还可能碰到两个不同粒子的轨道角动量的和；两个不同粒子的自旋角动量的和；或两个不同粒子的总角动量的和，等等。总之，在实际中，经常会遇到两个独立角动量之

和的问题。我们把两个独立角动量的和称为**角动量的耦合**。当然，有些复杂系统还可能出现三个甚至更多个角动量的耦合。对两个以上角动量的耦合，其基础仍是两个角动量的耦合，只是还需考虑耦合顺序的问题。本书只讨论最简单的两个角动量的耦合，至于更一般的情况可参阅有关专著。例如：M.E. Rose, *Elementary Theory of Angular Momentum*, 1957。

二、两个角动量的耦合

设$\hat{\boldsymbol{J}}_1$、$\hat{\boldsymbol{J}}_2$是属于两个不相关自由度的角动量，或者说是两个独立角动量。因而

$$[\hat{\boldsymbol{J}}_1,\hat{\boldsymbol{J}}_2]=0 \tag{13.3.5}$$

设$(\hat{J}_1^2,\hat{J}_{1z})$的共同本征矢为$|j_1m_1\rangle$，即

$$\begin{cases}\hat{J}_1^2|j_1\ m_1\rangle=j_1(j_1+1)\hbar^2|j_1\ m_1\rangle\\ \hat{J}_{1z}|j_1\ m_1\rangle=m_1\hbar|j_1\ m_1\rangle\end{cases} \tag{13.3.6}$$

$(\hat{J}_2^2,\hat{J}_{2z})$的共同本征矢为$|j_2\ m_2\rangle$，即

$$\begin{cases}\hat{J}_2^2|j_2\ m_2\rangle=j_2(j_2+1)\hbar^2|j_2\ m_2\rangle\\ \hat{J}_{2z}|j_2\ m_2\rangle=m_2\hbar|j_2\ m_2\rangle\end{cases} \tag{13.3.7}$$

由于$\hat{\boldsymbol{J}}_1$、$\hat{\boldsymbol{J}}_2$彼此对易，故$|j_1\ m_1\rangle$与$|j_2\ m_2\rangle$的直接乘积

$$|j_1\ m_1\rangle|j_2\ m_2\rangle=|j_1\ m_1;j_2\ m_2\rangle \tag{13.3.8}$$

是$(\hat{J}_1^2,\hat{J}_2^2,\hat{J}_{1z},\hat{J}_{2z})$的共同本征矢。这四个力学量构成描述$\hat{\boldsymbol{J}}_1$、$\hat{\boldsymbol{J}}_2$两个独立角动量体系角动量态的力学量完全集。涉及这两个角动量自由度的任何量子态，都可按式（13.3.8）所示的本征矢展开。由于这样的本征矢不包含两个角动量和的信息，所以称其为**无耦合基**，以这组本征矢为基的表象称为**无耦合表象**。当j_1、j_2的值取定时，m_1和m_2可分别取$2j_1+1$和$2j_2+1$个值。故，在取定j_1、j_2值的情况下，无耦合基$\{|j_1m_1;j_2m_2\rangle\}$张开成一个$(2j_1+1)(2j_2+1)$维态矢子空间。

现在定义两个角动量的和为

$$\hat{\boldsymbol{J}}=\hat{\boldsymbol{J}}_1+\hat{\boldsymbol{J}}_2 \tag{13.3.9}$$

注意到式（13.3.5），以及$\hat{\boldsymbol{J}}_1$和$\hat{\boldsymbol{J}}_2$均为角动量算子，容易证明

$$\hat{\boldsymbol{J}}^+=\hat{\boldsymbol{J}}，\quad \hat{\boldsymbol{J}}\times\hat{\boldsymbol{J}}=\mathrm{i}\hbar\hat{\boldsymbol{J}} \tag{13.3.10}$$

即$\hat{\boldsymbol{J}}$也代表角动量，称为总角动量。它的平方和z分量分别为

$$\begin{cases}\hat{J}^2=\hat{J}_1^2+\hat{J}_2^2+2\hat{\boldsymbol{J}}_1\cdot\hat{\boldsymbol{J}}_2\\ \hat{J}_z=\hat{J}_{1z}+\hat{J}_{2z}\end{cases} \tag{13.3.11}$$

不难证明$(\hat{J}_1^2,\hat{J}_2^2,\hat{J}^2,\hat{J}_z)$彼此对易，故它们也可作为描述这两个角动量体系角动量态的力学量完全集。设它们的共同本征矢为

$$|j_1\ j_2;j\ m\rangle\equiv|j\ m\rangle \tag{13.3.12}$$

（为书写简单，常常使用上式右边的形式而略去j_1和j_2）即

$$\begin{cases}\hat{J}_1^2\left|j\ m\right\rangle=j_1(j_1+1)\hbar^2\left|j\ m\right\rangle\\\hat{J}_2^2\left|j\ m\right\rangle=j_2(j_2+1)\hbar^2\left|j\ m\right\rangle\\\hat{J}^2\left|j\ m\right\rangle=j(j+1)\hbar^2\left|j\ m\right\rangle\\\hat{J}_z\left|j\ m\right\rangle=m\hbar\left|j\ m\right\rangle\end{cases}\tag{13.3.13}$$

式（13.3.12）所示的本征矢，包含有两个角动量的和，即总角动量的信息。故，称其为耦合基。以这组本征矢为基的表象称为耦合表象。无耦合基与耦合基是同一态矢空间的两组不同的基。因此，在取定 j_1、j_2 的值时，耦合基 $\{|j_1\ j_2;j\ m\rangle\equiv|j\ m\rangle\}$ 同样也应张开成一个 $(2j_1+1)(2j_2+1)$ 维态矢子空间。

实际中，无耦合基通常是已知的。例如：轨道角动量和自旋角动量的无耦合基就是球谐函数和自旋本征态的乘积。而耦合基一般是未知的。根据表象理论，态矢空间中不同表象之间由一幺正变换相联系。因此，耦合基可用无耦合基表出，即耦合基可用无耦合基展开：

$$\left|j_1\ j_2;j\ m\right\rangle=\sum_{m_1m_2}C\left|j_1\ m_1;j_2\ m_2\right\rangle\tag{13.3.14}$$

利用无耦合基的正一性，得展开系数为

$$C=\left\langle j_1\ m_1;j_2\ m_2\middle|j_1\ j_2;j\ m\right\rangle\equiv\left\langle j_1\ m_1;j_2\ m_2\middle|j\ m\right\rangle\tag{13.3.15}$$

代入上式，得

$$\left|j\ m\right\rangle=\sum_{m_1m_2}\left|j_1\ m_1;j_2\ m_2\right\rangle\left\langle j_1\ m_1;j_2\ m_2\middle|j\ m\right\rangle\tag{13.3.16}$$

这就是耦合基按无耦合基的展开式。式（13.3.15）所示展开系数称为**克莱布斯—戈登系数**，简称为 **C—G 系数**。C—G 系数就是由无耦合表象到耦合表象变换矩阵的阵元。

下面考察总角动量平方和总角动量 z 分量的取值。为此，用总角动量 z 分量 $\hat{J}_z$ 作用式（13.3.16）两端，并利用式（13.3.11）的第二式，得

$$m\left|jm\right\rangle=\sum_{m_1m_2}(m_1+m_2)\left|j_1m_1;j_2m_2\right\rangle\left\langle j_1m_1;j_2m_2\middle|jm\right\rangle$$

把式（13.3.16）代入上式左端，移项后得

$$\sum_{m_1m_2}(m-m_1-m_2)\left|j_1m_1;j_2m_2\right\rangle\left\langle j_1m_1;j_2m_2\middle|jm\right\rangle=0$$

注意到 $|j_1m_1;j_2m_2\rangle$ 是独立基矢。故

$$(m-m_1-m_2)\left\langle j_1m_1;j_2m_2\middle|jm\right\rangle=0\tag{13.3.17}$$

上式说明，只有当

$$m=m_1+m_2\tag{13.3.18}$$

时，C—G 系数才可能不为零。所以，式（13.3.16）中的两个求和指标不独立，只对其中一个求和即可。因此，式（13.3.16）可写为

$$\begin{aligned}\left|j\ m\right\rangle&=\sum_{m_2}\left|j_1\ m-m_2\ ;j_2m_2\right\rangle\left\langle j_1\ m-m_2\ ;j_2m_2\middle|j\ m\right\rangle\\&=\sum_{m_1}\left|j_1m_1;j_2\ m-m_1\right\rangle\left\langle j_1m_1;j_2\ m-m_1\middle|j\ m\right\rangle\end{aligned}\tag{13.3.19}$$

注意到，m_1 和 m_2 的最大值分别为 j_1 和 j_2。由式（13.3.18）知 m 的最大值为 j_1+j_2，所

以，j 的最大值 $j_{\max}=j_1+j_2$。记 j 的最小值为 $j_{\min}$。前面讲过，在取定 j_1 和 j_2 值的情况下，耦合基的个数与无耦合基的个数相等。于是有

$$\sum_{j=j_{\min}}^{j_{\max}}(2j+1)=(2j_1+1)(2j_2+1) \tag{13.3.20}$$

由上式解得

$$j_{\min}^2=(j_1-j_2)^2$$

再注意到角量子数不为负，得 $j_{\min}=|j_1-j_2|$。这样求得总角量子数 j 的取值为

$$j=j_1+j_2,j_1+j_2-1,\cdots,|j_1-j_2| \tag{13.3.21}$$

以上结论称为**三角形关系**，常记为 $\Delta(j_1,j_2,j)$。所以这样称呼，是因为三角形的任一边不大于其余两边之和而不小于其余两边之差。

由于耦合基同样构成正交归一完备基，所以，无耦合基也可按耦合基展开，根据 j 的取值，展开式为

$$|j_1m_1;j_2m_2\rangle=\sum_{j=j_{\min}}^{j_{\max}}|j\ m\rangle\langle j\ m|j_1m_1;j_2m_2\rangle \tag{13.3.22}$$

上式中的展开系数也称为 C－G 系数，它是由耦合表象到无耦合表象变换矩阵的阵元。

一般来讲，两个表象间相互变换的幺正矩阵可以相差一个任意相角。通过适当选取相角的值，可以把耦合表象变到无耦合表象或无耦合表象变到耦合表象的 C－G 系数取成相等的形式。即

$$\langle j\ m|j_1m_1;j_2\ \ m-m_1\rangle=\langle j_1m_1;j_2\ \ m-m_1|j\ m\rangle \tag{13.3.23}$$

上式说明，C－G 系数可以取为实数。实际中，C－G 系数正是按照此约定来取的。若用 $|j'm\rangle$ 和 $|j_1m_1';j_2m_2'\rangle$ 分别与式（13.3.19）和式（13.3.22）作内积，利用基矢的正一性和式（13.3.23），得

$$\begin{cases}\sum\limits_{m_2}\langle j_1\ \ m-m_2;j_2m_2|j'm\rangle\langle j_1\ \ m-m_2;j_2m_2|j\ m\rangle=\delta_{j'j}\\ \sum\limits_{j}\langle j_1\ \ m-m_2;j_2m_2|j\ m\rangle\langle j_1\ \ m'-m_2';j_2m_2'|j\ m'\rangle=\delta_{m_2m_2'}\delta_{mm'}\end{cases} \tag{13.3.24}$$

以上两式反应了 C－G 系数的实数性与幺正性。

应用角动量一般理论，可以导出 C－G 系数的解析表达式。但推导比较复杂，结果十分冗长，应用极不方便，这里不作推导（感兴趣的读者可参考赵伊君，张志杰著《角动量与原子能量》2.1～2.3 节）。在实际中 C－G 系数的使用十分广泛，为便于应用，有各种类型的 C－G 系数表可查。下面列出两个角动量中有一个为 1/2 时的 C－G 系数表：

C－G 系数 $\left\langle j_1\ m-m_2;\ \frac{1}{2}\ m_2\middle|j\ m\right\rangle$

j	$m_2=1/2$	$m_2=-1/2$
$j_1+1/2$	$\sqrt{\dfrac{j_1+m+1/2}{2j_1+1}}$	$\sqrt{\dfrac{j_1-m+1/2}{2j_1+1}}$
$j_1-1/2$	$-\sqrt{\dfrac{j_1-m+1/2}{2j_1+1}}$	$\sqrt{\dfrac{j_1+m+1/2}{2j_1+1}}$

利用式（13.3.19）和上面的 C－G 系数表，可以求出两个电子自旋在耦合表象中的波函数为

$$\begin{cases} \boldsymbol{\chi}_S^{(1)} = \boldsymbol{\chi}_{1/2}(1)\boldsymbol{\chi}_{1/2}(2) \\ \boldsymbol{\chi}_S^{(2)} = \boldsymbol{\chi}_{-1/2}(1)\boldsymbol{\chi}_{-1/2}(2) \\ \boldsymbol{\chi}_S^{(3)} = \dfrac{1}{\sqrt{2}}\left[\boldsymbol{\chi}_{1/2}(1)\boldsymbol{\chi}_{-1/2}(2) + \boldsymbol{\chi}_{-1/2}(1)\boldsymbol{\chi}_{1/2}(2)\right] \\ \boldsymbol{\chi}_A = \dfrac{1}{\sqrt{2}}\left[\boldsymbol{\chi}_{1/2}(1)\boldsymbol{\chi}_{-1/2}(2) - \boldsymbol{\chi}_{-1/2}(1)\boldsymbol{\chi}_{1/2}(2)\right] \end{cases} \tag{13.3.25}$$

上式中前三个波函数表示两个电子的总自旋量子数为 1，总自旋的投影量子数分别为 1、－1 和 0 的自旋耦合态，最后一个波函数表示总自旋及其投影量子数均为 0 的自旋耦合态。

13.4 全同粒子

一、全同粒子的特性

任何微观粒子都有一些相对稳定的客观属性。如粒子的质量、电荷、自旋、磁矩、寿命等，这些属性称为粒子的**固有属性**或**内禀特性**。根据内禀特性可以对微观粒子进行分类，所有内禀特性相同的粒子归为一类，并称之为**全同粒子**。例如：所有电子是全同粒子，所有质子是全同粒子，所有氢原子也是全同粒子，等等。

在实际中，经常会碰到由全同粒子组成的体系。如原子或分子中的电子体系、原子核中的质子体系和中子体系、金属中的电子气等，都是全同多粒子体系。

在经典力学中，几乎没有提到过全同粒子的概念。这一方面是因为经典力学中根本不存在严格意义上的全同粒子。无论采取多么精湛的工艺手段，也不可能造出两个绝对相同的粒子来。这直接来源于经典粒子的物理属性，即粒子的质量、大小、形状等都是连续变化的。另一方面，是因为经典力学理论本身无需引入这样的概念。即使对于严格的经典全同粒子体系，也不会导致经典力学描述方式和方法上的差异。换句话说，经典的全同粒子可以当作非全同粒子看待。所以有这样的论断，与经典力学对粒子运动规律的描述密切相关。根据经典力学理论，粒子的运动有确定的轨道。对于一个全同粒子体系，若在一开始按照粒子的不同位置给它们编上号，则在任意时刻，都可以通过跟踪其轨道而准确地辨认出它们是“谁”(开始时的几号粒子)。经典粒子运动的这种连续的、定域的、决定论性的历史痕迹，确保了原则上能对经典全同粒子予以辨别，从而全同粒子与非全同粒子没有本质差别。

对于微观粒子，情形却截然不同。首先，自然界确实创造出“相貌”绝对相同的粒子——全同粒子。其次，微观粒子的运动遵从量子力学规律。在量子力学中不存在严格意义的轨道。对粒子的任何力学量，只能谈论它们的几率分布，所以充其量只能对粒子进行区域性的跟踪。若在开始时刻给粒子编号，则到了下一时刻（无论时间间隔多小），测到粒子时，将无法说出哪一个是开始时的一号粒子，哪一个是二号粒子，等等。因为每个粒子在任何时刻都可能出现在任何位置。由此可见，微观全同粒子，原则上**不可区分**或叫**不可分辨**。这就是量子力学中全同粒子特性，与经典力学的情形完全相反。

应当指出，不可分辨是全同粒子的一个一般特性，并非任何情况下全同粒子都是绝对不可分辨的。事实上，只有当全同粒子的波函数彼此发生相交时（由于波函数的弥散，相交是一般情况），在波函数相交的区域内全同粒子才不可分辨。反之，若粒子的波函数不重叠，全同粒子仍然是可分辨的。例如：晶体中的原子就属这种情况。因为，晶体中的原子只能在晶格附近作微小振动，各原子波函数的相交程度很小，这样可以通过原子的空间位置来标识它们。再如，当两个粒子在某种特定相互作用下运动时，若它们的自旋是守恒量，且具有不同的分量，这种情况可以通过粒子的自旋来标识它们。

二、全同性原理

按照全同粒子不可分辨的特性，设想若将全同粒子体系中任意一对粒子的“地位”互换，必然不会引起任何可观测效应。即：交换前后观测结果不会有任何改变。由于体系的量子态蕴含了体系的一切测量信息，因此，观测结果的不变就意味着体系状态的不变。于是有：

交换全同粒子体系中任意一对粒子的全坐标（包括空间坐标和自旋坐标），体系的状态不变。

这一结论称为**全同性原理**。是量子力学关于全同粒子体系的一条基本假设。

全同性原理对描述全同粒子体系状态的波函数加上了严格的限制。假设全同 N 粒子体系的状态用波函数 $\psi(q_1,q_2,\cdots,q_i,\cdots,q_j,\cdots,q_N,t)$ 来描述，其中 $q_i=(\boldsymbol{r}_i,S_{iz})$ 表示粒子的全坐标。注意，这里的下标编号决不意味着粒子是可区分的。由于体系中各粒子有不同的坐标，这组编号是对体系中粒子坐标的编号，而不是对粒子的编号。也就是说，上述波函数不能理解为 t 时刻 1 号粒子位于 q_1 处、2 号粒子位于 q_2 处、……、N 号粒子位于 q_N 处的几率幅。而应理解为 t 时，在 q_1、q_2、…、q_N 处各有一个粒子的几率幅。在上述关于全同粒子体系量子态的描述方法中，引入编号是必要的，但编号的引入会给状态的描述带来很大的不便（见后）。在现代量子理论中，通过定义产生、湮灭算子，可以彻底摆脱编号所导致的复杂性，从而大大简化了对全同粒子体系状态的描述。这样的方法称为“二次量子化”方法。由于二次量子化方法已经超出了本书的范围，这里不作介绍。

根据全同性原理，描述全同粒子体系的波函数满足

$$\psi(\cdots,q_j,\cdots,q_i,\cdots)=\lambda\psi(\cdots,q_i,\cdots,q_j,\cdots) \tag{13.4.1}$$

式中：λ 为常数。为书写简单，式中只标出了涉及到交换的一对粒子的全坐标，其它保持不动的坐标和时间略去不写，后面常采用这种记法。利用式（10.5.15）定义的交换算子 $\hat{P}_{ij}$，式（13.4.1）可写为

$$\hat{P}_{ij}\psi(\cdots,q_i,\cdots,q_j,\cdots)=\lambda\psi(\cdots,q_i,\cdots,q_j,\cdots) \tag{13.4.2}$$

上式说明，全同性原理要求，描述全同粒子体系状态的波函数是交换算子的本征函数。若用交换算子 $\hat{P}_{ij}$ 再作用式（13.4.2），由于两次交换等于没交换，即 $\hat{P}_{ij}^2$ 是单位算子。故交换算子的本征值

$$\lambda=\pm 1 \tag{13.4.3}$$

代入式（13.4.1），有

$$\psi(\cdots,q_i,\cdots,q_j,\cdots)=\pm\psi(\cdots,q_j,\cdots,q_i,\cdots) \tag{13.4.4}$$

当上式右端取“+”时，交换任意两个粒子的全坐标，波函数不变。这样的波函数称为**交换对称波函数**，所描述的态，称为**交换对称态**。取“－”时，交换任意两个粒子的全坐标，波函数反号。这样的波函数称为**交换反对称波函数**，所描述的态，称为**交换反对称态**。约定，交换对称波函数记为ψ_S，交换反对称波函数记为ψ_A。

以上结果说明，全同粒子体系只有两种可能的态，一种是交换对称的态，一种是交换反对称的态。式（13.4.4）可看成是全同性原理的数学表述。

设全同粒子体系的哈密顿算子为

$$\hat{H}(\cdots,q_i,\cdots,q_j,\cdots)=\sum_{i=1}^{N}\left[-\frac{\hbar^2}{2\mu}\nabla_i^2+V(q_i,t)\right]+\sum_{i<j}^{N}W(q_i,q_j) \tag{13.4.5}$$

式中：$V(q_i,t)$为体系中某一粒子与外场的相互作用势函数；$W(q_i,q_j)$为体系中一对粒子的相互作用势。体系的薛定谔方程为

$$\mathrm{i}\hbar\frac{\partial}{\partial t}\psi(\cdots,q_i,\cdots,q_j,\cdots)=\hat{H}(\cdots,q_i,\cdots,q_j,\cdots)\psi(\cdots,q_i,\cdots,q_j,\cdots) \tag{13.4.6}$$

按照全同性原理，有

$$\mathrm{i}\hbar\frac{\partial}{\partial t}\psi(\cdots,q_j,\cdots,q_i,\cdots)=\hat{H}(\cdots,q_i,\cdots,q_j,\cdots)\psi(\cdots,q_j,\cdots,q_i,\cdots) \tag{13.4.7}$$

用交换算子作用式（13.4.6）两端，得

$$\mathrm{i}\hbar\frac{\partial}{\partial t}\psi(\cdots,q_j,\cdots,q_i,\cdots)=\hat{H}(\cdots,q_j,\cdots,q_i,\cdots)\psi(\cdots,q_j,\cdots,q_i,\cdots) \tag{13.4.8}$$

比较式（13.4.7）和式（13.4.8），并注意到$\psi(\cdots,q_j,\cdots,q_i,\cdots)$为体系的任意波函数，得

$$\hat{H}(\cdots,q_i,\cdots,q_j,\cdots)=\hat{H}(\cdots,q_j,\cdots,q_i,\cdots) \tag{13.4.9}$$

上式也可等价表示为

$$[\hat{P}_{ij},\hat{H}]=0 \tag{13.4.10}$$

式（13.4.9）和式（13.4.10）说明，全同性原理要求全同粒子体系的哈密顿算子是交换对称的，或者说交换算子与系统哈密顿算子对易。

由于交换算子不显含时间，按守恒量的判据，P_{ij}是守恒量。应当注意，交换对称守恒与其它力学量守恒有所不同。其它力学量守恒，是指其平均值不随时间变，但其取值一般不确定。例如：当体系具有空间反演对称时，宇称守恒，但体系状态却不一定具有确定宇称。而交换对称守恒则是指全同粒子体系的状态要么是交换对称的，要么是交换反对称的，不可能是它们的组合，且这种对称性是不随时间变的。这一结论是全同性原理的直接推论。

如前所述，全同粒子体系的状态只能是交换对称或交换反对称的。那么，在什么情况下状态是交换对称的，什么情况下状态是交换反对称的呢？答案是由实验给出的。大量实验发现：**自旋为$\hbar$整数倍的粒子组成的全同多粒子体系，其状态是交换对称的，遵从玻色—爱因斯坦统计**。这类粒子称为**玻色子（boson）**。例如，光子、π介子等就是波色子。**自旋为$\hbar$半奇数倍的粒子组成的全同粒子体系，其状态是交换反对称的，遵从费米—狄拉克统计**。这类粒子称为**费米子（fermion）**。例如：电子、质子、中子等就是费米子。就微观粒子的统计特性而言，自然界中只存在这两类量子全同粒子，即费米子和玻色子。

三、全同粒子系的波函数

在处理全同多粒子体系问题时，通常采用先不考虑粒子间的相互作用，写出体系具有正确交换对称性的波函数来；然后以这些波函数为基，利用各种近似方法，再把粒子间的相互作用考虑进来进行计算。因此，写出不计粒子间相互作用时体系的波函数是解决问题的基础。下面就来讨论这一问题。

当不计粒子间相互作用时，体系的哈密顿算子可写为

$$\hat{H}=\sum_{i=1}^{N}\hat{H}_0(q_i) \tag{13.4.11}$$

其中 $\hat{H}_0\,(q_i)$ 是当体系只有一个粒子时的哈密顿算子，称为**单粒子哈密顿算子**。由于粒子是全同的，各粒子 $\hat{H}_0\,(q_i)$ 的形式必然相同，只是所属粒子的变数不同。设 $\hat{H}$ 的本征函数为

$$\varPhi_E=\varPhi(q_1,\cdots,q_i,\cdots,q_j,\cdots,q_N) \tag{13.4.12}$$

相应本征值为 E，则 $\hat{H}$ 的本征值方程为

$$\hat{H}\varPhi_E=E\varPhi_E \tag{13.4.13}$$

由式（13.4.11）知，方程式（13.4.13）是变量分离型方程，令

$$\varPhi_E=\varphi_{m_1}(q_1)\varphi_{m_2}(q_2)\cdots\varphi_{m_i}(q_i)\cdots\varphi_{m_j}(q_j)\cdots\varphi_{m_N}(q_N) \tag{13.4.14}$$

代入式（13.4.13），得 N 个形式完全相同的方程：

$$\hat{H}_0(q)\varphi_{m_i}(q)=\varepsilon_{m_i}\varphi_{m_i}(q) \tag{13.4.15}$$

式中：ε_{m_i} 为 $\hat{H}_0$ 的本征值。上式中没写出坐标的下标，表示方程对 N 个坐标都成立。式（13.4.15）称为**单粒子能量本征方程**。m_i 表示单粒子的一组好量子数，$\varphi_{m_i}(q)$ 称为**单粒子态**，是一旋量波函数，ε_{m_i} 称为**单粒子能量**。由方程（13.4.15）解出单粒态，并把它们代入式（13.4.14），即得体系 $\hat{H}$ 的本征函数，相应本征值为

$$E=\sum_{i=1}^{N}\varepsilon_{m_i} \tag{13.4.16}$$

这个本征函数的物理含意是明确的，它表示体系中的 N 个粒子分别处于 $\varphi_{m_1},\varphi_{m_2},\cdots,\varphi_{m_N}$ 等单粒子态时体系 $\hat{H}$ 的一个本征函数。不难看出，若交换这个本征函数中任意一对粒子的全坐标，结果仍是 $\hat{H}$ 的本征函数，相应本征值仍为式（13.4.16），这说明能量本征值是简併的。由于这种简併是因交换引起的，所以称为**交换简併**。值得注意的是，式（13.4.14）一般不具有确定的交换对称性。按全同性原理，它不能作为体系的能量本征函数（能量本征态），而只是体系 $\hat{H}$ 本征值方程的**解函数**。由于这些解函数是简併的，所以，若将它们进行适当组合，便可得到满足体系对称性要求的能量本征函数。

1. 全同玻色子体系

全同玻色子体系的波函数是交换对称的。不难看出，只要把所有交换简并的本征函数直接相加，即得交换对称的能量本征函数。故

$$\begin{aligned}\psi_S&=A[\varphi_{m_1}(q_1)\varphi_{m_2}(q_2)\cdots\varphi_{m_i}(q_i)\cdots\varphi_{m_N}(q_N)\\&\quad+\varphi_{m_1}(q_2)\varphi_{m_2}(q_1)\cdots\varphi_{m_i}(q_i)\cdots\varphi_{m_N}(q_N)+\cdots]\\&=A\sum_{\nu}\hat{P}_\nu\prod_{i=1}^{N}\varphi_{m_i}(q_i)\end{aligned} \tag{13.4.17}$$

式中：$\hat{P}_\nu$ 为交换算子；$\sum_\nu$ 为对一切可能交换求和；A 为归一化系数。注意到单粒子态的正一性，上式求和中的各项彼此也正一。所以 A 等于交换简併度的倒数的平方根（相因子取为 1）。例如：当单粒子态的态指标 $m_1, m_2, \cdots, m_N$ 各不相同时，即体系中的每个粒子处于不同的单粒子态时，交换简併度为 $N!$，所以归一化系数

$$A = \frac{1}{\sqrt{N!}} \tag{13.4.18}$$

而当 $m_1, m_2, \cdots, m_N$ 有相同时，设 m_1 重复了 n_1 次，m_2 重复了 n_2 次，等等。这时表示体系中有 n_1 个粒子处于 φ_{m_1} 单粒子态上，n_2 个粒子处于 φ_{m_2} 单粒子态上，等等（对于玻色子这是充许的）。显然，$n_1 + n_2 + \cdots = N$。这种情况的交换简併度为 $\frac{N!}{n_1!n_2!\cdots}$，故归一化系数

$$A = \sqrt{\frac{n_1!n_2!\cdots}{N!}} \tag{13.4.19}$$

2. 全同费米子体系

全同费米子体系的波函数是交换反对称的。不难看出，只要把所有交换简并本征函数进行如下组合：

$$\begin{aligned}\psi_A &= A[\phi_{m_1}(q_1)\phi_{m_2}(q_2)\cdots\phi_{m_i}(q_i)\cdots\phi_{m_N}(q_N) \\ &\quad - \phi_{m_1}(q_2)\phi_{m_2}(q_1)\cdots\phi_{m_i}(q_i)\cdots\phi_{m_N}(q_N) + \cdots] \\ &= A\sum_\nu (-1)^\nu \hat{P}_\nu \prod_{i=1}^{N} \phi_{m_i}(q_i)\end{aligned} \tag{13.4.20}$$

即得体系反对称的能量本征态。与式（13.4.17）比较，上式多一符号因子 $(-1)^\nu$。该因子是这样来确定的：当求和中某一项的坐标编号是由最初的编号（按自然数排序）经偶数次**置换**而得到，ν 取偶数，符号因子为正；经奇数次置换而得到，ν 取奇数，符号因子为负。例如：式（13.4.20）中的第二项是由第一项经一次置换得到，所以符号因子为负。注意置换和交换是两个不同的概念，置换是对一列有序元素中相邻两元素的交换，所以一个交换通常要经多次置换才能实现。在式（13.4.20）中，若有任意一个单粒子态的态指标出现重复，结果为零。这说明，**对于全同费米子，不允许有两个或两个以上粒子处于同一单粒子态，每个单粒子态最多只能被一个费米子占据**。这一结论就是著名的**泡利不相容原理**。由于式（13.4.20）中共包含 $N!$ 项，所以归一化系数

$$A = \frac{1}{\sqrt{N!}} \tag{13.4.21}$$

式（13.4.20）还可以写成更为简便的形式

$$\psi_A = \frac{1}{\sqrt{N!}}\begin{vmatrix} \varphi_{m_1}(q_1) & \varphi_{m_1}(q_2) & \cdots & \varphi_{m_1}(q_N) \\ \varphi_{m_2}(q_1) & \varphi_{m_2}(q_2) & \cdots & \varphi_{m_2}(q_N) \\ \cdots & \cdots & \cdots & \cdots \\ \varphi_{m_N}(q_1) & \varphi_{m_N}(q_2) & \cdots & \varphi_{m_N}(q_N) \end{vmatrix} \tag{13.4.22}$$

上式称为**斯莱特（Slater）行列式**。不难看出，斯莱特行列式使反对称性和泡利原理自动成立。

内容提要

一、角动量的一般描述

1. 角动量的定义

$$\hat{\boldsymbol{J}}^{+}=\hat{\boldsymbol{J}}\text{，}\ [\hat{J}_{\alpha},\hat{J}_{\beta}]=i\hbar\varepsilon_{\alpha\beta\gamma}J_{\gamma}$$

2. 升算子和降算子

$$\hat{J}_{\pm}=\hat{J}_{x}\pm i\hat{J}_{y}$$

3. 角动量的本征值与本征矢

$$\begin{cases}\hat{J}^{2}\left|jm\right\rangle=j(j+1)\hbar^{2}\left|jm\right\rangle & j=0,1/2,1,3/2,\cdots\\ \hat{J}_{z}\left|jm\right\rangle=m\hbar\left|jm\right\rangle & m=j,j-1,\cdots,-j\end{cases}$$

4. 一个有用的公式

$$\hat{J}_{\pm}\left|j\ m\right\rangle=\hbar\sqrt{(j\mp m)(j\pm m+1)}\left|j\ m\pm1\right\rangle$$

二、电子自旋

1. 电子自旋假设

（1）每个电子都有自旋角动量$\boldsymbol{S}$,它在空间任何方向上的投影只可能取两个值$\pm\hbar/2$。

（2）每个电子都有自旋磁矩$\boldsymbol{M}_{S}=-\dfrac{e}{\mu}\boldsymbol{S}$。

2. 自旋算子与泡利算子

$$\hat{\boldsymbol{S}}=\frac{\hbar}{2}\hat{\boldsymbol{\sigma}}$$

$$[\hat{S}_{\alpha},\hat{S}_{\beta}]=\mathrm{i}\hbar\varepsilon_{\alpha\beta\gamma}\hat{S}_{\gamma}\qquad[\hat{\sigma}_{\alpha},\hat{\sigma}_{\beta}]=2\mathrm{i}\varepsilon_{\alpha\beta\gamma}\hat{\sigma}_{\gamma}$$

$$\boldsymbol{\sigma}_{x}=\begin{pmatrix}0&1\\1&0\end{pmatrix}\text{，}\ \boldsymbol{\sigma}_{y}=\begin{pmatrix}0&-\mathrm{i}\\\mathrm{i}&0\end{pmatrix}\text{，}\ \boldsymbol{\sigma}_{z}=\begin{pmatrix}1&0\\0&-1\end{pmatrix}$$

$$\boldsymbol{S}_{x}=\frac{\hbar}{2}\begin{pmatrix}0&1\\1&0\end{pmatrix}\text{，}\ \boldsymbol{S}_{y}=\frac{\hbar}{2}\begin{pmatrix}0&-\mathrm{i}\\\mathrm{i}&0\end{pmatrix}\text{，}\ \boldsymbol{S}_{z}=\frac{\hbar}{2}\begin{pmatrix}1&0\\0&-1\end{pmatrix}$$

$$\boldsymbol{S}^{2}=\frac{3\hbar^{2}}{4}\begin{pmatrix}1&0\\0&1\end{pmatrix}=\frac{3\hbar^{2}}{4}\boldsymbol{I}$$

3. 自旋本征值与自旋态

（1）$\hat{S}^{2}$和$\hat{S}_{z}$的共同正一化本征矢。

$$\begin{cases}\hat{S}^{2}\left|m_{s}\right\rangle=\dfrac{3}{4}\hbar^{2}\left|m_{s}\right\rangle\\ \hat{S}_{z}\left|m_{s}\right\rangle=m_{s}\hbar\left|m_{s}\right\rangle\end{cases}\qquad(m_{s}=\pm1/2)$$

（2）S_{z}表象$\hat{S}^{2}$和$\hat{S}_{z}$的共同本征矢。

$$\boldsymbol{\chi}_{1/2}=\langle S_z|1/2\rangle=\begin{pmatrix}1\\0\end{pmatrix},\quad \boldsymbol{\chi}_{-1/2}=\langle S_z|-1/2\rangle=\begin{pmatrix}0\\1\end{pmatrix}$$

（3）任意自旋态。

$$|\chi\rangle=a|1/2\rangle+b|-1/2\rangle$$

$$\boldsymbol{\chi}=\langle S_z|\chi\rangle=a\langle S_z|1/2\rangle+b\langle S_z|-1/2\rangle=a\boldsymbol{\chi}_{1/2}+b\boldsymbol{\chi}_{-1/2}=\begin{pmatrix}a\\b\end{pmatrix}$$

（4）二分量旋量波函数。

$$\psi(\boldsymbol{r},S_z)=\begin{pmatrix}\psi(\boldsymbol{r},\hbar/2)\\\psi(\boldsymbol{r},-\hbar/2)\end{pmatrix}=\begin{pmatrix}\psi_1(\boldsymbol{r})\\\psi_2(\boldsymbol{r})\end{pmatrix}$$

$$=\psi_1\begin{pmatrix}1\\0\end{pmatrix}+\psi_2\begin{pmatrix}0\\1\end{pmatrix}=\psi_1\boldsymbol{\chi}_{1/2}+\psi_2\boldsymbol{\chi}_{-1/2}$$

三、两个角动量的耦合

1. 总角动量

设 $\hat{\boldsymbol{J}}_1$、$\hat{\boldsymbol{J}}_2$ 为独立角动量，即 $[\hat{\boldsymbol{J}}_1,\hat{\boldsymbol{J}}_2]=0$，则总角动量为

$$\hat{\boldsymbol{J}}=\hat{\boldsymbol{J}}_1+\hat{\boldsymbol{J}}_2$$

当 $\hat{\boldsymbol{J}}_1=\hat{\boldsymbol{L}}$，$\hat{\boldsymbol{J}}_2=\hat{\boldsymbol{S}}$ 时，总角动量平方和总角动量 z 分量为

$$\begin{cases}\hat{J}^2=\hat{L}^2+\hat{S}^2+2\hat{\boldsymbol{L}}\cdot\hat{\boldsymbol{S}}\\\hat{J}_z=\hat{L}_z+\hat{S}_z\end{cases}$$

2. 无耦合基

算子 $(\hat{J}_1^2,\hat{J}_2^2,\hat{J}_{1z},\hat{J}_{2z})$ 的共同本征矢

$$|j_1\ m_1\rangle|j_2\ m_2\rangle=|j_1\ m_1;j_2\ m_2\rangle$$

称为无耦合基，以无耦合基为表象基的表象称为无耦合表象。

3. 耦合基

算子 $(\hat{J}_1^2,\hat{J}_2^2,\hat{J}^2,\hat{J}_z)$ 的共同本征矢

$$|j_1\ j_2;j\ m\rangle\equiv|j\ m\rangle$$

称为耦合基，以耦合基为表象基的表象称为耦合表象。

4. 两个角动量的耦合

$$|j\ m\rangle=\sum_{m_2}|j_1\ m-m_2\,;j_2m_2\rangle\langle j_1\ m-m_2\,;j_2m_2|j\ m\rangle$$

$$=\sum_{m_1}|j_1m_1;j_2\ m-m_1\rangle\langle j_1m_1;j_2\ m-m_1|j\ m\rangle$$

$$|j_1m_1;j_2m_2\rangle=\sum_{j=j_{\min}}^{j_{\max}}|j\ m\rangle\langle j\ m|j_1m_1;j_2m_2\rangle$$

5. 三角形关系

$$j=j_1+j_2,j_1+j_2-1,\cdots,|j_1-j_2|$$

四．全同粒子与全同性原理

1．全同粒子的概念与全同粒子的特性

全同粒子：一切内禀性质相同的粒子称为全同粒子。

全同粒子特性：量子全同粒子不可分辨。

2．全同性原理

交换全同粒子体系中任意两个粒子的全坐标（包括空间坐标和自旋坐标），体系的状态不变。

全同性原理的数学表述为：描述全同多粒子体系的状态波函数必须具有确定的交换对称性。即

$$\psi(\cdots,q_i,\cdots,q_j,\cdots)=\pm\psi(\cdots,q_j,\cdots,q_i,\cdots)$$

3．全同玻色子体系波函数的构造

$$\begin{aligned}\psi_S&=A[\varphi_{m_1}(q_1)\varphi_{m_2}(q_2)\cdots\varphi_{m_i}(q_i)\cdots\varphi_{m_N}(q_N)\\&\quad+\varphi_{m_1}(q_2)\varphi_{m_2}(q_1)\cdots\varphi_{m_i}(q_i)\cdots\varphi_{m_N}(q_N)+\cdots]\\&=A\sum_{\nu}\hat{P}_\nu\prod_{i=1}^{N}\varphi_{m_i}(q_i)\end{aligned}$$

其中，当每个单粒子态占据一个玻色子时，$A=\dfrac{1}{\sqrt{N!}}$；当第一个单粒子态占据 n_1 个玻色子、第二个单粒子态占据 n_2 个玻色子、……时，$A=\sqrt{\dfrac{n_1!n_2!\cdots}{N!}}$。

4．全同费米子体系波函数的构造

$$\psi_A=\frac{1}{\sqrt{N!}}\begin{vmatrix}\varphi_{m_1}(q_1)&\varphi_{m_1}(q_2)&\cdots&\varphi_{m_1}(q_N)\\\varphi_{m_2}(q_1)&\varphi_{m_2}(q_2)&\cdots&\varphi_{m_2}(q_N)\\\vdots&&&\\\varphi_{m_N}(q_1)&\varphi_{m_N}(q_2)&\cdots&\varphi_{m_N}(q_N)\end{vmatrix}$$

习　　题

13.1　设 $\hat{\boldsymbol{A}}$，$\hat{\boldsymbol{B}}$，$\hat{\boldsymbol{C}}$ 为和 $\hat{\boldsymbol{\sigma}}$ 对易的算符（包括常数），证明

（1）$(\hat{\boldsymbol{\sigma}}\cdot\hat{\boldsymbol{A}})(\hat{\boldsymbol{\sigma}}\cdot\hat{\boldsymbol{B}})=\hat{\boldsymbol{A}}\cdot\hat{\boldsymbol{B}}+\mathrm{i}\hat{\boldsymbol{\sigma}}\cdot(\hat{\boldsymbol{A}}\times\hat{\boldsymbol{B}})$。

（2）$\mathrm{Tr}(\hat{\boldsymbol{\sigma}}\cdot\hat{\boldsymbol{A}})(\hat{\boldsymbol{\sigma}}\cdot\hat{\boldsymbol{B}})=2\hat{\boldsymbol{A}}\cdot\hat{\boldsymbol{B}}$。

（3）$\mathrm{Tr}(\hat{\boldsymbol{\sigma}}\cdot\hat{\boldsymbol{A}})(\hat{\boldsymbol{\sigma}}\cdot\hat{\boldsymbol{B}})(\hat{\boldsymbol{\sigma}}\cdot\hat{\boldsymbol{C}})=2\mathrm{i}(\hat{\boldsymbol{A}}\times\hat{\boldsymbol{B}})\cdot\hat{\boldsymbol{C}}$。

13.2　证明 $\mathrm{e}^{-\mathrm{i}\theta\hat{\sigma}_z}=\begin{pmatrix}\mathrm{e}^{-\mathrm{i}\theta}&0\\0&\mathrm{e}^{\mathrm{i}\theta}\end{pmatrix}$

13.3　证明 $\mathrm{e}^{\varepsilon\hat{\sigma}_z}\hat{\sigma}_x\mathrm{e}^{-\varepsilon\hat{\sigma}_z}=\hat{\sigma}_xCh(2\varepsilon)+i\hat{\sigma}_ySh(2\varepsilon)$ 其中 ε 是任意参量，$\hat{\sigma}_x,\hat{\sigma}_y,\hat{\sigma}_z$ 是自旋 1/2 粒子的泡利算符。

13.4　证明：

（1）$\mathrm{e}^{\mathrm{i}\alpha\hat{\sigma}_j}=\cos\alpha+\mathrm{i}\hat{\sigma}_j\sin\alpha\qquad(j=x,y,z)$。

（2）$e^{i\boldsymbol{\theta}\cdot\hat{\boldsymbol{\sigma}}}=\cos\theta+i\hat{\boldsymbol{\sigma}}\cdot\dot{\boldsymbol{\theta}}\sin\theta$。$|\boldsymbol{\theta}|=\theta$，$\dot{\boldsymbol{\theta}}=\dfrac{\vec{\boldsymbol{\theta}}}{\theta}$ 是单位矢量。

13.5 证明：

（1）$\left\langle j,m_j\middle|\hat{S}_z\middle|j,m_j\right\rangle=\dfrac{1}{2l+1}\left\langle j,m_j\middle|\hat{J}_z\middle|j,m_j\right\rangle$，其中 $j=l+\dfrac{1}{2}$。

（2）$\left\langle j,m_j\middle|\hat{S}_z\middle|j,m_j\right\rangle=-\dfrac{1}{2l+1}\left\langle j,m_j\middle|\hat{J}_z\middle|j,m_j\right\rangle$，其中 $j=l-\dfrac{1}{2}$。

13.6 求在下列状态中，算符 $\hat{J}^2$ 和 $\hat{J}_z$ 的本征值。

（1）$\boldsymbol{\psi}_1=\boldsymbol{\chi}_{1/2}(S_z)Y_{11}(\theta,\varphi)$。

（2）$\boldsymbol{\psi}_2=\sqrt{\dfrac{1}{3}}\left\{\sqrt{2}\boldsymbol{\chi}_{1/2}(S_z)Y_{10}(\theta,\varphi)+\boldsymbol{\chi}_{-1/2}(S_z)Y_{11}(\theta,\varphi)\right\}$。

（3）$\boldsymbol{\psi}_3=\dfrac{1}{3}\left\{\sqrt{2}\boldsymbol{\chi}_{-1/2}(S_z)Y_{10}(\theta,\varphi)+\boldsymbol{\chi}_{1/2}(S_z)Y_{1-1}(\theta,\varphi)\right\}$。

（4）$\boldsymbol{\psi}_4=\boldsymbol{\chi}_{-1/2}(S_z)Y_{1-1}(\theta,\varphi)$。

13.7 求自旋角动量在 $(\cos\alpha,\cos\beta,\cos\gamma)$ 方向的投影

$$\hat{S}_n=\hat{\boldsymbol{S}}\cdot\boldsymbol{n}=\hat{S}_x\cos\alpha+\hat{S}_y\cos\beta+\hat{S}_z\cos\gamma$$

的本征值和所对应的本征函数。

13.8 在上题所求得的状态中，测量 S_z 有哪些可能值？这些可能值各有多大的几率出现？$\hat{S}_z$ 的平均值是多少？

13.9 设氢原子的状态波函数为

$$\boldsymbol{\psi}=\begin{pmatrix}\dfrac{1}{2}R_{21}(r)Y_{11}(\theta,\varphi)\\ -\dfrac{\sqrt{3}}{2}R_{21}(r)Y_{10}(\theta,\varphi)\end{pmatrix}$$

（1）求轨道角动量 z 分量 $\hat{L}_z$ 和自旋角动量 z 分量 $\hat{S}_z$ 的平均值。

（2）求总磁矩 $\hat{\boldsymbol{M}}=-\dfrac{e}{2\mu}\hat{\boldsymbol{L}}-\dfrac{e}{\mu}\hat{\boldsymbol{S}}$ 的 z 分量的平均值（用玻尔磁子表示）。

13.10 设两个电子在弹性力场 $U(r)=kr^2/2=k(x^2+y^2+z^2)/2$ 中运动，若电子之间的库仑能与 $U(r)$ 相比可以略去，当一个电子处在基态，另一个电子处于沿 x 方向运动的第一激发态（其它方向也处于基态）时，求这两个电子组成的体系的波函数，又若引进质心坐标和相对坐标 $\boldsymbol{R}=(\boldsymbol{r}_1+\boldsymbol{r}_2)/2$ 和 $\boldsymbol{r}=\boldsymbol{r}_1-\boldsymbol{r}_2$，求体系的波函数对 $\boldsymbol{R}$，$\boldsymbol{r}$ 的依赖关系。

13.11 两个全同粒子，在同一势场中作简谐振动，设体系初态为第一激发态，若粒子间有与相对距离成比例的引力作用，求能量的变化。

13.12 两个质量为 μ 的粒子，以角频率 ω_0 分别作一维简谐振动，二粒子间以引力 $C(X_1-X_2)$ 相互作用，求粒子的能级和波函数。

13.13 两个自旋为 3/2 的全同粒子组成一个体系，求体系对称的自旋波函数和反对称的自旋波函数。

13.14 一体系由三个全同的玻色子组成，玻色子之间无相互作用，玻色子只有两个可能的单粒子态，问体系的可能状态有几个？体系的波函数怎样用单粒子波函数构成？

13.15 求由三个全同的玻色子组成的体系的所有可能状态。

13.16 对于自旋为 S 的两个粒子构成的体系，求两个粒子自旋变量的不同排列而产生的各种对称

与反对称自旋态数目。

13.17　设处于某个外场中的粒子，其定态波函数空间部分为 $\phi_{f_i}(\boldsymbol{r})$ 。有两个彼此间相互作用很弱，自旋均为 S 的全同粒子，在这个外场中处于已知量子数为 f_1 和 f_2 的轨道状态。针对：

（1）玻色子。

（2）费米子，在顾及自旋自由度时求状态总数。

要研究量子数 f_1 和 f_2 相同与不同这两种情况。

第 14 章　近似方法

在第 11 章中，曾对几个简单问题，求出了薛定谔方程的精确解。但在实际中，能够得到薛定谔方程精确解的问题十分罕见。因此，寻求薛定谔方程近似解的方法便成了量子力学理论体系的重要组成部分，也是应用量子力学解决实际问题必备的技术手段。**微扰论**和**变分法**就是量子力学众多近似方法中最简单、最基本，也是最重要的方法，同时也是其它各种近似方法的基础。

针对所解问题是定态问题 $\left(\partial\hat{H}/\partial t=0\right)$ 还是非定态问题 $\left(\partial\hat{H}/\partial t\neq 0\right)$，微扰论分为**定态微扰论**和**含时微扰论**。前者用以求解定态薛定谔方程的近似解，后者用以求解含时薛定谔方程的近似解。

微扰论（包括定态微扰和含时微扰）的基本思想是：把体系 $\hat{H}$ 分解为两部分之和，即

$$\hat{H}=\hat{H}^{(0)}+\hat{H}'$$

并要求 $\hat{H}^{(0)}$ 的本征方程可精确求解，$\hat{H}'$ 与 $\hat{H}^{(0)}$ 相比对态的作用很小，可以视为微扰。这时，问题的解主要由 $\hat{H}^{(0)}$ 决定，$\hat{H}'$ 则起着对解的修正作用。这样就可以通过某种数学手段，按照问题的精度要求，给出适当修正级的解来。

对于定态微扰论，针对所考察能级是否简并，求修正时采取的方法有所不同，因此又分为**非简并定态微扰**和**简并定态微扰**。

本章将系统介绍定态微扰论、含时微扰论和变分法，并应用这些近似方法讨论几个典型问题。

14.1　定态微扰论

一、非简并微扰

设体系哈密顿算子为 $\hat{H}$，定态薛定谔方程为

$$\hat{H}\left|\psi_n\right\rangle=E_n\left|\psi_n\right\rangle \tag{14.1.1}$$

按微扰论的基本思想，将 $\hat{H}$ 分解为两部分之和：

$$\hat{H}=\hat{H}^{(0)}+\lambda\hat{H}' \tag{14.1.2}$$

其中 $\hat{H}^{(0)}$ 是体系哈密顿量的主要部分，其本征值方程为

$$\hat{H}^{(0)}\left|\psi_n^{(0)}\right\rangle=E_n^{(0)}\left|\psi_n^{(0)}\right\rangle \tag{14.1.3}$$

上式称为原定态薛定谔方程式（14.1.1）的**零级近似方程**。$\hat{H}^{(0)}$ 称为体系的**零级近似哈密顿算子**或**未受扰哈密顿算子**。$E_n^{(0)}$ 和 $\left|\psi_n^{(0)}\right\rangle$ 分别称为**零级近似能级**和**零级近似能量本**

征态。由于方程式（14.1.3）可精确求解，因此，可以把 $E_n^{(0)}$ 和 $\left|\psi_n^{(0)}\right\rangle$ 作已知量看待。$\hat{H}'$ 称为体系的**微扰哈密顿算子**。λ 为任意小实参数，引入它只是为了后面分解方程时能清楚地显示修正级，分解方程完成，λ 也就失去了作用。

由于对体系能级和能量本征态的主要贡献来自于零级近似，剩下的是一些小的修正，所以，可把能量本征值 E_n 和能量本征态 $\left|\psi_n\right\rangle$ 写为

$$\begin{cases} E_n = E_n^{(0)} + \lambda E_n^{(1)} + \lambda^2 E_n^{(2)} + \cdots \\ \left|\psi_n\right\rangle = \left|\psi_n^{(0)}\right\rangle + \lambda\left|\psi_n^{(1)}\right\rangle + \lambda^2\left|\psi_n^{(2)}\right\rangle + \cdots \end{cases} \tag{14.1.4}$$

其中，$E_n^{(1)}$、$E_2^{(2)}$、…和 $\left|\psi_n^{(1)}\right\rangle$、$\left|\psi_n^{(2)}\right\rangle$、…分别是考虑微扰后，微扰对体系零级近似能级和零级近似能量本征态的修正，上标“(1)”、“(2)”…等代表修正级。λ 同样是为了按修正级分解方程而引入的，λ 的各次幂对应各级修正。把式（14.1.2）和式（14.1.4）代入体系的定态薛定谔方程式（14.1.1）中，有

$$\begin{aligned} &\left(\hat{H}^{(0)} + \lambda\hat{H}'\right)\left(\left|\psi_n^{(0)}\right\rangle + \lambda\left|\psi_n^{(1)}\right\rangle + \lambda^2\left|\psi_n^{(2)}\right\rangle + \cdots\right) \\ &= \left(E_n^{(1)} + \lambda E_n^{(1)} + \lambda_2 E_n^{(2)} + \cdots\right)\left(\left|\psi_n^{(0)}\right\rangle + \lambda\left|\psi_n^{(1)}\right\rangle + \lambda^2\left|\psi_n^{(2)}\right\rangle + \cdots\right) \end{aligned} \tag{14.1.5}$$

把上式两端乘开，并按 λ 的幂次重新集项。由于 λ 为任意实数，方程两端 λ 幂次相同项的系数应相等。从而，把原定态薛定谔方程分解为下述一系列方程：

$$\hat{H}^{(0)}\left|\psi_n^{(0)}\right\rangle = E_n^{(0)}\left|\psi_n^{(0)}\right\rangle \tag{14.1.6}$$

$$\left(\hat{H}^{(0)} - E_n^{(0)}\right)\left|\psi_n^{(1)}\right\rangle = -\left(\hat{H}' - E_n^{(1)}\right)\left|\psi_n^{(0)}\right\rangle \tag{14.1.7}$$

$$\left(\hat{H}^{(0)} - E_n^{(0)}\right)\left|\psi_n^{(2)}\right\rangle = -\left(\hat{H}' - E_n^{(1)}\right)\left|\psi_n^{(1)}\right\rangle + E_n^{(2)}\left|\psi_n^{(0)}\right\rangle \tag{14.1.8}$$

$$\vdots$$

$$\left(\hat{H}^{(0)} - E_n^{(0)}\right)\left|\psi_n^{(S)}\right\rangle = -\left(\hat{H}' - E_n^{(1)}\right)\left|\psi_n^{(S-1)}\right\rangle + E_n^{(2)}\left|\psi_n^{(S-2)}\right\rangle + \cdots E_n^{(S)}\left|\psi_n^{(0)}\right\rangle \tag{14.1.9}$$

$$\vdots$$

其中，式（14.1.6）是体系定态薛定谔方程的零级近似方程式（14.1.3），式（14.1.7）是一级修正方程，式（14.1.8）是二级修正方程，等等。至此，已经完成了对原定态薛定谔方程按修正级分解的工作。由于在分解过程中，并未涉及到 $E_n^{(0)}$ 的简併问题，因此这种分解对 $E_n^{(0)}$ 有无简併都成立。另外，在分解方程中未作任何近似，所以上述无穷多个方程与原方程等价。换言之，若能将上述无穷多个方程逐一解出，把所得结果代入式(14.1.4)（令 $\lambda=1$），即得原定态薛定谔方程的精确解。但在实际中这是不可能做到的，我们只能求出这组方程前面几个方程的解，故只能得到原定态薛定谔方程的近似解。对非简併情况，通常只求到能级的二级修正和态矢的一级修正。

由式（14.1.9）看到，当 $\psi_n^{(S)}$ 满足 S 级修正方程时，对任意常数 C，态矢

$$\left|\psi_n^{(S)}\right\rangle + C\left|\psi_n^{(0)}\right\rangle \tag{14.1.10}$$

也满足 S 级修正方程。另外，由于 $\left\{\left|\psi_n^{(0)}\right\rangle\right\}$ 的完备性，有

$$\left|\psi_n^{(S)}\right\rangle = \sum_m a_m^{(S)}\left|\psi_m^{(0)}\right\rangle \tag{14.1.11}$$

比较式（14.1.10）和式（14.1.11）知，通过调整 C 的值，总可以使满足方程式（14.1.9）

的$\left|\psi_n^{(S)}\right\rangle$的展开式中不含$\left|\psi_n^{(0)}\right\rangle$，于是，由$\left\{\left|\psi_n^{(0)}\right\rangle\right\}$正交性，有

$$\left\langle\psi_n^{(0)}\middle|\psi_n^{(S)}\right\rangle=0 \quad (S\geqslant 1) \tag{14.1.12}$$

利用上式，用$\left|\psi_n^{(0)}\right\rangle$和式（14.1.9）两端作内积，得

$$E_n^{(S)}=\left\langle\psi_n^{(0)}\middle|\hat{H}'\middle|\psi_n^{(S-1)}\right\rangle \quad (S\geqslant 1) \tag{14.1.13}$$

上式指出，微扰论具有逐级求近似的特点。欲求能级的第S级修正，需要具备能量本征矢$S-1$级修正的知识。

下面导出当所考察能级非简并，即$E_n^{(0)}$只对应一个零级近似能量本征矢$\left|\psi_n^{(0)}\right\rangle$时，能级直到二级修正和态矢直到一级修正的计算公式。

1. 能级的一级修正

由式（14.1.13），得

$$E_n^{(1)}=\left\langle\psi_n^{(0)}\middle|\hat{H}'\middle|\psi_n^{(0)}\right\rangle \tag{14.1.14}$$

上式说明，非简并情况下，能级的一级修正就是微扰哈密顿量$\hat{H}'$在零级近似能量本征态下的平均值。

2. 能量本征态的一级修正与能级的二级修正

用$\left|\psi_m^{(0)}\right\rangle$与式（14.1.7）作内积，这里$m\neq n$（否则内积结果使等式左边为零，达不到求$\left|\psi_n^{(1)}\right\rangle$的目的），得

$$(E_m^{(0)}-E_n^{(0)})\left\langle\psi_m^{(0)}\middle|\psi_n^{(1)}\right\rangle=-\left\langle\psi_m^{(0)}\middle|\hat{H}'\middle|\psi_n^{(0)}\right\rangle$$

注意到式（14.1.11），再令

$$H'_{mn}=\left\langle\psi_m^{(0)}\middle|\hat{H}'\middle|\psi_n^{(0)}\right\rangle \tag{14.1.15}$$

得

$$a_m^{(1)}=\frac{H'_{mn}}{E_n^{(0)}-E_m^{(0)}} \quad (m\neq n) \tag{14.1.16}$$

把上式代入式（14.1.11），得一级修正态矢为

$$\left|\psi_n^{(1)}\right\rangle=\sum_m{}'\frac{H'_{mn}}{E_n^{(0)}-E_m^{(0)}}\left|\psi_m^{(0)}\right\rangle \tag{14.1.17}$$

式中：求和号的上标“′”表示求和时$m\neq n$。

利用式（14.1.13）和式（14.1.17），得能级的二级修正为

$$E_n^{(2)}=\sum_m{}'\frac{\left|H'_{mn}\right|^2}{E_n^{(0)}-E_m^{(0)}} \tag{14.1.18}$$

采用完全类似的方法，不难得到能级和能量本征态更高级修正的计算公式。由上看出，随修正级的增高，计算量迅速增加。计算能级的一级修正，只需算一个阵元。而计算能级的二级修则要算无穷多个阵元，并且要完成一个无穷求和。在实际应用中，通常只计算到能级的二级修正和态矢的一级修正。

把上述能级修正和态矢修正代入式（14.1.4）（令$\lambda=1$），得

$$\begin{cases} E_n = E_n^{(0)} + H'_{nn} + \sum_m{}' \dfrac{|H'_{mn}|^2}{E_n^{(0)} - E_m^{(0)}} + \cdots \\ |\psi_n\rangle = |\psi_n^{(0)}\rangle + \sum_m{}' \dfrac{H'_{mn}}{E_n^{(0)} - E_m^{(0)}} |\psi_m^{(0)}\rangle + \cdots \end{cases} \tag{14.1.19}$$

上式就是非简併情况下，系统能量和能量本征态的表达式。略去后面的“…”项，给出能量的二级近似结果和能量本征态的一级近似结果。

根据数学知识，只有当上式右边的级数收敛，微扰论才是合法的。但要判断级数是否收敛，需要求出一般项。遗憾的是在微扰理论中根本求不出一般项。因此，不得不牺牲数学的严谨性，而粗略要求级数的已知几项中，后面的项远小于前面的项。由此得出微扰论的适用条件为

$$\left|\frac{H'_{mn}}{E_n^{(0)} - E_m^{(0)}}\right| << 1 \quad (E_n^{(0)} \neq E_m^{(0)}) \tag{14.1.20}$$

在满足上式的情况下，实践证明，计算能级的一、二级修正一般就可得到相当不错的结果。不难看出，上式成立，要求$|H'_{mn}|$相对于相应零级近似能级间隔$|E_n^{(0)} - E_m^{(0)}|$要很小。这就是$\hat{H}'$可视为微扰的条件。

值得注意的是，从推导过程知，能级的二级修正和态矢的一级修正的计算公式中，求和$\sum_m{}'$是对零级近似态矢进行的，即对$\hat{H}^{(0)}$的本征矢系进行的。因此，m 代表描述未受扰体系的一组好量子数。切不可把公式中的求和视为对未受扰体系的能级进行，m 只是描述零级近似能量取值的量子数。这种理解仅当所有$E_n^{(0)}$均为非简併时才是正确的。非简併微扰论只要求所考察能级是非简併的，而其它能级完全可以简併。

二、简併微扰

当所考察能级$E_n^{(0)}$有简併时，设简併度为 k，所对应的 k 个简併零级近似态矢量为$\{\ |\phi_{ni}^{(0)}\rangle, i = 1,2,\cdots,k\ \}$即

$$\begin{cases} \hat{H}^{(0)}|\phi_{ni}^{(0)}\rangle = E_n^{(0)}|\phi_{ni}^{(0)}\rangle \quad (i = 1,2,\cdots,k) \\ \langle\phi_{ni}^{(0)}|\phi_{nj}^{(0)}\rangle = \delta_{ij} \end{cases} \tag{14.1.21}$$

在这种情况下，前述非简併微扰公式不适用。因为，此时无法确定在 k 个$|\phi_{ni}^{(0)}\rangle$中，选择哪一个作为零级近似态矢量来进行计算。最为合理的作法是，把它们的线性组合选作零级近似态矢量，即令

$$|\psi_n^{(0)}\rangle = \sum_{j=1}^{k} C_j^{(0)}|\phi_{nj}^{(0)}\rangle \tag{14.1.22}$$

为确定组合系数$C_j^{(0)}$，用$|\phi_{ni}^{(0)}\rangle$和式（14.1.7）作内积，注意到式（14.1.21）中的第一个表达式，得

$$\langle\phi_{ni}^{(0)}|(\hat{H}' - E_n^{(1)})|\psi_n^{(0)}\rangle = 0 \tag{14.1.23}$$

把式（14.1.22）代入式（14.1.23），并利用式（14.1.21）的第二个表达式，得

$$\sum_{j=1}^{k}(H'_{ij}-E_n^{(1)}\delta_{ij})C_j^{(0)}=0 \tag{14.1.24}$$

其中

$$H'_{ij}=\langle\phi_{ni}^{(0)}|\hat{H}'|\phi_{nj}^{(0)}\rangle \tag{14.1.25}$$

是$\hat{H}'$在简併本征矢$\{|\phi_{ni}^{(0)}\rangle\}$为基的$k$维态矢子空间中的矩阵元。由于式（14.1.24）中的i可取（$1,2,\cdots,k$）k个值。所以，式（14.1.24）是关于$C_j^{(0)}(j=1,2,\cdots,k)$的一个齐次线性代数方程组，此方程组有非零解的条件是

$$|\boldsymbol{H}'-E_n^{(1)}\boldsymbol{I}|=0 \tag{14.1.26}$$

式中：$\boldsymbol{H}'$为以H'_{ij}为阵元的$k\times k$方阵，称为微扰矩阵；$\boldsymbol{I}$为$k\times k$单位矩阵。由上式（久期方程）可以解得k个能量的一级修正$E_n^{(1)}$，分别记为$E_{nl}^{(1)}(l=1,2,\cdots,k)$。把每一个$E_{nl}^{(1)}$代回式（14.1.24），便可求得相应的一组系数$C_{jl}^{(0)}(l=1,2,\cdots,k)$（注意要加上归一化条件）。把这组系数代入式（14.1.22），即得相应的零级近似态矢量$|\psi_{nl}^{(0)}\rangle(l=1,2,\cdots,k)$。这组零级近似态矢量称为**正确零级近似态矢**，而原来的零级近似态矢量$\{|\phi_{ni}^{(0)}\rangle,i=1,2,\cdots,k\}$称为**原始零级近似态矢量**。至此，求出了简併情况能级的一级修正和相应的正确零级近似态矢。

若用表象理论的观点来审视以上求解，不难看出，整个求解过程实际上就是将$\hat{H}'$在$E_n^{(0)}$的简併子空间中的矩阵表示对角化的过程。即：将$\hat{H}'$在以$\{|\phi_{ni}^{(0)}\rangle,i=1,2,\cdots,k\}$为基的表象中的表示，变换到以$\{|\psi_{nl}^{(0)}\rangle,l=1,2,\cdots,k\}$为基的表象中表示的幺正变换。在后一种表象下，$\boldsymbol{H}'$是对角的，对角元就是简併能级$E_n^{(0)}$的一级修正。

在非简併情况下，考虑微扰后，使未受扰能级发生移动。而在简併情况下，容易看出，微扰的作用将使未受扰能级发生**劈裂**。当式（14.1.26）无重根时，考虑微扰后，$E_n^{(0)}$将由原来的一条能级劈裂为k条，简併完全消除。当式（14.1.26）不全是单根，有部分重根时，与重根对应的能级仍是简併的，简併度就是重根的重数，$E_n^{(0)}$的简併部分消除。当式（14.1.26）只有一个k重根，此时能级不劈裂，仍为k重简併。在这种情况下，通常需要考虑能级的二级修正。关于简併情况能级的二级修正公式可以仿照一级修正公式的推导得到（参见L.I席夫著，李淑娴，陈崇光译，《量子力学》P.286～289），这里不做介绍。

14.2 定态微扰论的简单应用

一、氢原子的线性斯塔克（stark）效应

1913年，斯塔克在实验中发现，将发光原子置于外电场中时，原子光谱会发生劈裂。这种现象称为斯塔克效应。在各种情况的斯塔克效应中，氢原子在弱电场中的斯塔克效应最为简单。这时光谱线的劈裂与电场强度成正比，所以称为氢原子的线性斯塔克效应。斯塔克效应是一种纯量子效应，经典理论给不出正确解释。下面来讨论氢原子的线性斯

塔克效应。

设均匀稳恒弱电场的电场强度为 $\mathscr{E}$，则在此外电场中，氢原子的哈密顿算子为

$$\hat{H} = -\frac{\hbar^2}{2\mu}\nabla^2 - \frac{e_s^2}{r} + e\mathscr{E}\cdot\boldsymbol{r} \tag{14.2.1}$$

由假设，氢原子与外场的相互作用可视为微扰，按照微扰论的记法：

$$\hat{H} = \hat{H}^{(0)} + \hat{H}' \tag{14.2.2}$$

其中

$$\hat{H}^{(0)} = -\frac{\hbar^2}{2\mu}\nabla^2 \frac{e_S^2}{r} \tag{14.2.3}$$

为氢原子的哈密顿算子，其本征值和本征矢已知：

$$\begin{cases} E_n^{(0)} = -\dfrac{e_s^2}{2a_0 n^2} & \begin{array}{l}(n = 1,2,\cdots)\\ (l = 0,1,2,\cdots,n-1)\end{array} \\ \left|\psi_n^{(0)}\right\rangle = |nlm\rangle|m_s\rangle & \begin{array}{l}(m = 0,\pm1,\pm2,\cdots,\pm l)\\ (m_s = \pm 1/2)\end{array} \end{cases} \tag{14.2.4}$$

本征矢的坐标表象为

$$\boldsymbol{\psi}_n^{(0)}(\boldsymbol{r},S_z) = \psi_{nlm}(\boldsymbol{r})\boldsymbol{\chi}_{m_s}(S_z) = R_{nl}(r)Y_{lm}(\theta,\varphi)\boldsymbol{\chi}_{m_s}(S_z) \tag{14.2.5}$$

若选外电场的方向为 z 方向，则

$$\hat{H}' = e\mathscr{E}\cdot\boldsymbol{r} = e\mathscr{E}z \tag{14.2.6}$$

为微扰哈密顿算子。

首先考察氢原子基态。由式（14.2.4）知，氢原子基态能级 $E_1^{(0)} = -\dfrac{e_s^2}{2a_0}$ 二度简併。但注意到微扰哈密顿中不含自旋，以及自旋态的正交性。故能级修正只与空间态有关，与自旋态无关。所以，可用非简併微扰公式（14.1.14）求基态能级的一级修正，于是

$$E_1^{(1)} = e\mathscr{E}\langle 100|z|100\rangle \tag{14.2.7}$$

为方便计算矩阵元，下面介绍两个普遍成立的命题。

命题 1　偶宇称算子在具有相反宇称的态矢间的阵元和奇宇称算子在具有相同宇称的态矢间的阵元一定为零。

证明： 首先给出算子宇称的定义。若算子 $\hat{F}$ 满足关系式：

$$\hat{P}^{+}\hat{F}\hat{P} = \hat{P}\hat{F}\hat{P} = \lambda\hat{F} \tag{14.2.8}$$

式中：$\hat{P}$ 为宇称算子；λ 为 $\hat{P}$ 的本征值，则称算子 $\hat{F}$ 有确定宇称。当 $\lambda = 1$ 时，称 $\hat{F}$ 为偶宇称算子；当 $\lambda = -1$ 时，称 $\hat{F}$ 为奇宇称算子。

设 $|\psi\rangle$ 和 $|\phi\rangle$ 是两个具有确定宇称的态矢量，即

$$\hat{P}|\psi\rangle = \lambda_1|\psi\rangle, \quad \hat{P}|\phi\rangle = \lambda_2|\phi\rangle \tag{14.2.9}$$

式中：$\lambda_1 = \pm1$，$\lambda_2 = \pm1$。考虑 $\hat{F}$ 在 $|\psi\rangle$ 和 $|\phi\rangle$ 间的阵元，注意到 $\hat{P}^{+}\hat{P} = \hat{P}\hat{P} = 1$，以及式（14.2.8）和式（14.2.9），有

$$\langle\psi|\hat{F}|\phi\rangle = \langle\psi|\hat{P}\hat{P}\hat{F}\hat{P}\hat{P}|\phi\rangle = \lambda_1\lambda\lambda_2\langle\psi|\hat{F}|\phi\rangle$$

移项后得

$$(1-\lambda_1\lambda\lambda_2)\langle\psi|\hat{F}|\phi\rangle=0 \tag{14.2.10}$$

由上式知，当

$$1-\lambda_1\lambda\lambda_2\neq 0 \tag{14.2.11}$$

时，阵元$\langle\psi|\hat{F}|\phi\rangle=0$。而式（14.2.11）成立要求：当$\lambda=1$，即$\hat{F}$为偶宇称算子时，$\lambda_1=-\lambda_2$，即$|\psi\rangle$和$|\phi\rangle$的宇称相反；当$\lambda=-1$，即$\hat{F}$为奇宇称算子时，$\lambda_1=\lambda_2$，即$|\psi\rangle$和$|\phi\rangle$的宇称相同。于是命题得证。

命题 2　设$(\hat{A},\hat{B},\cdots,\hat{C})$的共同本征矢系为$\{|ab\cdots c\rangle\}$，当力学量算子$\hat{F}$与$(\hat{A},\hat{B},\cdots,\hat{C})$中的某一算子对易时，则$\hat{F}$在本征矢系$\{|ab\cdots c\rangle\}$中的阵元关于该力学的取值是对角的。

证明：设$[\hat{F},\hat{A}]=0$，则

$$\langle ab\cdots c|[\hat{F},\hat{A}]|a'b'\cdots c'\rangle=0$$

或

$$(a'-a)\langle ab\cdots c|[\hat{F},\hat{A}]|a'b'\cdots c'\rangle=0 \tag{14.2.12}$$

由上式知，当$a'\neq a$时，必有

$$\langle ab\cdots c|[\hat{F}]|a'b'\cdots c'\rangle=0 \tag{14.2.13}$$

命题得证。上述命题称为**矩阵元定理**。

在实际计算中，应用以上两个命题，可以非常方便地判断出零阵元。

现在回过来看式（14.2.7）。z为奇宇称算子，氢原子的能量本征矢具有关于l的宇称。所以$|100\rangle$具有确定宇称（偶宇称），按命题 1，有

$$E_1^{(1)}=0 \tag{14.2.14}$$

上式说明，基态氢原子无线性斯塔克效应。

再来看激发态。这里只讨论最简单的第一激发态。此时零级近似能级$E_2^{(1)}=\dfrac{e_s^2}{8a_0}$，简併度为 8。与基态情况相同的理由，自旋态对能级修正没影响。或者说，微扰矩阵是由两个完全相同的4×4矩阵构成的块对角矩阵。因此，只需在一个对角块（即在 4 维态矢子空间）中讨论既可。这样，原始零级近似态矢为

$$\begin{cases}|\phi_1^{(0)}\rangle=|200\rangle\ ,\quad |\phi_2^{(0)}\rangle=|210\rangle\\ |\phi_3^{(0)}\rangle=|211\rangle\ ,\quad |\phi_4^{(0)}\rangle=|21-1\rangle\end{cases} \tag{14.2.15}$$

微扰矩阵元为

$$H'_{ij}=\langle\phi_i^{(0)}|\hat{H}'|\phi_j^{(0)}\rangle=e\mathscr{E}\langle\phi_i^{(0)}|z|\phi_j^{(0)}\rangle \tag{14.2.16}$$

上式共有 16 个阵元。考虑到$\hat{H}'$的厄米性，有$H'_{ij}=H'^*_{ij}$。所以，需计算 10 个阵元。利用上述命题，可以先确定零阵元。首先根据命题 1 知：

$$H'_{ij}=0\qquad(i=1,2,3,4)$$

$$H'_{23}=H'_{24}=H'_{34}=0$$

再注意到$[\hat{L}_z,z]=0$，利用命题 2 知：

$$H'_{13}=H'_{14}=0$$

这样微扰矩阵中只有两个阵元 $H'_{12}=H'_{21}\neq 0$，因此只需计算一个阵元即可。

$$\begin{aligned}H'_{12}&=e\mathscr{E}\langle 200|z|210\rangle=e\mathscr{E}\int\psi^*_{200}(\boldsymbol{r})\psi_{210}(\boldsymbol{r})z\mathrm{d}^3r\\&=\frac{e\mathscr{E}}{32\pi a_0^4}\int_0^\infty(2-\frac{r}{a_0})e^{-\frac{r}{a_0}}r^4\mathrm{d}r\int_0^\pi\cos^2\theta\sin\theta\mathrm{d}\theta\int_0^{2\pi}\mathrm{d}\varphi\\&=-3ea_0\mathscr{E}\end{aligned}$$

将以上结果代入久期方程式（14.1.26），有

$$\begin{vmatrix}-E_2^{(1)} & -3ea_0\mathscr{E} & 0 & 0\\ -3ea_0\mathscr{E} & -E_2^{(1)} & 0 & 0\\ 0 & 0 & -E_2^{(1)} & 0\\ 0 & 0 & 0 & -E_2^{(1)}\end{vmatrix}=0$$

由上解得能级的一级修正为 $\pm 3ea_0\mathscr{E}$ 和 0（二重根）。因此，在外电场中，氢原子第一激发态能级劈裂为三条，能量分别为 $E_2^{(0)}$、$E_2^{(0)}+3ea_0\mathscr{E}$ 和 $E_2^{(0)}-3ea_0\mathscr{E}$，其中 $E_2^{(0)}$ 二度简并（不计自旋）。由第一激发态向基态跃迁时发射的光谱，也由未加电场时的一条谱线劈裂为三条谱线，相应频率分别为

$$\omega_0=\frac{E_2^{(0)}-E_1^{(0)}}{\hbar},\quad \omega_+=\omega_0+\frac{3ea_0\mathscr{E}}{\hbar},\quad \omega_-=\omega_0-\frac{3ea_0\mathscr{E}}{\hbar}\tag{14.2.17}$$

不难看出，光谱线的劈裂与外电场 $\mathscr{E}$ 成正比。

二、类氢原子的精细结构

类氢原子的哈密顿算子可写为

$$\hat{H}=\hat{H}^{(0)}+\hat{H}'\tag{14.2.18}$$

其中

$$\hat{H}^{(0)}=-\frac{\hbar^2}{2\mu}\nabla^2+V(r),\quad \hat{H}'=\xi(r)\hat{\boldsymbol{L}}\cdot\hat{\boldsymbol{S}}\tag{14.2.19}$$

$\xi(r)$ 由式（13.2.31）给出。可以证明，$\hat{H}'$ 与 $\hat{H}^{(0)}$ 相比可视为微扰。所以式（14.2.18）所示哈密顿算子的本征值方程可用定态微扰论求解。注意到，类氢原子的 $V(r)$ 通常不是库仑场，而是一般的中心场。所以 $\hat{H}^{(0)}$ 的本征值为 $E_{nl}^{(0)}$，简并度为 $2(2l+1)$。$\hat{H}^{(0)}$ 的本征矢（原始零级近似波函数）有以下两种选择方式：

（1）选 $(\hat{H}^{(0)},\hat{L}^2,\hat{L}_z,\hat{S}^2,\hat{S}_z)$ 的共同本征矢 $|nlm_lm_s\rangle=|nl\rangle|lm_l\rangle|m_s\rangle$，（由于 $s\equiv 1/2$，略去不写）。显然，角动量部分为无耦合基。该本征矢在 $(\boldsymbol{r},S_z)$ 表象中表为

$$\langle\boldsymbol{r},S_z|nlm_lm_s\rangle=f_{nl}(r)Y_{lm_l}(\theta,\varphi)\boldsymbol{\chi}_{m_s}(S_z)\tag{14.2.20}$$

注意，现在的径向波函数不是类氢离子情况的 $R_{nl}(r)$。

（2）选为 $(\hat{H}^{(0)},\hat{L}^2,\hat{S}^2,\hat{J}^2,\hat{J}_z)$ 的共同本征矢 $|nljm\rangle=|nl\rangle|jm\rangle$，其中 j 和 m 分别为总角动量 $\hat{\boldsymbol{J}}=\hat{\boldsymbol{L}}+\hat{\boldsymbol{S}}$ 的角量子数和投影量子数。不难看出，角动量部分为耦合基。上述本征矢在 $(\boldsymbol{r},S_z)$ 表象的表示为

$$\langle\boldsymbol{r},S_z|nljm\rangle=f_{nl}(r)\mathscr{Y}_{ljm}(\theta,\varphi,S_Z)\tag{14.2.21}$$

式中：$\mathscr{Y}_{ljm}(\theta,\varphi,S_Z)$ 为轨道角动量与自旋角动量耦合基的 $(\boldsymbol{r},S_z)$ 表象。其形式是已知的，

可由式（13.3.19）和 13.3 节中给出的 $C-G$ 系数表得到（请读者自己完成）。

原则上，$\hat{H}^{(0)}$ 的以上两组本征函数都可作为原始零级近似波函数，来计算自旋轨道相互作用引起的能级的一级修正。但注意到

$$[\hat{H}',\hat{L}_z]\neq 0,\ [\hat{H}',\hat{S}_z]\neq 0 \tag{14.2.22}$$

按矩阵元定理，$\hat{H}'$ 一般关于 m_l 和 m_s 非对角。所以，选择第一组零级近似波函数进行计算很不方便。但对于第二组零级近似波函数，根据 13.3 节的讨论，有

$$[\hat{H}',\hat{J}^2]=0,\ [\hat{H}',\hat{J}_z]=0 \tag{14.2.23}$$

按照矩阵元定理，$\hat{H}'$ 完全对角（给定零级近似能级时，n 和 l 是给定的）。由上一节知，对角元即能级的一级修正，式（14.2.21）所示的波函数就是正确零级近似波函数。这时，计算简併微扰与非简微扰完全相同，能级的一级修正就是微扰哈密顿在正确零级近似波函数下的平均值，即

$$E_{nlj}^{(1)}=\langle nljm|\hat{H}'|nljm\rangle=\langle nl|\xi(r)|nl\rangle\langle ljm|\hat{\boldsymbol{L}}\cdot\hat{\boldsymbol{S}}|ljm\rangle$$

将式（13.3.4）代入上式，令

$$F_{nl}=\frac{1}{2}\langle n\,l|\xi(r)|n\,l\rangle>0$$

得

$$\begin{aligned}E_{nlj}^{(1)}&=F_{nl}\langle ljm|(\hat{J}^2-\hat{L}^2-\hat{S}^2)|ljm\rangle\\&=F_{nl}\hbar^2[j(j+1)-l(l+1)-3/4]\end{aligned} \tag{14.2.24}$$

不难看出，能级一级修正不仅与主量子数 n 和轨道角量子数 l 有关，还与总角量子数 j 有关。当 l 不等于零时，j 可取两个值 $l\pm 1/2$，所以

$$E_{nlj}^{(1)}=\begin{cases}l\hbar^2F_{nl} & (j=l+1/2)\\-(l+1)\hbar^2F_{nl} & (j=l-1/2,\ l\neq 0)\end{cases} \tag{14.2.25}$$

由以上结果不难看到：当 $l=0$ 时（S 态），能级一级修正为零，即在一级近似下，电子自旋轨道相互作用对类氢原子 S 态能级无任何影响。当 $l\neq 0$ 时，能级一级修正有两个非零值。所以，在一级近似下，电子自旋轨道相互作用使类氢原子非 S 态能级劈裂为两条。一条高于未受扰时的能量（对应 $j=l+1/2$），一条低于未受扰时的能量（对应 $j=l-1/2$）。例如：钠黄光的双线结构，就是 $2^2P_{3/2}$ 和 $2^2P_{1/2}$ 向 $1^2S_{1/2}$ 跃迁的结果。这里所用的记号称为**光谱项**。其中大写字母表示 l 的值，S、P、D、F、…，分别表示 $l=0$、1、2、3、…；字母前面的数表示主量子数 n 的值；字母左上角的数为 $2s+1$ 的值，称为自旋态的重数；字母右下角的数为 j 的值。不难看出，不计自旋轨道相互作用时，$2P$ 项到 $1S$ 项的跃迁只发出一条光谱线。考虑自旋轨道相互作用后，劈裂为两条。其中 $2^2P_{3/2}\to 1^2S_{1/2}$ 的跃迁发出的谱线波长为 5890Å，$2^2P_{1/2}\to 1^2S_{1/2}$ 的跃迁发出的谱线波长为 5896Å。

最后指出，考虑自旋轨道相互作用后，在一级近似下，能级仍与 m 无关，所以能级简併度为 $2j+1$，简併被部分消除。

三、氦原子（微扰法）

氦原子是由带两个正电荷的原子核和两个核外电子组成的体系，是最简单的全同费米子体系。下面用微扰论来讨论氦原子的能级。当把原子核所在位置选为坐标原点，且只考虑氦原子中两个电子与核以及两电子间的库仑相互作用，其它作用一概不计时，氦原子的哈密顿算子为

$$\hat{H}=\hat{H}_0(1)+\hat{H}_0(2)+\hat{H}'=\hat{H}^{(0)}+\hat{H}' \tag{14.2.26}$$

其中

$$H_0(i)=-\frac{\hbar^2}{2\mu}\nabla_i^2-\frac{2e_s^2}{r_i}\qquad (i=1,2) \tag{14.2.27}$$

式中：μ 为电子质量；r_1 和 r_2 分别为两个电子相对于核的距离，$\hat{H}_0(i)$ 称为**单电子哈密顿算子**。$\hat{H}^{(0)}=\hat{H}_0(1)+\hat{H}_0(2)$。

$$\hat{H}'=\frac{e_s^2}{|\boldsymbol{r}_1-\boldsymbol{r}_2|}=\frac{e_s^2}{r_{12}} \tag{14.2.28}$$

式中：$r_{12}=|\boldsymbol{r}_1-\boldsymbol{r}_2|$ 为两电子间的距离。不难看出，$\hat{H}'$ 为电子间的库仑排斥势。

单电子哈密顿算子的本征值和本征函数已知，分别为 ε_n 和 $\psi_{nlm}(\boldsymbol{r})\boldsymbol{\chi}_{m_s}(S_z)$，所以 $\hat{H}^{(0)}$ 的本征值为 $E_{nn'}^{(0)}=\varepsilon_n+\varepsilon_{n'}$，本征函数为

$$\psi_{nlm}(\boldsymbol{r}_1)\psi_{n'l'm'}(\boldsymbol{r}_2)\boldsymbol{\chi}_{m_s}(1)\boldsymbol{\chi}_{m_s'}(2) \tag{14.2.29}$$

为书写简单起见，这里把两电子的自旋变数 S_{1z} 和 S_{2z} 简记为 1 和 2。必须注意，上式不是零级近似能量本征态。因为，它不具有全同费米子体系状态的交换反对称性。根据 13.4 节反对称波函数的构造方法，零级近似能量本征态为

$$\boldsymbol{\psi}_A^{(0)}=\frac{1}{\sqrt{2}}\left[\psi_{nlm}(\boldsymbol{r}_1)\psi_{n'l'm'}(\boldsymbol{r}_2)\boldsymbol{\chi}_{m_s}(1)\boldsymbol{\chi}_{m_s'}(2)-\psi_{nlm}(\boldsymbol{r}_2)\psi_{n'l'm'}(\boldsymbol{r}_1)\boldsymbol{\chi}_{m_s}(2)\boldsymbol{\chi}_{m_s'}(1)\right] \tag{14.2.30}$$

下面用定态微扰论，求氦原子基态和激发态的能量。

1. 基态

氦原子中的两个电子都处于 ψ_{100} 空间态时，能量最小，为氦原子的基态。这时，由式（14.2.30）知，氦原子基态的零级近似波函数为

$$\boldsymbol{\psi}_A^{(0)}=\frac{1}{\sqrt{2}}\psi_{100}(\boldsymbol{r}_1)\psi_{100}(\boldsymbol{r}_2)\left[\boldsymbol{\chi}_{m_s}(1)\boldsymbol{\chi}_{m_s'}(2)-\boldsymbol{\chi}_{m_s}(2)\boldsymbol{\chi}_{m_s'}(1)\right] \tag{14.2.31}$$

上式指出，两电子的自旋态不能相同，否则波函数为零，这正符合泡利原理。设 $m_s=1/2$，$m_s'=-1/2$，即两电子的自旋相反。式（14.2.31）化为

$$\boldsymbol{\psi}_A^{(0)}=\psi_{100}(\boldsymbol{r}_1)\psi_{100}(\boldsymbol{r}_2)\boldsymbol{\chi}_A \tag{14.2.32}$$

式中：$\boldsymbol{\chi}_A$ 正是式（13.3.25）中的第四式，为两电子自旋角动量的耦合态，总自旋为 0，是自旋单重态。习惯上称自旋单重态的氦为**仲氦**，所以基态的氦为仲氦。由式（14.2.32）不难看出，两电子的空间态是交换对称的，自旋态是交换反对称的。即 $\boldsymbol{\psi}_A^{(0)}$ 是由空间对称态乘以自旋反对称态构成。出现这种情况与不计单电子自旋轨道相互作用，使得空间变量与自旋变量分离密切相关。

由于基态氦原子的零级近似能级非简并，由非简并定态微扰公式，基态能级的一级

修正为

$$E_{11}^{(1)}=\left\langle\psi_A^{(0)}\left|\hat{H}'\right|\psi_A^{(0)}\right\rangle=e_s^2\iint\left|\psi_{100}(\boldsymbol{r}_1)\psi_{100}(\boldsymbol{r}_2)\right|^2\frac{1}{r_{12}}\mathrm{d}^3r_1\mathrm{d}^3r_2 \tag{14.2.33}$$

上式最后一步用到自旋态 $\boldsymbol{\chi}_A$ 的归一性。把

$$\psi_{100}(\boldsymbol{r})=\sqrt{\frac{2^3}{\pi a_0^3}}\mathrm{e}^{-\frac{2}{a_0}r}$$

代入上式，得

$$E_{11}^{(1)}=\frac{64e_s^2}{\pi a_0^3}\int\mathrm{e}^{-\frac{4}{a_0}(r_1+r_2)}\frac{1}{r_{12}}\mathrm{d}^3r_1\mathrm{d}^3r_2 \tag{14.2.34}$$

利用勒让德多项式的生成函数，有

$$\frac{1}{r_{12}}=\sum_{l=0}^{\infty}\frac{r_<^l}{r_>^{l+1}}P_l(\cos\theta) \tag{14.2.35}$$

式中：$r_<$ 和 $r_>$ 分别为 r_1 和 r_2 中较小者和较大者；P_l 为勒让德多项式；θ 为 $\boldsymbol{r}_1$ 和 $\boldsymbol{r}_2$ 的夹角。再利用勒让德多项式的加法公式：

$$P_l(\cos\theta)=\sum_{m=-l}^{l}\frac{(l-m)!}{(l+m)!}P_l^m(\cos\theta_1)P_l^m(\cos\theta_2)\mathrm{e}^{\mathrm{i}m(\varphi_2-\varphi_1)} \tag{14.2.36}$$

式中：(θ_1,φ_1) 和 (θ_2,φ_2) 分别为 $\boldsymbol{r}_1$ 和 $\boldsymbol{r}_2$ 在球极坐标系下的角变数。把上式代入式（14.2.35），并利用球谐函数的表达式（10.6.84），得

$$\frac{1}{r_{12}}=\sum_{l=0}^{\infty}\sum_{m=-l}^{l}\frac{4\pi}{2l+1}\frac{r_<^l}{r_>^{l+1}}Y_{lm}^*(\theta_1\varphi_1)Y_{lm}(\theta_2\varphi_2) \tag{14.2.37}$$

将式（14.2.37）代入式（14.2.34），得

$$E_{11}^{(1)}=\frac{64e_s^2}{\pi^2a_0^6}\sum_{l=0}^{\infty}\sum_{m=-l}^{l}\frac{4\pi}{2l+1}\int_0^{\infty}\mathrm{e}^{-\frac{4}{a_0}(r_1+r_2)}\frac{r_<^l}{r_>^{l+1}}r_1^2r_2^2\mathrm{d}r_1\mathrm{d}r_2\int_{4\pi}Y_{lm}^*\mathrm{d}\Omega_1\int_{4\pi}Y_{lm}\mathrm{d}\Omega_2 \tag{14.2.38}$$

注意到 $Y_{00}(\theta,\ \varphi)=1/\sqrt{4\pi}$，所以

$$\int_{4\pi}Y_{lm}^*\mathrm{d}\Omega_1=\sqrt{4\pi}\int_{4\pi}Y_{lm}^*Y_{00}\mathrm{d}\Omega=\sqrt{4\pi}\delta_{l0}\delta_{m0}$$

利用上式，可以求出式（14.2.38）中对球谐函数的积分，于是，有

$$\begin{aligned}E_{11}^{(1)}&=\frac{2\times8^3e_s^2}{a_0^6}\int_0^{\infty}\mathrm{e}^{-4(r_1+r_2)/a_0}\frac{1}{r_>}r_1^2r_2^2\mathrm{d}r_1\mathrm{d}r_2\\&=\frac{2\times8^3e_s^2}{a_0^6}\int_0^{\infty}\mathrm{e}^{-4r_1/a_0}r_1^2\mathrm{d}r\left[\int_0^{r_1}\mathrm{e}^{-4r_2/a_0}\frac{1}{r_1}r_2^2\mathrm{d}r_2+\int_{r_1}^{\infty}\mathrm{e}^{-4r_2/a_0}r_2\mathrm{d}r_2\right]\end{aligned}$$

利用积分公式：

$$\begin{cases}\displaystyle\int_0^{\infty}\xi^n\mathrm{e}^{-\alpha\xi}\mathrm{d}\xi=n!/\alpha^{n+1}\\\displaystyle\int_0^{r}\xi^n\mathrm{e}^{-\alpha\xi}\mathrm{d}\xi=\frac{n!}{\alpha^{n+1}}\left[1-\mathrm{e}^{-\alpha r}\sum_{k=0}^{n}(\alpha r)^k/k!\right]\\\displaystyle\int_r^{\infty}\xi^n\mathrm{e}^{-\alpha\xi}\mathrm{d}\xi=\frac{n!}{\alpha^{n+1}}\mathrm{e}^{-\alpha r}\sum_{k=0}^{n}(\alpha r)^k/k!\end{cases} \tag{14.2.39}$$

求出各积分，得

$$E_{11}^{(1)}=\frac{5e_s^2}{4a_0}=\frac{5\mu e_s^4}{4\hbar^2} \tag{14.2.40}$$

于是，在一级近似下，氦原子基态能量为

$$E_{11}=E_{11}^{(0)}+E_{11}^{(1)}=-\frac{4\mu e_s^4}{\hbar^2}+\frac{5\mu e_s^4}{4\hbar^2}=-\frac{11\mu e_s^4}{4\hbar^2}=-74.83\text{eV} \tag{14.2.41}$$

以上微扰论的结果与实验结果-78.99eV 比较，误差为 5.3%，这个误差还是比较大的。计算结果不够好的原因，是把两个电子间的库仑相互作用视为微扰并不合理。事实上它和电子与核的库仑相互作用是同量级的。

2. 激发态

为简单起见，只考虑氦原子的低激发态。在这种情况下，氦原子中的一个电子仍处于基态，另一个电子处于激发态。所以单电子态为

$$\psi_{100}(\boldsymbol{r})\boldsymbol{\chi}_{m_s}(S_z)，\ \psi_{nlm}(\boldsymbol{r})\boldsymbol{\chi}_{m_s}(S_z) \qquad (n\geqslant 2) \tag{14.2.42}$$

由于两个电子的空间态不同，自旋态既可以相同，也可以不同。容易证明，这时的反对称波函数可以表示成：**空间对称波函数乘以自旋反对称波函数**；或**空间反对称波函数乘以自旋对称波函数**。空间对称和反对称波函数分别为

$$\begin{cases}\phi_S(\boldsymbol{r}_1,\boldsymbol{r}_2)=\dfrac{1}{\sqrt{2}}[\psi_{100}(\boldsymbol{r}_1)\psi_{nlm}(\boldsymbol{r}_2)+\psi_{100}(\boldsymbol{r}_2)\psi_{nlm}(\boldsymbol{r}_1)]\\ \phi_A(\boldsymbol{r}_1,\boldsymbol{r}_2)=\dfrac{1}{\sqrt{2}}[\psi_{100}(\boldsymbol{r}_1)\psi_{nlm}(\boldsymbol{r}_2)-\psi_{100}(\boldsymbol{r}_2)\psi_{nlm}(\boldsymbol{r}_1)]\end{cases} \tag{14.2.43}$$

由于 n 取定时，l 可取 $(0,1,2,\cdots,n-1)$ n 个值，每个 l 值，m 可取 $(0,\pm1,\pm2,\cdots,\pm l)$ $2l+1$ 个值，所以上式中共有 n^2 个 ϕ_S 和 n^2 个 ϕ_A。体系的反对称零级近似能量本征态为

$$\begin{cases}\boldsymbol{\psi}_A^{(1)}=\phi_S\boldsymbol{\chi}_A\\ \boldsymbol{\psi}_A^{(3)}=\phi_A\boldsymbol{\chi}_S\end{cases} \tag{14.2.44}$$

式中：$\boldsymbol{\chi}_A$ 为式（13.3.25）中的第四式；$\boldsymbol{\chi}_S$ 可以是式（13.3.25）中前三个表达中的任意一个，它们都是交换对称的，分别对应两个电子的自旋都向上、都向下和一上一下三种情况，在这三种情况中，总自旋量子数均为 1，所以是自旋三重态。因此，$\boldsymbol{\psi}_A^{(1)}$ 表示自旋单态的氦，即仲氦；$\boldsymbol{\psi}_A^{(3)}$ 表示自旋三重态的氦，称之为**正氦**。由此可见，激发态的氦既有仲氦也有正氦。

式（14.2.44）共给出 $4n^2$ 个反对称的零级近似波函数，它们都对应同一个零级近似能量

$$E_{1n}^{(0)}=-\frac{2e_s^2}{a_0}\left(1+\frac{1}{n^2}\right) \quad (n\geqslant 2) \tag{14.2.45}$$

因此需用简併微扰求能级的一级修正 $E_{1n}^{(1)}$。利用矩阵元定理和对称性，容易证明，在以式（14.2.44）所示反对称零级近似波函数为基时，微扰矩阵是对角的。所以激发态能级的一级修正为

$$E_{1n}^{(1)}=\frac{1}{2}\iint[\psi_1(\boldsymbol{r}_1)\psi_n(\boldsymbol{r}_2)\pm\psi_1(\boldsymbol{r}_2)\psi_n(\boldsymbol{r}_1)]^*\frac{e_s^2}{r_{12}}[\psi_1(\boldsymbol{r}_1)\psi_n(\boldsymbol{r}_2)\pm\psi_1(\boldsymbol{r}_2)\psi_n(\boldsymbol{r}_1)]\mathrm{d}^3r_1\mathrm{d}^3r_2$$

(14.2.46)

为书写简单，上式中把态指标（100）记为 1、(nlm)记为 n。令

$$\begin{cases} J = e_s^2 \int \left|\psi_1(\boldsymbol{r}_1)\psi_n(\boldsymbol{r}_2)\right|^2 \dfrac{1}{r_{12}} \mathrm{d}^3 r_1 \mathrm{d}^3 r_2 \\ K = e_s^2 \int \psi_1^*(\boldsymbol{r}_1)\psi_n^*(\boldsymbol{r}_2)\psi_1(\boldsymbol{r}_2)\psi_n(\boldsymbol{r}_1) \dfrac{1}{r_{12}} \mathrm{d}^3 r_1 \mathrm{d}^3 r_2 \end{cases} \tag{14.2.47}$$

J 叫**直接积分**，K 叫**交换积分**。利用上式，式（14.2.46）化为

$$E_{1n}^{(1)} = J \pm K \tag{14.2.48}$$

因此，在一级近似下，氦原子激发态能量为

$$E_{1n} = E_{1n}^{(0)} + E_{1n}^{(1)} = -\frac{2e_s^2}{a_0}\left(1 + \frac{1}{n^2}\right) + J \pm K \quad (n \geqslant 2) \tag{14.2.49}$$

其中，取“＋”为仲氦的能量，取“－”为正氦的能量。计算氦原子激发态能量的关键是计算直接积分和交换积分。当给定 ψ_{nlm} 时，由式（14.2.47）即可求得 J 和 K。

直接积分的物理意义十分明确，它表示两个电子的库仑作用能。事实上，只要把 J 的表达式稍加改写，就会清楚地看到这一点。令

$$\rho_1(\boldsymbol{r}_1) = \left|\psi_1(\boldsymbol{r}_1)\right|^2, \quad \rho_n(\boldsymbol{r}_2) = \left|\psi_n(\boldsymbol{r}_2)\right|^2 \tag{14.2.50}$$

则

$$J = \int [-e_s\rho_1(\boldsymbol{r}_1)][-e_s\rho_n(\boldsymbol{r}_2)] \frac{1}{r_{12}} \mathrm{d}^3 r_1 \mathrm{d}^3 r_2 \tag{14.2.51}$$

式中：$-e_s\rho_1(\boldsymbol{r}_1)$ 和 $-e_s\rho_n(\boldsymbol{r}_2)$ 分别为处于 ψ_{100} 态的电子在 $\boldsymbol{r}_1$ 处的电荷密度和处于 ψ_{nlm} 态的另一电子在 $\boldsymbol{r}_2$ 处的电荷密度。所以 J 恰为两电子的库仑作用能。

交换积分的物理含义就不十分明确。实际上这一项根本没有经典对应，是一个纯粹的量子力学结果。它直接来源于波函数的交换反对称要求，若去掉这一要求，将不出现交换积分。由交换积分的表达式容易看出，K 的值取决于两电子空间波函数 ψ_{100} 和 ψ_{nlm} 的重叠程度，重叠越厉害，K 的值越大，反之越小。当两个波函数无重叠时，K 等于 0。交换积分不仅在计算原子能级时有重要意义，同时它也是说明化学中无极键的理论依据。

14.3 变分法

一、薛定谔变分原理

应用微扰法求解定态薛定谔方程近似解时，要求哈密顿算子可以写成：

$$\hat{H} = \hat{H}_0 + \hat{H}'$$

并且，$\hat{H}_0$ 的本征值方程能够精确求解，$\hat{H}'$ 为小项。如果系统哈密顿算子不能满足这些条件，微扰法自然失效，必须用其它近似方法。事实上，求解定态薛定谔方程近似解，除了微扰法之外，还有基于薛定谔变分原理，建立起来的另外一类强有力的近似方法——**变分法**。应用变分法，可以方便地求出系统基态能量的近似结果。如果应用巧妙，所得近似结果可以非常接近精确值。

下面先来介绍薛定谔变分原理，然后介绍一种较为常用的变分技术——里兹直接变分法。

薛定谔变分原理： 设 $\hat{H}$ 为系统哈密顿算子（不含时），$|\psi\rangle$ 为归一化态矢量。则

$$\delta\bar{H}=\delta\left(\langle\psi|\hat{H}|\psi\rangle\right)=0 \quad (14.3.1)$$

与定态薛定谔方程等价。

证明： 把式（14.3.1）中变分求出，有

$$\delta\bar{H}=\langle\delta\psi|\hat{H}|\psi\rangle+\langle\psi|\hat{H}|\delta\psi\rangle=0 \quad (14.3.2)$$

因为 $|\psi\rangle$ 满足归一化条件，即

$$\langle\psi|\psi\rangle=1 \quad (14.3.3)$$

所以，式（14.3.2）中态矢的变分不独立。现对式（14.3.3）求一级变分，有

$$\langle\delta\psi|\psi\rangle+\langle\psi|\delta\psi\rangle=0 \quad (14.3.4)$$

薛定谔变分原理的数学含义是：在条件 $\langle\psi|\psi\rangle=1$ 下，系统哈密顿量的平均值 $\bar{H}=\langle\psi|\hat{H}|\psi\rangle$ 的极值问题与定态薛定谔方程等价。根据求条件极值的拉氏待定乘子法，引入待定乘子 E，用式（14.3.2）减去 E 乘以式（14.3.4），得

$$\langle\delta\psi|(\hat{H}-E)|\psi\rangle+\langle\psi|(\hat{H}-E)|\delta\psi\rangle=0 \quad (14.3.5)$$

上式中态矢的变分可视为独立。于是，立刻得

$$\hat{H}|\psi\rangle=E|\psi\rangle \quad (14.3.6)$$

和

$$\langle\psi|\hat{H}=\langle\psi|E \quad (14.3.7)$$

式（14.3.6）正是定态薛定谔方程。注意到 $\hat{H}$ 厄米，式（14.3.7）是式（14.3.6）的厄米共轭。即两式等价。命题得证。

从数学角度看，定态薛定谔方程，实际上就是 $\bar{H}=\langle\psi|\hat{H}|\psi\rangle$ 在条件（14.3.3）下的极值问题的欧拉方程。

二、里兹（Ritz）直接变分法

由上述薛定谔变分原理知，解定态薛定谔方程与求 $\bar{H}=\langle\psi|\hat{H}|\psi\rangle$ 的条件极值问题等价。但是，直接利用薛定谔变分原理，没给求解带来任何简化。下面，以薛定谔变分原理为基础，建立一种应用上更加便捷的变分方法。

设 $|\psi_\lambda\rangle$ 是式（14.3.6）的属于本征值 E_λ 的归一化本征矢，于是

$$\langle\psi_\lambda|\hat{H}|\psi_\lambda\rangle=E_\lambda$$

现考虑与 $|\psi_\lambda\rangle$ 临近的归一化态矢 $|\varphi\rangle=|\psi_\lambda\rangle+\delta|\psi\rangle$，由于 $|\varphi\rangle$ 可以无限接近 $|\psi_\lambda\rangle$，所以

$$\langle\varphi|\hat{H}|\varphi\rangle=E(\varphi)=E_\lambda+\delta E_\lambda \quad (14.3.8)$$

δE_λ 是对 E_λ 的任意小偏离。根据 $|\psi_\lambda\rangle$ 和 $|\varphi\rangle$ 的归一性，有

$$\langle\psi_\lambda|\delta\psi\rangle+\langle\delta\psi|\psi_\lambda\rangle+\langle\delta\psi|\delta\psi\rangle=0 \quad (14.3.9)$$

另外

$$\langle\varphi|\hat{H}|\varphi\rangle = E_\lambda\left(1+\langle\psi_\lambda|\delta\psi\rangle+\langle\delta\psi|\psi_\lambda\rangle\right)+\langle\delta\psi|\hat{H}|\delta\psi\rangle$$

把式（14.3.8）代入上式左端，并利用式（14.3.9），得

$$\delta E_\lambda = \langle\delta\psi|\hat{H}|\delta\psi\rangle - E_\lambda\langle\delta\psi|\delta\psi\rangle \tag{14.3.10}$$

现将$|\delta\psi\rangle$按$\hat{H}$的属于本征值谱$\{E_m\}$的完备本征矢系$\{|\psi_m\rangle\}$展开

$$|\delta\psi\rangle = \sum_m C_m|\psi_m\rangle \tag{14.3.11}$$

把上式代入式（14.3.10），注意到$|\psi_m\rangle$的正一性，得

$$\delta E_\lambda = \sum_m |C_m|^2(E_m - E_\lambda) \tag{14.3.12}$$

若令$|\psi_\lambda\rangle=|\psi_0\rangle$为系统基态，则$E_\lambda=E_0$为基态能量，此时，由上式知$\delta E_\lambda=\delta E_0$恒不为负，根据式（14.3.8）有

$$E(\varphi)=\langle\varphi|\hat{H}|\varphi\rangle \geqslant E_\lambda = E_0 \tag{14.3.13}$$

因此，对于这种情况，变分原理给出的E_λ就是一个极小值，或者说给出了基态能量的一个上限。但对于激发态，因为式（14.3.12）的求和中有小于零的项，不能建立这样的一般规则，因此变分原理主要用于求基态能量。

以上讨论给出一个非常有益的启示。设想，如果选取了许许多多$|\varphi\rangle$，并求出了相应的$\overline{H}$。这些$\overline{H}$中最小的一个，便最接近基态能量E_0。因此，这个最小的$\overline{H}$就可作为基态能量的近似值。习惯上，把所选的这些$|\varphi\rangle$称为**试探态矢**。这里还存在一个问题：那就是，即使考虑到系统能量本征值问题边界条件的限制，也可选出无穷多个试探态矢来，把每个试探态矢都拿来计算$\overline{H}$是不现实的。为了解决这个困难，通常采用以下方法：

选取一个含独立参量$(\alpha,\beta,\cdots,\gamma)$的试探态矢$|\varphi(\alpha,\beta,\cdots,\gamma)\rangle$，把它代入式（14.3.13）并求出

$$\overline{H}=\overline{H}(\alpha,\beta,\cdots,\gamma) \tag{14.3.14}$$

令上式的一级变分等于零，即

$$\delta\overline{H}=\frac{\partial\overline{H}}{\partial\alpha}\delta\alpha+\frac{\partial\overline{H}}{\partial\beta}\delta\beta+\cdots+\frac{\partial\overline{H}}{\partial\gamma}\delta\gamma=0 \tag{14.3.15}$$

注意到这些参量彼此独立，从而得到关于这组参量满足的方程组

$$\frac{\partial\overline{H}}{\partial\alpha}=0,\ \frac{\partial\overline{H}}{\partial\beta}=0,\ \cdots,\ \frac{\partial\overline{H}}{\partial\gamma}=0 \tag{14.3.16}$$

从此方程组可解得各参量的值，设为$(\alpha_0,\beta_0,\cdots,\gamma_0)$。将这些值代回式（14.3.14），便得与所选类型试探态矢相应的$\overline{H}$的最小值$\overline{H}(\alpha_0,\beta_0,\cdots,\gamma_0)$，这个最小值就是基态能量$E_0$的一个近似结果，即

$$E_0\approx\overline{H}(\alpha_0,\beta_0,\cdots,\gamma_0) \tag{14.3.17}$$

按上述步骤求系统基态能量近似值的方法就称为**里兹直接变分法**。

不难看到，里兹直接变分法是选取了某一类型的试探态矢集，计算的是在该类型试探态矢集中$\overline{H}$的最小值。因此，一般而言，里兹直接变分法求出的是局域最小值，不一定就是系统的基态能量，而是基态能量的近似。同时，还看到，应用里兹直接变分法求基态能量近似值时，试探态矢的选取对结果优劣的影响非常大。当所选试探态矢集中恰

好包含了基态，所求结果一定就是系统基态的精确结果。当然，实际中这很难做到。通常，在对系统物理特性深入分析的基础上，可以选出能较好逼近基态的试探态矢集，由此可以求出很接近于基态能量的近似结果。

三、氦原子基态（变分法）

作为变分法的应用，下面来计算氦原子的基态能量。

氦原子哈密顿算子可写成

$$\begin{aligned}\hat{H} &= -\frac{\hbar^2}{2\mu}\nabla_1^2 - \frac{2e_s^2}{r_1} - \frac{\hbar^2}{2\mu}\nabla_2^2 - \frac{2e_s^2}{r_2} + \frac{e_s^2}{r_{12}} \\ &= \hat{H}_1^0 + \hat{H}_2^0 + \frac{e_s^2}{r_{12}} = \hat{H}^0 + \hat{H}'\end{aligned} \tag{14.3.18}$$

其中

$$\hat{H}_1^0 = -\frac{\hbar^2}{2\mu}\nabla_1^2 - \frac{2e_s^2}{r_1}，\quad \hat{H}_2^0 = -\frac{\hbar^2}{2\mu}\nabla_2^2 - \frac{2e_s^2}{r_2} \tag{14.3.19}$$

是核电荷数为 2 的类氢离子的哈密顿量，

$$\hat{H}' = \frac{e_s^2}{r_{12}} \tag{14.3.20}$$

是两电子的库仑相互作用势，

$$\hat{H}^0 = \hat{H}_1^0 + \hat{H}_2^0 \tag{14.3.21}$$

是不计电子间库仑相互作用时，两电子在核电场中独立运动的哈密顿量。

现用变分法求氦原子基态能量的近似值。为此，首先需要选取适当的试探态矢量。设想，如果电子间的库仑作用不存在，氦原子哈密顿量就表示为式（14.3.21），其基态就是两个电子均处于类氢离子的基态，态矢的形式可写为

$$|\varphi_{1s^2}\rangle = |\psi_{100}(1)\rangle|\psi_{100}(2)\rangle \tag{14.3.22}$$

注意：由于哈密顿量不含自旋，电子的自旋态对结果没有影响，为简单起见，上式中略去了自旋态$|\chi_A(1,2)\rangle$。式（14.3.22）中$|\psi_{100}(1)\rangle$和$|\psi_{100}(2)\rangle$满足如下本征值方程

$$\hat{H}_1^0\,|\psi_{100}(1)\rangle = E_1^0\,|\psi_{100}(1)\rangle，\quad \hat{H}_2^0\,|\psi_{100}(2)\rangle = E_1^0\,|\psi_{100}(2)\rangle \tag{14.3.23}$$

其中本征值

$$E_1^0 = -\frac{\mu e_s^4 2^2}{2\hbar^2} = -2\frac{e_s^2}{a_0} \tag{14.3.24}$$

所以式（14.3.22）所示$\left|\varphi_{1s^2}\right\rangle$是$\hat{H}^0$的本征矢，即

$$\hat{H}^0\left|\varphi_{1s^2}\right\rangle = E_{1s^2}^0\left|\varphi_{1s^2}\right\rangle \tag{14.3.25}$$

本征值

$$E_{1s^2}^0 = E_1^0 + E_1^0 = -4\frac{e_s^2}{a_0} \tag{14.3.26}$$

是两个电子独立处于核电荷数为 2 的类氢离子基态能量之和。$\left|\varphi_{1s^2}\right\rangle$在坐标表象的波函数为

$$\varphi_{1s^2}(\boldsymbol{r}_1,\boldsymbol{r}_2)=\langle \boldsymbol{r}_1,\boldsymbol{r}_2|\varphi_{1s^2}\rangle=\psi_{100}(\boldsymbol{r}_1)\psi_{100}(\boldsymbol{r}_1)=\frac{Z^3}{\pi a_0^3}\mathrm{e}^{-\frac{Z}{a_0}(r_1+r_2)} \tag{14.3.27}$$

现在情况下，原子序数 Z=2。考虑到$|\varphi_{1s^2}\rangle$是在忽略电子间相互作用时氦原子的基态。因此，把$|\varphi_{1s^2}\rangle$选为试探态矢，也就是把式（14.3.27）所示波函数选为试探波函数是比较合理的。至于变分参数，可选为原子序数 Z。理由是，氦原子中两电子间存在库仑排斥作用，这种作用可以等价的视为，两电子彼此屏蔽氦原子核对对方的吸引作用。因此，每个电子所感受到的核的吸引作用会比不计电子间相互作用时来得小。从而，可以预计氦原子中电子真正感受到的原子的核电荷数（也叫**有效核电荷数**）不等于 2，应该小于 2。

将式（14.3.18）和式（14.3.22）代入平均值的计算公式，并注意到式（14.3.27），有

$$\begin{aligned}\overline{H}(Z)&=\langle\varphi_{1s^2}|\hat{H}|\varphi_{1s^2}\rangle\\&=\left(\frac{Z^3}{\pi a_0^3}\right)^2\int e^{-\frac{Z}{a_0}(r_1+r_2)}\left(-\frac{\hbar^2}{2\mu}\nabla_1^2-\frac{2e_s^2}{r_1}-\frac{\hbar^2}{2\mu}\nabla_2^2-\frac{2e_s^2}{r_2}+\frac{e_s^2}{r_{12}}\right)e^{-\frac{Z}{a_0}(r_1+r_2)}\mathrm{d}\tau_1\mathrm{d}\tau_2\end{aligned}$$

求出上式右端的积分，得

$$\overline{H}(Z)=\frac{e_s^2}{a_0}(Z^2-4Z+\frac{5}{8}Z) \tag{14.3.28}$$

对式（14.3.28）求一级变分，并令其等于零，得到使 $\overline{H}(Z)$ 为最小值的条件是

$$Z=Z^*=2-\frac{5}{16}=\frac{27}{16} \tag{14.3.29}$$

此处的 Z^* 就是氦原子基态的有效核电荷数，正如所预料的，$Z^*<2$。将式（14.3.29）代入式（14.3.28），得 $\overline{H}(Z)$ 的最小值，也就是氦原子基态能量的近似值为

$$E_0\approx\overline{H}(Z^*)=-2.85\frac{e_s^2}{a_0}=-77.5\,\mathrm{eV} \tag{14.3.30}$$

将式（14.3.29）代入式（14.3.27），得氦原子基态的近似（空间）波函数为

$$\varphi_{1s^2}(\boldsymbol{r}_1,\boldsymbol{r}_2)=\langle \boldsymbol{r}_1,\boldsymbol{r}_2|\varphi_{1s^2}\rangle=\frac{Z^{*3}}{\pi a_0^3}\mathrm{e}^{-\frac{Z^*}{a_0}(r_1+r_2)} \tag{14.3.31}$$

实验中测得氦原子基态能量 $E_0=-2.904\frac{e_s^2}{a_0}=-78.99\,\mathrm{eV}$。和式（14.3.30）比较看到，理论计算结果和实验结果相差不足 2%。这说明只要采用恰当的试探态矢，变分法能够给出较为令人满意的结果。事实上，如果考虑到电子的关联性，选取包含更多可调参数的试探态矢，应用变分法，可以求出非常接近实验结果的氦原子基态能量。此外，若选取与基态正交的试探态矢，氦原子第一激发态的近似结果可用同样方法求得。依此类推，原则上也可求出更高激发态的近似结果。

14.4 含时微扰论

一、含时微扰的基本公式

前面介绍了求解定态薛定谔方程近似解的定态微扰论和变分法。定态微扰论要求微

扰哈密顿 $\hat{H}'$ 不显含时间。由此导致定态微扰的基本特点是：引起能级的移动（非简併）或劈裂（简併）。但在许多实际问题中，微扰哈密顿 $\hat{H}'$ 常常会显含时间。如：前面所讲的斯塔克效应，当外加电场不是稳恒电场，而是随时间变化的电场时，$\hat{H}'$ 将显含时间。在这种情况下，就必须解含时薛定谔方程。求含时薛定谔方程近似解最常用的方法也是微扰法，称为**含时微扰论**。后面会看到，含时微扰的基本特点是引起能态间的**跃迁**。下面根据微扰论的基本思想，导出含时微扰的基本公式。

设体系的哈密顿算子为

$$\hat{H} = \hat{H}_0 + \hat{H}'(t) \tag{14.4.1}$$

式中：$\hat{H}_0$ 为体系未受扰哈密顿算子，且不显含时间；$\hat{H}'(t)$ 为微扰哈密顿算子。设 $\hat{H}_0$ 的本征值方程为

$$\hat{H}_0|\phi_n\rangle = E_n|\phi_n\rangle \tag{14.4.2}$$

可精确求解。则体系未受扰时的定态为

$$|\Phi_n(t)\rangle = \mathrm{e}^{-\frac{\mathrm{i}}{\hbar}E_n t}|\phi_n\rangle \tag{14.4.3}$$

故 $|\Phi_n(t)\rangle$ 满足方程

$$\mathrm{i}\hbar\frac{\mathrm{d}}{\mathrm{d}t}|\Phi_n\rangle = \hat{H}_0|\Phi_n\rangle \tag{14.4.4}$$

体系的薛定谔方程为

$$\begin{cases}\mathrm{i}\hbar\dfrac{\mathrm{d}}{\mathrm{d}t}|\Psi\rangle = \hat{H}|\Psi\rangle \\ |\Psi(t=0)\rangle = |\Phi_s(t=0)\rangle = |\phi_s\rangle\end{cases} \tag{14.4.5}$$

上式的初条件表明，受扰前体系处于定态 $|\Phi_s\rangle$ 下。按微扰论的做法，把上式中的 $\hat{H} = \hat{H}_0 + \hat{H}'$ 写为 $\hat{H} = \hat{H}_0 + \lambda\hat{H}'$，$\lambda$ 为任意实参数，其作用与定态微扰论中一样。令

$$|\Psi(t)\rangle = \sum_n a_n(t)|\Phi_n(t)\rangle \tag{14.4.6}$$

注意，上式中展开系数显含时间，这与 $\hat{H}$ 不显含时间时的情况不同。这也正是含时微扰引起跃迁的根源。把上式代入式（14.4.5），并注意到式（14.4.4），得

$$\begin{cases}\displaystyle\sum_n \mathrm{i}\hbar\frac{\mathrm{d}a_n}{\mathrm{d}t}|\Phi_n\rangle = \sum_n \lambda\hat{H}'a_n|\Phi_n\rangle \\ a_n(0) = \delta_{ns}\end{cases} \tag{14.4.7}$$

用 $|\phi_m\rangle$ 与上式作内积，得

$$\begin{cases}\mathrm{i}\hbar\dfrac{\mathrm{d}a_m}{\mathrm{d}t} = \displaystyle\sum_n \lambda H'_{mn}a_n\mathrm{e}^{\mathrm{i}\omega_{mn}t} \\ a_n(0) = \delta_{ns}\end{cases} \tag{14.4.8}$$

注意，在写出以上方程时，假定 $\hat{H}'$ 不含对时间 t 的微商，通常实际情况正是如此。式（14.4.8）中

$$H'_{mn} = \langle\phi_m|\hat{H}'|\phi_n\rangle,\quad \omega_{mn} = \frac{E_m - E_n}{\hbar} \tag{14.4.9}$$

方程（14.4.8）是方程（14.4.5）在 H_0 表象的表示，因此，它们完全等价。

方程（14.4.8）不能精确求解，为了得到其近似解，令

$$a_n(t)=a_n^{(0)}(t)+\lambda a_n^{(1)}(t)+\lambda^2 a_n^{(2)}(t)+\cdots \tag{14.4.10}$$

式中：$a_n^{(0)}$ 为零级近似，$a_n^{(1)}$ 为一级修正，等等。把上式代入式（14.4.8），注意到λ的任意性，得

$$\mathrm{i}\hbar\frac{\mathrm{d}}{\mathrm{d}t}a_m^{(0)}=0,\ a_m^{(0)}(0)=\delta_{ms} \tag{14.4.11}$$

$$\mathrm{i}\hbar\frac{\mathrm{d}}{\mathrm{d}t}a_m^{(1)}=\sum_n H'_{mn}a_n^{(0)}\mathrm{e}^{\mathrm{i}\omega_{mn}t},\ a_m^{(1)}(0)=0 \tag{14.4.12}$$

$$\cdots$$

式（14.4.11）是原方程（14.4.8）的零级近似方程，它表明$a_m^{(0)}$不随时间变，这正是预料中的。式（14.4.12）为原方程（14.4.8）的一级修正方程。在含时微扰中，通常只求一级修正，所以高级修正方程未写出。

由方程（14.4.11）得零级近似解为

$$a_m^{(0)}(t)=a_m^{(0)}(0)=\delta_{ms} \tag{14.4.13}$$

这一结果是可以理解的。因为，按假设体系初始时刻处于定态$|\varPhi_s\rangle$下，根据定态的性质，若体系不受扰动，体系将永远处于该定态下。

把式（14.4.13）代入式（14.4.12），得

$$\begin{cases}\mathrm{i}\hbar\dfrac{\mathrm{d}}{\mathrm{d}t}a_m^{(1)}=H'_{ms}\mathrm{e}^{\mathrm{i}\omega_{ms}t}\\ a_m^{(1)}(0)=0\end{cases} \tag{14.4.14}$$

积分上式，得

$$a_m^{(1)}(t)=\frac{1}{\mathrm{i}\hbar}\int_0^t H'_{ms}(t')\mathrm{e}^{\mathrm{i}\omega_{ms}t'}\mathrm{d}t' \tag{14.4.15}$$

把式（14.4.13）和式（14.4.15）代入式（14.4.10），并令$\lambda=1$，得一级修正下，体系薛定谔方程的解为

$$a_n(t)=\delta_{ns}+\frac{1}{\mathrm{i}\hbar}\int_0^t H'_{ns}(t')\mathrm{e}^{\mathrm{i}\omega_{ns}t'}\mathrm{d}t' \tag{14.4.16}$$

上式称为含时微扰的基本公式。把它代入式（14.4.6）即得t时刻体系的态矢量（一级近似），不难看出，$|a_n(t)|^2$表示t时刻体系处于定态$|\varPhi_n\rangle$的几率。由于假定体系初始时刻($t=0$)处于定态$|\varPhi_s\rangle$。所以，$|a_n(t)|^2$表示：在微扰作用下，体系由初始时刻的定态$|\varPhi_s\rangle$（初态）跃变到t时刻的定态$|\varPhi_n\rangle$（末态）的几率，称为**跃迁几率**。$a_n(t)$称为**跃迁振幅**或**跃迁几率幅**。谈到跃迁，通常指初态与末态不同，即$n\neq s$。所以，$\delta_{ns}=0$。于是，在微扰作用下，体系由初态$|\varPhi_s\rangle$跃迁到末态$|\varPhi_n\rangle$（t时刻）的跃迁几率W_{sn}为

$$W_{sn}=|a_n(t)|^2=\frac{1}{\hbar^2}\left|\int_0^t H'_{ns}(t')\mathrm{e}^{\mathrm{i}\omega_{ns}t'}\mathrm{d}t'\right|^2 \tag{14.4.17}$$

体系依然留在初态$|\varPhi_s\rangle$的几率，由公式

$$|a_s(t)|^2=1-\sum_{n\neq s}|a_n(t)|^2=1-\sum_{n\neq s}\frac{1}{\hbar^2}\left|\int_0^t H'_{ns}(t')\mathrm{e}^{\mathrm{i}\omega_{ns}t'}\mathrm{d}t'\right|^2 \tag{14.4.18}$$

求出。这样做的优点是，能够保证在一级近似下态矢的归一性。当微扰作用时间比较长

时，更有意义的是单位时间的跃迁几率，称为**跃迁速率**，其定义为

$$w_{sn}=\frac{\mathrm{d}W_{sn}}{\mathrm{d}t} \tag{14.4.19}$$

二、常微扰　时能测不准关系

所谓常微扰，是指在一段时间间隔$[0,t]$内对体系施加一不随时间变（可能随空间变）的微扰$\hat{H}'$，而在此时间段之前和之后体系不受微扰作用。所以，常微扰可表为

$$\hat{H}'(t')=\begin{cases}\hat{H}' & (0\leqslant t'\leqslant t)\\ 0 & (t'<0,\ t'>t)\end{cases} \tag{14.4.20}$$

把上式代入式（14.4.17），得跃迁几率为

$$W_{sn}=\frac{1}{\hbar^2}\left|H'_{ns}\right|^2\left|\frac{\mathrm{e}^{\mathrm{i}\omega_{ns}t}-1}{\omega_{ns}}\right|^2=\frac{1}{\hbar^2}\left|H'_{ns}\right|^2\frac{\sin^2(\omega_{ns}t/2)}{(\omega_{ns}/2)^2} \tag{14.4.21}$$

当微扰作用时间足够长时，利用式（10.6.15）给出的δ函数公式，有

$$\frac{\sin^2(\omega_{ns}t/2)}{(\omega_{ns}/2)^2}\xrightarrow{t\to\infty}2\pi t\delta(\omega_{ns}) \tag{14.4.22}$$

代入式（14.4.21），得t很大时的跃迁几率为

$$W_{sn}=\frac{2\pi t}{\hbar^2}\left|H'_{ns}\right|^2\delta(\omega_{ns})=\frac{2\pi t}{\hbar}\left|H'_{ns}\right|^2\delta(E_n-E_s) \tag{14.4.23}$$

由上式，利用式（14.4.19），得跃迁速率为

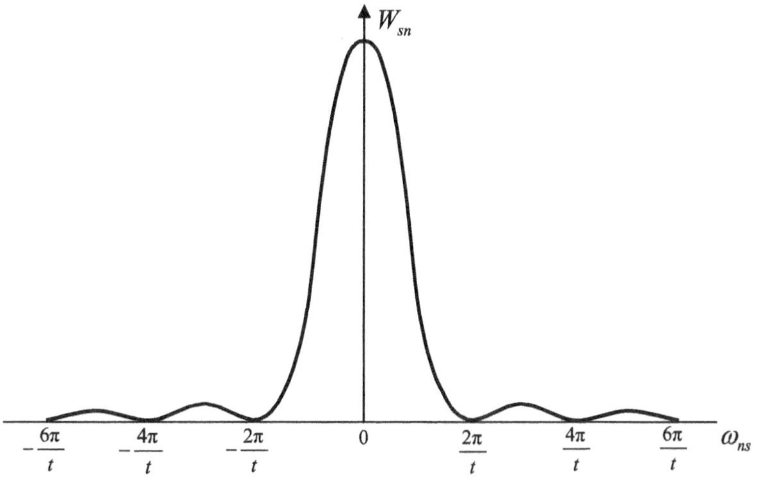

图 14.4.1　跃迁几率分布

$$w_{sn}=\frac{2\pi}{\hbar^2}\left|H'_{ns}\right|^2\delta(\omega_{ns})=\frac{2\pi}{\hbar}\left|H'_{ns}\right|^2\delta(E_n-E_S) \tag{14.4.24}$$

式（14.4.24）说明，当微扰作用时间足够长时，跃迁速率与时间无关。公式中的$\delta(E_n-E_s)$表明跃迁只能发生在末态能量E_n等于初态能量E_s的简併态之间。事实上，根据式（14.4.21），W_{sn}随ω_{ns}的变化曲线如图14.4.1所示。由图看出，当E_n=E_s时，跃迁几率最大，而在

$$\left|E_n - E_s\right| < \frac{2\pi\hbar}{t} \tag{14.4.25}$$

的范围内，W_{sn} 明显不等于零。由于初态能量是确定的，所以末态能量有一个不确定度 ΔE。或者说末态能量并不严格等于初态能量，而是在包含初态能量的一个小范围内变化。因此，讲体系由能量为 E_s 的初态跃迁到能量为 E_n 的末态是没意义的。这一点从式（14.4.23）或式（14.4.24）也可看出，当 $E_n=E_s$ 时，跃迁几率和跃迁速率均为无穷。有意义的说法是体系由能量为 E_s 的初态，跃迁到末态能量 $E_n \approx E_s$ 附近小范围内的能态上的跃迁几率或跃迁速率。由于这时的末态能量连续，末态数目是不可数的，所以需引入**态密度**的概念。态密度是指：**单位能量间隔的状态数**。设体系能量为 E_n 时的态密度为 $\rho(E_n)$，则体系能量在 E_n 附近 $\mathrm{d}E_n$ 范围内的能态数目为 $\rho(E_n)\mathrm{d}E_n$。于是，体系由初态跃迁到 E_n 附近可能末态的跃迁速率为

$$w = \int w_{sn}\rho(E_n)\mathrm{d}E_n = \frac{2\pi}{\hbar}\rho(E_n)\left|H'_{ns}\right|^2 \tag{14.4.26}$$

上式称为**费米黄金规则**（Fermi golden rule）。

当对量子体系的能量进行测量时，为使所测结果是体系本身的能量，必须尽可能地减小测量对体系的影响，但无论如何这种影响必然存在。因此，对体系能量的测量，从物理上看就是对体系施加了一个微扰 $\hat{H}'$。而测量所花费的时间 Δt，就是微扰的作用时间。这样，按照前面的讨论，测量得到的能量并不是测前体系的能量，而是测量之后（即微扰作用后）体系的末态能量。这个能量不是一个准确的值，它有一个不确定度 ΔE。ΔE 的大小与测量所用的时间 Δt，即微扰作用的时间有关。按式（14.4.25），ΔE 的值约为

$$\Delta E \sim \frac{h}{\Delta t} \quad 或 \quad \Delta E \cdot \Delta t \sim h \tag{14.4.27}$$

上式就是时能测不准关系。

对时能测不准关系的理解与第 10 章中坐标动量测不准关系的理解有所不同。后者是指坐标和动量不能同时有确定值。而时能测不准关系的核心是，在有限时间间隔内，不可能把能量完全测准，要想测得一个准确的能量值，测量时间必须无穷长。

按照时能测不准关系，有限寿命能态（似稳态）的能量不是一个确定值，而是有一定的取值范围，这个取值范围称为能级的**自然宽度**。设想体系处于某能态的寿命为 τ。当我们测量体系处于该能态的能量时，测量时间 Δt 将受到能态寿命 τ 的限制，使得 $\Delta t \leqslant \tau$。按照时能测不准关系，测得的能量将不可能是一个确定的值 E，而只能准确到 E 值附近

$$\Delta E \sim \frac{h}{\tau} \tag{14.4.28}$$

的范围内。上式所示能量的不确定度，就是寿命为 τ 的似稳态能级的自然宽度。不难看出，寿命越短，能级宽度越大，反之则能级宽度越小。特别地，由于基态是稳定的（寿命为无穷），所以，基态能级宽度是零，是严格的线能级。而激发态能级一般均有一定的宽度。式（14.4.28）在实验能谱学中有广泛的应用。

三、简谐微扰　共振跃迁

当体系所受微扰为

$$\hat{H}' = \hat{A}\cos\omega t \tag{14.4.29}$$

时，称为**简谐微扰**。其中 $\hat{A}$ 不随时间变。为便于讨论，把上式写为

$$\hat{H}' = \hat{F}(e^{i\omega t} + e^{-i\omega t}) \tag{14.4.30}$$

式中：$\hat{F} = \hat{A}/2$。将式（14.4.30）代入式（14.4.16）（注意 $\delta_{ns} = 0$），得跃迁振幅的一级微扰公式为

$$a_n(t) = -\frac{F_{ns}}{\hbar}\left[\frac{e^{i(\omega_{ns}+\omega)t} - 1}{\omega_{ns} + \omega} + \frac{e^{i(\omega_{ns}-\omega)t} - 1}{\omega_{ns} - \omega}\right] \tag{14.4.31}$$

其中

$$F_{ns} = \langle \phi_n | \hat{F} | \phi_s \rangle \tag{14.4.32}$$

通常情况下，简谐微扰是光对体系的作用，ω 的值一般都很大（如 $\lambda \approx 5000$Å 的光，$\omega \sim 4\times10^{15}\ s^{-1}$）。对能级间的光跃迁来说，$\omega_{ns}$ 的数值也很大。因此，当 $\omega \approx \omega_{ns}$ 时，式（14.4.31）右端的第二项贡献是主要的，相比之下第一项的贡献可不予考虑；反之，当 $\omega \approx -\omega_{ns}$ 时，第一项的贡献是主要的，第二项可忽略不计。如果以上两种情况都不满足，式（14.4.31）右端两项都几乎为零。故，可认为 $a_n(t) = 0$。由此可见，只有当

$$\omega \approx \pm\omega_{ns} \tag{14.4.33}$$

成立时，式（14.4.31）右边的两项中才有一项对跃迁振幅有显著贡献，这时

$$a_n(t) = -\frac{F_{ns}}{\hbar}\frac{e^{i(\omega_{ns}\pm\omega)t} - 1}{\omega_{ns} \pm \omega} \tag{14.4.34}$$

当式（14.4.33）不成立时，跃迁振幅为零（在一级近似下），即不发生跃迁。式（14.4.33）称为跃迁的**共振条件**。将式（14.4.9）代入式（14.4.33），得

$$E_n \approx E_s \pm \hbar\omega \tag{14.4.35}$$

上式是共振条件的另一种表示形式。由上式不难看出，共振条件实质上就是要求初末态的能量差等于外加微扰的能量子 $\hbar\omega$。当式（14.4.35）右边取“＋”时，末态能量高于初态能量，体系从外加微扰中吸收一个能量子 $\hbar\omega$，由较低能态 E_s 能态跃迁到较高能态 $E_n \approx E_s + \hbar\omega$ 能态，这种跃迁称为**吸收跃迁**。由推导过程知，引起吸收跃迁的微扰是 $\hat{F}e^{-i\omega t}$。相反，当式（14.4.35）右边取“－”时，末态能量低于初态能量，微扰作用使体系由较高能态 E_s 能态跃迁到较低能态 $E_n \approx E_s - \hbar\omega$ 能态，并向外发射一个能量子 $\hbar\omega$，这种跃迁称为**受激发射跃迁**。引起发射跃迁的微扰是 $\hat{F}e^{i\omega t}$。

在满足共振条件的情况下，由式（14.4.34），得简谐微扰跃迁几率的表达式为

$$W_{sn} = |a_n(t)|^2 = \frac{|F_{ns}|^2}{\hbar^2}\frac{\sin^2[(\omega_{ns}\pm\omega)t/2]}{[(\omega_{ns}\pm\omega)/2]^2} \tag{14.4.36}$$

当 $\omega \approx -\omega_{ns}$ 时，上式右端取“＋”号，表示发射跃迁几率。当 $\omega \approx \omega_{ns}$ 时，上式右端取“－”号，表示吸收跃迁几率。当微扰作用时间足够长时，利用公式（14.4.22），式（14.4.36）简化为

$$W_{sn} = \frac{2\pi t}{\hbar^2}|F_{ns}|^2\,\delta(\omega_{ns}\pm\omega) = \frac{2\pi t}{\hbar}|F_{ns}|^2\,\delta(E_n - E_s \pm \hbar\omega) \tag{14.4.37}$$

跃迁速率为

$$w_{sn}=\frac{2\pi}{\hbar^2}\left|F_{ns}\right|^2\delta(\omega_{ns}\pm\omega)=\frac{2\pi}{\hbar}\left|F_{ns}\right|^2\delta(E_n-E_s\pm\hbar\omega) \tag{14.4.38}$$

以上两式中的δ函数表示跃迁必须满足共振条件。但当共振条件被满足时，上两式给出无穷大的跃迁几率和跃迁速率。无穷大在物理中是没意义的，但以上两式在实际应用中不会导致跃迁几率或跃迁速率出现无穷大。这是因为，在导出上述公式时，假设简谐微扰是单色的（单一频率）。而实际的微扰不可能为单色微扰，总是有一个频率范围$\Delta\omega$。此频率范围内的每一个单色微扰对跃迁几率和跃迁速率均有贡献，外加微扰对跃迁几率和跃迁速率的总贡献应对此频率范围积分，结果必为有限值。

14.5　光的发射和吸收

一、自发辐射

光的发射与吸收，涉及到光子的产生与湮灭。处理这类问题的严格理论是量子电动力学，这已远远超出本书的内容。在这里，我们将采用半量子方法，把原子视为量子体系，用量子力学来处理，把与原子发生相互作用的光视为经典电磁场，用经典电磁理论来处理。采用这种方法时，光和原子的相互作用被看做微扰。利用上一节介绍的含时微扰论，可以处理原子对光的吸收（光子的湮灭）和受激发射（光子的产生）。但原子发光还有另外一个重要过程——自发辐射。即：原子自发地（无外界干扰）由较高能态向较低能态跃迁而辐射一个光子。由于这种跃迁过程没有微扰的作用，所以，在半量子理论中无法对这种跃迁过程进行直接计算，这是半量子理论的最大缺陷。

1917年，爱因斯坦在旧量子论基础上，提出处理原子自发辐射的一个半唯象理论。在这个理论中，他给出了原子自发辐射、受激辐射和吸收三种跃迁过程间的关系。借助这些关系，可以通过计算吸收跃迁或受激发射跃迁的跃迁几率，得到自发辐射跃迁的跃迁几率。下面就来介绍爱因斯坦的这些关系式。

为描述原子的上述三种跃迁，爱因斯坦引入三个系数。

1. 自发辐射系数

用符号A_{ns}表示自发辐射系数（自发发射系数）。其物理含意是：原子由较高能态E_n能态自发跃迁到较低能态E_s能态（为叙述方便，后面均假设$E_n>E_s$）的跃迁速率。

2. 受激辐射系数

用符号B_{ns}表示受激辐射系数（受激发射系数）。爱因斯坦假设，原子在光照下，由E_n能态跃迁到E_s能态的跃迁速率，与光场中所含频率为$\omega_{ns}=(E_n-E_s)/\hbar$的光的能量密度（光强度）$\rho(\omega_{ns})$成正比，比例系数就是受激辐射系数$B_{ns}$。因此，在光照下，原子由$E_n$能态跃迁到$E_s$能态的跃迁速率为$w_{ns}=B_{ns}\rho(\omega_{ns})$。

3. 吸收系数

用符号B_{sn}表示吸收系数。爱因斯坦认为，原子吸收跃迁与发射跃迁一样，跃迁速率同样与$\rho(\omega_{ns})$成正比，比例系数就是吸收系数B_{sn}。因此，在光照下，原子由E_s能态跃迁到E_n能态的跃迁速率为$w_{sn}=B_{sn}\rho(\omega_{ns})$。

为了得到上述三种跃迁过程的关系，设想把N个原子置于空腔中。其中有N_n个原

子处于 E_n 能态，N_s 个原子处于 E_s 能态。当空腔内的辐射场（黑体辐射）达到平衡时，必有

$$[B_{ns}\rho(\omega_{ns})+A_{ns}]N_n=B_{sn}\rho(\omega_{ns})N_s \tag{14.5.1}$$

由上式解得

$$\rho(\omega_{ns})=\frac{A_{ns}}{B_{sn}}\frac{1}{\dfrac{N_s}{N_n}-\dfrac{B_{ns}}{B_{sn}}} \tag{14.5.2}$$

利用热平衡时的 $M—B$ 分布（见第五篇）：

$$N_s=C(T)\mathrm{e}^{-E_s/kT}\ ,\quad N_n=C(T)\mathrm{e}^{-E_n/kT} \tag{14.5.3}$$

$C(T)$ 只是平衡温度 T 的函数，k 为玻耳兹曼常数。代入式（14.5.2），得

$$\rho(\omega_{ns})=\frac{A_{ns}}{B_{sn}}\frac{1}{\mathrm{e}^{\hbar\omega_{ns}/kT}-\dfrac{B_{ns}}{B_{sn}}} \tag{14.5.4}$$

上式与平衡辐射中，辐射场能量密度按频率分布的普朗克公式

$$\rho(\omega)=\frac{\hbar\omega^3}{\pi^2c^3}\frac{1}{\mathrm{e}^{\hbar\omega/kT}-1} \tag{14.5.5}$$

比较，立刻得

$$B_{ns}=B_{sn}\ ,\quad A_{ns}=\frac{\hbar\omega_{ns}^3}{\pi^2c^3}B_{sn} \tag{14.5.6}$$

式中：c 为真空中的光速。式（14.5.6）就是爱因斯坦得到的关于三种跃迁系数的关系。这些关系是普遍成立的，与量子电动力学中得到的结果完全相同。式（14.5.6）中的第一式可由式（14.4.38）直接导出（请读者自己证明）。第二式给出了自发发射系数 A_{ns} 与吸收系数 B_{sn}（或受激发射系数 B_{ns}）的联系。

二、光的发射与吸收

讨论光的辐射和吸收，关键是求出三个跃迁系数。根据式（14.5.6），只要计算出其中一个跃迁系数，也就知道了另外两个跃迁系数。下面应用含时微扰论来求吸收系数 B_{sn}。

在半量子理论中，把原子与光的相互作用，看成原子受到外加电磁场的作用，且这种作用可视为微扰。于是，微扰哈密顿可表为

$$\hat{H}'=U_{\mathscr{E}}+U_{\mathscr{B}} \tag{14.5.7}$$

式中

$$U_{\mathscr{E}}=-\boldsymbol{d}\cdot\boldsymbol{\mathscr{E}}=e\boldsymbol{r}\cdot\boldsymbol{\mathscr{E}}\ ,\quad U_{\mathscr{B}}=-\boldsymbol{M}\cdot\boldsymbol{\mathscr{B}} \tag{14.5.8}$$

分别表示光波中的电场强度 $\boldsymbol{\mathscr{E}}$ 和磁场强度 $\boldsymbol{\mathscr{B}}$ 与原子的相互作用势，$\boldsymbol{d}=-e\boldsymbol{r}$ 为原子的电偶极矩，$\boldsymbol{M}$ 为原子磁矩。为简化运算，下面来比较式（14.5.8）中两种相互作用势的大小。

$$|U_{\mathscr{E}}|\sim ea_0\mathscr{E}\ ,\quad |U_{\mathscr{B}}|\sim\frac{\hbar e}{\mu}\mathscr{B}$$

注意到，真空中的平面电磁波 $\mathscr{E}=c\mathscr{B}$，所以

$$\left|\frac{U_{\mathscr{B}}}{U_{\mathscr{E}}}\right| \sim \frac{\hbar}{\mu a_0 c} = \frac{e_s^2}{\hbar c} = \alpha = \frac{1}{137}$$

此值称为**精细结构常数**。上式说明，光波中电场与原子的作用比磁场与原子的作用大两个数量级。因此，在 $\hat{H}'$ 中可以把 $U_{\mathscr{B}}$ 略去，只考虑 $U_{\mathscr{E}}$ 的作用。假设照射光为平面单色偏振光（后面要过渡到自然光），频率为 ω，波矢为 $\boldsymbol{k}$，电矢量的振幅为 $\boldsymbol{\mathscr{E}}_0$，则

$$\boldsymbol{\mathscr{E}} = \boldsymbol{\mathscr{E}}_0 \cos(\omega t - \boldsymbol{k} \cdot \boldsymbol{r}) \tag{14.5.9}$$

考虑到原子线度（约 10^{-10} m）远小于可见光的波长（约 10^{-7} m），原子几乎感受不到电场随空间的变化。因此，在原子尺度范围，可近似认为电场是空间均匀场，故

$$\boldsymbol{\mathscr{E}} = \boldsymbol{\mathscr{E}}_0 \cos \omega t \tag{14.5.10}$$

综合以上讨论，微扰哈密顿算子可表为

$$\hat{H}' = -\boldsymbol{d} \cdot \boldsymbol{\mathscr{E}}_0 \cos \omega t = -\frac{\boldsymbol{d} \cdot \boldsymbol{\mathscr{E}}_0}{2}\left(e^{\mathrm{i}\omega t} + e^{-\mathrm{i}\omega t}\right) \tag{14.5.11}$$

上式所示原子与光的相互作用哈密顿量，称为**偶极近似**哈密顿量。

把式（14.5.11）和式（14.4.30）比较，知

$$\hat{F} = -\frac{1}{2}\boldsymbol{d} \cdot \boldsymbol{\mathscr{E}}_0$$

代入式（14.4.38），得吸收跃迁速率为

$$\begin{aligned} w_{sn} &= \frac{\pi}{2\hbar^2}\left|\boldsymbol{d}_{ns} \cdot \boldsymbol{\mathscr{E}}_0\right|^2 \delta(\omega_{ns} - \omega) \\ &= \frac{\pi}{2\hbar^2}\left|\boldsymbol{d}_{ns}\right|^2 \mathscr{E}_0^2 \cos^2\theta \cdot \delta(\omega_{ns} - \omega) \end{aligned} \tag{14.5.12}$$

式中：θ 为 $\boldsymbol{d}$ 与 $\boldsymbol{\mathscr{E}}_0$ 的夹角。上式是单色偏振光引起的跃迁速率。

当照射光为非偏振光时，$\boldsymbol{\mathscr{E}}_0$ 的方向完全混乱。因此，应对所有偏振方向求平均，即求 $\cos^2\theta$ 在所有方向的平均值：

$$\overline{\cos^2\theta} = \frac{1}{4\pi}\int_{4\pi} \cos^2\theta \mathrm{d}\Omega = \frac{1}{3}$$

代入式（14.5.12），得

$$w_{sn} = \frac{\pi}{6\hbar^2}\left|\boldsymbol{d}_{ns}\right|^2 \mathscr{E}_0^2 \delta(\omega_{ns} - \omega) \tag{14.5.13}$$

上式是单色非偏振光引起跃迁速率。$\mathscr{E}_0$ 是频率为 ω 的单色光的电场强度的量值。

实际的照射光通常是自然光（包含各种频率）。为将式（14.5.13）过渡为自然光的情况，需对各种频率进行积分。注意，$\mathscr{E}_0$ 通常是 ω 的函数。在积分前，先来确定 $\mathscr{E}_0$ 与 ω 的关系。根据经典电动力学，电磁场的能量密度

$$\rho(\omega) = \frac{1}{2}\overline{\left(\varepsilon_0 \mathscr{E}^2 + \frac{1}{\mu_0}\mathscr{B}^2\right)} \tag{14.5.14}$$

式中横线表示对时间的平均。故

$$\overline{\mathscr{E}^2} = \mathscr{E}_0^2 \frac{1}{T}\int_0^T \cos^2 \omega t \mathrm{d}t = \frac{1}{2}\mathscr{E}_0^2$$

$$\overline{\mathscr{B}^2} = \frac{1}{c^2}\overline{\mathscr{E}^2} = \frac{1}{2c^2}\mathscr{E}_0^2 = \frac{1}{2}\mu_0 \varepsilon_0 \mathscr{E}_0^2$$

式中：T 为光波的周期。把以上两式代入式（14.5.14），得

$$\mathscr{E}_0^2 = \frac{2}{\varepsilon_0}\rho(\omega) \tag{14.5.15}$$

把式（14.5.15）代入式（14.5.13），得

$$w_{sn} = \frac{\pi}{3\hbar^2\varepsilon_0}|\boldsymbol{d}_{ns}|^2\rho(\omega)\delta(\omega_{ns}-\omega) \tag{14.5.16}$$

上式对 ω 积分，即得自然光引起的跃迁速率为

$$w_{sn} = \frac{\pi}{3\hbar^2\varepsilon_0}|\boldsymbol{d}_{ns}|^2\rho(\omega_{ns}) = \frac{4\pi^2 e_s^2}{3\hbar^2}|\boldsymbol{r}_{ns}|^2\rho(\omega_{ns}) \tag{14.5.17}$$

上式说明，跃迁速率与照射光中频率为 ω_{ns} 的光强成正比。当照射光中没有这种频率成分时，E_s 与 E_n 能级间将不能跃迁，这是跃迁共振条件的反映。另外，跃迁速率还与 $|\boldsymbol{r}_{ns}|^2$ 成正比。当 $|\boldsymbol{r}_{ns}|^2=0$ 时，跃迁也不能发生，这涉及初末态之间的关系。由它可导出跃迁的选择定则。

把式（14.5.17）与吸收系数的定义比较，并利用式（14.5.6），得

$$\begin{cases} B_{sn} = \dfrac{4\pi^2 e_s^2}{3\hbar^2}|\boldsymbol{r}_{ns}|^2 = B_{ns} \\ A_{ns} = \dfrac{4e_s^2\omega_{ns}^3}{3\hbar c^3}|\boldsymbol{r}_{ns}|^2 \end{cases} \tag{14.5.18}$$

利用式（14.5.4），得

$$\frac{A_{ns}}{w_{ns}} = \frac{A_{ns}}{B_{ns}\rho(\omega_{ns})} = \mathrm{e}^{\hbar\omega_{ns}/kT}-1 \tag{14.5.19}$$

上式给出，当原子体系与辐射场达到平衡时，自发跃迁速率与受激发射跃迁速率之比。当

$$\frac{\hbar\omega_{ns}}{kT} = \ln 2 \tag{14.5.20}$$

时，这个比值为 1，表示两种跃迁对原子光谱的贡献相同。在常温下（T=300K），按式（14.5.20）可求得原子发光的频率 $\omega_{ns}\sim 10^{13}\,\mathrm{s}^{-1}$，相应波长 $\lambda\sim 10^{-5}$m，比可见光波长大两个数量级。因此在常温下，可见光范围内，自发辐射对原子光谱的贡献远大于受激辐射。这种情况下，原子光谱的强度可由公式

$$J_{ns} = N_n A_{ns}\hbar\omega_{ns} = \frac{4e_s^2\omega_{ns}^4}{3c^3}N_n|\boldsymbol{r}_{ns}|^2 \tag{14.5.21}$$

求出。式中 N_n 为处于 E_n 能态的原子个数。

三、选择定则

由以上讨论看到，在偶极近似下，可以发生跃迁的初末态必须使得 $\boldsymbol{r}_{ns}\neq 0$，这就是确定**选择定则**的条件。对于单电子原子，在不计价电子自旋的情况下，若只考虑价电子的跃迁。价电子的初末态为

$$\begin{cases} 初态 & \left|\phi_s\right\rangle = |nlm\rangle = |nl\rangle|lm\rangle \\ 末态 & \left|\phi_n\right\rangle = |n'l'm'\rangle = |n'l'\rangle|l'm'\rangle \end{cases} \tag{14.5.22}$$

因为 $\boldsymbol{r}$ 为奇宇称算子，$|nlm\rangle$ 具确定宇称，所以只有**初末态宇称相反时才能发生跃迁**。这就是关于宇称的跃迁选择定则。

下面再考虑其它选择定则。选择定则条件等价于

$$\begin{cases} x_{ns} = \langle\phi_n|x|\phi_s\rangle = \langle n'l'|r|nl\rangle\langle l'm'|\sin\theta\cos\varphi|lm\rangle \\ y_{ns} = \langle\phi_n|y|\phi_s\rangle = \langle n'l'|r|nl\rangle\langle l'm'|\sin\theta\sin\varphi|lm\rangle \\ z_{ns} = \langle\phi_n|z|\phi_s\rangle = \langle n'l'|r|nl\rangle\langle l'm'|\cos\theta|lm\rangle \end{cases} \tag{14.5.23}$$

不同为零。注意到 $\left\langle n'l'\middle|r\middle|nl\right\rangle \neq 0$，所以主量子数 n 无选择定则。这样以上三式不同为零等价于各式中最后一个因子不同为零。而这些因子不同为零又等价于如下三个阵元

$$\begin{cases} \left\langle l'm'\middle|\sin\theta \mathrm{e}^{\pm\mathrm{i}\varphi}\middle|lm\right\rangle = \int_{4\pi} Y^*_{l'm'}\sin\theta\mathrm{e}^{\pm\mathrm{i}\varphi}Y_{lm}\mathrm{d}\Omega \\ \left\langle l'm'\middle|\sin\theta\middle|lm\right\rangle = \int_{4\pi} Y^*_{l'm'}\cos\theta\, Y_{lm}\mathrm{d}\Omega \end{cases} \tag{14.5.24}$$

不同为零。利用球谐函数的公式

$$\mathrm{e}^{\pm\mathrm{i}\varphi}\sin\theta Y_{lm} = \pm\left[\frac{(l\pm m+1)(l\pm m+2)}{(2l+1)(2l+3)}\right]^{1/2} Y_{l+1m\pm1} \mp \left[\frac{(l\mp m)(l\mp m-1)}{(2l-1)(2l+1)}\right]^{1/2} Y_{l-1m\pm1}$$

$$\cos\theta Y_{lm} = \left[\frac{(l+m+1)(l-m+1)}{(2l+1)(2l+3)}\right]^{1/2} Y_{l+1m} + \left[\frac{(l+m)(l-m)}{(2l-1)(2l+1)}\right]^{1/2} Y_{l-1m}$$

和球谐函数的正交性，不难看出，当

$$\Delta l = l'-l = \pm1, \qquad \Delta m = m'-m = 0,\ \pm1 \tag{14.5.25}$$

时，$\boldsymbol{r}_{ns} \neq 0$，即可以发生跃迁。故上式就是偶极近似下，轨道角动量的角量子数和投影量子数的跃迁选择定则。当角动量量子数不满足式（14.5.25）时，偶极跃迁不能发生。不能发生的跃迁称为**禁戒跃迁**。

内容提要

一、定态微扰论

1. 非简併微扰

（1）能级修正的一般公式。

$$E_n^{(S)} = \langle\psi_n^{(0)}|\hat{H}'|\psi_n^{(S-1)}\rangle \qquad S\geqslant1$$

（2）能级的一级修正与二级修正。

$$E_n^{(1)} = \langle\psi_n^{(0)}|\hat{H}'|\psi_n^{(0)}\rangle$$

$$E_n^{(2)} = \sum_m{}' \frac{|H'_{mn}|^2}{E_n^{(0)} - E_m^{(0)}}$$

（3）态矢的一级修正。

$$\left|\psi_n^{(1)}\right\rangle = \sum_m{}' \frac{H'_{mn}}{E_n^{(0)} - E_m^{(0)}}\left|\psi_m^{(0)}\right\rangle$$

2. 简併微扰

（1）能级的一级修正。

$$\left|\boldsymbol{H}' - E_n^{(1)}\boldsymbol{I}\right| = 0$$

（2）正确零级近似态矢。

$$\sum_{j=1}^{k}(H'_{ij} - E_n^{(1)}\delta_{ij})C_j^{(0)} = 0，\quad H'_{ij} = \langle \phi_{ni}^{(0)} | \hat{H}' | \phi_{nj}^{(0)} \rangle$$

二、定态微扰论的应用

通过求解氢原子的线性斯塔克效应、类氢原子的精细结构、氦原子能量近似值等问题，展示了定态微扰论处理问题的方法，读者应熟练掌握。

三、变分法

1. 薛定谔变分原理

在条件 $\langle\psi|\psi\rangle = 1$ 下，求 $\bar{H} = \langle\psi|\hat{H}|\psi\rangle$ 的极值问题，与定态薛定谔方程等价。

2. 里兹直接变分法

应用里兹直接变分法求基态能量近似值的基本步骤：

（1）选取含独立参量 $(\alpha,\beta,\cdots\gamma)$ 的试探态矢 $|\varphi(\alpha,\beta,\cdots\gamma)\rangle$。

（2）计算 $\bar{H} = \langle\varphi|\hat{H}|\varphi\rangle = \bar{H}(\alpha,\beta,\cdots,\gamma)$。

（3）求 $\delta\bar{H}(\alpha,\beta,\cdots,\gamma) = 0 \longrightarrow \dfrac{\partial\bar{H}}{\partial\alpha} = 0,\ \dfrac{\partial\bar{H}}{\partial\beta} = 0,\ \cdots\ \dfrac{\partial\bar{H}}{\partial\gamma} = 0$。

（4）由 $\dfrac{\partial\bar{H}}{\partial\alpha} = 0$，$\dfrac{\partial\bar{H}}{\partial\beta} = 0$，…，$\dfrac{\partial\bar{H}}{\partial\gamma} = 0$ 解出 $\alpha = \alpha_0, \beta = \beta_0, \cdots, \gamma = \gamma_0$。

（5）代入 $\bar{H}(\alpha,\beta,\cdots,\gamma)$ 中，得基态能量的近似值 $E_0 \approx \bar{H}(\alpha_0,\beta_0,\cdots,\gamma_0)$。

四、含时微扰

1. 含时微扰的基本公式

跃迁振幅：$a_n(t) = \dfrac{1}{i\hbar}\displaystyle\int_0^t H'_{ns}(t')\mathrm{e}^{\mathrm{i}\omega_{ns}t'}\mathrm{d}t'$

跃迁几率：$W_{sn} = |a_n(t)|^2 = \dfrac{1}{\hbar^2}\left|\displaystyle\int_0^t H'_{ns}(t')\mathrm{e}^{\mathrm{i}\omega_{ns}t'}\mathrm{d}t'\right|^2$

跃迁速率：$w_{sn} = \dfrac{\mathrm{d}W_{sn}}{\mathrm{d}t}$

2. 常微扰的基本公式

（1）基本公式。

$$W_{sn} = |a_n(t)|^2 = \frac{1}{\hbar^2}|H'_{ns}|^2 \frac{\sin^2(\omega_{ns}t/2)}{(\omega_{ns}/2)^2}$$

当微扰作用时间足够长时化为

$$W_{sn} = \frac{2\pi t}{\hbar^2}|H'_{ns}|^2\,\delta(\omega_{ns}) = \frac{2\pi t}{\hbar}|H'_{ns}|^2\,\delta(E_n - E_s)$$

跃迁速率为

$$w_{sn}=\frac{2\pi}{\hbar^2}|H'_{ns}|^2\,\delta(\omega_{ns})=\frac{2\pi}{\hbar}|H'_{ns}|^2\,\delta(E_n-E_S)$$

（2）费米黄金规则。

$$w=\int w_{sn}\rho(E_n)\mathrm{d}E_n=\frac{2\pi}{\hbar}\rho(E_n)|H'_{ns}|^2$$

（3）时能测不准关系。

$$\Delta E\cdot\Delta t\sim h$$

3. 简谐微扰

（1）共振条件。

$$E_n\approx E_s\pm\hbar\omega$$

（2）基本公式。

满足共振条件的情况下，简谐微扰跃迁几率为

$$W_{sn}=|a_n(t)|^2=\frac{|F_{ns}|^2}{\hbar^2}\frac{\sin^2[(\omega_{ns}\pm\omega)t/2]}{[(\omega_{ns}\pm\omega)/2]^2}$$

当微扰作用时间足够长时，跃迁几率为

$$W_{sn}=\frac{2\pi t}{\hbar^2}|F_{ns}|^2\,\delta(\omega_{ns}\pm\omega)=\frac{2\pi t}{\hbar}|F_{ns}|^2\,\delta(E_n-E_s\pm\hbar\omega)$$

跃迁速率为

$$w_{sn}=\frac{2\pi}{\hbar^2}|F_{ns}|^2\,\delta(\omega_{ns}\pm\omega)=\frac{2\pi}{\hbar}|F_{ns}|^2\,\delta(E_n-E_s\pm\hbar\omega)$$

五、光的发射和吸收

1. 三种跃迁过程间的关系

$$B_{ns}=B_{sn}\,,\quad A_{ns}=\frac{\hbar\omega_{ns}^3}{\pi^2c^3}B_{sn}$$

2. 光的发射与吸收

（1）偶极近似。

忽略光波中磁场和原子的作用，只考虑电场的作用，且认为电场是空间均匀的。

（2）偶极近似下微扰哈密顿。

$$\hat{H}'=-\boldsymbol{d}\cdot\mathscr{E}_0\cos\omega t=-\frac{\boldsymbol{d}\cdot\mathscr{E}_0}{2}\left(\mathrm{e}^{\mathrm{i}\omega t}+\mathrm{e}^{-\mathrm{i}\omega t}\right)$$

（3）偶极近似下三个跃迁系数。

$$\begin{cases}B_{sn}=\dfrac{4\pi^2e_s^2}{3\hbar^2}|\boldsymbol{r}_{ns}|^2=B_{ns}\\[2ex]A_{ns}=\dfrac{4\mathrm{e}_s^2\omega_{ns}^3}{3\hbar c^3}|\boldsymbol{r}_{ns}|^2\end{cases}$$

（4）偶极近似下光强的计算。

常温下，可见光范围内，光强为

$$J_{ns} = N_n A_{ns} \hbar\omega_{ns} = \frac{4e_s^2\omega_{ns}^4}{3c^3} N_n \left|\boldsymbol{r}_{ns}\right|^2$$

3. 偶极跃迁的选择定则

$$\Delta l = l' - l = \pm 1,\ \Delta m = m' - m = 0, \pm 1$$

习　　题

14.1　粒子处于宽为 a 的一维无限深势阱中，若微扰为

$$\hat{H}'(x) = \begin{cases} -b & \left(0 \leqslant x \leqslant \dfrac{a}{2}\right) \\ +b & \left(\dfrac{a}{2} \leqslant x \leqslant a\right) \end{cases}$$

求粒子能量和波函数的一级修正。

14.2　设粒子在势阱

$$U(x) = \begin{cases} \infty & (x < 0, x > a) \\ 0 & (0 \leqslant x \leqslant a/4, 3a/4 \leqslant x \leqslant a) \\ K & (a/4 < x < 3a/4) \end{cases}$$

中运动，K 为常数。把此势阱中的粒子视为受到微扰的关在盒子中的粒子，试求粒子的能量和波函数的一级近似。

14.3　如果不把类氢原子的核看成是点电荷，而看成是半径为 r_0 的均匀带电小球，计算这种效应对类氢原子基态能量的一级修正。

提示：

$$U(r) = \begin{cases} -Ze_S^2 / r & (r \geqslant r_0) \\ \dfrac{Ze_S^2}{2r_0}[(\dfrac{r}{r_0})^2 - 3] & (r < r_0) \end{cases}$$

14.4　转动惯量为 I，电矩为 $\boldsymbol{D}$ 的平面转子，处于均匀弱电场 $\mathscr{E}$ 中，电场是在转子运动的平面上，用微扰法求转子能量的修正值。

14.5　设一维谐振子受到 $\hat{H}' = \beta x^2$ 的微扰，求能量的一级修正。

14.6　设哈密顿量在能量表象中的矩阵表示为

$$\begin{pmatrix} E_1^{(0)} + a & b \\ b & E_2^{(0)} + a \end{pmatrix}$$

其中 a，b 为实数，求：

（1）用微扰公式求能量至二级修正值；（2）直接求能量，并和（1）所得结果比较。

14.7　求氢原子 n=3 状态的一级斯塔克效应。

14.8　电荷为 e 的谐振子在时间 $t = 0$ 时处于基态，$t > 0$ 以后处在 $\mathscr{E} = \mathscr{E}_0 e^{-t/\tau}$ 的电场中，求谐振子处于激发态的几率。

14.9　某量子系统有两种可能状态：基态 E_1、ψ_1 和激发态 E_2、ψ_2，设系统原来处于基态，t>0 以后受到微扰 $\hat{H}' = \hat{F}(x)\mathrm{e}^{-t/\tau}$ 作用。

证明：在 $t >> \tau$ 以后，系统处于激发态的几率为

$$\frac{|F_{21}|^2}{(\hbar/\tau)^2+(E_2-E_1)^2}$$

14.10 设在 t=0 时，氢原子处在基态，以后由于受到周期性的均匀电场 $\mathscr{E}\sin\omega t$ 的作用而电离，若电离后电子的波函数为平面波，求这周期性电场的最小角频率和在时刻 t 跃迁到电离态的几率。

14.11 求线性谐振子偶极跃迁的选择定则。

14.12 计算氢原子由 2P 态跃迁到 1S 态时所发出的光谱线强度。

第五篇　统计力学

引　言

自然界中物质存在的形态和变化是丰富多彩的。在常温常压下，物质呈现为固态、液态或气态，并在一定条件下可以相互转化。例如：大多数固体具有热胀冷缩的特性；液体通常会从较高温度和较高压力的区域自动流向较低温度和较低压力的区域；气体从高密度处自动向低密度处扩散；极低温度下，某些金属、半导体，甚至常温下不导电的陶瓷材料呈现出超导特性，如此等等。这些在宏观上与温度、压力等有关，在微观上与分子的无规则运动相联系的物质状态的变化和所呈现的各种物理现象，统称为**热运动**或**热现象**。

阐述物质热运动规律的物理学理论有两个，一个称为**热力学**，另一个称为**统计力学**或**统计物理学**。

无论是热力学还是统计力学，它们研究的对象都是由大量微观粒子构成的**宏观系统**，这样的宏观系统称为**热力学系统**，简称**系统**。热力学系统可以是由分子、原子、电子等实物粒子组成的物质，也可以是由场量子，如光子、声子等准粒子构成的各种场。

热力学是研究物质热运动规律的宏观理论。该理论主要揭示物质处在平衡态时各种宏观参量（如压强、体积、温度、化学成分、摩尔数等）间的依赖关系和变化规律。热力学是在总结大量实验结果基础上所建立的关于热运动规律的理论。热力学的最大优点是：理论表述简洁、运算简单、结论普适可靠；缺点是：对各种热现象的物理本质和物理机理常常不能给出很好的诠释。

统计力学是研究物质热运动规律的微观理论。该理论从物质的微观结构出发，采用经典力学或量子力学描述系统的微观运动，再利用统计方法，通过对系统的微观量求统计平均，从而得出系统的各种宏观性质及热运动规律。

由于统计力学和热力学对热现象研究方法上的不同，使得这两个理论的优缺点恰好互补。热力学理论的物理本质有待于统计力学去揭示，而统计力学的正确与否则有待于热力学的理论分析和实验结果来验证，二者相辅相成，相互印证，相互补充，构成了研究热运动规律的完整的理论体系。

本篇首先简要介绍平衡态热力学的基本定律和基本方程，然后着重阐述统计力学的基本理论，并讨论几个应用实例。

第 15 章　热力学基本定律

本章将介绍热力学理论的四个基本定律，并由此导出三个重要的态函数：温度T、内能 U 和熵 S。其中我们将重点介绍热力学第一定律和第二定律。在表述能量守恒与转化的第一定律中，功与热所起的作用是相同的；而在揭示热力学过程自发进行方向的第二定律中，功与热之间的转化对过程进行所起的作用却是不同的。为了刻画它们的差异，引入了一个非常重要的热力学量——熵。熵是一个态函数，利用熵可以判断过程是否可逆及其自发进行方向，并由此延伸得到各种热力学特性函数和许多重要的热力学关系式。

15.1　基本概念

一、系统与外界

研究任何物体的物理性质，总是要把所研究物体与其它物体或空间区分开来，这个被区分开来，并为我们研究的物质对象就称为**系统**。与系统发生相互作用的其它物体或空间称为**外界**或**环境**。

根据系统与外界的相互关系，系统可分为三类。

1. 开放系统（开系）

系统与外界既有能量交换，又有物质交换。

2. 封闭系统（闭系）

系统与外界只有能量交换，而无物质交换。

3. 孤立系统（孤立系）

系统与外界既无能量交换，也无物质交换。

严格讲，自然界中绝对意义下的孤立系是不存在的。实际上，当系统与外界的相互作用十分微弱，其相互作用能量远小于系统本身的能量，在讨论时可以忽略不计，在这种情况下，我们可以把所研究系统看成孤立系。

另外还可以根据系统的物理化学性质对系统进行分类。通常系统中某一部分物质宏观上具有相同的理化性质，我们把这部分物质的总体称为一个**相**。如果系统中只包含一个均匀部分，此系统称为**单相系**，若系统中含有两个或两个以上的相，则称为**复相系**。把一种能单独稳定存在的化学均匀物质的总体称为一个**组元**。含有一种组元的系统称为**单元系**，含有两种或两种以上组元的系统称为**多元系**。按照这种分类，热力学所研究的系统可以分为**单元单相系**、**单元复相系**、**多元单相系**和**多元复相系**等。例如：纯水是单元单相系；冰、水和水蒸气共存的系统是单元复相系；某种合金的熔体是多元单相系；合金的固液共存体是多元复相系。

二、系统的状态参量与状态方程

在热力学中，系统的状态用表征系统宏观物理性质的宏观参量来描述。这种用宏观参量描述的状态称为**热力学状态**或**宏观态**，相应的参量称为**态参量**，一般来说，描述系统热力学态的态参量有以下几类：

1. 几何参量

如体积、面积、长度等。

2. 力学参量

如压力、张力等。

3. 电磁参量

如电场强度、磁场强度等。

4. 化学参量

如化学成分、浓度等。

5. 热学参量

如温度。

态参量又可从系统的性质和系统与外界的关系来划分为**内参量**和**外参量**两大类。内参量表征系统内部的状态，诸如气体的密度、温度、介质的极化强度等都是内参量。外参量表征环境的状态，或者说表示施加于系统的外界条件，与系统自身性质无关的参量。如体积决定于器壁的位置，磁场取决于线圈电流，电场取决于电容器两极板间的电位差等。

态参量还可以按它与系统质量（或摩尔数）的关系划分为两类。在同一状态中，与系统质量（或摩尔数）成正比的态参量称为**广延量**，例如：粒子数、体积、内能等；与系统质量（或摩尔数）无关的态参量称为**强度量**，例如：压力、温度等。

描述一个系统的热力学性质究竟用哪些状态参量，要由系统的性质和外界条件决定。实验表明，对于气体、液体和各向同性固体等均匀系统，在没有外场情况下，只需两个独立态参量就能确定系统的平衡态。其它所有态参量都可表为这两个独立态参量的单值函数。在平衡态下，这些态参量的值可由这两个独立参量单值确定。我们将任意态参量与独立参量的函数关系称为**态函数**。独立参量的个数称为热力学系统的**自由度数**。只有两个自由度的均匀系统，称为**简单系统**。

重要的是，系统的各状态参量一般随温度变化。在热力学理论中，把系统独立状态参量与温度的函数关系，称为系统的**状态方程**或**物态方程**。简单系统的物态方程可以一般性的表示为下述隐函数形式

$$f(T,x,y)=0 \tag{15.1.1}$$

式中：T 为系统的温度；x,y 为系统的两个独立态参量，但其中一个必须是内参量，另一个可以是外参量。例如：气体物态方程中三个态参量分别为温度、压强和体积；液体表面膜物态方程中三个态参量分别为温度、表面张力和面积；电（磁）介质物态方程中三个态参量分别为温度、电（磁）场强度和电（磁）极化强度。其中压强、表面张力、电（磁）极化强度是内参量，而体积、面积和电（磁）场强度是外参量。对于多元单相系，自由度一般大于 2，系统物态方程中常含有描述各组元浓度的化学参量，物态方程的一般形式为

$$f(T,x_1,x_2,\cdots x_n)=0 \tag{15.1.2}$$

一个确定的物质系统，其物态方程的具体形式不能由热力学理论导出，只能通过实验来确定。因此，一定的实验条件下得出的物态方程有一定的适用范围。例如：对于气体，若气体很稀薄，温度不太低，压强不太高时，1mol 气体的物态方程为

$$pV=RT \tag{15.1.3}$$

式中：$R=8.314\mathrm{J\cdot K^{-1}\cdot mol^{-1}}$ 称为**普适气体常数**。满足上述物态方程的气体称为**理想气体**。随着温度的降低，当温度低到一定值时，气体分子间的相互作用不可忽略，这时式(15.1.3)所示物态方程不再适用，气体的物态方程要用范德瓦尔斯方程

$$\left(p+\frac{a}{V^2}\right)(V-b)=RT \tag{15.1.4}$$

来描述。

三、热性系数

在热力学理论中，经常用到与系统物态方程有着密切关系的**热性系数**，也叫**力学响应函数**。下面给出它们的定义：

1. 体胀系数（定压膨胀系数）

$$\alpha=\frac{1}{V}\left(\frac{\partial V}{\partial T}\right)_p \tag{15.1.5}$$

它表示在保持压强不变的条件下，改变单位温度所引起系统体积的相对改变量。

2. 压强系数（定容压力系数）

$$\beta=\frac{1}{p}\left(\frac{\partial p}{\partial T}\right)_V \tag{15.1.6}$$

它表示在保持体积不变的条件下，改变单位温度所引起系统压强的相对改变量。

3. 压缩系数（等温压缩系数）

$$\kappa=-\frac{1}{V}\left(\frac{\partial V}{\partial p}\right)_T \tag{15.1.7}$$

它表示在保持温度不变的条件下，改变单位压强所引起系统体积的相对改变量。由于随着压强的增加，通常体积会减小，因此在压缩系数的定义式中有一负号，以使 κ 为正值。

实际中，最常见的一类简单系统称为 pVT 系统，其物态方程的一般形式为

$$f(p,V,T)=0 \tag{15.1.8}$$

如理想气体就是这样的系统。根据数学分析中熟知的隐函数求导的知识，由式（15.1.8），可得态参量之间满足下列关系

$$\left(\frac{\partial V}{\partial p}\right)_T\left(\frac{\partial p}{\partial T}\right)_V\left(\frac{\partial T}{\partial V}\right)_p=-1 \tag{15.1.9}$$

上式称为循环公式。利用热性系数的定义式，有

$$\alpha=\kappa\beta p \tag{15.1.10}$$

上式表明三个热性系数不独立，已知其中任意两个便可求出第三个。

在实验中，使固体或液体升温而保持体积不变很难实现，因此压强系数 β 很难由实

验直接测量。通常是利用便于实验测量的膨胀系数α和压缩系数κ，通过式（15.1.10）求出压强系数β。如果已知物态方程，由式（15.1.5）和式（15.1.7）可以求得α和κ；反之，通过实验测得α和κ也可获知物态方程的信息。

四、热力学系统的状态与热力学过程

一般来说，热力学系统的状态有三种可能情况。

（1）系统状态不随时间变，且系统内部也不发生任何宏观物理过程，这种状态称为**热力学平衡态**，简称**平衡态**。一个系统要达到平衡态必须同时满足下述条件。

①**热平衡**：系统各处温度相等。

②**力学平衡**：在无外力场时，系统各处压力相等。

③**相平衡**：系统各相化学势相等。

④**化学平衡**：反应物的总化学势与生成物的总化学势相等。

（2）宏观上看与平衡态一样，系统的状态参量也不随时间变，但维持状态参量不随时间变的物理机理与平衡态截然不同。处于这种状态的系统，其内部发生着某些效果可以相互抵消的宏观物理过程（如热传导、扩散等）。这样的状态称为**稳恒态**或**稳定态**。平衡态与稳恒态宏观上很难区分，只有统计物理才能对此给出很好的说明。

（3）系统状态随时间变化，因而描述状态的参量也随时间变化，这样的状态称为**非平衡态**。

大量实验证明，一个孤立系，无论起始状态如何，经过足够长的时间，必将达到平衡态。我们把系统由非平衡态趋于平衡态的过程称为**弛豫过程**，所需的时间称为**弛豫时间**。弛豫时间的长短由系统的性质及弛豫机制决定。非平衡态与平衡态相比要复杂的多。非平衡态又可分为近平衡和远离平衡两种。前者称为**线性非平衡态**。线性非平衡态的变化是趋向于平衡态。这也是通常热力学和统计力学所研究的非平衡态问题。后者称为**非线性非平衡态**。非线性非平衡态的变化常常会远离平衡态，并且形成时间、空间上的某种有序状态。只要系统和外界不断交换物质或能量，这种新的稳定结构就能持续维持。这样一种远离平衡态的稳定结构称为**耗散结构**。耗散结构理论最早是由比利时布鲁塞尔学派著名物理学家普里高津（Prigogine）于 1969 年创立。从此开启了关于非线性非平衡态热运动规律的研究。本书将只限于讨论平衡态理论。

系统处于平衡态总是相对的、暂时的，而运动和变化则是绝对的。一个热力学系统的状态随时间的变化过程称为**热力学过程**。

任何处于线性非平衡态的系统，都有自动建立平衡状态的趋势。所以，系统在外界影响下，经历某种过程时，一方面平衡受到破坏，另一方面，系统内粒子的运动又促使新的平衡态的建立。如果系统经历的过程非常缓慢，这里所说的“缓慢”，是指系统状态每经历一个微小变化所需的时间间隔Δt远远大于相应参量变化的弛豫时间τ，即$\Delta t \gg \tau$。这时过程进行中的任何一个中间态都可视为平衡态。我们把这种进行足够缓慢，且在过程进行的每时每刻系统都处于平衡态的过程，称为**准静态过程**。反之，如果过程进行中系统平衡态被破坏的程度大到不可忽略，这种过程称为**非静态过程**。

如果系统经历一个过程之后，能够使系统和外界都恢复原状而不引起任何其它变化，这样的过程称为**可逆过程**。如果系统经历一个过程之后，无论用什么方法都不能使系统和外界都恢复原状而不引起任何其它变化，这样的过程称为**不可逆过程**。可逆过程的条件是：

（1）过程是准静态的；

（2）过程进行中没有诸如摩擦之类的耗散效应。

由此可见，可逆过程一定是准静态过程，但准静态过程却不一定是可逆过程。实际中，完全满足上述两个条件的过程是不存在的。任何过程或多或少都会有耗散。所以可逆过程是实际过程的理论抽象，是一种理想过程。

15.2 温度 热力学第零定律

本节讨论热力学所特有的一个物理量——温度。温度表征物体的冷热程度。温度概念的严格建立与定量测量是以热平衡现象为基础的。下面就来介绍有关热平衡的实验事实，并给出热力学第零定律。

一、热力学第零定律

如果系统通过器壁（器壁本身是外界的一部分）和外界的其余部分接触，只要器壁位置不变，不管外界的其余部分处于什么状态，都不影响系统的状态，这样的器壁称为**绝热壁**，反之为**非绝热壁**或**导热壁**。两个物体通过导热壁进行接触称为**热接触**。

假设有两个物体，分别处在不同的平衡态下。如果让这两个物体进行热接触，一般来说，这两个物体的平衡态都会受到破坏，它们的状态将发生变化，经过一定时间之后，这两个物体状态的变化停止，此时它们达到一个新的共同的平衡态。我们把这种平衡称为**热平衡**，或者说这两个物体达到了热平衡。从微观上看，热平衡的建立是构成物体的分子通过碰撞交换能量的结果。达到热平衡时，物体分子的热运动程度相同，分子间碰撞时交换能量的平均值相等。达到热平衡的两物体再分开时，若没有其它因素的影响，它们的平衡状态不变。所以热平衡反映了各物体内部分子的热运动状态。

如图 15.2.1（a）所示。将物体 A 和 B 同时与物体 C 进行热接触，经过足够长时间后，A 和 B 将与 C 达到热平衡。如果这时将 A 和 B 进行热接触，如图 15.2.1（b）所示。实验表明 A 和 B 的状态不会发生任何变化。即物体 A 和 B 仍然处于热平衡。这就是说，**如果两物体各自与第三个物体达到热平衡，则这两个物体也必达到热平衡。**这个结论称为**热力学第零定律**或**热平衡定律**。

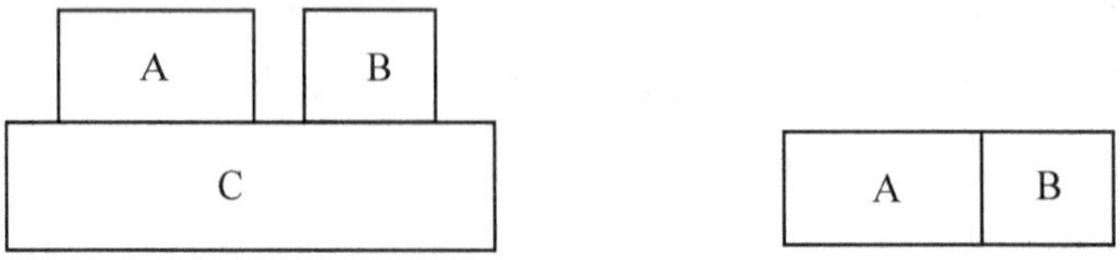

（a）　　（b）

图 15.2.1

（a）热接触；（b）热接触。

二、温度

热力学第零定律表明：两个物体是否处于热平衡，并不依赖于两个物体是否进行热接触。也就是说，两个不进行热接触的物体完全可以处于同一热平衡态。而热接触仅仅是给物体是否处于热平衡创造了一个显示平台。因此，互为热平衡的物体必然存在一个共同的物理性质，我们把表征物体这个性质的物理量称为**温度**。并认为处于热平衡的两个物体具有相同的温度。

热力学第零定律不仅引出了温度的概念，而且指明了比较温度的方法。由于互为热平衡的物体具有相同的温度，在比较两物体的温度时，无需使两物体进行直接的热接触。只需取一个标准物体，分别与这两个物体进行热接触即可。这个作为标准的物体就是**温度计**。要定量确定温度的值，还必须对不同冷热程度给予数值表示，即确定**温标**。有关温标的确定，在普通物理（基础物理学）课程中已详细介绍过，这里不再赘述。在理想气体温标或热力学温标下，温度用字母 T 来表示，单位为 K（**开尔文**）。

15.3　内能　热力学第一定律

使热力学系统状态发生改变的方式有很多。在没有物质交换（闭系）的情况下可归结为两大类：作功和热交换。如果系统与外界的相互作用使系统的外参量产生了宏观改变（或称为广义宏观位移），从而使系统和外界之间有能量的传递过程发生，这样的过程称为**作功**。在作功过程中，系统与外界之间所转移能量的量度称为**功**。系统与外界不作任何宏观功而传递能量的过程称为**热交换**。在热交换过程中，系统与外界之间所传递能量的量度称为**热量**。

一、准静态过程的功

前面讲过，可逆过程一定是准静态过程。所以这里介绍的功自然也适用于可逆过程。

在力学中，功的定义为物体所受外力与物体沿力的作用方向所产生的位移的乘积，即

$$đW = \boldsymbol{F}\cdot \mathrm{d}\boldsymbol{r} = F\mathrm{d}\delta \tag{15.3.1}$$

式中：$\mathrm{d}\delta$ 为位移 $\mathrm{d}\boldsymbol{r}$ 在力 $\boldsymbol{F}$ 方向的投影。作功的结果使机械运动状态和机械能发生改变。实际上，功的概念很广泛，如电场功、磁场功等。功的最一般形式可表为

$$đW = Y\mathrm{d}y \tag{15.3.2}$$

式中 y 称为**广义坐标**或**外参量**，是广延量。Y 称为与广义坐标 y 相应的**广义力**，是强度量。$đW$ 为外界对系统所作的元功。后文将说明，元功不是全微分，因此用符号“đ”，以示与全微分的区别。而且这种记法贯穿统计力学的全部内容。作功可以引起热运动状态、电磁运动状态等的改变。无论哪一类型的功，作功过程总是和能量的变化及运动形态的转化相联系的。

在热力学理论中，讨论准静态过程的功具有重要意义。原因是准静态过程中，广义力 Y 可以用描述系统状态的参量来表示。

下面以气体膨胀为例，说明准静态过程与非静态过程作功的区别。假设气缸与一温度恒定的热源进行热接触，活塞面积为 A，且活塞与气缸壁之间无摩擦，气缸内气体施

予活塞的压强为 p，外界施予活塞的压强为 p_0，如图 15.3.1 所示。如果气缸内的气体进行准静态膨胀（是可逆过程），活塞发生了 dx 的位移，此时必有 $p = p_0$。所以外界对系统（气缸内气体）作功为

$$\text{đ}W = -p_0 A\mathrm{d}x = -pA\mathrm{d}x \tag{15.3.3}$$

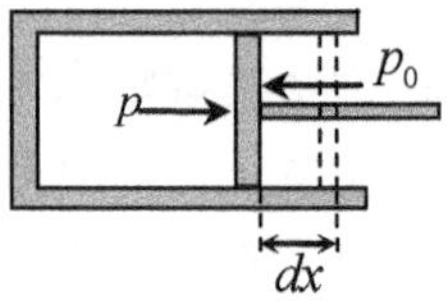

图 15.3.1　气缸内气体作功

式中的负号意味着，外界对系统作负功，或者说系统对外界作正功。由于气体体积的改变 $\mathrm{d}V = A\mathrm{d}x$，所以外界对系统所作的功又可表为

$$\text{đ}W = -p\mathrm{d}V \tag{15.3.4}$$

习惯上把这个功称为外界对系统所作的**体变功**。容易理解，$p\mathrm{d}V$ 表示系统对外界所作的体变功。式（15.3.4）给出系统体积发生无穷小改变时，外界对系统所作的功（元功）。如果系统体积的改变为有限大小，例如：由 V_A 变为 V_B，外界对系统所作的功为

$$W = -\int_{V_A}^{V_B} p\mathrm{d}V \tag{15.3.5}$$

欲求出上式右端的积分，必须知道给定过程中系统压强与体积的函数关系。

如果气缸内的气体急剧膨胀，这时系统进行的是非静态过程（不可逆过程）；或者即使是准静态地膨胀，但活塞与气缸壁存在摩擦（不可逆过程）。这种情形下，必有 $p > p_0$，外界对系统所作的功 $-p_0\mathrm{d}V$ 将大于 $-p\mathrm{d}V$，即

$$\text{đ}W = -p_0\mathrm{d}V > -p\mathrm{d}V \tag{15.3.6}$$

由此可见，只有计算可逆过程的功时，才能把外界施予系统的压强 p_0 用系统自身的态参量 p 来代替。

除体变功外，热力学系统还有其它形式的功。下面以电介质极化为例，讨论外界对系统所作的功。如图 15.3.2 所示。平行板电容器内充满电介质，设极板的面积为 A，两极板的间距为 l，两极板的电势差为 $\mathscr{V}$。当电容器的电量增加 $\mathrm{d}q$ 时，外界（电源）所作的功为

$$\text{đ}W' = \mathscr{V}\mathrm{d}q \tag{15.3.7}$$

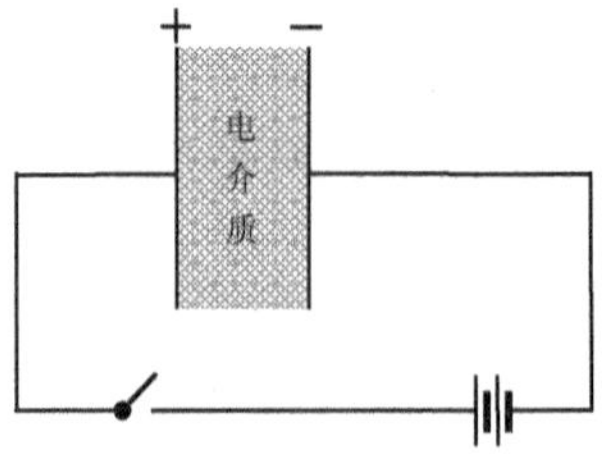

图 15.3.2　电介质的极化功

若用 ρ 表示平行板的面电荷密度，$\mathscr{E}$ 表示极板之间的电场强度，则

$$\mathrm{d}q = A\mathrm{d}\rho \tag{15.3.8}$$

$$\mathscr{V} = \mathscr{E}l \tag{15.3.9}$$

于是

$$\text{đ}W' = \mathscr{E}V\mathrm{d}\rho \tag{15.3.10}$$

其中 $V = Al$ 为电介质的体积。由电磁学知 $\rho = \mathscr{D}$，$\mathscr{D} = \varepsilon_0\mathscr{E} + \mathscr{P}$，式中 $\mathscr{D}$ 表示电位移矢量的量值，$\mathscr{P}$ 表示电介质的电极化强度的量值，ε_0 为真空介电常数，代入式（15.3.10）得

$$\text{đ}W' = V\mathrm{d}\left(\frac{\varepsilon_0\mathscr{E}^2}{2}\right) + V\mathscr{E}\mathrm{d}\mathscr{P} \tag{15.3.11}$$

上式右端第一项是激发电场所作的功，第二项是使电介质极化所作的功。如果所考虑的系统只包含电介质，电场就可视为外界加于系统的条件，那么外界对系统所作的功就是第二项，即

$$\text{đ}W = V\mathscr{E}\,\mathrm{d}\mathscr{P} \tag{15.3.12}$$

类似的也可以求出其它形式的功，这里不再一一推导。只把热力学理论中常用的一些功的表达式罗列于下：

弹性系数为f的一维系统，当其长度发生 $\mathrm{d}L$ 改变时，外界对系统所作的功表为

$$\text{đ}W = f\mathrm{d}L \tag{15.3.13}$$

面张力系数为σ的表面膜，当其面积发生 $\mathrm{d}A$ 改变时，外界对系统所作的功表为

$$\text{đ}W = \sigma\mathrm{d}A \tag{15.3.14}$$

体积为V的磁介质，在磁场强度为$\mathscr{H}$的外磁场作用下，当其磁化强度发生 $\mathrm{d}\mathscr{M}$ 改变时，磁场对磁介质所作的功表为

$$\text{đ}W = V\mathscr{H}\,\mathrm{d}\mathscr{M} \tag{15.3.15}$$

由上可见，外界对系统所作的功总可表为式（15.3.2）的形式。更一般的，如果外界对系统作功不只一种形式，而是包含若干种形式的功。这时外界对系统所作的总功表为

$$\text{đ}W = \sum_i Y_i\mathrm{d}y_i \tag{15.3.16}$$

在国际单位制中，功的单位为**焦耳**（**J**）。在热力学理论中，习惯上约定，**外界对系统作功为正**，反之**系统对外界作功为负**。

如果系统经历的不是一个可逆微元过程，而是一个可逆有限过程。在此过程中，系统由状态A变到状态B，系统的外参量由y_A变到y_B，则外界对系统作功为

$$W = \int_{y_A}^{y_B} Y\mathrm{d}y \tag{15.3.17}$$

这个功可以在Y-y图上表示。以外参量y为横轴，对应广义力Y为纵轴。如图 15.3.3 所示。图中阴影部分面积代表元功 $\text{đ}W$，面积$ABDC$代表系统由状态A变到状态B的过程中获得的总功W。

如果系统由初态A分别经历不同的可逆过程Ⅰ和Ⅱ到达末态B，如图 15.3.4 所示。在这两个过程中，外界对系统所作的功分别为W_I和W_{II}。容易看出，$W_I \neq W_{II}$，这两个过程的功差$W_I - W_{II}$非零，等于面积$AIBIIA$。这说明功不是由系统状态所决定的一个物理量，而是与系统所经历过程有关的一个物理量。因此功是一个**过程量**，而非**状态量**。

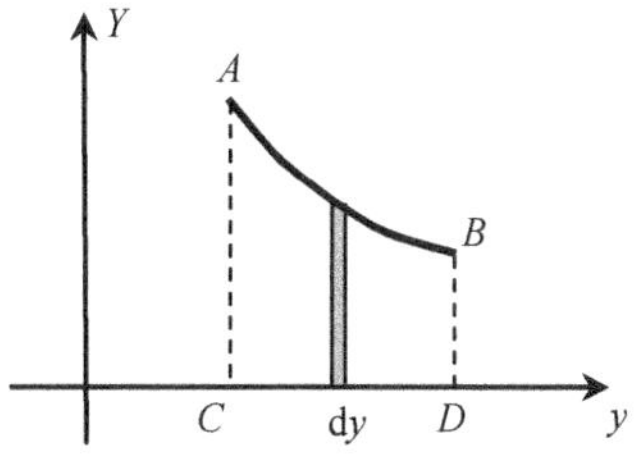

图 15.3.3　有限过程的功

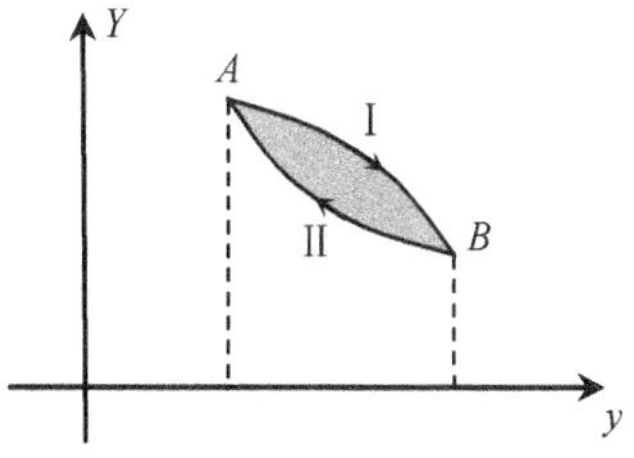

图 15.3.4　不同过程的功

二、热量

前面介绍了系统和外界通过作功方式交换能量。在作功过程中，系统外参量必然发生变化。除了作功方式外，系统和外界还可以通过传递热量的方式交换能量。例如：当系统和外界进行热接触时，彼此将发生热量交换。在热交换过程中，能量不是通过系统

外参量的改变来传递的，而是通过接触面上分子的碰撞或热辐射来传递的。可见，热量与作功有着明显的不同。热量是系统与外界（或系统的各部分）传递能量另一种形式。热量的单位与功的单位相同，也是焦耳。

当外界和系统进行热交换时，会引起系统温度的改变。设在某一过程中系统温度升高 ΔT 时，吸收的热量为 ΔQ，定义在该过程中系统的**热容量** C 为

$$C = \lim_{\Delta T \to 0} \frac{\Delta Q}{\Delta T} = \frac{đQ}{dT} \tag{15.3.18}$$

热容量也称为**热学响应函数**。热容量的意义为系统升高单位温度所需的热量。热容量的单位是 $J \cdot K^{-1}$（焦/开）。一般而言，系统热容量与系统质量 m 成正比，单位质量的热容量称为**比热**，其定义式为

$$C' = \frac{1}{m}\frac{đQ}{dT} = \frac{1}{m}C \tag{15.3.19}$$

实际中还常常用到**摩尔**（mol）**热容量**，即 1mol 物质的热容量，摩尔热容量用 c 表示，显然

$$C = nc \tag{15.3.20}$$

式中：n 为**摩尔数**。

实验表明，在不同过程中，使系统升高相同温度所需热量不同。通常系统热容量的测定是在等容或等压条件下进行的，得到的热容量分别称为**定容热容量**

$$C_V = \lim_{\Delta T \to 0}\left(\frac{\Delta Q}{\Delta T}\right)_V = \left(\frac{đQ}{dT}\right)_V = nc_V \tag{15.3.21}$$

和**定压热容量**

$$C_p = \lim_{\Delta T \to 0}\left(\frac{\Delta Q}{\Delta T}\right)_p = \left(\frac{đQ}{dT}\right)_p = nc_p \tag{15.3.22}$$

如果已知系统某过程的热容量，便可求出该过程中系统吸收的热量。例如：在等容或等压过程中，若系统温度由 T_A 变为 T_B，则系统吸收（或放出）的热量分别为

$$Q_V = \int_{T_A}^{T_B} đQ_V = \int_{T_A}^{T_B} C_V dT \tag{15.3.23}$$

和

$$Q_p = \int_{T_A}^{T_B} đQ_p = \int_{T_A}^{T_B} C_p dT \tag{15.3.24}$$

按照习惯，约定**系统吸热为正，放热为负**。

根据以上讨论，下面对功和热量做一比较。

（1）功和热量都是系统经历状态变化时，在系统与外界之间传递的能量的度量。

（2）功和热量都是过程量。只有在系统经历过程时才有意义，谈论某个系统“含有”多少功或热量是错误的，是没有意义的。

（3）产生功和热量在系统与外界之间传递的原因，是由于系统某强度量与外界有差异所致。例如：当系统与外界有压力差时则可能作功，有温度差时则可能传热。作功会引起系统广义的宏观位移，而传热一般不引起这种位移，但传热常常会改变系统内粒子混乱运动的剧烈程度。

三、内能　热力学第一定律

如前所述，系统与外界的作用方式一般有两种。一种是外界对系统作功，另一种是外界向系统传热。它们都会引起系统状态的改变，从而导致系统**内能**的改变。从微观角度看，系统的内能是系统内所有粒子无规运动的动能和粒子间相互作用势能的和。内能不包括系统整体宏观机械运动的动能以及系统在外场中的势能。从宏观角度看，内能是热力学系统内部状态所决定的能量，是系统状态的单值函数。系统的状态一旦确定，系统的内能就一定。大量实验指出：**在任何热力学过程中，外界对系统所作的功和系统从外界吸收的热量之和等于系统内能的增加。**这就是**热力学第一定律**。热力学第一定律的数学表述为

$$W + Q = U_B - U_A = \Delta U \tag{15.3.25}$$

式中：W 为外界对系统所作的功；Q 为系统从外界吸收的热量；U_A 和 U_B 分别为系统初态和末态的内能；ΔU 为系统内能的增加。这里功 W 和热量 Q 的符号按前面的约定。式（15.3.25）是针对有限过程的情形，对于无穷小过程，热力学第一定律表为

$$\mathrm{d}U = đW + đQ \tag{15.3.26}$$

由于内能是态函数，是一个状态量，故式（15.3.26）中 $\mathrm{d}U$ 是全微分；但功和热量不是状态量，而是过程量，故式（15.3.26）中 $đW$ 和 $đQ$ 不是全微分，只代表在无穷小过程中的无穷小量。

根据式（15.3.26），当系统经历一个循环过程回到初态时，系统内能不变，所以有

$$0 = \oint đW + \oint đQ = W + Q \tag{15.3.27}$$

或

$$Q = -W \tag{15.3.28}$$

上式表明，在循环过程中，系统对外界所作的功等于系统从外界吸收的热量，如果外界不供给热量，系统将不能对外作功。

式（15.3.25）与式（15.3.26）是闭系的热力学第一定律。对于开系，除了作功和吸热外，系统内能还可以通过与外界交换物质而改变，因此，**开系的热力学第一定律**表为

$$\mathrm{d}U = đW + đQ + \sum_i \mu_i \mathrm{d}n_i \tag{15.3.29}$$

式中：求和遍及系统中各种类型的粒子，n_i 为第 i 种粒子的 mol 数；μ_i 为第 i 种粒子的**化学势**；$\mu_i \mathrm{d}n_i$ 为**化学功**。在本章的第 5 节中，将说明化学势的物理意义。

应当指出，在式（15.3.25）与式（15.3.26）中，初末态均为平衡态，但过程所经历的中间态不需要是平衡态，即式（15.3.25）与式（15.3.26）对非静态过程也成立。

内能的概念还可以推广到非平衡态情况。如果整个系统处于非平衡态，可以将系统划分为若干宏观小微观大的子系统，而每个子系统可视为处于平衡态，即整个系统由处于局域平衡的若干部分构成。由于每个子系统都处于平衡态，因此每个子系统都有相应的内能。而子系统之间的相互作用能远远小于子系统自身的内能，可以忽略不计。再注意到内能的广延性，则整个系统的内能为各子系统的内能之和。

热力学第一定律体现了能量的守恒与转化。能量守恒与转化是自然界的普遍规律之一，称为**能量转化与守恒定律**。它可以表述为：**自然界的一切物质都具有能量，能量有各种形式，可以从一种形式转化为另一种形式，从一个物体传递到另一个物体，在转化**

和传递过程中能量的数量不变。不过，热力学第一定律适用于宏观过程，而能量转化与守恒定律的意义却广泛得多，在微观过程中原则上也适用。历史上，人们企图发明一种机器，能够在不断的循环过程中，不消耗能量而输出有用功，或只消耗较少的能量而输出较多的功。这种机器被称为**第一类永动机**。根据能量转化与守恒定律，作功必须由能量转化而来，不可能无中生有的创造能量。所以这种机器是不可能实现的。因此，热力学第一定律又可表述为：**第一类永动机是不可能实现的**。

四、热容量与焓

式（15.3.21）和式（15.3.22）分别给出了定容热容量和定压热容量的定义。但在实际的理论分析中，热容量的这种定义用起来并不方便。热容量的最为方便的定义形式是把它们用系统的态函数表出。下面利用热力学第一定律，导出 pVT 系统定容热容量和定压热容量与态函数的关系。

对于 pVT 系统，热力学第一定律式（15.3.26）可写成

$$\Delta U = \Delta Q - p\Delta V \tag{15.3.30}$$

在等容过程中 $\Delta V = 0$，因此 $\Delta Q = \Delta U$，代入式（15.3.21），得定容热容量

$$C_V = \left(\frac{\partial U}{\partial T}\right)_V \tag{15.3.31}$$

在等压过程中，注意到 p 为常量，把式（15.3.30）代入式（15.3.22），得

$$C_p = \left(\frac{\partial U}{\partial T}\right)_p + p\left(\frac{\partial V}{\partial T}\right)_p \tag{15.3.32}$$

现定义一个态函数

$$H = U + pV \tag{15.3.33}$$

H 称为**焓**。在定压过程中焓的变化为 $\Delta H = \Delta U + p\Delta V$，于是，定压热容量也可表为

$$C_p = \left(\frac{\partial H}{\partial T}\right)_p \tag{15.3.34}$$

以上公式（15.3.31）、式（15.3.32）和式（15.3.34）是 pVT 系统中，最常用的热容量的表达式。容易看出，一般来说，定容热容量是温度和体积的函数，定压热容量是温度和压强的函数。

15.4 熵 热力学第二定律

15.3 节介绍了热力学第一定律，它揭示出在系统状态的变化过程中，各种形式的能量在传递和转化中必须满足的守恒关系，即热力学第一定律给出了一个热力学过程得以进行的必要条件。自然我们要问，满足热力学第一定律的过程是否一定能够发生？人们在大量实践中发现，许多过程虽然满足热力学第一定律，但这种过程实际中却不能进行。例如：焦耳曾做过让重物下降带动叶片旋转，旋转的叶片搅动水而对水作功，从而使水温升高的实验。这个实验本质上是一个功变热的过程，是可以自发进行的。然而其逆过程却不能自发进行，即不能通过水温的自然降低重新将重物提起。这也就是说，热变功

的过程是不能自发进行的。普遍地讲，**凡是与热现象有关的实际过程都具有方向性**。为了解决热力学过程的自发进行方向问题，需要引入独立于热力学第一定律的另一定律，这就是**热力学第二定律**。

一、热力学第二定律

热力学第二定律的表述方式有很多，最具代表性的是克劳修斯（Clausius）表述和开尔文（Kelvin）表述。

1850 年，克劳修斯提出：**热量不可能从低温物体传到高温物体而不引起其它变化。**这称为热力学第二定律的克劳修斯说法，简称**克氏说法**。

1851 年，开尔文提出：**不可能从单一热源吸热使之完全转化为功而不引起其它变化。**这称为热力学第二定律的开尔文说法，简称**开氏说法**。

上述热力学第二定律的两种说法完全等价，其等价性的证明在基础物理或大学物理等普通物理课程中做过详细介绍，这里不再重复。

无论是热力学第二定律的克氏说法还是开氏说法，其本质都是指出了一种热力学过程的不可逆性，以及这种过程的自发进行方向。前者指出了热传导过程的不可逆性，及其自发进行方向；后者指出了热功转化过程的不可逆性，及其自发进行方向。在这两种说法中，都强调了“不引起其它变化”这个条件。如果没有这个条件限制，热完全能从低温物体传向高温物体，如致冷机。但致冷机工作时引起的变化是，外界对系统所作的功也转化为热量传给了高温物体。同样，从单一热源吸热全部转化为功也是可能的，如理想气体的等温膨胀。但引起的变化是系统体积的增加。由此可见，“不引起其它变化”这个条件在热力学第二定律的表述中至关重要。

与热力学第一定律一样，热力学第二定律也是大量实验事实的总结。牢固的实验基础，保证了它的正确性。此外，由热力学第二定律导出的所有推论均被实验所证实，这也进一步证明了它的正确性。

历史上，曾有人企图制造能从单一热源吸热，使之完全转化为有用功而不引起其它变化的机器。这样的机器称为**第二类永动机**。显然，第二类永动机不违背热力学第一定律，但却违背热力学第二定律。因此热力学第二定律也可以表述为：**第二类永动机是不可能实现的。**

大量实践告诉我们，一切与热现象有关的实际过程都有确定的自发进行方向，或者说一切与热现象有关的实际过程都是不可逆过程。热力学第二定律的实质是为我们提供了不可逆过程自发进行方向的判据。同时，由于热力学第二定律众多说法的等价性，说明自然界中一切不可逆过程都是相互关联的。可以通过某种方法把任意两个不可逆过程联系起来，由一个过程的不可逆性推断出另一个过程的不可逆性。一个不可逆过程一旦发生，它所产生的后果无论用什么曲折复杂的方式也无法消除而不留下其它变化。

既然一切热力学过程都有确定的自发进行方向，这就暗示着任何热力学系统必然存在一个决定其热力学过程自发进行方向的“势”，或者说存在一个由系统状态决定的态函数，该态函数的改变决定了系统热力学过程的自发进行方向。这就类似于重力场中的物体总是自发的由高处向低处运动一样。之所以如此，是因为存在重力势能这样一个态函数的缘故，物体的自发运动总是朝着重力势能减小的方向进行。

克劳修斯首先找到了这个态函数——**熵**。熵是热力学理论中极为重要的概念，它的引入不仅给出了热力学第二定律的数学表述，还导出了热力学基本微分方程，以及由此而来的许多重要推论。

二、克劳修斯等式与不等式

根据卡诺定理：**工作于两个一定温度之间的任何热机的效率不大于工作于这两个温度之间的可逆机的效率**。即

$$\eta = 1 - \frac{Q_2}{Q_1} \leqslant 1 - \frac{T_2}{T_1} \tag{15.4.1}$$

式中：η 为热机效率；Q_1 为热机从温度为 T_1 的高温热源吸收的热量的数值；Q_2 为热机向温度为 T_2 的低温热源放出的热量的数值。式（15.4.1）中的等号仅适用于可逆循环。

由式（15.4.1），得

$$\frac{Q_1}{T_1} - \frac{Q_2}{T_2} \leqslant 0 \tag{15.4.2}$$

按照习惯约定，系统吸热为正，放热为负，上式改写为

$$\frac{Q_1}{T_1} + \frac{Q_2}{T_2} \leqslant 0 \tag{15.4.3}$$

式中：Q_1、Q_2 为代数值，含有符号，等号对可逆循环成立。式（15.4.3）就是著名的**克劳修斯等式与不等式**。克劳修斯等式与不等式告诉我们：**任何系统，在与两个不同温度的热源进行热接触而完成一个循环过程后，系统在各热源所吸收的热量与相应热源的温度之比（热温比）的和不大于零。**

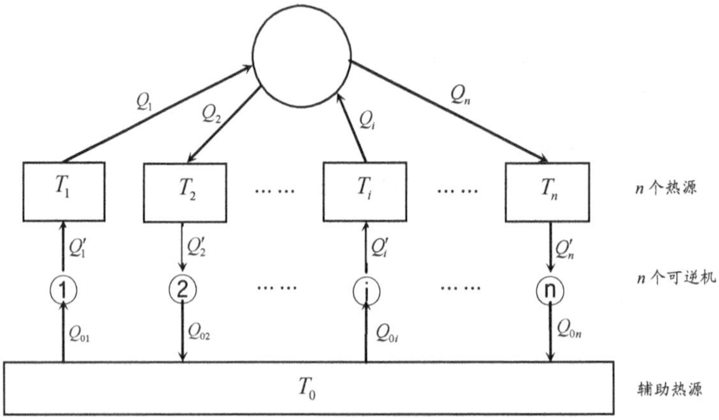

图 15.4.1　系统与 n 个热源进行热基础的循环过程

式（15.4.3）是系统在一个循环过程中与两个热源进行热接触的情况。如果系统在一个循环过程中分别与温度为 T_1，T_2，…，T_n 的 n 个热源进行热接触，从这 n 个热源中分别吸收 Q_1，Q_2，…，Q_n 的热量，式（15.4.3）推广为

$$\sum_{i=1}^{n} \frac{Q_i}{T_i} \leqslant 0 \tag{15.4.4}$$

下面来证明上式。

引入一个温度为 T_0 的辅助热源，并设想有 n 个可逆卡诺热机分别工作于温度为 T_1，T_2，…，T_i，…，T_n 的热源和辅助热源之间。如图 15.4.1 所示。其中第 i 个可逆卡诺热机在一个循环过程中从辅助热源吸热 Q_{0i}，从温度为 T_i 的热源吸热 Q_i'，并令 $Q_i' = -Q_i$，现将克劳修斯等式用于第 i 个可逆卡诺热机，有

$$\frac{Q_{0i}}{T_0} + \frac{Q_i'}{T_i} = 0 \tag{15.4.5}$$

由此得

$$Q_{0i} = -\frac{Q_i'}{T_i}T_0 = \frac{Q_i}{T_i}T_0 \tag{15.4.6}$$

上式对 i 求和，有

$$Q_0 = \sum_{i=1}^{n} Q_{0i} = T_0 \sum_{i=1}^{n} \frac{Q_i}{T_i} \tag{15.4.7}$$

Q_0 为 n 个可逆卡诺热机在一个循环过程中从辅助热源吸收的总热量。把这 n 个可逆卡诺热机与系统原来进行的循环配合起来，n 个热源在原来的循环过程中传给系统的热量都从卡诺热机收回，这样 n 个热源、系统以及 n 个卡诺热机都恢复原状，只有辅助热源放出了热量 Q_0。如果 $Q_0 > 0$，则一个循环结束后有

$$Q_0 + W = \Delta U = 0$$

或

$$-W = Q_0 \tag{15.4.8}$$

上式可解释为系统从单一热源（辅助热源）吸收的热量全部转化为机械功。这与热力学第二定律的开氏说法相违背。因此，假设 $Q_0 > 0$ 不真，只有 $Q_0 \leqslant 0$。再注意到 $T_0 > 0$，由式（15.4.7）立刻得式（15.4.4）。

如果系统原来进行的循环过程是可逆的，则可令过程反向进行，这时 Q_i 都变为 $-Q_i$，式（15.4.4）化为

$$\sum_{i=1}^{n} \frac{Q_i}{T_i} \geqslant 0 \tag{15.4.9}$$

要使式（15.4.4）与式（15.4.9）同时成立，只有

$$\sum_{i=1}^{n} \frac{Q_i}{T_i} = 0 \tag{15.4.10}$$

这说明，对可逆循环过程，式（15.4.4）为等式。但对不可逆循环过程，式（15.4.4）为不等式。原因是，如果不可逆循环过程也可以取等式的话，则式（15.4.7）中的 $Q_0 = 0$。这样一来，原来不可逆循环过程所产生的后果，就可通过 n 个可逆卡诺热机消除，这是不可能的。

当系统在循环过程中，与无穷多个温度连续变化的热源进行热接触，这时温度 T 是一连续函数，式（15.4.4）中的求和应用回路积分代替，即克劳修斯等式与不等式表为

$$\oint \frac{đQ}{T} \leqslant 0 \tag{15.4.11}$$

同样，此式中等号适用于可逆循环过程，不等号适用于不可逆循环过程。

三、熵

克劳修斯等式与不等式是热力学理论中的一个重要关系式，通过它并应用数学分析方法可以引入一个新的态函数——熵。熵的引入和确定，对热力学理论的发展具有十分重要的意义。

根据式（15.4.11），对系统的任意可逆循环过程，有

$$\oint \frac{đQ}{T} = 0 \tag{15.4.12}$$

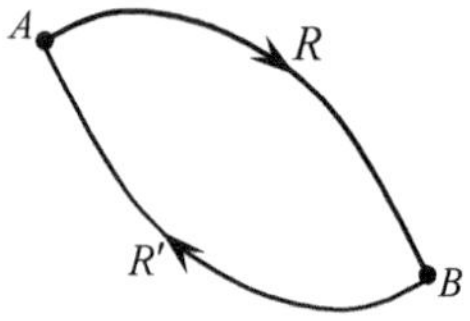

图 15.4.2

式中：$đQ$ 为系统从温度为 T 的热源吸收的热量。由于过程是可逆的，所以系统的温度和与之交换热量的热源的温度必然相等，因此 T 也是系统的温度。$\frac{đQ}{T}$ 就是系统的**热温比**。

设系统由初态 A 经历某一可逆过程 R 到达末态 B，又经另一可逆过程 R' 回到初态 A，构成一个可逆循环过程，如图 15.4.2 所示。根据式（15.4.12），有

$$\oint \frac{đQ}{T} = \int_{A(R)}^{B} \frac{đQ}{T} + \int_{B(R')}^{A} \frac{đQ}{T} = 0 \tag{15.4.13}$$

或

$$\int_{A(R)}^{B} \frac{đQ}{T} = \int_{A(R')}^{B} \frac{đQ}{T} \tag{15.4.14}$$

上式表明，系统由初态 A 经历两个不同的可逆过程 R 和 R' 到达末态 B，积分 $\int_A^B \frac{đQ}{T}$ 的值相等。再注意到 R 和 R' 是由状态 A 到状态 B 的两个任意可逆过程。因此，式（15.4.14）说明，积分 $\int_A^B \frac{đQ}{T}$ 的值仅由初末态决定，而与连接初末态的具体可逆过程无关。这也就意味着热力学系统必定存在一个态函数，这个态函数在初末态的差可以用积分 $\int_A^B \frac{đQ}{T}$ 的值表示。于是定义

$$\Delta S = S_B - S_A = \int_A^B \frac{đQ}{T} \tag{15.4.15}$$

式中的积分沿着由初态 A 到末态 B 的任意可逆过程进行。上式所定义的态函数 S 称为**熵**。值得注意的是，任何态函数只有相对的意义。式（15.4.15）给出的是系统初末态间熵差的定义，就某一状态而言，熵函数可以有一任意相加常数。由于热量是广延量，温度是强度量，由定义式知，熵函数是广延量。熵的单位是 $\mathrm{J \cdot K^{-1}}$（焦/开）。

对于无穷小可逆过程，系统熵变是式（15.4.15）的微分，即

$$\mathrm{d}S = \frac{đQ}{T} \tag{15.4.16}$$

式中：$đQ$ 为系统在无穷小可逆过程中吸收的热量，T 为系统的温度。由于熵是态函数，熵变 $\mathrm{d}S$ 是全微分。前面曾指出过，热量是过程量，$đQ$ 只是一个无穷小量，不是全微分。式（15.4.16）说明，$\frac{1}{T}$ 是 $đQ$ 的**积分因子**。

必须强调指出，仅对可逆过程，$\int_A^B \frac{đQ}{T}$ 或 $\frac{đQ}{T}$ 才表示系统的熵变。因此，如果系统经历的是一个可逆过程，直接把这个过程用于式（15.4.15）或式（15.4.16）便可求得系统的熵变。另外，式（15.4.16）还表明，在无穷小可逆过程中，外界热量的流入将引起系统熵的增加，增加的值为 $\frac{đQ}{T}$，我们把熵的这个增量称为**熵流**，用符号 $\mathrm{d}_e S$ 表示，即熵流

$$\mathrm{d}_e S = \frac{đQ}{T} \tag{15.4.17}$$

由于系统在可逆过程中可能吸热，也可能放热，还可能绝热，所以熵流可正、可负，也可以为零。因此，当系统经历有限可逆过程时，系统的熵可能增加，也可能减少，特别的，对于可逆绝热过程，系统的熵不变，即可逆绝热过程为等熵过程。

若系统经历的是不可逆过程，沿实际过程 $\int_A^B \frac{đQ}{T}$ 或 $\frac{đQ}{T}$ 不是系统的熵变。由于熵是态函数，熵变只与初末态有关，与过程无关。因此如果系统经历的是一个不可逆过程，计算系统的熵变时，可以完全抛开系统实际经历的过程，只需根据方便，假想一个连接始末态的可逆过程，把式（15.4.15）用于这个假想过程，从而求出系统的熵变。原则上，这样的可逆过程总是可以找到的。值得注意的是，在把式（15.4.15）用于假想过程时，$đQ$ 和 T 不是实际过程中系统吸收的热量和系统的温度，而是假想过程中系统吸收的热量和系统的温度。当然，假想的可逆过程与实际的不可逆过程所引起的系统状态变化相同，但外界变化不同，而我们只关心系统。

式（15.4.15）和式（15.4.16）中，初末态都是平衡态，即它们给出了系统处于平衡态时熵的定义。注意到熵的广延性，非平衡态情况下熵同样有意义。具体做法是，将系统分成许多宏观小微观大的子系统，每个子系统可视为处于平衡态。这样利用平衡态熵的定义，可得各子系统的熵。整个系统的熵等于各子系统熵的和。

四、热力学第二定律的数学表述

前面指出过，热力学第二定律的实质，是给出任何不可逆过程都有确定的自发进行方向。因此，如果能够找到一个数学表达式，通过它既可以判断过程是否可逆，又能够指出不可逆过程的自发进行方向，那么，这个数学表达式就是热力学第二定律的数学表述。利用克劳修斯等式与不等式和熵的定义，经简单推演，就可以得到这个关系式。

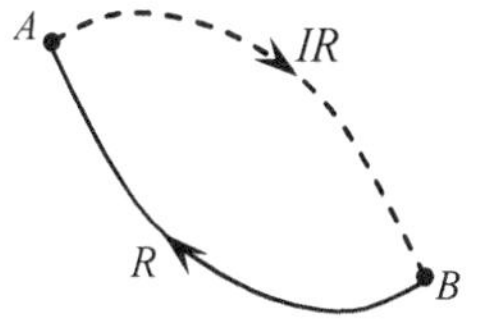

图 15.4.3

设系统由初态 A 经历一个实际（自发）过程 IR 到达末态 B。现令系统由末态 B 经历一可逆过程 R 回到初态 A。前面讲过，这种可逆过程理论上总是可以找到的。这样系统经历的实际过程和设想的可逆过程构成一个循环过程。如图 15.4.3 所示。把克劳修斯等式与不等式（15.4.11）用于这个循环过程，有

$$\int_{A(IR)}^{B} \frac{đQ}{T} + \int_{B(R)}^{A} \frac{đQ}{T} \leqslant 0 \tag{15.4.18}$$

或

$$\int_{A(R)}^{B}\frac{đQ}{T}\geqslant\int_{A(IR)}^{B}\frac{đQ}{T} \tag{15.4.19}$$

上式左端是沿设想的可逆过程的积分，根据熵的定义，它表示系统初末态的熵差，于是得

$$S_B-S_A\geqslant\int_{A(IR)}^{B}\frac{đQ}{T} \tag{15.4.20}$$

式中的积分是沿系统实际经历的过程进行的。

对于无穷小过程，式（15.4.20）表示为

$$\mathrm{d}S\geqslant\frac{đQ}{T} \tag{15.4.21}$$

式（15.4.20）或式（15.4.21）就是系统原来经历的实际过程所满足的关系式。前面指出，克劳修斯等式表示可逆循环，克劳修斯不等式表示不可逆循环。因此，当式(15.4.20)或式(15.4.21)的等号成立时，说明系统原来经历的实际过程是可逆过程；当式(15.4.20)或式（15.4.21）的不等号成立时，说明系统原来经历的实际过程是不可逆过程，而且这个不可逆过程的自发进行方向，满足式（15.4.20）或式（15.4.21）的不等式。由此可见，式（15.4.20）或式（15.4.21）既能够判断一个过程可逆与否，又能给出不可逆过程的自发进行方向。因此式（15.4.20）或式（15.4.21）就是热力学第二定律的数学表述。前者是热力学第二定律的积分形式，后者是热力学第二定律的微分形式。

热力学第二定律的数学表述说明：在可逆过程中，系统吸收的热量 $đQ$ 与热源温度 T（也是系统温度）之比等于系统的熵变，$1/T$ 是 $đQ$ 的积分因子；在不可逆过程中，系统吸收的热量 $đQ$ 与热源温度 T（一般不是系统温度）之比小于系统的熵变，$1/T$ 也不是 $đQ$ 的积分因子。

注意到熵的广延性，容易证明，对于初末态为非平衡态情况，热力学第二定律的数学表述仍然成立，只是其中只有不等号。原因是：处于非平衡态的系统，所经历的任何自发过程都是趋向于平衡态的，而趋于平衡态的过程必然是不可逆过程。

五、熵增加原理

将热力学第二定律用于绝热过程，可以得到一个重要推论——**熵增加原理**。

假设系统经历一个绝热过程，则 $đQ=0$，根据式（15.4.21）有

$$\mathrm{d}S\geqslant 0 \tag{15.4.22}$$

上式表明：**系统经绝热过程，熵永不减少。**这个结论称为熵增加原理。

按照熵增加原理，如果系统经历可逆绝热过程，熵不变；如果系统经历不可逆绝热过程，熵增加。反之，如果系统经历绝热过程后熵不变，这个绝热过程一定是可逆的；如果系统经历绝热过程后熵增加，这个绝热过程一定是不可逆的。

如果把熵增加原理用于孤立系，注意到孤立系是和外界完全隔绝的系统，孤立系中发生的任何过程都是绝热过程。因此，**孤立系统的熵永不减少。**这个结论也可以作为熵增加原理的另一种说法。由于孤立系统中发生的任何过程都是使系统趋向平衡态的。而孤立系统的熵又永不减少。不难想象，当孤立系的熵达到最大时，孤立系必然达到平衡。

反之，若孤立系达到了平衡，其熵必然最大。

历史上，克劳修斯等人曾把熵增加原理用于整个宇宙，得到宇宙“热寂”的荒谬结论。他们认为，整个宇宙是一个孤立系。根据熵增加原理，宇宙的熵永不减少，宇宙中发生的任何过程都使宇宙的熵增加。将来总有一天，宇宙的熵会达到最大，于是整个宇宙达到平衡态，即进入了所谓的“热寂”状态。真到了那一天，我们这个多姿多彩、千变万化的世界将变得死气沉沉，没有日月星辰的轮回，没有风雨阴晴的变化。要让宇宙从平衡态中重新活跃起来，只有靠外力的推动。这就为上帝创造了世界找到了所谓的“科学依据”。

“热寂说”的荒谬，在于把整个宇宙看成了热力学中的孤立系。然而，热力学定律是建立在有限的时空广延范围内所观测到的实验现象基础上的。热力学中的孤立系并非完全没有外界的系统，而是有限的、消去了外界影响的理想系统。这和完全没有外界的、无限的、无所不包的整个宇宙有着本质的不同。因此，把在有限时空广延范围内成立的热力学定律外推到整个宇宙是没有任何依据的。

20 世纪 70 年代，宇宙大爆炸理论的提出，更进一步地驳斥了“热寂说”。按照大爆炸宇宙模型，宇宙诞生于大爆炸之后，并且一直在膨胀，宇宙本身并不是一个静止的不变的系统。根据熵增加原理，每个静态的封闭的系统，其熵有一个固定的最大值 $S_{\max}$，这个值对应系统的一个平衡态。但对于不断膨胀着的系统，每一瞬间系统可能达到的 $S_{\max}$ 是与时俱增的。如果膨胀的足够快，系统不但不能每时每刻跟上进程以达到新的平衡，实际上系统熵的增长落后于 $S_{\max}$ 的增长，二者的差距会愈来愈大。宇宙的演化过程表明，宇宙的熵虽在不断增加，但它距离平衡态（热寂状态）的 $S_{\max}$ 却愈来愈远。宇宙的早期基本上处于热平衡的、高温高密度的混沌状态。随着宇宙的不断膨胀，逐渐发展出越来越多样化的结构。于是，在微观上形成了原子核、原子、分子（从简单的无机分子到高级的生物大分子）等；在宏观上演化出星系团、星系、恒星、太阳系、地球、生命，直至人类这样的智慧生物和由他们组成的越来越发达的社会。宇宙的演化过程表明，宇宙不但不会“热寂”，反而是从早期的“热寂”状态在生机勃勃的“复苏”。

“热寂说”的要害，在于忽视了万有引力在宇宙演化中的作用。宇宙的各个部分存在着引力，它的存在不是使宇宙趋于均匀化，而是凝结成团。所以整个宇宙不可能达到平衡态。当然，今天的宇宙观尚无法预卜宇宙的最终结局。

15.5　热力学基本微分方程

一、热力学基本微分方程

将热力学第一定律式（15.3.26）代入热力学第二定律（15.4.21）式中，得

$$\mathrm{d}S \geqslant \frac{\mathrm{d}U - đW}{T} \tag{15.5.1}$$

上式是热力学第一、第二定律的综合表示，称为**热力学基本等式与不等式**。在式（15.5.1）中，等号适用于可逆过程，不等号适用于不可逆过程。

对于简单的 PVT 系统，在可逆过程中，系统只有体积变化功 $đW = -p\mathrm{d}V$，这时式（15.5.1）化为

$$dU = TdS - pdV \tag{15.5.2}$$

上式称为**热力学基本微分方程**。由于任意两个平衡态必定可以用可逆过程相连接，所以上式也可以理解为描述平衡态的状态参量之间的关系，即它给出了相差无穷小的两个平衡态之间的内能差、熵差和体积差之间的关系。这种关系也可以抽象的写成

$$U = U(S,V) \tag{15.5.3}$$

对上式两端求微分，得

$$dU = \left(\frac{\partial U}{\partial S}\right)_V dS + \left(\frac{\partial U}{\partial V}\right)_S dV$$

和式（15.5.2）比较，有

$$T = \left(\frac{\partial U}{\partial S}\right)_V \qquad p = -\left(\frac{\partial U}{\partial V}\right)_S$$

对于一般闭系，元功由式（15.3.16）表示，热力学基本微分方程为

$$dU = TdS + \sum_i Y_i dy_i \tag{15.5.4}$$

上式说明，一般闭系的内能是熵 S 和各外参量 y_i 的函数，即

$$U = U(S, y_1, y_2, \cdots) \tag{15.5.5}$$

对于开放的 PVT 系统，例如：系统存在相变或化学反应，这时随着物质量的转移，系统的内能会随之变化。若设系统由 k 个独立组元构成，则系统内能是系统的熵、体积和所含各组元物质量的函数，即

$$U = U(S, V, n_1, n_2, \cdots, n_k) \tag{15.5.6}$$

式中：n_1，n_2，…，n_k 为各组元的摩尔数。对上式求微分，得

$$dU = \left(\frac{\partial U}{\partial S}\right)_{V,n_1,\cdots,n_k} dS + \left(\frac{\partial U}{\partial V}\right)_{S,n_1,\cdots,n_k} dV + \sum_{i=1}^{k}\left(\frac{\partial U}{\partial n_i}\right)_{S,V,n_j\neq n_i} dn_i \tag{15.5.7}$$

不难看出，上式中

$$\left(\frac{\partial U}{\partial S}\right)_{V,n_1,\cdots,n_k} = T\text{；}\quad \left(\frac{\partial U}{\partial V}\right)_{S,n_1,\cdots,n_k} = -p$$

分别表示系统的温度和压强，令

$$\mu_i = \left(\frac{\partial U}{\partial n_i}\right)_{S,V,n_j\neq n_i} \tag{15.5.8}$$

则式（15.5.7）表为

$$dU = TdS - pdV + \sum_{i=1}^{k}\mu_i dn_i \tag{15.5.9}$$

上式就是开系的热力学基本微分方程。这个方程也可由式（15.3.29），并令其中的 $đW = -pdV$，$đQ = TdS$ 得到。

式（15.5.8）所定义的 μ_i 称为系统第 i 组元的化学势。式（15.5.9）右端的前两项分别代表以交换热的形式和交换机械功的形式所引起的系统内能的改变，最后一项则是由于各组元物质量的改变所引起的系统内能的改变。在等熵、等容和除第 i 组元以外其它组元的物质量均不变的条件下，系统内能的改变为 $dU = \mu_i dn_i$。由此看出，μ_i 表示系统内能随第 i 组元物质量的变化率，这就是化学势的物理意义。温度 T 和压强 p 有时被称

为“热势”和“压势”，是两个强度量，这两种“势”的存在可以引起能量的传递，从而改变系统的内能。而 μ_i 在式（15.5.9）中的地位与 T 和 p 相当，也是一个强度量，它的存在是通过物质量的转移而引起系统内能改变的，这就是称它为化学势的原因。化学势还可以表述为其它形式，由于篇幅所限，这里不做更多叙述。

二、简例

下面通过两个例子，来看热力学基本微分方程的应用。

例一　求理想气体的熵。

根据焦耳定律，理想气体的内能只是温度的函数，与体积无关，即

$$U = U(T) \tag{15.5.10}$$

于是

$$\mathrm{d}U = \frac{\mathrm{d}U}{\mathrm{d}T}\mathrm{d}T = C_V \mathrm{d}T \tag{15.5.11}$$

利用理想气体的物态方程 $pV = nRT$，并把上式代入热力学基本微分方程式（15.5.2），得

$$\mathrm{d}S = C_V \frac{\mathrm{d}T}{T} + nR\frac{\mathrm{d}V}{V} \tag{15.5.12}$$

式（15.5.12）是把温度和体积 (T,V) 作为独立变量时，理想气体熵所满足的方程。

利用理想气体物态方程和理想气体定压热容量 C_p 与定容热容量 C_V 的关系

$$C_p - C_V = nR \tag{15.5.13}$$

（此式在下一节中证明）也可以把理想气体的熵化为以温度和压强 (T,p) 或以压强和体积 (p,V) 为独立变量时所满足的方程

$$\mathrm{d}S = C_p \frac{\mathrm{d}T}{T} - nR\frac{\mathrm{d}p}{p} \tag{15.5.14}$$

和

$$\mathrm{d}S = C_V \frac{\mathrm{d}p}{p} + C_p\frac{\mathrm{d}V}{V} \tag{15.5.15}$$

积分式（15.5.12）、式（15.5.14）和式（15.5.15），并假设 C_p、C_V 为常数，便可得到分别以 (T,V)、(T,p) 和 (p,V) 为独立变量时，理想气体的熵函数

$$S = C_V \ln T + nR\ln V + S_0 \tag{15.5.16}$$

$$S = C_p \ln T - nR\ln p + S_0 \tag{15.5.17}$$

$$S = C_V \ln p + C_p \ln V + S_0 \tag{15.5.18}$$

式中：S_0 为熵常数，上述三式中的 S_0 一般不相同。只要给定理想气体的初末态，利用上述公式，就可求得其熵差。

例如：理想气体由初态 A，状态参量为 (T_A,V_A)，变到末态 B，状态参量为 (T_A,V_B) 时的熵差。由于这里态参量是用温度和体积表示的，所以利用式（15.5.16）最为方便。分别将末态和初态的态参量代入式（15.5.16），然后相减，得

$$\Delta S = S_B - S_A = nR\ln\frac{V_B}{V_A} \tag{15.5.19}$$

上式就是理想气体由状态 A 变到状态 B 时的熵变。如果 $V_B > V_A$，即理想气体经历了一个在保持温度不变的条件下体积膨胀的过程，这时

$$\Delta S > 0 \tag{15.5.20}$$

即理想气体的熵是增加的。下面对这个结果再做一些分析。

我们知道，对理想气体而言，由初态 (T_A, V_A) 变到末态 (T_A, V_B)，可以通过两种不同的过程实现。一种是等温膨胀过程，另一种是绝热自由膨胀过程。现在利用上述结果来对这两种过程进行分析。

首先来看等温膨胀过程。由于理想气体内能只是温度的函数，所以在等温过程中理想气体的内能不变，即 $\mathrm{d}U = 0$。由热力学第一定律，有

$$đQ = p\mathrm{d}V \tag{15.5.21}$$

表示理想气体在等温膨胀过程中吸收的热量。将理想气体物态方程代入式（15.5.21），得

$$\frac{đQ}{T} = nR\frac{\mathrm{d}V}{V} \tag{15.5.22}$$

沿等温膨胀过程由初态到末态积分上式，得

$$\int_A^B \frac{đQ}{T} = nR\int_A^B \frac{\mathrm{d}V}{V} = nR\ln\frac{V_B}{V_A} \tag{15.5.23}$$

与式（15.5.19）比较，得

$$\Delta S = \int_A^B \frac{đQ}{T} \tag{15.5.24}$$

上式说明，理想气体由初态 (T_A, V_A) 经历等温膨胀过程变到末态 (T_A, V_B) 时，系统的熵变等于系统在该过程中的热温比之和 $\int_A^B \frac{đQ}{T}$，根据热力学第二定律，理想气体的等温膨胀过程是可逆过程。

再来看绝热自由膨胀过程。此过程中 $đQ = 0$，于是

$$\int_A^B \frac{đQ}{T} = 0 \tag{15.5.25}$$

与（15.5.20）式比较，知

$$\Delta S > \int_A^B \frac{đQ}{T} \tag{15.5.26}$$

上式说明，理想气体经绝热自由膨胀过程由初态 (T_A, V_A) 到达末态 (T_A, V_B) 时，系统熵变大于系统在该过程中的热温比之和。根据热力学第二定律，理想气体的绝热自由膨胀过程是不可逆过程。

例二 两杯质量相等的水，温度分别为 T_1 和 T_2，当把它们在等压条件下进行绝热混合，求熵变。

因为过程是在等压条件下进行的，所以选 (T, p) 为状态参量最方便。设混合前两杯水的状态（初态）分别为 (T_1, p) 和 (T_2, p)。绝热混合后，由于两杯水质量相等，它们的共同温度为 $T = \frac{1}{2}(T_1 + T_2)$。因此混合后，两杯水的状态（末态）都是 (T, p)。注意到熵的广延性，只要求出每杯水初末态的熵变，其和就等于两杯水混合前后的熵变。下面求之。

由式（15.3.33）知，在等压条件下 $\mathrm{d}H = \mathrm{d}U + p\mathrm{d}V$，再利用热力学第一定律，有

$$dH = (đQ)_p = C_p dT \tag{15.5.27}$$

将上式代入热力学基本微分方程，得

$$dS = \frac{dH}{T} = \frac{C_p dT}{T} \tag{15.5.28}$$

积分上式，并假设定压热容量 C_p 为常量，得第一杯水的熵变为

$$\Delta S_1 = \int_{T_1}^{T} \frac{C_p dT'}{T'} = C_p \ln\frac{T}{T_1} = C_p \ln\frac{T_1+T_2}{2T_1} \tag{15.5.29}$$

同理，第二杯水的熵变为

$$\Delta S_2 = \int_{T_2}^{T} \frac{C_p dT'}{T'} = C_p \ln\frac{T}{T_2} = C_p \ln\frac{T_1+T_2}{2T_2} \tag{15.5.30}$$

总熵变为

$$\Delta S = \Delta S_1 + \Delta S_2 = C_p \ln\frac{(T_1+T_2)^2}{4T_1T_2} \tag{15.5.31}$$

注意到 $(T_1+T_2)^2 \geqslant 4T_1T_2$，等号仅当 $T_1 = T_2$ 时成立。因此

$$\Delta S \geqslant 0 \tag{15.5.32}$$

上式说明，这两杯水在绝热混合过程中，熵永不减少，这正是熵增加原理的结论。

当 $T_1 = T_2$ 时，$(T_1+T_2)^2 = 4T_1T_2$，于是 $\Delta S = 0$，即混合前后的熵不变，按熵增加原理，这种情形下的混合是可逆过程。

当 $T_1 \neq T_2$ 时，$(T_1+T_2)^2 > 4T_1T_2$，于是 $\Delta S > 0$，即混合前后的熵增加，按熵增加原理，这种情形下的混合是不可逆过程。

15.6　热力学特性函数与麦氏关系

一、热力学特性函数

前面介绍了 PVT 系统的热力学基本微分方程

$$dU = TdS - pdV \tag{15.6.1}$$

这个方程是以熵和体积为独立变量时，内能所满足的方程，是热力学第一定律和第二定律的综合表述。在解决实际问题时，恰当的选择独立变量，会使问题的求解变得更加方便。而当独立变量选择的不同时，热力学基本微分方程的形式也不同。下面就 PVT 系统，介绍几个常用的热力学基本微分方程的变形。

对式（15.3.33）定义的态函数焓 $H = U + pV$ 求微分，有

$$dH = dU + pdV + Vdp \tag{15.6.2}$$

把式（15.6.1）代入式（15.6.2），得

$$dH = TdS + Vdp \tag{15.6.3}$$

上式是以熵 S 和压强 p 为独立变量时的热力学基本微分方程。

定义态函数

$$F = U - TS \tag{15.6.4}$$

式中：F 称为**自由能**。对上式求微分，并利用式（15.6.1），得

$$dF = -SdT - pdV \tag{15.6.5}$$

上式是以温度 T 和体积 V 为独立变量时的热力学基本微分方程。

定义态函数

$$G = H - TS = U + pV - TS \tag{15.6.6}$$

式中：G 称为**吉布（Gibbs）斯函数**或**自由焓**。对上式求微分，并利用式（15.6.3），得

$$dG = -SdT + Vdp \tag{15.6.7}$$

上式是以温度 T 和压强 p 为独立变量时的热力学基本微分方程。

以上式（15.6.1）、式（15.6.3）、式（15.6.5）和式（15.6.7）合称为**克劳修斯方程组**，它们都是热力学第一定律和第二定律的综合表述。

由于内能 U 、焓 H 、自由能 F 和吉布斯函数 G 都是态函数，对它们求微分，并注意到各自的独立变量，有

$$dU = \left(\frac{\partial U}{\partial S}\right)_V dS + \left(\frac{\partial U}{\partial V}\right)_S dV \tag{15.6.8}$$

$$dH = \left(\frac{\partial H}{\partial S}\right)_p dS + \left(\frac{\partial H}{\partial p}\right)_S dp \tag{15.6.9}$$

$$dF = \left(\frac{\partial F}{\partial T}\right)_V dT + \left(\frac{\partial F}{\partial V}\right)_T dV \tag{15.6.10}$$

$$dG = \left(\frac{\partial G}{\partial T}\right)_p dT + \left(\frac{\partial G}{\partial p}\right)_T dp \tag{15.6.11}$$

将上述四式与克劳修斯方程组一一对比，立刻得

$$\begin{cases} T = \left(\dfrac{\partial U}{\partial S}\right)_V = \left(\dfrac{\partial H}{\partial S}\right)_p, \quad P = -\left(\dfrac{\partial U}{\partial V}\right)_S = -\left(\dfrac{\partial F}{\partial V}\right)_T \\ V = \left(\dfrac{\partial H}{\partial p}\right)_S = \left(\dfrac{\partial G}{\partial p}\right)_T, \quad S = -\left(\dfrac{\partial F}{\partial T}\right)_V = -\left(\dfrac{\partial G}{\partial T}\right)_p \end{cases} \tag{15.6.12}$$

由以上关系式不难看出：如果已知 $U = U(S,V)$ 、 $H = H(S,p)$ 、 $F = F(T,V)$ 和 $G = G(T,p)$ 这四个态函数中的任意一个，通过计算偏导数，就可求得系统的所有热力学函数。也就是说，上述四个态函数中的任何一个，均蕴含了系统的全部热力学特性，因此把这些函数称为**热力学特性函数**。

例如：当已知自由能 $F = F(T,V)$ 时。利用式（15.6.12），可以得到系统的物态方程和熵函数

$$P(T,V) = -\left(\frac{\partial F}{\partial V}\right)_T, \quad S(T,V) = -\left(\frac{\partial F}{\partial T}\right)_V \tag{15.6.13}$$

再利用上式及式（15.6.4）、式（15.3.33）和式（15.6.6）便可得到系统的内能、焓以及吉布斯函数

$$U(T,V) = F - T\left(\frac{\partial F}{\partial T}\right)_V \tag{15.6.14}$$

$$H(T,V) = F - T\left(\frac{\partial F}{\partial T}\right)_V - V\left(\frac{\partial F}{\partial V}\right)_T \tag{15.6.15}$$

$$G(T,V)=F-V\left(\frac{\partial F}{\partial V}\right)_T \tag{15.6.16}$$

这样就求出了系统的所有态函数。它们都是以(T,V)为独立变量的函数。

再比如，当已知吉布斯函数$G=G(T,p)$时，利用式（15.6.12），可以得到系统的物态方程和熵函数

$$V(T,p)=\left(\frac{\partial G}{\partial p}\right)_T,\quad S(T,p)=-\left(\frac{\partial G}{\partial T}\right)_p \tag{15.6.17}$$

再利用上式及式（15.6.6）和式（15.6.4）便可得到系统的内能、焓以及自由能

$$U(T,p)=G-p\left(\frac{\partial G}{\partial p}\right)_T-T\left(\frac{\partial G}{\partial T}\right)_p \tag{15.6.18}$$

$$H(T,p)=G-T\left(\frac{\partial G}{\partial T}\right)_p \tag{15.6.19}$$

$$F(T,V)=G-p\left(\frac{\partial G}{\partial p}\right)_T \tag{15.6.20}$$

这样就求出了系统的所有态函数。它们都是以(T,p)为独立变量的函数。式（15.6.18）和式（15.6.19）称为**吉布斯－亥姆赫兹（Helmhertz）方程**。

同理，可以证明$U=U(S,V)$和$H=H(S,p)$也是热力学特性函数。

必须强调指出，一个态函数是否为热力学特性函数，与独立变量的选择有着密切的关系。如前所述，当以(T,V)为独立变量时，自由能$F=F(T,V)$是热力学特性函数。但若以(T,p)为独立变量，容易证明，由$F=F(T,p)$将得不到系统的所有其它热力学函数，这说明$F=F(T,p)$不是热力学特性函数。

二、麦氏关系

根据方程式（15.6.1）、式（15.6.3）、式（15.6.5）和式（15.6.7），并注意到这些方程的左端都是全微分，由全微分的条件，立刻得

$$\left(\frac{\partial T}{\partial V}\right)_S=-\left(\frac{\partial p}{\partial S}\right)_V \tag{15.6.21}$$

$$\left(\frac{\partial T}{\partial p}\right)_S=\left(\frac{\partial V}{\partial S}\right)_p \tag{15.6.22}$$

$$\left(\frac{\partial S}{\partial V}\right)_T=\left(\frac{\partial p}{\partial T}\right)_V \tag{15.6.23}$$

$$\left(\frac{\partial S}{\partial p}\right)_T=-\left(\frac{\partial V}{\partial T}\right)_p \tag{15.6.24}$$

以上四式称为**麦克斯韦（Maxwell）关系式**，简称**麦氏关系**。麦氏关系在热力学理论中十分重要。其重要性主要体现在，利用麦氏关系可以把系统的各种热力学性质（热力学函数），用诸如膨胀系数、热容量等可由实验直接测量的响应函数表出。也就是说，麦氏关系建立起了热力学理论与实验的联系。这恰是理论的核心任务之一。

三、麦氏关系的应用

1. 内能的计算（以 T,V 为独立变量）

当选 T,V 为独立变量时，有

$$\mathrm{d}S=\left(\frac{\partial S}{\partial T}\right)_V\mathrm{d}T+\left(\frac{\partial S}{\partial V}\right)_T\mathrm{d}V \tag{15.6.25}$$

$$\mathrm{d}U=\left(\frac{\partial U}{\partial T}\right)_V\mathrm{d}T+\left(\frac{\partial U}{\partial V}\right)_T\mathrm{d}V \tag{15.6.26}$$

把式（15.6.25）代入式（15.6.1），得

$$\mathrm{d}U=T\left(\frac{\partial S}{\partial T}\right)_V\mathrm{d}T+\left[T\left(\frac{\partial S}{\partial V}\right)_T-p\right]\mathrm{d}V \tag{15.6.27}$$

上式和式（15.6.22）比较，并利用式（15.3.31）及式（15.6.23），得

$$C_V=\left(\frac{\partial U}{\partial T}\right)_V=T\left(\frac{\partial S}{\partial T}\right)_V \tag{15.6.28}$$

$$\left(\frac{\partial U}{\partial V}\right)_T=T\left(\frac{\partial p}{\partial T}\right)_V-p \tag{15.6.29}$$

式（15.6.28）给出定容热容量的另一种定义，式（15.6.29）给出内能与物态方程的关系，这个关系称为**能态方程**。利用式（15.6.28）和式（15.6.29），得

$$\mathrm{d}U=C_V\mathrm{d}T+\left[T\left(\frac{\partial p}{\partial T}\right)_V-p\right]\mathrm{d}V \tag{15.6.30}$$

上式就是以 T,V 为独立变量时，计算内能的公式。公式右端的各量均可由实验直接测量。

2. 焓的计算（以 T,p 为独立变量）

当选 T,p 为独立变量时，有

$$\mathrm{d}S=\left(\frac{\partial S}{\partial T}\right)_p\mathrm{d}T+\left(\frac{\partial S}{\partial p}\right)_T\mathrm{d}p \tag{15.6.31}$$

$$\mathrm{d}H=\left(\frac{\partial H}{\partial T}\right)_p\mathrm{d}T+\left(\frac{\partial H}{\partial p}\right)_T\mathrm{d}p \tag{15.6.32}$$

把式（15.6.31）代入式（15.6.3），得

$$\mathrm{d}H=T\left(\frac{\partial S}{\partial T}\right)_p\mathrm{d}T+\left[T\left(\frac{\partial S}{\partial p}\right)_T+V\right]\mathrm{d}p \tag{15.6.33}$$

上式和式（15.6.32）比较，并利用式（15.3.34）及式（15.6.24），得

$$C_p=\left(\frac{\partial H}{\partial T}\right)_p=T\left(\frac{\partial S}{\partial T}\right)_p \tag{15.6.34}$$

$$\left(\frac{\partial H}{\partial p}\right)_T=V-T\left(\frac{\partial V}{\partial T}\right)_p \tag{15.6.35}$$

式（15.6.34）给出定压热容量的另一种定义，式（15.6.35）给出焓与物态方程的关系，这个关系称为**焓态方程**。利用式（15.6.34）和式（15.6.35），得

$$\mathrm{d}H=C_p\mathrm{d}T+\left[V-T\left(\frac{\partial V}{\partial T}\right)_p\right]\mathrm{d}p \tag{15.6.36}$$

上式就是以T,p为独立变量时，计算焓的公式。公式右端各量均可由实验直接测量。

3. 熵的计算

计算熵的常用公式有两个。

（1）第一$T\mathrm{d}S$方程

把式（15.6.30）代入式（15.6.1），得

$$T\mathrm{d}S=C_V\mathrm{d}T+T\left(\frac{\partial p}{\partial T}\right)_V\mathrm{d}V \tag{15.6.37}$$

或

$$\mathrm{d}S=\frac{C_V}{T}\mathrm{d}T+\left(\frac{\partial p}{\partial T}\right)_V\mathrm{d}V \tag{15.6.38}$$

以上两式称为**第一$T\mathrm{d}S$方程**。是以T,V为独立变量时计算熵的公式。

（2）第二$T\mathrm{d}S$方程

把式（15.6.36）代入式（15.6.3），得

$$T\mathrm{d}S=C_p\mathrm{d}T-T\left(\frac{\partial V}{\partial T}\right)_p\mathrm{d}p \tag{15.6.39}$$

或

$$\mathrm{d}S=\frac{C_p}{T}\mathrm{d}T-\left(\frac{\partial V}{\partial T}\right)_p\mathrm{d}p \tag{15.6.40}$$

以上两式称为**第二$T\mathrm{d}S$方程**。是以T,p为独立变量时计算熵的公式。

4. 定压热容量与定容热容量的差

对于PVT系统，物态方程可以一般性地表为$V=V(T,p)$。若选T,p为独立变量，则熵可表示为通过中间变量$V=V(T,p)$依赖于T,p的复合函数，即

$$S=S(T,V(T,p)) \tag{15.6.41}$$

根据复合函数的微分法，有

$$\left(\frac{\partial S}{\partial T}\right)_p=\left(\frac{\partial S}{\partial T}\right)_V+\left(\frac{\partial S}{\partial V}\right)_T\left(\frac{\partial V}{\partial T}\right)_p \tag{15.6.42}$$

上式两端同乘以T，并利用式（15.6.28）、式（15.6.34）和式（15.6.23），得

$$C_p-C_V=T\left(\frac{\partial p}{\partial T}\right)_V\left(\frac{\partial V}{\partial T}\right)_p \tag{15.6.43}$$

上式就是定压热容量与定容热容量的差。若将理想气体的物态方程代入上式，立刻得式（15.5.13）。

式（15.6.43）说明，C_V和C_p不独立，只要知道其中一个，就可求出另一个。另外，利用力学响应函数的定义式（15.1.5）、式（15.1.6）和式（15.1.7），以及三个力学响应函数的关系式（15.1.10），经简单推导，得

$$C_p-C_V=\frac{TV\alpha^2}{\kappa} \tag{15.6.44}$$

上式给出热学响应函数与力学响应函数的关系。

由上述关系不难看到，对PVT系统来说，只要由实验测得系统的任意一个热学响应函数和两个力学响应函数，便可求出系统的所有热力学函数。因此，应用热力学理论研

究 PVT 系统的热力学性质时，需要三个基本实验：一个是测量热学响应函数的实验，还有两个是测量力学响应函数的实验。通常定压热容量 C_p、膨胀系数 α 和压缩系数 κ 的测量在实验上比较容易实现。

15.7 热力学第三定律

一、能斯特（Nernst）定理与热力学第三定律

前面讨论熵时，总是指相对熵，即两个状态的熵差。就某一状态而言，其熵值并不确定，有一个任意的相加常数，即熵常数。对于大多数热力学问题，一般只涉及到系统的熵变，熵常数的值无关紧要。但在有些问题中，却不是这样。如化学平衡常数的理论计算中就需要知道熵常数。1906 年，能斯特从低温下化学反应的大量实验中，总结出一个结论：**在温度趋于绝对零度的等温过程中，系统的熵不变。**这个结论称为**能斯特定理**。其数学表述为

$$\lim_{T\to 0}(\Delta S)_T = 0 \tag{15.7.1}$$

式中：$(\Delta S)_T$ 为等温过程中系统的熵变。若以 T, y 为状态参量，初态为 (T, y_1)，末态为 (T, y_2)，由上式知

$$\lim_{T\to 0}(\Delta S)_T = S(0, y_1) - S(0, y_2) = 0 \tag{15.7.2}$$

或

$$S(0, y_1) = S(0, y_2) = \text{常数（有限大小）} \tag{15.7.3}$$

1912 年，能斯特根据他的定理推出一个原理，称为**绝对零度不能达到原理**。这个原理说：**不可能用有限手续使物体的温度达到绝对零度。**绝对零度不能达到原理是不能由理论和实验直接证明的，它的正确性是由它的一切推论均与实验吻合而被间接证明的。迄今为止，人们从未发现与该原理相违的情况出现。后来人们把这个原理称为**热力学第三定律**。热力学第三定律是独立于热力学前三个定律的又一条基本原理，它们一起构成了热力学理论的基本定律。

当把绝对零度不能达到原理作为热力学理论的基本定律时，能斯特定理则成为它的一个直接推论。下面由热力学第三定律导出能斯特定理。

设系统的状态参量为 T, y，其中态参量 y 可以是压强、体积、电场强度或磁场强度等。现考虑在保持 y 不变的条件下，系统温度 T 发生无穷小改变 $\mathrm{d}T$ 的一个可逆过程。根据热力学第二定律，在此过程中系统吸收的热量 $(đQ)_y$ 为

$$(đQ)_y = T(\mathrm{d}S)_y \tag{15.7.4}$$

按热容量的定义，这个等 y 过程的热容量 C_y 为

$$C_y = \frac{(đQ)_y}{\mathrm{d}T} \tag{15.7.5}$$

把式（15.7.4）代入式（15.7.5），得

$$C_y = T\left(\frac{\partial S}{\partial T}\right)_y \tag{15.7.6}$$

在等 y 条件下积分上式，得

$$S(T,y)=S(T_0,y)+\int_{T_0}^{T}C_y\frac{\mathrm{d}T'}{T'} \tag{15.7.7}$$

式中：T_0 和 T 分别为初、末态的温度。上式是计算熵的一个普遍公式。

由式（15.7.7）不难看出，当 $T_0\to 0$ 时，若 C_y 不趋于零，积分将变为负的无穷大，因而熵不会趋于一个有限值。在这种情形下，能斯特定理没意义。反之，当 $T_0\to 0$ 时，若 C_y 也趋于零，积分为有限值，因而熵也趋于一个有限值。目前所知，自然界中一切物质的热容量都随温度趋于零而趋于零，即

$$\lim_{T\to 0}C_y=0 \tag{15.7.8}$$

这一结论在经典理论中不能给出很好说明，但应用量子理论可以给出严格证明。关于这一点，将在后面的统计力学中做进一步讨论。

现令式（15.7.7）中 $T_0\to 0$，得

$$S(T,y)=S(0,y)+\int_{0}^{T}C_y\frac{\mathrm{d}T'}{T'} \tag{15.7.9}$$

式中：熵常数 $S(0,y)$ 为系统在绝对零度极限下的熵值。

下面需考虑，要将一个物体冷却到尽可能低的温度，经历什么过程最有效。要使物体温度降低，只可能有两种过程：一种是绝热过程，另一种是非绝热过程。在非绝热过程中，如果物体在降温的同时还吸收热量，效率显然不高；若要物体降温的同时还放出热量，效率虽高，但必须要求外界温度低于物体温度才行。而我们的目的是要把物体温度降到比周围任何物体的温度都低。因此，要物体降温的同时还放热的过程显然是不可能持续进行下去的。由此可见，在温度足够低的情况下，可逆绝热过程才是效率最高的降温过程。

设系统初态为 (T_1,y_1)，经历可逆绝热过程降温到末态 (T_2,y_2)。由熵增加原理知，可逆绝热过程是等熵过程，所以

$$S_A(T_1,y_1)=S_B(T_2,y_2) \tag{15.7.10}$$

利用式（15.7.9），有

$$\begin{aligned}S_A(T_1,y_1)&=S(0,y_1)+\int_0^{T_1}C_{y_1}\frac{\mathrm{d}T}{T}\\ S_B(T_2,y_2)&=S(0,y_2)+\int_0^{T_2}C_{y_2}\frac{\mathrm{d}T}{T}\end{aligned} \tag{15.7.11}$$

代入式（15.7.10），得

$$\int_0^{T_1}C_{y_1}\frac{\mathrm{d}T}{T}-\int_0^{T_2}C_{y_2}\frac{\mathrm{d}T}{T}=S(0,y_2)-S(0,y_1) \tag{15.7.12}$$

如果 $S(0,y_2)\neq S(0,y_1)$，不妨设 $S(0,y_2)>S(0,y_1)$，则上式右端为正数，注意到积分 $\int_0^{T_1}C_{y_1}\frac{\mathrm{d}T}{T}$ 的值随 T_1 而变，因此，总可以选择一个适当的 T_1，使得

$$\int_0^{T_1}C_{y_1}\frac{\mathrm{d}T}{T}=S(0,y_2)-S(0,y_1) \tag{15.7.13}$$

这样，就有 $\int_0^{T_2}C_{y_2}\frac{\mathrm{d}T}{T}=0$，即 $T_2=0$。这说明：从上面所选定的温度为 T_1 的状态出发，

经可逆绝热过程，将物体温度降到了绝对零度。这违反热力学第三定律。因此是不可能的。所以必有

$$S(0,y_2)\leqslant S(0,y_1)$$

完全类似的方法可以证明，$S(0,y_2)<S(0,y_1)$ 也是不可能的。于是只有

$$S(0,y_2)=S(0,y_1) \tag{15.7.14}$$

这就证明了，在 $T_0\to 0$ 时，熵值 $S(0,y)$ 与态参量 y 无关，是一常数，能斯特定理成立。

二、绝对熵

既然 $S(0,y)$ 是一个与态参量 y 无关的绝对常数，1911 年，普朗克提出把这个绝对常数取为零，即

$$S(0,y)=S_0=0 \tag{15.7.15}$$

这样，在任意状态，系统的熵表示为

$$S(T,y)=\int_0^T C_y\frac{\mathrm{d}T'}{T'} \tag{15.7.16}$$

上式完全确定了熵的数值而不再含任意相加常数，这是热力学第三定律的一个重要结果。由式（15.7.16）所确定的熵称为**绝对熵**。同时还看到，仅需热容量 C_y 一个实验数据，就可由式（15.7.16）得到系统的熵。

需要说明的是，式（15.7.16）只适用于固态物质，对于液态物质和气态物质不适用。原因是液态物质和气态物质一般只能存在于较高温度。任何物质，在接近绝对零度时都以固态形式存在。因此，欲求液态物质或气态物质的绝对熵，可将式（15.7.16）得出的固态物质的绝对熵，再加上由固态物质转变为液态物质或气态物质时熵的增加值即可。

热力学第一定律和热力学第二定律分别断言，第一类永动机和第二类永动机是不可能实现的。这种断言是绝对的，是要我们必须彻底放弃制造这些永动机的企图。然而，热力学第三定律所断言的绝对零度不可能达到却是相对的，它并不阻止我们尽可能趋近绝对零度，只是告诉我们，绝对零度是自然界中可望不可及的极限温度。

内容提要

一、基本概念

1. 系统的类型

孤立系、闭系、开系、简单系统。

2. 状态的类型

平衡态、非平衡态、稳恒态。

3. 热力学量的类型

状态量、过程量、强度量、广延量等。

4. 热力学过程

准静态过程、非静态过程、可逆过程、不可逆过程。

5. 热力学函数

内能、熵、焓、自由能、吉布斯函数的定义及其物理意义。

6. 响应函数

各力学响应函数和热学响应函数的定义及其物理意义。

二、热力学基本定律

热力学第零、第一、第二和第三定律及其数学表述。

三、重要结论

1. 熵增加原理

内容及意义。

2. 热力学基本微分方程

$$\mathrm{d}U = T\mathrm{d}S - p\mathrm{d}V \qquad \mathrm{d}H = T\mathrm{d}S + V\mathrm{d}p$$

$$\mathrm{d}F = -S\mathrm{d}T - p\mathrm{d}V \qquad \mathrm{d}G = -S\mathrm{d}T + V\mathrm{d}p$$

3. 特性函数

$$U = U(S,V) \qquad H = H(S,p)$$

$$F = F(T,V) \qquad G = G(T,p)$$

4. 麦氏关系

$$\left(\frac{\partial T}{\partial V}\right)_S = -\left(\frac{\partial p}{\partial S}\right)_V \qquad \left(\frac{\partial T}{\partial p}\right)_S = \left(\frac{\partial V}{\partial S}\right)_p$$

$$\left(\frac{\partial S}{\partial V}\right)_T = \left(\frac{\partial p}{\partial T}\right)_V \qquad \left(\frac{\partial S}{\partial p}\right)_T = -\left(\frac{\partial V}{\partial T}\right)_p$$

以及麦氏关系的应用。

习　　题

15.1 某气体的定压膨胀系数和等温压缩系数分别为 $\alpha = \frac{nR}{pV}$，$\kappa_T = \frac{1}{p} + \frac{a}{V}$，其中 n，R 和 a 都是常数，试求此气体的物态方程。

15.2 简单固体和液体的体胀系数 α 和压缩系数 κ_T 的数值都很小，在一定温度范围内，可以把它们看做常数。试证明简单固体和液体的物态方程可以表述为

$$V(T,p) = V_0(T_0,0)[1 + \alpha(T - T_0) - \kappa_T p]$$

15.3 已知

$$\left(\frac{\partial p}{\partial T}\right)_V = \frac{R}{V-b}\text{；}\quad \left(\frac{\partial p}{\partial V}\right)_T = \frac{2a}{V^3} - \frac{RT}{(V-b)^2}$$

式中 a、b 为常数。证明该物态方程是范德瓦尔方程。

15.4 设 1mol 理想气体，初始温度为 27℃，压强为 2atm，经状态 A→状态 B→状态 C，如右图所示

（1）状态 A→状态 B 作多少功？

（2）状态 A→状态 B 吸收多少热量？

（3）状态 A→状态 B→状态 C 内能的变化？

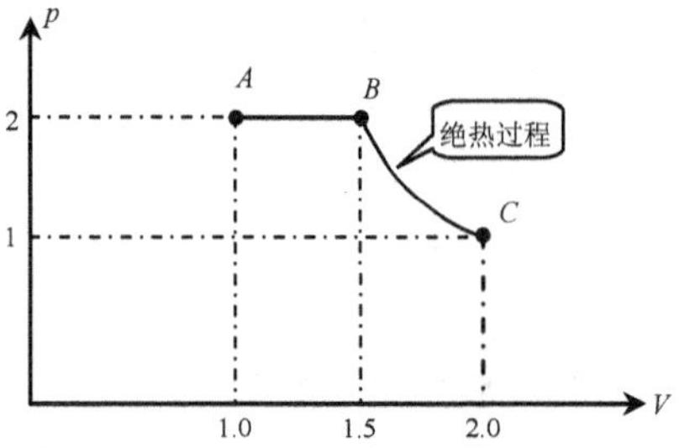

15.5 一个具有绝热壁的金属容器内盛有 n_i mol 高压氦气，其压力为 p_i，此容器通过一活门和一个很大的气瓶相连，气瓶内保持定压 p_0，并和大气压非常接近。将活门打开，让氦气缓慢地、绝热地流入气瓶内，直到活门两边的压力相等为止。试证：

$$u_i - \frac{n_f}{n_i}u_f = \left(1-\frac{n_f}{n_i}\right)h$$

其中 n_f 是留在金属容器内的氦的摩尔数，u_i 是金属容器内 1mol 氦的初始内能，u_f 是它的最后摩尔内能，h 是气瓶内氦的摩尔焓。

15.6 试求理想顺磁体的比热差 $c_H - c_M$，其中 c_H 和 c_M 为磁场强度不变和磁化强度不变情况下的比热。

15.7 处于 0℃的理想气体，其体积绝热膨胀到原来的 10 倍，计算气体温度的变化。

15.8 理想气体经历由下列过程

（1）经多方过程 $pV^n = C$，体积由 V_1 压缩到 $V_2 = V_1/b$。

（2）保持体积不变，冷却到原来的温度。

（3）等温膨胀到原来的体积。

构成的循环过程。试证明在此循环过程中，气体所作的功与压缩过程中所作的功之比为

$$1-\frac{(n-1)nb}{b^{n-1}-1}$$

15.9 有一热机在温度为 T 的物体和温度为 T_0 的热源之间工作，热机消耗功率 W，物体每秒散热 $\alpha(T-T_0)$，求平衡温度。

15.10 某系统的吉布斯函数为

$$G(T,p) = RT\ln\left[\frac{ap}{(RT)^{5/2}}\right]$$

求该系统的定压热容量。

15.11 充满介电常数为 ε 电介质的平行板电容器，当两极板间的电势差可逆等温的由 φ_0 变到 φ，证明吸收的热量为

$$Q = \frac{TA}{8\pi L}\frac{\mathrm{d}\varepsilon}{\mathrm{d}T}(\varphi^2 - \varphi_0^2)$$

式中：A 为平板面积；L 为板间距离。

15.12 有两个完全一样的物体，初温分别为 T_1 和 T_2。有一热机工作于这两个物体之间，并使两者的温度都变为 T。假设两物体处在定压下，热容量 C_p 为常数，试用熵增加原理证明热机所作的功为

$$W = C_p(T_1+T_2-2T) < C_p(T_1+T_2-2\sqrt{T_1T_2})$$

15.13 1mol 范德瓦尔气体向真空自由膨胀，体积由 V_1 增加到 $2V_1$，设定容热容量 C_V 为常数，气体初温各为 T_1，试求熵变。

15.14 一根均匀杆，一端的温度为 T_1，另一端的温度为 T_2，计算在杆到达均匀温度 $(T_1+T_2)/2$ 后的熵变。

15.15 一个密闭的圆筒形容器被导热的活塞分为左右两部分，它们之中分别装有 n_1 mol 和 n_2 mol 的同种理想气体，初态分别为 (p_1,V_1) 和 (p_2,V_2)，假设圆筒形容器与外界绝热，气体的定容热容量 C_V 为常数。当活塞自由运动到使两部分气体达到平衡时，试求

（1）最后的共同温度和压强。

（2）熵的增加值。

15.16 试根据热力学第二定律证明两条绝热线不能相交。

15.17 热机在循环中与多个热源交换热量，在热机从其中吸取热量的热源中，热源的最高温度为 T_1，在热机向其中放出热量的热源中，热源的最低温度为 T_2，试根据克劳修斯不等式证明，热机效率不超过 $1-\frac{T_2}{T_1}$。

15.18 试用麦氏关系之一，如 $\left(\frac{\partial S}{\partial p}\right)_T=-\left(\frac{\partial V}{\partial T}\right)_p$，导出其余三个麦氏关系。

第 16 章　近独立子系统的统计分布

统计物理学是从构成物质的微观粒子的运动（力学）规律出发，用统计方法，研究物体各种宏观物理性质（热运动规律）的理论。在应用统计物理学研究系统热运动规律时，必然涉及到系统的微观结构。因此，统计物理学对各种热现象的物理机理均能给出清楚的阐释。正因如此，统计物理学在物理学理论中占有十分重要的地位，有着非常广泛的应用。其应用领域不仅限于物理学本身，在诸如材料科学、化学、生物学、天文学，甚至社会学中均有重要应用，所以，统计物理学不仅是一门物理学理论，同时还是一门实用科学。

统计物理学大体分为三部分：①平衡态统计。主要研究系统处于平衡态时的各种宏观现象。②涨落理论。主要研究系统的各种涨落现象。③非平衡统计。主要研究系统处于非平衡态时的各种宏观现象。非平衡统计又包括两部分内容，即线性非平衡统计和非线性非平衡统计，它们分别研究近平衡态和远离平衡态的热运动规律。

本书主要讨论平衡态统计理论，并扼要介绍涨落现象和输运理论。

本章将着重介绍统计力学的基本概念，以及处于平衡态的近独立子系统的统计分布。

16.1　统计规律性

我们知道，粒子的运动遵从力学（经典力学或量子力学）规律。热力学系统是由大量（10^{23} 数量级）微观粒子构成的宏观系统。因此，热力学系统的微观运动也必然遵从力学规律。而且，可以合乎逻辑的认为，系统的各种宏观物理性质是由微观运动的相应性质所决定的。原则上讲，利用经典力学或量子力学能够得到系统中所有粒子的运动。但问题是，系统的各种宏观性质真是系统中所有粒子微观运动的相应性质的简单叠加吗？大量实践证明，事实并非如此。对于由大量微观粒子构成的宏观系统来说，系统的宏观性质不再遵从力学规律，而是遵从一种全新的规律——**统计规律**。

系统的各种热力学性质，例如：压强、温度、熵等宏观量，对于单个粒子而言没有任何意义，仅对大量粒子的集体才有物理意义。在普通物理学中，从分子运动论出发，导出了理想气体的压强公式为

$$p=\frac{1}{3}mn\overline{v^2}=\frac{2}{3}n\overline{\varepsilon}_k \tag{16.1.1}$$

式中：m 为一个分子的质量；n 为单位体积内的分子数（分子的数密度）；$\overline{v^2}$ 为分子速率平方的平均值；$\overline{\varepsilon}_k$ 为分子平均平动能。式（16.1.1）说明，气体压强是系统中大量分子集体运动的平均结果，而不是单个分子动量变化的和。尽管在推导这个公式时，承认个别分子的运动是机械运动，但对大量分子求平均是统计方法，而不是力学方法。所以

式（16.1.1）不是一个简单的力学规律，而是一个用统计方式所表示的热力学公式。用体积V乘以式（16.1.1）两端，得

$$pV=\frac{2}{3}nV\overline{\varepsilon}_k=\frac{2}{3}n'N_0\overline{\varepsilon}_k$$

式中：n'为摩尔数；$N_0=6.023\times10^{23}\,\mathrm{mol}^{-1}$为**阿伏伽德罗（Avogadro）常数**。上式与理想气体物态方程$pV=n'RT$比较，得理想气体的温度为

$$T=\frac{2\overline{\varepsilon}_k}{3k} \qquad (16.1.2)$$

式中：$k=R/N_0=1.381\times10^{-23}\,\mathrm{J}\cdot\mathrm{K}^{-1}$为**玻耳兹曼（Boltzmann）常数**。上式说明，温度同样也是一个统计平均的物理量，它是气体分子平均平动能的量度。

此外，热力学系统中的大量粒子在不停地做着无规运动。或者说，微观上看，一个热力学系统包含有十分巨大的自由度。而且，这些自由度随时间的变化是混乱的随机的。这就使得系统的少数几个宏观条件（如一定的温度和体积）无法控制系统中数目巨大的微观粒子的运动状态。在一定宏观条件下，某一时刻系统中某个粒子究竟处于什么运动状态完全是偶然的，整个系统处于什么样的微观运动状态同样也是偶然的。因此，我们不能说，在一定宏观条件下，系统或其中的粒子一定呈现什么运动状态，而只能说可能呈现什么运动状态。但是，在一定宏观条件下，整个系统中大多数粒子可能取什么运动状态，或系统最可能出现什么微观运动状态是必然的。大量偶然性之中蕴藏着必然性是统计规律的重要特征。

上述事实说明，对于由大量微观粒子构成的宏观系统而言，系统的宏观性质不是系统中每个粒子机械运动性质的简单叠加。所以，在研究系统宏观热力学性质时，粒子的机械运动规律已不再是决定性的本质规律，而大量粒子的集体运动的平均行为才是决定系统宏观热力学性质的本质规律。这种**以力学规律为基础，但其宏观性质最终决定于大量粒子集体运动平均效果的规律，**就是**统计规律**。统计规律是一种比机械运动规律更高级的热运动形态的法则。这种更高级的运动形态（热运动）包括低级的运动形态（机械运动）在内，但不是单纯的机械运动的叠加。由机械运动过渡到热运动，运动规律也发生了本质的变化，由力学规律过渡到了统计规律。统计物理学（或统计力学）就是基于统计规律，用以研究系统宏观热力学性质的一门科学。

在应用统计力学研究具体问题时，不去追究粒子的运动细节，而是通过对系统微观运动的分析，找出系统微观运动与宏观性质的联系，采用加权平均的方法，得到系统的各种宏观性质。这种方法称为**统计方法**。

在统计方法中，定量确定系统出现某种微观运动状态的可能性至关重要。为此，引入了**几率（**或**概率）**的概念。所谓几率就是表示系统或系统中的粒子出现某种微观运动状态可能性大小的量度。几率的值非负且不大于 1。后面会看到，在给定宏观条件下，系统微观状态的几率分布是确定的。

上一章中讲过，孤立系最终必将趋于平衡。处于平衡态的系统，如果外界条件不变，平衡不会被破坏，即系统不会自动偏离平衡态。这也就是说，宏观自发过程是不可逆的。但事实上，已经处于平衡态的系统，每时每刻都可能发生偏离平衡态的微小变化，这种偏离平衡态的微小变化叫做**涨落**。例如：研究气体的密度。可以考虑气体中一个宏观小

微观大的体积元ΔV。此体积元在宏观上要足够小，使得其内部不存在明显的密度不均匀。在微观上要足够的大，使得其内部包含大量的分子，从而能有效地使用统计方法。例如：取ΔV为10^{-9}cm^3数量级，这时ΔV内所含分子个数约为2.7×10^{10}量级，统计方法完全适用。在这样的ΔV中，由于分子的无规运动，在某一很短的时间间隔内，可能出现分子进出ΔV的数目不相等情况。这将导致系统中，短时的小范围内密度不均的宏观结果，从而出现了涨落现象。这个例子说明，涨落是统计规律的必然结果。大量实验也证明，凡遵从统计规律的系统，常常会出现涨落现象。在第 19 章将对涨落现象做简单介绍。

16.2 等几率原理

一、近独立子系统

如果系统中粒子间相互作用的平均能量远远小于单粒子的平均能量，这时可以把粒子间的相互作用忽略不计，将整个系统的能量表示为单粒子能量之和，即

$$E=\sum_{i=1}^{N}\varepsilon_i \tag{16.2.1}$$

式中：N为系统的总粒子数；ε_i为第i个粒子的能量。注意，这里ε_i只是第i个粒子所属变数及外场参量的函数，与其它粒子的变数无关。总能量可表示成式（16.2.1）的系统，称为**近独立子系统**。

不难看到，所谓近独立子系统，是指系统中各个粒子的运动都是独立的，与其它粒子无关的系统。理想气体就是一个典型的近独立子系统。因为，理想气体中的分子，除了在相互碰撞的瞬间之外，均可认为粒子间没有相互作用，各粒子在独立运动。

应当指出，虽然近独立子之间相互作用很弱，但仍然是有相互作用的。如果粒子间真的没有相互作用，各粒子将完全独立运动，这些粒子构成的系统也就不可能达到平衡。因此，近独立子系统只是在粒子间相互作用较弱情况下，为简化问题，所采取的一种近似。当系统中粒子间相互作用较强而不可忽略时，近独立子系统模型将不再适用。

二、等几率原理

根据上一章所讲，对于一个热力学系统，系统宏观状态（热力学状态）的完备描述是取定一组宏观参量（热力学量）。例如：选系统的总粒子数N、能量E和体积V作为宏观参量，这三个量（N,E,V）的值就可以唯一决定系统的一个热力学状态。

在统计力学中，更关心的是系统的微观运动状态，而给定的宏观参量是作为宏观条件来使用的。例如：当给定的宏观条件为（N,E,V）时，由于系统中包含有大量做无规运动的微观粒子，这使得满足此宏观条件的微观状态有很多，系统中的粒子可以按不同方式分配在各能级或量子态上。我们把**每一种特定的分配方式（配容）称为系统的一个微观状态**。这就是统计力学中对系统状态的描述方法。

由于系统中所含粒子数非常巨大，对应于系统的一个宏观状态，其微观态的数量也必然非常之多。因此，统计力学中更关心的是在给定宏观条件下，系统呈现各微观态的

几率。这正是统计力学要解决的最基本的问题。

为了解决这个问题，19 世纪 70 年代，玻耳兹曼提出了著名的**等几率原理**，其表述为：**处于平衡态的孤立系统，系统各可能微观态的出现几率相等。**等几率原理是平衡态统计物理学的基本原理。

必须注意，等几率原理只对处于平衡态的孤立系成立。

下面就等几率原理再做一点简单说明。上一章讲过，孤立系是与外界完全隔绝的系统。所以处于平衡态的孤立系的宏观条件是，系统具有确定的总粒子数 N、体积 V 和能量 E（更准确地说，由于时能不确定关系，能量值应在 E 到 $E+\Delta E$ 范围）。满足此宏观条件的系统的微观状态有很多，既然每个可能微观态都满足相同的宏观条件，那就没有理由认为哪一个微观态出现的几率更大或更小些。一个合理的假设是，所有可能微观态都是平权的，出现的几率是相等的。

尽管从逻辑上看，等几率原理是合理的，但并不能由此断言它是正确的。等几率原理的正确性是由它的所有推论与客观实际相吻合而被间接证明的。

16.3　统计平均

平均值是我们早已熟知的概念。例如：将电动势和内阻分别为 $\{(\varepsilon_i,r_i)\, i=1,2,\cdots n\}$ 的电池组的正负极加于一平行板电容器的两极板上，利用电磁学的知识不难得到，电容器两极板的电势差为

$$U=\left(\sum_{i=1}^{n}\frac{\varepsilon_i}{r_i}\right)\Big/\left(\sum_{i=1}^{n}\frac{1}{r_i}\right) \tag{16.3.1}$$

上式说明，电势差 U 是以 $\frac{1}{r_i}\Big/\sum_{i=1}^{n}\frac{1}{r_i}$ 为“权”对各电动势求平均的结果。

更一般地，当测量某一物理量 M 时，通常每次测得的值不一定相等。这是因为状态总是在或多或少的变化着，而同一仪器由于仪器自身的原因或观察者的主观原因，也会引起测量结果的偏差。为了得到更加准确的测量结果，一般是把对 M 的各次测量值之和与总测量次数相除，所得的商作为对 M 的测量结果，记为 $\overline{M}$。显然，$\overline{M}$ 是一个算术平均值。假设对 M 一共进行了 N 次测量，其中 N_A 次测得的值为 M_A，N_B 次测得的值为 M_B，…，则平均值为

$$\overline{M}=(M_AN_A+M_BN_B+\cdots+M_xN_x+\cdots)/N=\frac{\sum\limits_x M_xN_x}{N} \tag{16.3.2}$$

如果测量次数非常巨大，上式可以改写为

$$\overline{M}=\lim_{N\to 0}\sum_x M_x\frac{N_x}{N}=\sum_x M_x\omega(x) \tag{16.3.3}$$

式中：$\omega(x)=\lim\limits_{N\to 0}\frac{N_x}{N}$，称为系统处于 x 状态的几率。

若被测系统的状态是连续变化的，所测物理量 M 也是连续变化的，则有

$$\overline{M} = \int M_x \mathrm{d}\omega(x) \tag{16.3.4}$$

式中：$\mathrm{d}\omega(x)$ 为在状态 x 附近的一个微小间隔 $\mathrm{d}x$ 内的状态的几率。如果 $\mathrm{d}\omega(x)$ 与 $\mathrm{d}x$ 成正比（统计力学中正是如此），即

$$\mathrm{d}\omega(x) = \rho(x)\mathrm{d}x \tag{16.3.5}$$

或

$$\rho(x) = \frac{\mathrm{d}\omega(x)}{\mathrm{d}x} \tag{16.3.6}$$

不难看出，$\rho(x)$ 表示在状态 x 附近单位间隔内的状态的几率，称为状态 x 的**几率密度**。几率密度 $\rho(x)$ 通常是状态 x 的函数。因此，也叫系统状态的**几率分布函数**，简称为**分布函数**。若 x 是一个物理量，比如速率 v、长度 L 等，则 $\rho(x)$ 就是速率或长度的函数。普通物理学中讲过的麦克斯韦速率分布律就是一种几率分布函数。

把式（16.3.5）代入式（16.3.4），有

$$\overline{M} = \int M_x \rho(x)\mathrm{d}x \tag{16.3.7}$$

式（16.3.3）或式（16.3.7）就是 M 的**统计平均值**。它的意义是：物理量的平均值等于测得该量的各种可能值与其相对应的几率的乘积之和。这两个公式虽然是由算术平均值推广得到的，但由于引入了几率的概念，便发生了根本性的变化。随着观测次数的增多（或观测时间的延长），所得平均值就愈来愈稳定。这就从大量的每次观测所得到的（偶然）值产生出了关于该物理量的近乎真实的结果，即从大量偶然事件中产生出了必然结果。

由上一节的讨论知，满足给定宏观条件下，系统可能的微观态有很多。系统的各种宏观性质可由实验直接测量，而这种宏观测量是在仪器的惯性时间 Δt 内进行的。宏观上看惯性时间 Δt 很小，但从微观粒子运动的角度看，Δt 却很大。在这个宏观小微观大的时间内，由于粒子的热运动，使系统的微观态经历了千变万化。因此可以合乎逻辑的认为：**系统的宏观性质是系统各可能微观态的相应性质的统计平均。**这是统计物理学的又一基本原理。基于这一原理，统计物理学的重要工作之一，就是要找出一定宏观条件下，系统微观状态的几率分布函数。只要找到了这个分布函数，应用统计平均的方法即可求出系统的各种宏观性质。

16.4 统计系统的分类

在本章第 1 节中讲过，统计规律是建立在力学规律基础之上，用来揭示由大量微观粒子构成的宏观系统的各种宏观物理性质的规律。也就是说，在统计规律中仍然承认系统中微观粒子的运动遵从力学规律，而力学规律又分为经典力学和量子力学两种。当系统中的粒子遵从经典力学规律，用经典力学描述其运动时，这样的粒子称为**经典粒子**；当系统中的粒子遵从量子力学规律，用量子力学描述其运动时，这样的粒子称为**量子粒子**。关于经典粒子和量子粒子运动的描述，在第一篇和第四篇中做过详细介绍，下面就经典粒子和量子粒子的主要特性做一个简要回顾。

一、经典粒子的特性

1. 力学状态的描述方式

经典粒子是纯粒子性的客体。力学状态用一组正则变量

$$(q,p)=(q_1,q_2,\cdots,q_r;p_1,p_2,\cdots,p_r) \tag{16.4.1}$$

来描述。其中 q_i 为粒子的**正则坐标**，也叫**广义坐标**，p_i 为相应的**正则动量**，也叫**广义动量**，r 为粒子的自由度。

2. 运动存在轨道

正则变量 (q,p) 随时间的演化满足正则方程，正则方程所预言的演化规律是单值连续的，因此，经典粒子的运动对应于**相空间**中的一条确定轨道（路径），而且这条轨道由初条件唯一决定。

3. 全同粒子可分辨

由于经典粒子的运动有轨道，并注意到同一时空点只能被一个经典粒子所占据。这就使得我们可以通过路径跟踪而分辨全同粒子。

4. 力学量连续

经典粒子的任意力学量都表示为力学状态的单值连续函数。由于力学状态连续，必然导致力学量连续。

二、量子粒子的特性

1. 量子态的描述方式

不同于经典粒子的纯粒子性，量子粒子具有波粒二象性，这是量子粒子最本质的特性。由于这种特性，量子粒子的状态用波函数来描述。如 $\psi(\boldsymbol{r},t)$。波函数自身没有任何直接的物理意义，只有其模方才具有几率的意义。如 $|\psi(\boldsymbol{r},t)|^2$ 表示 t 时刻在 $\boldsymbol{r}$ 点处找到粒子的几率密度。

2. 运动无轨道

由于量子粒子的波粒二象性，使得量子粒子的任何一对正则共轭量均不能同时取确定值。如坐标 x 及其共轭动量 p_x，它们的不确定量 Δx 和 Δp_x 满足下述海森堡测不准关系（或叫海森堡不确定关系）

$$\Delta x\Delta p_x \geqslant \frac{\hbar}{2} \tag{16.4.2}$$

或粗略的写成

$$\Delta x\Delta p_x \geqslant h \tag{16.4.3}$$

这直接导致量子粒子的运动没有轨道。

3. 全同粒子不可分辨

经典全同粒子之所以可分辨，是由于粒子的运动有轨道。但对量子粒子而言，轨道概念不再成立，因此量子全同粒子是不可分辨的。

必须指出，这里所说的不可分辨，是指各粒子的状态波函数有重叠的情形，在波函数重叠的区域内找到粒子将无法区分它们。反之，如果各粒子的状态波函数无重叠，这意味着粒子是被定域在确定位置附近运动的，这时，可以通过识别每个粒子的位置来区分它们。在这种情形下，量子全同粒子也是可分辨的。我们把波函数有重叠的粒子称为

非定域子，非定域子构成的系统称为**非定域子系统**；反之称为**定域子**，相应的系统称为**定域子系统**或**玻耳兹曼系统**。如金属中的自由电子气体就是一个非定域子系统，而固体中的原子或离子就是一个定域子系统。

4. 力学量不一定连续

量子力学允许力学量不连续，特别是允许粒子的能量不连续，即能量是量子化的。事实上，一切处于束缚态的量子粒子，其能量都是量子化的。

三、统计系统的分类

对比上述经典粒子和量子粒子的物理特性不难看出，这两种粒子在物理上表现出截然不同的性质，从而必然导致不同的统计结果。因此，我们把统计系统分成两类：一类是由经典粒子构成的系统，称为**经典统计系统**，经典统计系统遵从的统计规律称为**经典统计**；另一类是由量子粒子构成的系统，称为**量子统计系统**，量子统计系统遵从的统计规律称为**量子统计**。经典统计与量子统计在统计原理上是完全相同的，区别仅在于对粒子运动状态的描述不同。

另外，对于量子粒子，根据其自旋是取整数还是半奇数，又分为**玻色子**和**费米子**。根据量子力学，全同玻色子体系和全同费米子体系的量子态满足不同的交换对称性。全同玻色子体系的量子态满足交换对称性，全同费米子体系的量子态满足交换反对称性。由此导致，全同玻色子体系不遵从泡利原理，全同费米子体系遵从泡利原理。所谓泡利原理是指：一个单粒子态最多只允许被一个粒子占据。由于玻色子和费米子的上述区别，使得这两类粒子构成的系统满足不同的统计规律。我们把由全同玻色子构成的系统称为**玻色统计系统**，所遵从的统计规律称为**玻色统计**；由全同费米子构成的系统称为**费米统计系统**，所遵从的统计规律称为**费米统计**。

早在量子力学建立之前，玻耳兹曼就得到在给定宏观条件下，平衡态系统的一个分布函数——**玻耳兹曼分布**。玻耳兹曼在导出他的分布函数时，假定系统中粒子的运动遵从经典力学。今天看来，如果把系统中的粒子看成是近独立的、可分辨的、不遵从泡利原理的量子粒子，同样能够得到玻耳兹曼分布。这说明，把玻耳兹曼分布视为经典统计分布并不全面，事实上，玻耳兹曼分布对定域子（量子粒子）系统同样成立。我们把满足玻耳兹曼分布的系统称为**玻耳兹曼统计系统**，相应的统计理论称为**玻耳兹曼统计**。

综上所述，在平衡态统计力学中，主要涉及到三种不同的统计系统，它们分别是玻耳兹曼统计系统、玻色统计系统和费米统计系统。这三种统计系统各自遵从不同的统计规律，玻耳兹曼统计系统遵从玻耳兹曼统计、玻色统计系统遵从玻色统计、费米统计系统遵从费米统计。

16.5 粒子运动状态的描述

在统计力学中，虽然不需要知道系统中每个粒子运动的细节，但在统计平均过程中，了解粒子运动的某些信息仍是必须的。例如：在一定条件下粒子可能存在哪些状态，以及与这些可能状态对应的能量或能级的表达式等。也就是说，统计力学要求我们必须具备有关粒子和系统微观运动状态描述的知识。在本书的第一篇和第四篇中，关于粒子运动的经典描述和量子描述，已做过比较详细的介绍，这里不做过多重复。我们只针对统计力学中必须的、有关粒子运动的经典描述和量子描述做一些扼要回顾。

一、粒子运动状态的经典描述

上一节讲过，经典力学中粒子的状态用一组正则变量来描述。对于自由度为 r 的粒子，若用 $q=(q_i, i=1,2,\cdots,r)$ 表示粒子的正则坐标，$p=(p_i, i=1,2,\cdots,r)$ 表示其共轭动量。则粒子的状态表示为

$$(q,p)=(q_1,q_2,\cdots,q_r;p_1,p_2,\cdots,p_r) \tag{16.5.1}$$

为了更加直观地描述粒子的运动，经典力学引入了**相空间**的概念。相空间就是由粒子的正则坐标 q 和相应的正则动量 p 所张成的 $2r$ 维抽象空间。例如：三维自由空间中运动的粒子，自由度为 3，若选 $(\boldsymbol{x},\boldsymbol{p})=(x,y,z,;p_x,p_y,p_z)$ 为正则变量，它们就张成一个 6 维相空间。在相空间概念下，粒子任意一个状态与相空间中的一个"点"对应，这个点称为**相点**。当粒子运动状态随时间演化时，相应的相点也会在相空间中移动。由于状态随时间演化是连续的，所以相点的移动将在相空间中描绘出一条连续曲线，这条曲线称为**相轨道**。由此可见，相空间就是经典力学中描述粒子运动的**态空间**，相空间也常称为 μ **空间**。

值得注意的是，相轨道并不代表粒子运动的实际轨道，而是粒子运动状态变化的记录，是粒子运动规律的反应。

统计物理学中最关心的是粒子运动的能量。经典力学告诉我们，粒子的任何一个力学量都是其状态的单值连续函数。因此，粒子能量 ε 可以一般性的表为

$$\varepsilon=\varepsilon(q,p)=\varepsilon(q_1,q_2,\cdots,q_r;p_1,p_2,\cdots,p_r) \tag{16.5.2}$$

如果存在稳恒外场，ε 还是描述外场参量的函数；如果外场随时间变化，一般 ε 本身还显含时间。后一种情况在平衡态统计中不会出现。利用式（16.5.2），就可以得到给定粒子能量时的相轨道。

例如：频率为 ω 的线性谐振子，其状态可以用振子相对于平衡位置的位移 x 及其共轭动量 p_x 描述，振子的能量为

$$\varepsilon=\frac{p_x^2}{2m}+\frac{1}{2}m\omega^2x^2 \tag{16.5.3}$$

式中：m 为振子质量。该振子的相空间是由 (x,p_x) 张成的二维空间。当给定振子能量时，由式（16.5.3），得相轨道方程为

$$\frac{m\omega^2x^2}{2\varepsilon}+\frac{p_x^2}{2m\varepsilon}=1 \tag{16.5.4}$$

不难看出，这个相轨道是长短半轴分别为 $\sqrt{\dfrac{2\varepsilon}{m\omega^2}}$ 和 $\sqrt{2m\varepsilon}$ 的椭圆，所围面积为

$$\oint p_x\mathrm{d}x=\frac{2\pi\varepsilon}{\omega} \tag{16.5.5}$$

椭圆上的每一个点对应能量为 ε 的振子的一个状态，这样的状态有无穷多个。振子能量不同时，对应的相轨道（椭圆）也不同。由于振子能量 ε 是连续变化的，所以不同轨道

之间也是连续变化的。这样，当振子能量从零变到无穷时，对应的椭圆轨道将覆盖整个相空间。

在统计力学中，粒子究竟处于什么样的运动状态并不重要，重要的是，在给定粒子能量的条件下，粒子有多少种可能的状态。（如上例中，当取定振子能量ε的值时，振子有多少个状态。）因此，统计力学需要计算粒子取某一能量值时可能的运动状态数。由于经典力学状态$(q,p)=(q_1,q_2,\cdots,q_r;p_1,p_2,\cdots,p_r)$是连续的不可数的，为了计算状态数目，一般采用如下做法：首先，将相空间分成任意小的、相等的区域，每一个小区域称为一个**相格**。相格的“体积”可以表示为

$$\delta q\delta p=\delta q_1\delta q_2\cdots\delta q_r\delta p_1\delta p_2\cdots\delta p_r=h_0^r \tag{16.5.6}$$

由于相格很小，相格内的正则变量几乎相等，这样就可以把一个相格视为一个力学状态。其次，在相空间中取“体积元”

$$\Delta\omega=\Delta q\Delta p=\Delta q_1\Delta q_2\cdots\Delta q_r\Delta p_1\Delta p_2\cdots\Delta p_r \tag{16.5.7}$$

式中：$\Delta\omega$称为**相体积元**。在相体积元$\Delta\omega$内粒子的状态数为$\dfrac{\Delta\omega}{h_0^r}$。最后，对满足给定能量值的相体积元求和（积分），就可得到与该能量值对应的粒子的可能状态数。如计算能量在ε到$\varepsilon+\Delta\varepsilon$范围内粒子的状态数，只需在这个条件下积分$\dfrac{\Delta\omega}{h_0^r}$即可。应当指出，采用上述方法时，要在最终的统计结果中取$h_0\to 0$的极限。

二、粒子运动状态的量子描述

在第四篇中讲过，粒子的量子态用波函数描述。由于波函数的形式完全取决于粒子的一组好量子数。因此，也可以说量子态用一组好量子数描述。当取定一组好量子数的值，就唯一确定了粒子的一个量子态，同时也确定了粒子的能量（能级）。对于束缚态（统计力学中大多是这种情况）情况，量子数取分立值，量子态是可数的，能量是分立的、不连续的，即粒子能量构成分立谱。下面通过两个实例，来看粒子运动状态的量子描述。

例一 质量为m的粒子在边长为L的立方箱内做自由运动。

此粒子的运动可以分解为：粒子分别在x方向、y方向和z方向上，宽度为L的一维无限深势阱中运动。直接引用第四篇 11.1 节的结果，得粒子的量子态为$\left|n_x n_y n_z\right\rangle$，能量为

$$\varepsilon_{n_x n_y n_z}=\frac{\pi^2\hbar^2}{2mL^2}(n_x^2+n_y^2+n_z^2)\qquad(n_x,n_y,n_z=1,2,\cdots) \tag{16.5.8}$$

例二 质量为m、频率为ω的线性谐振子。

在第四篇 11.1 节中已求出，振子的量子态为$\left|n\right\rangle$，能量为

$$\varepsilon_n=\hbar\omega(n+\frac{1}{2})\qquad(n=0,1,2,\cdots) \tag{16.5.9}$$

由上面的例子不难看出，在粒子运动状态的量子描述中，计算给定能量条件下粒子可能的量子态数，原则上并不困难，只要求出满足能量值的量子数的可能取法，也就得到了与此能量值相对应的可能量子态的数目。

例如：上述例一中的基态能量为$\dfrac{3\pi^2\hbar^2}{2mL^2}$，这个能量值只对应一个量子态$\left|111\right\rangle$；第一

激发态的能量为$\frac{3\pi^2\hbar^2}{mL^2}$，这个能量值对应三个量子态，分别是$|211\rangle$，$|121\rangle$和$|112\rangle$。在例二中，能量和量子态都只依赖于同一个量子数$n$，因此能量和量子态一一对应。

量子力学把一个能量值所对应的量子态的数目称为能量（能级）的**简併度**。当能量值与量子态一一对应时，称能级**非简併**；当一个能量值对应多个量子态时，称能级**简併**。例如：例一中，基态能级非简併；第一激发态能级简併，简併度为 3，或者说第一激发态能级三重简併。

本质上讲，构成宏观系统的微观粒子是量子粒子，遵从量子力学运动规律。因此，在后面的讨论中，我们均采用粒子运动的量子描述。当然，由于经典力学是量子力学的经典近似，在一定条件下量子力学过渡为经典力学。注意到这个事实，在处理某些实际问题时，为了计算上的方便，常采用所谓的**半经典近似**。下面就此问题做专门的讨论。

三、半经典近似

统计力学的最终目标是用统计平均的方法求系统的热力学量。在统计平均过程中，必然会遇到对粒子能级或量子态求和的问题，也就是对粒子的一组好量子数求和的问题。一般来讲，这样的求和很难精确计算，只能采取近似方法。

在第四篇 10.7 节中曾提到过，当粒子的经典作用量I远大于普朗克常数h（也称为量子作用量）时，粒子的量子特性体现的不太明显，这时采用经典力学描述也能给出不错的结果。此外，对于有些问题，由于它们自身的特点，即使粒子本身是纯量子的，但在实际处理时，应用经典力学的方法，同样可以得到很好的结果。例如：电子荷质比测定实验。假设电子沿y方向传播，电子束的截面线度为10^{-5} m，由测不准关系$\Delta x\Delta p_x \approx h$，得电子横向速度的不确定量为$\Delta v_x \approx h/m\Delta x \approx 70$ m/s。如果施予电子束的加速电压为 10V，加速后电子沿传播方向的速度为$v_y \approx 1.9\times10^6$ m/s。于是$\Delta v_x/v_y \approx 3.7\times10^{-5}$。由此不难看出，电子束在传输中的离散度很小，完全可以忽略不计。所以，对这个问题可以采用经典力学的轨道方法来处理。

上述事实说明，在一定条件（$I >> h$）下，或对于某些问题，采用一定程度的经典近似是完全可行的。实际中最直接、最常用的就是半经典近似。利用半经典近似，可以把复杂的求和运算，用相对简单的积分运算近似代替。

半经典近似认为：**粒子的运动有轨道，但这些轨道不是经典力学所允许的充满整个相空间的一切轨道，而是满足量子化条件的轨道，每一条量子化轨道对应一个量子态。**由半经典近似的表述不难看出，在半经典近似中，既保留了粒子运动经典描述的轨道概念，又保留了粒子运动量子描述的量子化概念，是将量子化概念渗透到经典轨道概念中的一种对粒子运动状态的半经典半量子的描述方法。

按照半经典近似，粒子的每个运动状态不是对应相空间中一个“体积”为零的点，而是对应相空间中一个“有限大小的体积”。我们把这个“有限大小的体积”称为**量子相格**。这样，只要知道粒子一个运动状态所对应的量子相格，就能得到相空间中任意体积元内粒子的运动状态数。

根据量子力学，粒子的任何一对正则共轭量均不能同时取确定值，它们的不确定量Δq和Δp满足海森堡不确定关系

$$\Delta q \Delta p \geqslant h \tag{16.5.10}$$

海森堡不确定关系对经典轨道概念最大程度上可适用给出了明确的限制，那就是，任何一个量子化轨道，在相空间中所占据的“体积”不会小于普朗克常数h。因此，可以把普朗克常数h定义为量子相格。至于这种定义正确与否，理论本身无法证明，它的正确性是由从它得到的结论的正确性保证的。

以上是针对一对正则共轭量而言的，即粒子自由度为 1，相空间为二维的情况。对于自由度为r的粒子，相空间是$2r$维的，海森堡不确定关系推广为

$$\Delta q_1 \Delta q_2 \cdots \Delta q_r \Delta p_1 \Delta p_2 \cdots \Delta p_r \geqslant h^r \tag{16.5.11}$$

与二维相空间情况完全类似，可以把h^r定义为$2r$维相空间的量子相格。利用量子相格的定义，如果在相空间中取相体积元$\Delta\omega$，则在$\Delta\omega$中，粒子可能的状态数为$\dfrac{\Delta\omega}{h^r}$。

值得注意的是，量子相格h为普朗克常数，取确定的有限值，而前面经典描述中的相格h_0是一趋于零的任意小量。

下面来考察一个实际中常常用到的半经典近似的实例。

假设一质量为m的粒子，在体积为V的容器内做自由运动。讨论在体积V内，粒子动量在$\boldsymbol{p} \sim \boldsymbol{p} + \mathrm{d}\boldsymbol{p}$（$p_x \sim p_x + \mathrm{d}p_x$，$p_y \sim p_y + \mathrm{d}p_y$，$p_z \sim p_z + \mathrm{d}p_z$）范围内的状态数。

粒子的自由度为 3，量子相格为h^3。取相体积元

$$\mathrm{d}\omega = \mathrm{d}x\mathrm{d}y\mathrm{d}z\mathrm{d}p_x\mathrm{d}p_y\mathrm{d}p_z = \mathrm{d}V\mathrm{d}p_x\mathrm{d}p_y\mathrm{d}p_z$$

在相体积元$\mathrm{d}\omega$内，粒子的状态数为

$$\frac{\mathrm{d}\omega}{h^3} = \frac{\mathrm{d}x\mathrm{d}y\mathrm{d}z\mathrm{d}p_x\mathrm{d}p_y\mathrm{d}p_z}{h^3} = \frac{\mathrm{d}V\mathrm{d}p_x\mathrm{d}p_y\mathrm{d}p_z}{h^3} \tag{16.5.12}$$

对粒子运动的空间范围积分，得

$$\frac{V\mathrm{d}p_x\mathrm{d}p_y\mathrm{d}p_z}{h^3} \tag{16.5.13}$$

这就是在体积V内，粒子动量在区间$\boldsymbol{p} \sim \boldsymbol{p} + \mathrm{d}\boldsymbol{p}$内的状态数。此结果与第四篇 10.6 节中讨论动量本征态箱归一化时所得结果完全相同。这从另一角度说明半经典近似的合理性。

如果选择动量空间的球坐标系，则$\mathrm{d}p_x\mathrm{d}p_y\mathrm{d}p_z = p^2 \sin\theta \mathrm{d}p\mathrm{d}\theta\mathrm{d}\varphi = p^2\mathrm{d}p\mathrm{d}\Omega$，其中$\mathrm{d}\Omega = \sin\theta\mathrm{d}\theta\mathrm{d}\varphi$为立体角元。这样式（16.5.13）表为

$$\frac{Vp^2 \sin\theta \mathrm{d}p\mathrm{d}\theta\mathrm{d}\varphi}{h^3} \tag{16.5.14}$$

上式的含义是，在体积V内，粒子动量在(θ,φ)方向$\mathrm{d}\Omega$立体角元内，大小在$p \sim p + \mathrm{d}p$范围内的状态数。当所讨论的问题只关心粒子动量的大小，不关心粒子动量的方向时，可对上式的方向进行积分，于是得

$$\frac{4\pi V}{h^3} p^2 \mathrm{d}p \tag{16.5.15}$$

上式的含义是，在体积V内，粒子动量的大小在$p \sim p + \mathrm{d}p$范围的状态数。注意到粒子在V内做自由运动，若将粒子的能量做经典近似，则$\varepsilon = p^2/2m$。将此结果代入式（16.5.15），得

$$D(\varepsilon)\mathrm{d}\varepsilon=\frac{2\pi V}{h^3}(2m)^{3/2}\varepsilon^{1/2}\mathrm{d}\varepsilon \tag{16.5.16}$$

其中

$$D(\varepsilon)=\frac{2\pi V}{h^3}(2m)^{3/2}\varepsilon^{1/2} \tag{16.5.17}$$

式（16.5.16）的含义是，在体积V内，粒子能量在$\varepsilon\sim\varepsilon+\mathrm{d}\varepsilon$范围的状态数。$D(\varepsilon)$表示体积$V$内，粒子能量在$\varepsilon$附近单位能量间隔内的状态数，称为**态密度**。

应当指出，以上讨论没有考虑粒子的自旋，即只对自旋为零的粒子成立。如果粒子存在自旋，假设自旋（量子数）为S，由于自旋在动量方向的投影$m_s\hbar$ $(m_s=S,S-1,\cdots,-S)$有$2S+1$个可能取值，自旋投影不同状态也不同。所以，对自旋（量子数）为S的粒子，相体积元$\Delta\omega$内的状态数应该为（$2S+1$）$\Delta\omega/h^r$。例如：电子的自旋为$1/2$，相体积元$\Delta\omega$内的状态数为$2\Delta\omega/h^r$。

前面提到过能级简併度的概念。其含义是与一个能级对应的量子态的个数。假设粒子的能级ε_l是ω_l度简併的，则意味着对应于能级ε_l有ω_l个量子态。在半经典近似下，由于粒子的运动有轨道，这将导致粒子能级由分立化为连续。此时再说粒子能量为ε_l时的状态数为ω_l将不再有意义，有意义的说法是粒子能量在ε_l附近，$\Delta\varepsilon_l$范围内的状态数为ω_l。这样一来，在半经典近似下，粒子运动状态量子描述中的简併度ω_l应用相体积元内的状态数代替，即应有如下替换关系

$$\omega_l\to\frac{\Delta\omega_l}{h^r} \tag{16.5.18}$$

式中：$\Delta\omega_l$表示能量取值在$\varepsilon_l\sim\varepsilon_l+\Delta\varepsilon_l$范围的相体积元。以后会看到，上述替换关系在解决实际问题时有重要应用。

16.6 系统微观运动状态的描述

上一节介绍了粒子运动状态的经典描述和量子描述。现在进一步讨论系统微观运动状态的描述问题。这里只限于讨论全同近独立子组成的系统。

一、系统微观运动状态的经典描述

设系统包含N个粒子，粒子的自由度为r。任一时刻，第i个粒子的运动状态由(q_{ik},p_{ik}) $(k=1,2,\cdots,r)$描述。系统的微观运动状态需要给出其中每一个粒子的运动状态。所以，系统的微观运动状态由(q_{ik},p_{ik}) $(i=1,2,\cdots,N;k=1,2,\cdots,r)$共$2Nr$个正则变量描述。

对单个粒子来说，运动状态与相空间中的一个点对应，当粒子状态随时间变化时，在相空间中绘出一条轨迹。对N个粒子组成的系统来说，运动状态与相空间中的N个点对应，当系统状态随时间变化时，在相空间给出N条轨迹。

为了使描述更加简洁，引入由$2Nr$个正则变量张成的抽象空间。称为$\varGamma$**空间**。在$\varGamma$空间中，系统的一个微观运动状态对应一个点。反之，$\varGamma$空间中的一个点对应系统的一个微观运动状态。当系统的微观运动状态随时间变化时，将在$\varGamma$空间中给出一条轨迹。

值得注意的是，在经典力学中，全同粒子是可分辨的。交换全同粒子系统中任意一对粒子，等同于交换这两个粒子的运动状态。因此，交换前后系统的微观运动状态是不同的。从相空间的角度看，交换全同粒子系统中任意两个粒子，对应于两个相点的交换；而在Γ空间中看，则由一个点变到了另一个点，交换前后系统状态的不同显示的更加清楚。

二、系统微观运动状态的量子描述

系统微观运动状态的经典描述是要给出其中每个粒子的经典运动状态。与此完全类似，系统微观运动状态的量子描述则是要给出其中每个粒子所处的量子态，或者说，要给出系统中粒子对单粒子态的具体占据方式。因此，系统中粒子对单粒子态的任一特定占据方式就是系统的一个微观运动状态。

由于全同粒子分为定域子和非定域子，定域子可分辨，非定域子不可分辨。因此，定域子和非定域子对单粒子态的占据方式不同，系统微观运动状态的描述也不同。对于非定域子，又分为玻色子系统和费米子系统，玻色子不遵从泡利不相容原理，费米子遵从泡利不相容原理。因此，玻色子和费米子对单粒子态的占据方式因受泡利原理限制而不同，自然系统微观运动状态的描述也不相同。由此可见，系统微观运动状态的量子描述有三种不同情况，分别是定域子情况、全同玻色子情况和全同费米子情况。

下面通过一个简单例子，介绍这三种情况系统微观运动状态的描述方法。

假设系统由两个全同近独立子组成，而且只有三个单粒子态ψ_1、ψ_2和ψ_3。

1. 定域子系统

由于定域子可分辨，所以可以给它们取名，不妨把这两个粒子分别叫做A粒子和B粒子。又由于可分辨粒子不遵从泡利原理，即同一单粒子态允许被两个以上粒子占据。注意到上述两点，两个定域子对单粒子态有以下可能占据方式：

ψ_1	ψ_2	ψ_3
AB		
	AB	
		AB
A	***B***	
B	***A***	
	A	***B***
	B	***A***
A		***B***
B		***A***

因此，这个定域子系统有 9 个可能状态。

2. 玻色子系统

全同玻色子不可分辨，即无法区分哪个粒子是A，哪个粒子是B，不妨把它们都叫做A粒子。这样，对于不可分辨粒子，说哪个粒子占据哪个单粒子态没有任何意义，有意义的是哪个单粒子态被几个粒子占据。又由于玻色子不遵从泡利原理。根据上述两点，两个玻色子对单粒子态有以下可能占据方式：

ψ_1	ψ_2	ψ_3
AA		
	AA	
		AA
A	***A***	
	A	***A***
A		***A***

因此，这个玻色子系统有 6 个可能状态。

3. 费米子系统

全同费米子系统与全同玻色子系统的差别仅是费米子遵从泡利原理，即同一单粒子态最多只允许被一个粒子占据。这样，两个费米子对单粒子态有以下可能占据方式：

ψ_1	ψ_2	ψ_3
A	***A***	
	A	***A***
A		***A***

因此，这个费米子系统有 3 个可能状态。

上面介绍了全同近独立子系统微观运动状态的经典描述和量子描述的具体方法。按照这种方法，原则上能够写出任意全同近独立子系统的微观运动状态。但是，热力学系统包含有大量微观粒子，同时，单粒子态常常也有无穷多个。对于一个实际系统来说，由于系统巨大的微观自由度，使得我们根本无法像上面那样对系统微观运动状态进行描述。幸运的是，自然界为我们留下了通向了解和研究这类极为复杂系统物理规律的一条路，更为幸运的是，我们找到了这条路，这就是统计规律。大量实验证明，拥有巨大微观自由度的宏观系统，尽管其微观运动遵从力学规律，但其宏观物理性质却遵从统计规律。统计物理学的美妙之处在于，它并不要求我们确切知道（实际上也无法知道）系统所有可能的微观运动状态，而只需知道满足给定宏观条件下，系统可能的微观运动状态数目即可。而这个微观运动状态数目是能够求出的。更为有趣的是，分析发现，统计物理学甚至连系统微观运动状态的确切数目也无需知道，只要知道满足给定宏观条件下、对应于系统微观运动状态数目最多的、各能级或能态上占据的粒子个数即可。以下两节就来讨论这方面的问题。

16.7　分布与微观状态数

考虑由全同近独立子构成的孤立系统。系统的总粒子数 N、总能量 E 和体积 V 有确定值（N,E 和 V 的值就是系统的宏观条件）。再设粒子的能级（也叫单粒子能级）为

$\{\varepsilon_l, l=1,2,\cdots\}$，相应单粒子能级的简併度为$\{\omega_l, l=1,2,\cdots\}$。不难想象，系统中的每一个粒子必然处于某个能态下。现用$\{a_l, l=1,2,\cdots\}$表示在相应能级上占据的粒子个数，即a_1表示在ε_1能级上占据的粒子个数、a_2表示在ε_2能级上占据的粒子个数，等等。数组$\{a_l\}$就称为系统的一个**分布**。显然，分布$\{a_l\}$满足条件：

$$\sum_l a_l = N\,,\quad \sum_l a_l \varepsilon_l = E \tag{16.7.1}$$

必须强调指出，分布和微观状态是两个不同的概念。给定一个分布只确定了每个单粒子能级上占据的粒子个数。但微观状态却不同，对于定域子，给定一个微观状态意味着知道了哪个粒子占据了哪个单粒子态；对于非定域子，给定一个微观状态意味着知道了哪个单粒子态上占据了几个粒子。由此可见，微观状态一旦确定，分布必然确定。反之不然，分布确定，由于单粒子能级存在简併，对应的微观状态往往有很多。此外，根据上一节的讨论不难看出，在一个给定分布下，定域子系统（玻耳兹曼系统）、玻色系统和 费米系统各自所对应的微观状态数不同。下面就来讨论这三个统计系统在一定分布下的微观状态数。

一、玻耳兹曼系统

为得到微观状态数与分布的关系，首先来考察ε_l能级上的a_l个粒子对ω_l个单粒子态的可能占据方式。由于玻耳兹曼系统中的粒子是可分辨的，可以对粒子进行编号；同时玻耳兹曼系统中的粒子不受泡利原理限制，每个单粒子态允许被多个粒子占据。注意到上述事实，当a_l个编了号的粒子对ω_l个单粒子态进行占据时，第一个粒子可以占据ω_l个单粒子态中的任何一个，有ω_l种占据方式。在第一个粒子占据某单粒子态后，第二个粒子同样可以占据ω_l个单粒子态中的任何一个，因此也有ω_l种占据方式。以此类推，每个粒子对单粒子态都有ω_l种占据方式。这样a_l个编了号的粒子对ω_l个单粒子态共有$\omega_l^{a_l}$种可能的占据方式。

以上讨论的是一个能级，其它能级的情况与此完全相同。于是，a_1个编了号的粒子对ε_1上的单粒子态、a_2个编了号的粒子对ε_2上的单粒子态、……，共有$\prod_l \omega_l^{a_l}$种占据方式。

由于粒子可分辨，交换任意一对粒子状态发生改变。将N个粒子进行交换，交换数为$N!$，在这个交换数中应除去同一能级上a_l个粒子的交换数$a_l!$，因此，独立交换数为$N!\big/\prod_l a_l!$。于是，得与分布$\{a_l\}$相对应的，玻耳兹曼系统的微观状态数为

$$\Omega_{M-B}=\frac{N!}{\prod_l a_l!}\prod_l \omega_l^{a_l} \tag{16.7.2}$$

二、玻色系统

玻色子不可分辨，因此不能编号。另外玻色子不遵从泡利原理。依旧先来计算任意能级ε_l上的a_l个粒子对ω_l个单粒子态的可能占据方式。这个问题等价于把a_l个相同的球往ω_l个不同的盒子里装，并且每个盒子所装球的个数不限，有多少种可能装法。为计算方便，现用①，②，……表示不同的盒子（不同单粒子态），用○表示球（玻色子），把它们混排成一行，并保持最左边为盒子 1（单粒子态 1）。任何一种排列，代表粒子对单

粒子态的一种占据方式，如图 16.7.1 所示。

①○○○②③○④○○○○⑤……

图 16.7.1　玻色子对单粒子态的占据

图 16.7.1 表示，单粒子态 1 被 3 个粒子占据，单粒子态 2 没有粒子，单粒子态 3 被 1 个粒子占据，单粒子态 4 被 4 个粒子占据，等等。由于最左边固定为单粒子态 1，其余单粒子态和粒子的总数为 $\omega_l + a_l - 1$，将它们进行排列，共有 $(\omega_l + a_l - 1)!$ 种方式。因为粒子不可分辨，应除去粒子之间的相互交换数 $a_l!$ 和单粒子态之间的相互交换数 $(\omega_l - 1)!$。这样，a_l 个粒子对 ω_l 个单粒子态共有 $\dfrac{(\omega_l + a_l - 1)!}{a_l!(\omega_l - 1)!}$ 种可能占据方式。将各能级的可能占据方式相乘，得与分布 $\{a_l\}$ 相对应的，玻色系统的微观状态数为

$$\Omega_{B-E} = \prod_l \frac{(\omega_l + a_l - 1)!}{a_l!(\omega_l - 1)!} \tag{16.7.3}$$

三、费米系统

费米子不可分辨，遵从泡利原理。a_l 个粒子对 ω_l 个单粒子态的可能占据方式，等同于从 ω_l 个单粒子态中任意选出 a_l 个不同单粒子态来（注意对费米系统必有 $\omega_l \geqslant a_l$），有多少种选法。于是，立刻得可能占据方式为 $\dfrac{\omega_l!}{a_l!(\omega_l - a_l)!}$，将各能级的可能占据方式相乘，得与分布 $\{a_l\}$ 相对应的，费米系统的微观状态数为

$$\Omega_{F-D} = \prod_l \frac{\omega_l!}{a_l!(\omega_l - a_l)!} \tag{16.7.4}$$

四、经典极限

对于玻色系统或费米系统，如果任意能级 ε_l 上占据的粒子数 a_l 远小于相应能级的简并度 ω_l，即

$$\frac{a_l}{\omega_l} << 1 \quad \text{（对所有能级）} \tag{16.7.5}$$

时，式（16.7.3）和式（16.7.4）可近似为

$$\begin{aligned}
\Omega_{B-E} &= \prod_l \frac{(\omega_l + a_l - 1)!}{a_l!(\omega_l - 1)!} \\
&= \prod_l \frac{(\omega_l + a_l - 1)(\omega_l + a_l - 2)\cdots\omega_l}{a_l!} \approx \prod_l \frac{\omega_l^{a_l}}{a_l!}
\end{aligned}$$

$$\begin{aligned}
\Omega_{F-D} &= \prod_l \frac{\omega_l!}{a_l!(\omega_l - a_l)!} \\
&= \prod_l \frac{\omega_l(\omega_l - 1)\cdots(\omega_l - a_l + 1)}{a_l!} \approx \prod_l \frac{\omega_l^{a_l}}{a_l!}
\end{aligned}$$

把上面两式与式（16.7.2）比较，得

$$\Omega_{B-E} = \Omega_{F-D} = \frac{\Omega_{M-B}}{N!} \tag{16.7.6}$$

式（16.7.5）称为**经典极限**或**非简併性条件**。这个条件意味着 ε_l 能级上的单粒子态数远远大于该能级上占据的粒子数。在这种情况下，绝大多数单粒子态未被粒子占据，限制每个单粒子态最多只能被一个粒子占据已无实质意义，泡利原理几乎不起作用。因此，玻色系统和费米系统的微观状态数相等，并都趋于 $\Omega_{M-B}/N!$。这个极限说明，全同粒子的不可分辨性仍起作用，其作用表现在因子 $1/N!$ 之中。

五、热力学几率

前面讲过，系统的一个宏观态对应大量微观态。按照等几率原理，对应于微观态越多的宏观态，出现的几率必然越大。假设系统的总微观态数为 Ω_0，则系统出现每个可能微观态的几率为 $1/\Omega_0$。若系统某一宏观态对应的微观态数为 W，那么实现这个宏观态的几率就是 W/Ω_0。由此可见，系统出现某一宏观态的几率与这个宏观态所对应的微观态数成正比。我们把这个微观态数 W 称为该宏观态的**热力学几率**。不难看出，热力学几率越大的宏观态越容易实现，反之，热力学几率越小的宏观态越不容易实现。下一节将会看到，某些分布对应的微观态数和其它分布对应的微观态数比起来，具有压倒优势的大，几乎等于系统的全部微观态数。所以，这种分布对应的宏观态实际上就是系统的平衡态。

16.8 最可几分布

上一节导出了系统微观状态数 Ω 与分布 $\{a_l\}$ 的关系。根据等几率原理，对应于 Ω 最大的分布出现的几率也最大，或者说，出现几率最大的分布使 Ω 取最大值。这个使 Ω 取最大值的分布就称为**最可几分布**，或**最概然分布**。下面来讨论各种系统的最可几分布。

注意到 $\ln\Omega$ 随 Ω 的变化是单调的，它们有相同的极值点。所以，使 $\ln\Omega$ 达到最大值的分布也就是最可几分布。为推导简单起见，下面利用 $\ln\Omega$ 来求最可几分布。此外，在推导过程中，还要用到下述近似公式：

$$\ln m! = m(\ln m - 1) \qquad (m \gg 1) \tag{16.8.1}$$

这个公式称为斯特林（Stirling）公式。

一、玻耳兹曼分布

对于玻耳兹曼系统，式（16.7.2）给出了对应于分布 $\{a_l\}$ 的微观状态数 Ω_{M-B}（热力学几率）。注意到分布还应满足条件式（16.7.1）。因此，求最可几分布的问题是一个求条件极值的问题。根据数学分析，求条件极值最一般的方法是拉格朗日待定乘子法。下面就用这种方法导出玻耳兹曼系统的极值分布。

首先对式（16.7.2）两端取对数，得

$$\ln\Omega_{M-B} = \ln N! + \sum_l a_l \ln\omega_l - \sum_l \ln a_l! \tag{16.8.2}$$

利用斯特林公式，上式化为

$$\ln\Omega_{M-B} = N(\ln N - 1) + \sum_l a_l \ln\omega_l - \sum_l a_l(\ln a_l - 1)$$

$$= N\ln N + \sum_l a_l \ln\omega_l - \sum_l a_l \ln a_l \tag{16.8.3}$$

上式最后一步用到系统宏观条件式（16.7.1）的第一个表达式。现对式（16.8.3）求一级变分。并注意到N为常数，ω_l由量子力学求得，在这里也是常数，Ω_{M-B}只是分布$\{a_l\}$的函数，立刻得

$$\delta\ln\Omega_{M-B} = \sum_l \ln\omega_l\delta a_l - \sum_l \ln a_l\delta a_l - \sum_l \delta a_l \tag{16.8.4}$$

根据数学分析知，极值分布必然使$\delta\ln\Omega_{M-B}=0$，于是有

$$\delta\ln\Omega_{M-B} = \sum_l \ln\omega_l\delta a_l - \sum_l \ln a_l\delta a_l - \sum_l \delta a_l = 0 \tag{16.8.5}$$

由于分布$\{a_l\}$满足条件式（16.7.1），所以，上式中$\{\delta a_l\}$不完全独立。对式（16.7.1）求一级变分，并注意到N、E为常数，得

$$\delta N = \sum_l \delta a_l = 0\,,\quad \delta E = \sum_l \varepsilon_l\delta a_l = 0 \tag{16.8.6}$$

上式就是$\{\delta a_l\}$满足的条件。由式（16.8.6）的第一式，式（16.8.5）又可以写成

$$\delta\ln\Omega_{M-B} = \sum_l \ln\omega_l\delta a_l - \sum_l \ln a_l\delta a_l = 0 \tag{16.8.7}$$

按照拉格朗日待定乘子法，引入拉格朗日待定乘子α和β，并用α乘以式（16.8.6）中的第一式，用β乘以式（16.8.6）中的第二式，有

$$\alpha\delta N = \sum_l \alpha\delta a_l = 0\,,\quad \beta\delta E = \sum_l \beta\varepsilon_l\delta a_l = 0 \tag{16.8.8}$$

式（16.8.7）与式（16.8.8）相减，得

$$\delta\ln\Omega_{M-B} - \alpha\delta N - \beta\delta E = -\sum_l\left(\ln\frac{a_l}{\omega_l} + \alpha + \beta\varepsilon_l\right)\delta a_l = 0 \tag{16.8.9}$$

由上式，立刻得

$$\ln\frac{a_l}{\omega_l} + \alpha + \beta\varepsilon_l = 0 \tag{16.8.10}$$

从中解出a_l，有

$$a_l = \omega_l \mathrm{e}^{-\alpha-\beta\varepsilon_l} \tag{16.8.11}$$

式（16.8.11）就是玻耳兹曼系统的极值分布，称为**玻耳兹曼分布**或**麦克斯韦－玻耳兹曼分布**，简称 **M－B 分布**。M－B 分布只适用于玻耳兹曼系统。

二、玻色分布

与分布$\{a_l\}$对应的玻色系统的热力学几率由式（16.7.3）表示。用推导 M－B 分布相同的方法，只是在对式（16.7.3）两端求一级变分后，假设所有a_l和ω_l都足够大，可以近似认为

$$\omega_l + a_l - 1 = \omega_l + a_l\,,\quad \omega_l - 1 = \omega_l \tag{16.8.12}$$

其余和 M－B 分布的推导完全相同，最后可以导出玻色系统的极值分布为

$$a_l = \frac{\omega_l}{e^{\alpha+\beta\varepsilon_l} - 1} \tag{16.8.13}$$

上式称为**玻色分布**或**玻色－爱因斯坦分布**，简称 **B－E 分布**。B－E 分布只适用于玻色系统。

三、费米分布

对应于分布$\{a_l\}$，费米系统的热力学几率表示为式（16.7.4）。和前面的推导一样，可得费米系统的极值分布为

$$a_l = \frac{\omega_l}{e^{\alpha+\beta\varepsilon_l}+1} \tag{16.8.14}$$

上式称为**费米分布**或**费米－狄拉克分布**，简称 **F－D 分布**。F－D 分布只适用于费米系统。

四、讨论

1. 最可几分布

上面导出的 M－B 分布、B－E 分布和 F－D 分布都是相应系统的极值分布。要说明它们就是最可几分布，还需证明它们是使热力学几率为极大值的分布。为此，需要证明$\ln\Omega$的二级变分小于零。下面就以 M－B 分布为例对此进行证明。

对式（16.8.7）再求一次变分，并略去二级小$\delta^2 a_l$，得

$$\delta^2 \ln\Omega_{M-B} = -\sum_l \frac{(\delta a_l)^2}{a_l} \tag{16.8.15}$$

由于$a_l > 0$，故$\delta^2\ln\Omega_{M-B} < 0$。因此，M－B 分布是使$\Omega_{M-B}$为极大值的分布，也就是说 M－B 分布就是玻耳兹曼系统的最可几分布。

同理可证，B－E 分布和 F－D 分布分别是玻色系统和费米系统的最可几分布。

2. 分布函数

M－B 分布、B－E 分布和 F－D 分布可以统一写成

$$a_l = \frac{\omega_l}{e^{\alpha+\beta\varepsilon_l}+\delta}, \qquad \delta = \begin{cases} 0 & (M-B\text{分布}) \\ -1 & (B-E\text{分布}) \\ +1 & (F-D\text{分布}) \end{cases} \tag{16.8.16}$$

用ω_l同时除以上式两端，得

$$\frac{a_l}{\omega_l} = \frac{1}{e^{\alpha+\beta\varepsilon_l}+\delta} \tag{16.8.17}$$

上式的物理意义十分明确，它表示：能量为ε_l的任意单粒子态上占据的平均粒子数。如果用符号f_s表示这个物理量，上式可以改写为

$$f_s = \frac{1}{e^{\alpha+\beta\varepsilon_s}+\delta} \tag{16.8.18}$$

式中：f_s为能量为ε_s的任意单粒子态上占据的平均粒子数，或者说ε_s能态上占据的平均粒子数。f_s称为**分布函数**，也叫**几率密度**。

将式（16.8.16）代入式（16.7.1），并注意分布函数的物理意义，有

$$\begin{aligned} N &= \sum_l a_l = \sum_l \frac{\omega_l}{e^{\alpha+\beta\varepsilon_l}+\delta} = \sum_s f_s = \sum_s \frac{1}{e^{\alpha+\beta\varepsilon_s}+\delta} \\ E &= \sum_l a_l\varepsilon_l = \sum_l \frac{\omega_l\varepsilon_l}{e^{\alpha+\beta\varepsilon_l}+\delta} = \sum_s \varepsilon_s f_s = \sum_s \frac{\varepsilon_s}{e^{\alpha+\beta\varepsilon_s}+\delta} \end{aligned} \tag{16.8.19}$$

必须注意，上式中$\sum\limits_l$表示对能级求和，$\sum\limits_s$表示对单粒子态求和。并且对能级求和与对单粒子态求和有如下等价关系

$$\sum_l \omega_l \cdots = \sum_s \cdots$$

3. 最可几分布与平衡分布

由前面的讨论知，与最可几分布对应的热力学几率并不等于系统的全部微观状态数。它只是满足给定宏观条件下，各种可能分布所对应的热力学几率中最大的一个。因此，也常把最可几分布对应的热力学几率称为**最大热力学几率**。可以证明，最大热力学几率几乎等于系统的全部微观状态数。下面以 M－B 分布为例，对此做一估算。为书写方便，下面的推导中略去 Ω_{M-B} 的下标，直接写成 Ω 。

设 $\{a_l\}$ 为 M－B 分布，对应的热力学几率为 Ω 。现在考虑对 M－B 分布有一微小偏离 $\{\delta a_l\}$ 的另一分布，该分布对应的热力学几率记为 $\Omega+\Delta\Omega$ 。将 $\ln(\Omega+\Delta\Omega)$ 做泰勒展开，有

$$\ln(\Omega+\Delta\Omega)=\ln\Omega+\delta\ln\Omega+\frac{1}{2}\delta^2\ln\Omega+\cdots \tag{16.8.20}$$

略去 $\ln\Omega$ 二级以上的变分，并注意到 $\delta\ln\Omega=0$ 和式（16.8.15），有

$$\ln\frac{(\Omega+\Delta\Omega)}{\Omega}=-\frac{1}{2}\sum_l\left(\frac{\delta a_l}{a_l}\right)^2 a_l \tag{16.8.21}$$

假设对 M－B 分布的相对偏离 $\delta a_l/a_l \sim 10^{-5}$ 量级，则

$$\ln\frac{(\Omega+\Delta\Omega)}{\Omega}\sim -10^{-10}\sum_l a_l=-10^{-10}N \tag{16.8.22}$$

注意到体系总粒子数 $N\sim 10^{23}$ 量级，于是有

$$\frac{(\Omega+\Delta\Omega)}{\Omega}\sim \mathrm{e}^{-10^{13}}\approx 0 \tag{16.8.23}$$

上式说明，当 N 很大时，即使某一分布相对于最可几分布只有极小的偏离，这个分布对应的热力学几率与最可几分布对应的热力学几率（最大热力学几率）相比近乎为零。因此，最大热力学几率和其它所有非最可几分布对应的热力学几率相比具有压倒优势的大，它们的总和较之最大热力学几率也可视为零，即最大热力学几率几乎就等于系统的全部微观状态数。所以，完全有理由认为，最可几分布就是系统的平衡分布。

4. α 和 β 的确定

上面得到的三种分布的表达式中，都含有待定拉格朗日乘子 α 和 β 。可以证明，三种分布中的 α 和 β 具有相同的表达式，都表示为

$$\beta=\frac{1}{kT},\quad \alpha=-\frac{\mu}{kT} \tag{16.8.24}$$

式中，k 为玻耳兹曼常数；T 为系统的平衡温度；μ 为粒子的化学势。不难看出，β 只依赖于系统的温度，与系统的其它性质无关。由于它是统计理论中引入的一个参量，因此，也常把它称为**统计温度**。统计温度的量纲是能量的倒数。α 不仅依赖于系统的温度，还与粒子的化学势有关。因此，α 对于粒子数可变系统（如存在相变或化学反应）是一个十分重要的参数，α 无量纲。

5. 不合理的近似

在对三个最可几分布的推导中，都用到了斯特林公式式（16.8.1）。按照斯特林公式的成立条件，只有当 $a_l \gg 1$ 和 $\omega_l \gg 1$ 时，前面的推导在数学上才是合法的。事实上这样

的条件通常并不成立，这是前面推导的一个严重的数学缺陷。

应当指出，前面的推导虽然在数学上很不严谨，但在系综理论中，可以给出这三个分布的一个严格推导，结果与这里完全相同。这说明我们得到的结论是正确的。

6. 非简併性条件（经典极限）

上一节介绍过，非简併性条件是指对所有能级都有$\dfrac{a_l}{\omega_l} \ll 1$。当这个条件成立时，由式（16.8.16）知，三个分布均可表示为

$$a_l = \omega_l e^{-\alpha-\beta\varepsilon_l} \tag{16.8.25}$$

这个结果也可由式（16.7.6）得到。上式表明，当系统满足非简併性条件时，B－E分布和F－D分布都趋于M－B分布，即三种统计系统满足相同的分布——M－B分布。值得注意的是，在非简併性条件下，虽然三种统计系统的分布相同，但热力学几率不同。

7. 多元系

前面的讨论中，假设系统只包含一种粒子，即系统是单元系。实际上，可以把理论推广到多元系情形。下面就以含两种粒子的玻耳兹曼系统为例，来进行推广。

假设系统中两种粒子的粒子数分别为N和N'，粒子的能级分别为ε_l和ε_l'，能级的简併度分别为ω_l和ω_l'，分布分别为$\{a_l\}$和$\{a_l'\}$。再假设粒子间相互作用很弱，可以视为近独立的。这样，就可以把系统中的每一种粒子看成一个孤立的子系统，整个系统由这两个孤立子系统构成。根据上一节的讨论，这两个子系统的微观状态数分别为

$$\Omega = N!\prod\frac{\omega_l^{a_l}}{a_l!} \qquad \Omega' = N'!\prod\frac{\omega_l'^{a_l'}}{a_l'!} \tag{16.8.26}$$

系统的总微观状态数$\Omega_{all} = \Omega\Omega'$，并满足条件

$$\begin{gathered}\sum_l a_l = N,\quad \sum_l a_l' = N' \\ \sum_l a_l\varepsilon_l + \sum_l a_l'\varepsilon_l' = E\end{gathered} \tag{16.8.27}$$

用拉格朗日待定乘子法求$\delta\ln\Omega_{all}$在条件（16.8.27）下的极值，有

$$\delta\ln\Omega_{all} - \alpha\delta N - \alpha'\delta N' - \beta\delta E = 0 \tag{16.8.28}$$

其中α、α'和β为拉格朗日待定乘子。重复M－B分布的推导，得

$$\begin{gathered}a_l = \omega_l e^{-\alpha-\beta\varepsilon_l} \\ a_l' = \omega_l' e^{-\alpha'-\beta\varepsilon_l'}\end{gathered} \tag{16.8.29}$$

上式说明，对于多元玻耳兹曼系统，M－B 分布同样成立，而且各组元（子系）满足各自的M－B分布。同时还看到，各组元（子系）的α不同。这是因为各组元（子系）的总粒子数不同，因而粒子的化学势也不同的必然结果。但各组元（子系）拥有共同的β。这是因为平衡时各组元（子系）具有相同温度的结果。

类似的，也可以把B－E分布和F－D分布推广到多元系情况。

内容提要

一、统计力学的研究对象和任务

1. 统计力学的研究对象

由大量微观粒子构成的宏观系统。根据其统计性质，分为玻耳兹曼系统、玻色系统和费米系统。

2. 统计力学的主要任务

从构成系统的微观粒子的运动出发，应用统计方法，研究系统的热运动规律。

二、平衡态统计力学的基本原理

1. 等几率原理

处于平衡态的孤立系，系统各可能微观态出现的几率相等。

2. 统计平均原理

系统宏观量是相应微观量的统计平均。一般的数学表述形式为

$$\overline{M}=\sum_x M_x\omega(x)\,,\qquad \overline{M}=\int M_x \mathrm{d}\omega(x)\,,\qquad \overline{M}=\int M_x\rho(x)\mathrm{d}x$$

三、粒子和系统微观运动状态的描述

粒子和系统微观运动状态的描述有经典描述和量子描述。重点应掌握粒子和系统微观运动状态的量子描述。

四、平衡态统计力学的三大分布

1. 分布的概念

各单粒子能级上占据的粒子个数。

2. 热力学几率

一般的讲是指一定宏观条件下系统可能的微观状态数。实际应用中，主要是指对应于某一分布，系统的可能微观状态数。

3. 三大分布

$$a_l=\frac{\omega_l}{\mathrm{e}^{\alpha+\beta\varepsilon_l}+\delta}\qquad \delta=\begin{cases}0 & (\text{M}-\text{B分布})\\ -1 & (\text{B}-\text{E分布})\\ +1 & (\text{F}-\text{D分布})\end{cases}$$

五、半经典近似和经典极限

1. 半经典近似

半经典近似的条件是粒子的经典作用量远远大于量子作用量。半经典近似认为粒子运动存在量子化轨道，一个量子化轨道代表粒子的一个运动状态，粒子的一个运动状态占据相空间中一个固定“大小”体积，即“量子相格”。

在半经典近似下，有下述重要替换关系

$$\omega_l \to \frac{\Delta\omega_l}{h^r}$$

2. 经典极限

经典极限也称为非简併性条件。其数学表述是：对所有能级有

$$\frac{a_l}{\omega_l} \ll 1$$

在经典极限下：三种统计系统都满足玻耳兹曼分布；三种统计系统的热力学几率有下述关系

$$\Omega_{B-E} = \Omega_{F-D} = \frac{\Omega_{M-B}}{N!}$$

习　　题

16.1 统计规律与力学规律有什么联系和区别，统计规律的特征是什么？

16.2 包含 N 个粒子的理想气体被封闭在体积 V 中，今想象在 V 中划分出一小部分 v，试求把 n 个分子分到 v 中的几率。

16.3 何谓经典粒子、何谓量子粒子、何谓全同粒子、何谓定域子、何谓非定域子？

16.4 试证明：在体积 V 内，在 $\varepsilon \sim (\varepsilon + \mathrm{d}\varepsilon)$ 能量范围内，三维自由粒子的量子态数为

$$D(\varepsilon)\mathrm{d}\varepsilon = \frac{2\pi V}{h^3}(2m)^{3/2}\varepsilon^{1/2}\mathrm{d}\varepsilon$$

16.5 试证明：在长度 L 内，在 $\varepsilon \sim (\varepsilon + \mathrm{d}\varepsilon)$ 能量范围内，一维自由粒子的量子态数为

$$D(\varepsilon)\mathrm{d}\varepsilon = \frac{2L}{h}\left(\frac{m}{2\varepsilon}\right)^{1/2}\mathrm{d}\varepsilon$$

16.6 试证明：在面积 A 内，在 $\varepsilon \sim (\varepsilon + \mathrm{d}\varepsilon)$ 能量范围内，二维自由粒子的量子态数为

$$D(\varepsilon)\mathrm{d}\varepsilon = \frac{2\pi A}{h^2}m\mathrm{d}\varepsilon$$

16.7 在极端相对论情形下，粒子的能量动量关系为 $\varepsilon = cp$。试求，在体积 V 内，在 $\varepsilon \sim (\varepsilon + \mathrm{d}\varepsilon)$ 能量范围内，三维粒子的量子态数。

16.8 若粒子有两个能级，每个能级的简併度为 4。设系统由 4 个全同粒子组成，服从费米分布。问：系统可能出现哪几种分布？各分布对应的微观状态数是多少？各分布出现的几率是多少？那一种分布出现的几率最大？

16.9 上题中，若粒子是全同玻色子，结果如何？

16.10 由 $N = 2\times10^{24}$ 个分子组成的理想气体，被封闭在体积为 V 的容器中。设想把容器分隔成相等的甲乙两部分。

（1）试证：$\dfrac{N}{2} \pm n$ 个分子出现在甲部分，余下的 $\dfrac{N}{2} \mp n$ 个分子出现在乙部分的几率为

$$\rho\left(\frac{N}{2} \mp n\right) = \frac{N!}{\left(\dfrac{N}{2} \pm n\right)!\left(\dfrac{N}{2} \mp n\right)!}\left(\frac{1}{2}\right)^N$$

（2）试证：在 $n \ll N$ 时，下面关系成立

$$\rho\left(\frac{N}{2}\mp n\right)\Big/\rho\left(\frac{N}{2}\right)=\exp(-2n^2/N)$$

（3）求最可几分布的几率 $\rho(N/2)$。假设 n 是最可几分布 $N/2$ 的 1 千亿分之一（即 $n=10^{13}$），问分布的几率 $\rho\left(\frac{N}{2}\mp n\right)$ 是多少？由此说明最可几分布可以代表系统的平衡分布。

第 17 章　玻耳兹曼统计理论

在 16 章中，导出了平衡态统计的三个重要分布：M－B 分布、B－E 分布和 F－D 分布。本章主要介绍基于 M－B 分布的玻耳兹曼统计理论。由于 M－B 分布适用于可分辨粒子（包括经典粒子和定域子）和满足非简併性条件的全同玻色子或全同费米子组成的近独立子系统，所以本章介绍的内容对这些系统都适用。

17.1　热力学函数的统计表达式

本节从 M－B 分布出发，导出各种热力学函数的统计表达式。正如我们将要看到的，这些统计表达式最终都用一个名为**配分函数**的物理量表出。因此，首先给出配分函数的定义。

一、粒子的配分函数

由于系统的总粒子数 $N=\sum_l a_l$，将 M－B 分布式（16.8.11）代入，有

$$N=\sum_l \omega_l \mathrm{e}^{-\alpha-\beta\varepsilon_l}=\mathrm{e}^{-\alpha}\sum_l \omega_l \mathrm{e}^{-\beta\varepsilon_l} \tag{17.1.1}$$

令

$$Z(\beta,y)=\sum_l \omega_l \mathrm{e}^{-\beta\varepsilon_l} \tag{17.1.2}$$

上式定义的函数 $Z(\beta,y)$ 称为**粒子的配分函数**。由定义不难看出，Z 是 β（即温度 T）的函数，另外 Z 还通过能级 ε_l 依赖于外参量 y。因此，在配分函数的定义式（17.1.2）中，已明确标出 Z 是 β 和 y 的函数。注意到对能级求和与对单粒子态求和的等价关系 $\sum_l \omega_l\cdots=\sum_s\cdots$，配分函数的定义也可写成

$$Z(\beta,y)=\sum_s \mathrm{e}^{-\beta\varepsilon_s} \tag{17.1.3}$$

把式（17.1.2）代入式（17.1.1），得

$$N=\mathrm{e}^{-\alpha}Z \tag{17.1.4}$$

二、热力学函数的统计表达式

根据统计力学的基本原理，系统宏观量是相应微观量的统计平均值。所谓统计平均，是指在满足一定宏观条件下，对系统一切可能微观运动状态的平均。下面就用统计平均方法导出热力学函数的统计表达式。

1. 内能

系统的内能是系统中粒子无规运动总能量的统计平均。与内能相对应的微观量是粒

子的能量ε_l，于是内能

$$U=E=\sum_l \varepsilon_l a_l=\sum_l \varepsilon_l \omega_l \mathrm{e}^{-\alpha-\beta\varepsilon_l}=\mathrm{e}^{-\alpha}\sum_l \varepsilon_l \omega_l \mathrm{e}^{-\beta\varepsilon_l}$$

利用式（17.1.4），上式可以写为

$$U=\frac{N}{Z}\sum_l \varepsilon_l \omega_l \mathrm{e}^{-\beta\varepsilon_l}=-\frac{N}{Z}\frac{\partial}{\partial\beta}\sum_l \omega_l \mathrm{e}^{-\beta\varepsilon_l}$$

把式（17.1.2）代入上式，得

$$U=-N\frac{\partial}{\partial\beta}\ln Z \tag{17.1.5}$$

式（17.1.5）就是内能的统计表达式。

2. 广义力

欲求广义力的统计表达式，首先需要得到与广义力相应的微观量。

设与广义力Y对应的外参量为y。根据量子力学，粒子能级ε_l是外参量y的函数。当外参量发生微小改变$\mathrm{d}y$时，粒子能级ε_l也要发生相应改变：

$$\mathrm{d}\varepsilon_l=\frac{\partial\varepsilon_l}{\partial y}\mathrm{d}y \tag{17.1.6}$$

由于系统内能$U=\sum_l \varepsilon_l a_l$，所以，因外参量$y$的改变而引起系统内能的改变为

$$\mathrm{d}U=\sum_l a_l \mathrm{d}\varepsilon_l=\sum_l a_l \frac{\partial\varepsilon_l}{\partial y}\mathrm{d}y \tag{17.1.7}$$

注意，在写出上式时用到了外参量的改变只引起能级的改变，而不会引起分布本身的改变。

另一方面，根据热力学理论，在无穷小准静态过程中，若外参量发生$\mathrm{d}y$的改变，引起系统内能的改变为

$$\mathrm{d}U=Y\mathrm{d}y \tag{17.1.8}$$

比较式（17.1.7）和式（17.1.8），得

$$Y=\sum_l a_l \frac{\partial\varepsilon_l}{\partial y} \tag{17.1.9}$$

上式说明，与广义力Y相应的微观量是$\dfrac{\partial\varepsilon_l}{\partial y}$。

下面利用式（17.1.9）导出广义力的统计表达式。把M－B分布代入式（17.1.9），得

$$Y=\frac{N}{Z}\sum_l \omega_l \mathrm{e}^{-\beta\varepsilon_l}\frac{\partial\varepsilon_l}{\partial y}$$

注意到y和β是独立变量，简并度与外参量无关，经简单推导，得

$$Y=-\frac{N}{\beta}\frac{\partial}{\partial y}\ln Z \tag{17.1.10}$$

上式就是广义力的统计表达式。特别的，对于pVT系统，式（17.1.10）化为

$$p=\frac{N}{\beta}\frac{\partial}{\partial V}\ln Z \tag{17.1.11}$$

式（17.1.11）实际上就是pVT系统物态方程的统计表达式。

对系统内能$U=\sum_l \varepsilon_l a_l$求全微分，有

$$\mathrm{d}U=\sum_l a_l \mathrm{d}\varepsilon_l+\sum_l \varepsilon_l \mathrm{d}a_l \tag{17.1.12}$$

把上式与热力学基本微分方程比较，并注意到式（17.1.7），不难看出：上式右端第一项是由于外参量的改变对系统作功而引起系统内能的改变；第二项是由于系统从外界吸热而引起系统内能的改变。由此可见，作功只能引起粒子能级结构的改变，而不会引起分布的改变；相反，传热只能引起分布的改变，而不会引起粒子能级结构的改变。这就从统计的角度，明确指出功和热这两种不同能量形式在物理上的区别。

3. 熵

熵是一个纯热力学量，在经典力学和量子力学都没有定义过熵这个物理量。因此，与熵对应的微观量不容易直接找到。为了得到熵的统计表达式，需要借助于热力学基本微分方程。

热力学基本微分方程可以写成如下形式

$$\mathrm{d}S=\frac{1}{T}(\mathrm{d}U-Y\mathrm{d}y)=\frac{1}{T}\text{đ}Q \tag{17.1.13}$$

上式说明，$1/T$ 是过程量$\mathrm{d}U-Y\mathrm{d}y=\text{đ}Q$的一个积分因子。注意到粒子配分函数$Z$是$\beta$和$y$的函数，所以

$$\mathrm{d}\ln Z=\frac{\partial \ln Z}{\partial \beta}\mathrm{d}\beta+\frac{\partial \ln Z}{\partial y}\mathrm{d}y$$

$$\mathrm{d}\left(\beta\frac{\partial \ln Z}{\partial \beta}\right)=\frac{\partial \ln Z}{\partial \beta}\mathrm{d}\beta+\beta\mathrm{d}\left(\frac{\partial \ln Z}{\partial \beta}\right)$$

以上两式相减，并在等式两端同乘以总粒子数N，得

$$\begin{aligned}\mathrm{d}\left(N\ln Z-N\beta\frac{\partial \ln Z}{\partial \beta}\right)&=N\frac{\partial \ln Z}{\partial y}\mathrm{d}y-N\beta\mathrm{d}\left(\frac{\partial \ln Z}{\partial \beta}\right)\\&=\beta\left[\mathrm{d}\left(-N\frac{\partial \ln Z}{\partial \beta}\right)+\frac{N}{\beta}\frac{\partial \ln Z}{\partial y}\mathrm{d}y\right]\end{aligned}$$

把内能和广义力的统计表达式式（17.1.5）和式（17.1.10）代入上式，得

$$\mathrm{d}\left(N\ln Z-N\beta\frac{\partial \ln Z}{\partial \beta}\right)=\beta(\mathrm{d}U-Y\mathrm{d}y)=\beta\text{đ}Q \tag{17.1.14}$$

上式说明，β也是过程量$\mathrm{d}U-Y\mathrm{d}y=\text{đ}Q$的一个积分因子。这样过程量$\text{đ}Q$存在$\beta$和$1/T$两个积分因子。根据微分方程理论，若$\sum_i X_i\mathrm{d}x_i$存在积分因子$\mu$，使得

$$\mathrm{d}f=\mu\sum_i X_i\mathrm{d}x_i$$

则$\sum_i X_i\mathrm{d}x_i$就存在无穷多个积分因子。假设μ'也是$\sum_i X_i\mathrm{d}x_i$的一个积分因子，使得

$$\mathrm{d}F=\mu'\sum_i X_i\mathrm{d}x_i$$

则μ和μ'之比是f的函数，即

$$\frac{\mu}{\mu'}=k(f)$$

根据上述数学结果，有

$$\frac{1/T}{\beta}=k(S) \quad 或 \quad \beta=\frac{1}{kT} \tag{17.1.15}$$

下面来证明，上式中的比值k不是熵S的函数，而是一个常数。为此，假设由A和B两个玻耳兹曼系统组成一个孤立系，且A和B达到热平衡，平衡温度为T。至于这两个子系统的其它热力学参量完全任意。由于总系统构成孤立系，系统的总能量$E=E_1+E_2$为常量，且满足$M-B$分布$a_l=\omega_l e^{-\alpha-\beta\varepsilon_l}$。由$M-B$分布的推导过程知，$\beta$是在系统总能量$E$为常量的约束条件下引入的拉氏待定乘子。所以$\beta$对这两个子系统都适用，即子系$A$和子系$B$都对应同一个$\beta$。根据假设，两个子系统只有温度这一个热力学量是共同的，其余热力学量完全任意。因此，β不可能依赖于除温度以外的其它热力学量。自然式（17.1.15）的比值k也就不可能是熵S的函数，而只能是一个常数。这个常数称为**玻耳兹曼常数**。另外，因为子系A和子系B是任意的，所以，玻耳兹曼常数对任意系统都适用，是一个普适常数。这样一来，可以利用任意系统确定k的值，结果对任何系统都适用。当然，最方便的系统是理想气体。下一节，把玻耳兹曼统计理论用于理想气体，可以得到

$$k=R/N_0 \tag{17.1.16}$$

将普适气体常数R和阿伏伽德罗常数N_0的值代入，得

$$k=1.381\times10^{-23}\,\mathrm{J\cdot K^{-1}} \tag{17.1.17}$$

现将式（17.1.15）代入式（17.1.14），得

$$k\mathrm{d}\left(N\ln Z-N\beta\frac{\partial\ln Z}{\partial\beta}\right)=\frac{1}{T}(\mathrm{d}U-Y\mathrm{d}y)=\frac{1}{T}\text{đ}Q \tag{17.1.18}$$

上式与式（17.1.13）比较，得

$$\mathrm{d}S=Nk\mathrm{d}\left(\ln Z-\beta\frac{\partial\ln Z}{\partial\beta}\right) \tag{17.1.19}$$

式（17.1.19）就是熵的统计表达式的微分形式。积分上式，得

$$S=Nk\left(\ln Z-\beta\frac{\partial\ln Z}{\partial\beta}\right)+S_0 \tag{17.1.20}$$

式（17.1.20）是熵的统计表达式的积分形式，S_0为积分常数。后文会看到，S_0可取两个值，对于玻耳兹曼系统$S_0=0$；对于满足非简併性条件的玻色系统或费米系统，$S_0=-k\ln N!$。

4. 玻耳兹曼关系

从熵的统计表达式（17.1.20）出发，可以导出熵的另外一个重要关系式。

考虑玻耳兹曼系统，此时$S_0=0$。将内能的统计表达式代入式（17.1.20），再利用配分函数的定义式（17.1.4）和$U=\sum_l\varepsilon_l a_l$、$N=\sum_l a_l$，可将式（17.1.20）化为

$$S=k\left[N\ln N+\sum_l(\alpha+\beta\varepsilon_l)a_l\right] \tag{17.1.21}$$

对 M－B 分布取自然对数，得

$$\alpha+\beta\varepsilon_l=\ln\omega_l-\ln a_l \tag{17.1.22}$$

把上式代入式（17.1.21），得

$$S=k(N\ln N+\sum_l a_l\ln\omega_l-\sum_l a_l\ln a_l) \tag{17.1.23}$$

与式（16.8.3）比较，立刻得

$$S=k\ln\Omega_{M-B} \tag{17.1.24}$$

对于满足非简併性条件的玻色系统或费米系统，$S_0=-k\ln N!$。在上一章中讲过，这种情形下玻色系统或费米系统的最大热力学几率为 $\Omega=\Omega_{M-B}/N!$。所以，对满足非简併性条件的玻色系统或费米系统，同样有关系 $S=k\ln\Omega$ 成立。不仅如此，将来会看到，即使非简併性条件不成立，对玻色系统或费米系统，这样的关系也成立。这也就是说，形如式（17.1.24）的关系对任何系统都成立。因此，我们把它写成更一般的形式

$$S=k\ln\Omega \tag{17.1.25}$$

其中的 Ω 可以是各种系统的热力学几率。式（17.1.25）就是著名的**玻耳兹曼关系**。

玻耳兹曼关系给出了熵的一个明确的统计意义。由式（17.1.25）知，系统的微观运动状态数愈多（热力学几率愈大），熵值也就愈大。而系统的微观状态数是由粒子在各能级的量子态上的占据方式所决定的。系统中粒子的运动愈混乱，粒子分布的能级范围就愈广泛，对应的微观状态数就愈多，其熵值也就愈大。反之，熵值愈小。由此可知，**熵是系统微观运动混乱程度的度量。**系统微观运动的混乱程度愈大，熵就愈大；系统微观运动的混乱程度愈小，熵也就愈小。因此，熵增加的过程，就是系统微观运动混乱程度、无序程度增加的过程。

在系统温度较高时，系统中的粒子可能分布于许许多多能级上。随着温度的降低，粒子分布于高能态的几率越来越小。当温度 $T\to 0\text{K}$ 时，粒子几乎全部被“冻结”在基态，这时微观状态数 Ω_0 显著减少，加之玻耳兹曼常数很小，故由玻耳兹曼关系知

$$S(T\to 0)=k\ln\Omega_0\to 0 \tag{17.1.26}$$

由此得到绝对零度的熵为零，这与热力学第三定律的结论一致。由此可见，式（17.1.20）和式（17.1.25）给出的是绝对熵。同时也看到，把玻耳兹曼系统的熵常数取为零是一种自然选择。对于满足非简併性条件的玻色系统或费米系统，因为不可分辨性仍起作用，熵常数不为零，而是等于 $-k\ln N!$。

玻耳兹曼关系给出的是系统的熵与系统的最大热力学几率的关系。上一章曾指出过，最大热力学几率几乎等于系统的总微观状态数。因此，也可以把玻耳兹曼关系中的 Ω 理解为系统的总微观状态数。

应当指出，玻耳兹曼关系不仅对平衡态成立，对非平衡态同样成立。设想把处于非平衡态的系统分割成若干宏观小微观大的子系统，每个子系统的态可近似为平衡态。把玻耳兹曼关系用于各子系统，有

$$S_i=k\ln\Omega_i$$

其中 S_i 和 Ω_i 分别表示第个 i 子系统的熵和微观状态数。根据熵的广延性，总系统的熵为

$$S=\sum_i S_i=k\ln\prod_i\Omega_i$$

上式中 $\prod_i \Omega_i = \Omega$ 恰好是总系统的微观状态数。

5. 自由能

把内能和熵的统计表达式（17.1.5）和式（17.1.20）代入自由能的定义式

$$F = U - TS$$

中，得

$$F = -NkT\ln Z - TS_0 \tag{17.1.27}$$

上式就是自由能的统计表达式。对于玻耳兹曼系统，自由能的统计表达式写为

$$F = -NkT\ln Z \tag{17.1.28}$$

对于满足非简併性条件的玻色系统或费米系统，自由能的统计表达式写为

$$F = -NkT\ln Z + kT\ln N! \tag{17.1.29}$$

类似的，利用焓和吉布斯函数的定义，以及内能、熵和广义力的统计表达式，同样可以得到它们的统计表达式。由于这些表达式实际中很少用到，这里不再赘述。

17.2 配分函数的计算

从上一节导出的热力学函数的统计表达式中看到，任何热力学函数都用 $\ln Z$ 及其偏导数表出。只要求出粒子的配分函数 Z，便可求得系统的任意热力学函数。因此，配分函数的计算是统计力学中最基本的运算。下面来讨论配分函数计算的基本方法。

计算粒子配分函数最直接的方法是利用配分函数的定义式（17.1.2）。其中粒子的能级 ε_l 和能级的简併度 ω_l 由量子力学求出，它们的计算不是统计力学的任务，在统计力学中，认为能级和简併度是已知的。这里要解决的问题是，在已知能级和简併度的前提下，如何求出配分函数。我们知道，能级和简併度都与描述粒子量子态的好量子数有关。当它们对量子数的依赖关系比较简单时，式（17.1.2）的求和也比较简单，这种情况计算配分函数并不困难，如谐振子系统。但实际中所遇到的大多数问题，能级和简併度对量子数的依赖关系常常比较复杂，这给求和带来了很大困难。下面针对这种情况讨论配分函数的计算问题。

一、经典近似

将式（17.1.15）代入式（17.1.2），粒子的配分函数为

$$Z(\beta, y) = \sum_l \omega_l e^{-\frac{\varepsilon_l}{kT}} \tag{17.2.1}$$

当粒子的相邻能级间隔 $\Delta\varepsilon_l = \varepsilon_{l+1} - \varepsilon_l$ 远远小于 kT，即

$$\Delta\varepsilon_l << kT \tag{17.2.2}$$

这时，粒子的能量可视为连续。事实上，根据量子力学，粒子的能级间隔通常与 h 或 h 的幂成正比。式（17.2.2）成立，意味着对于所研究系统的粒子而言，h 可以看成是一个足够小的量。按照 16.5 节介绍的半经典近似，这种情况下，可以近似认为粒子的运动有轨道，粒子的运动状态用正则变量 (q, p) 描述，因而粒子的能量可近似为经典形式

$$\varepsilon_l = \varepsilon_l(q, p) \tag{17.2.3}$$

当把式（17.2.1）中粒子的量子化能量近似为式（17.2.3）的经典形式时，相应的，对能级的求和将化为对正则变量在相空间的积分。这样，就把难以计算的求和运算化成了相对比较容易的积分运算，从而解决了求和的困难。这样一套计算配分函数的方法称为**经典近似**方法。

由上可知，经典近似必须满足两个条件：第一个条件是，这种近似只针对玻耳兹曼统计，或者说，只适用于可分辨粒子（包括经典粒子和定域子）和满足非简併性条件的全同玻色子或全同费米子组成的近独立子系统。第二个条件是，式（17.2.2）成立。只有在这两个条件同时满足的前提下，经典近似才是合法的。

量子统计和经典统计的统计原理是相同的，区别仅在于对系统微观运动状态是采用量子描述还是经典描述。从上面的讨论不难看出，在经典近似下，粒子运动状态的描述实质上是经典描述。这就导致量子统计与经典统计的实质区别将消失，量子统计过渡为经典统计。

二、经典近似下配分函数的计算

前面介绍了经典近似，若要利用经典近似计算配分函数，还需给出经典近似下能级简併度如何表示的问题。

在 16.5 节介绍半经典近似时，曾给出过替换关系 $\omega_l \to \dfrac{\Delta\omega_l}{h^r}$。容易看出这个替换关系在经典近似下仍适用。利用该替换关系，并把式（17.2.3）代入式（17.2.1），得

$$Z(\beta, y) = \sum_l \mathrm{e}^{-\frac{1}{kT}\varepsilon_l(q,p)} \frac{\Delta\omega_l}{h^r} \tag{17.2.4}$$

令相体积元 $\Delta\omega_l \to 0$，式（17.2.4）化为

$$Z(\beta, y) = \int \mathrm{e}^{-\frac{1}{kT}\varepsilon(q,p)} \frac{d\omega}{h^r} = \frac{1}{h^r}\int \mathrm{e}^{-\frac{1}{kT}\varepsilon(q,p)} \mathrm{d}q\mathrm{d}p \tag{17.2.5}$$

式中：r 为粒子的自由度，$\mathrm{d}q = \mathrm{d}q_1\mathrm{d}q_2\cdots\mathrm{d}q_r$、$\mathrm{d}p = \mathrm{d}p_1\mathrm{d}p_2\cdots\mathrm{d}p_r$ 是正则变量的无穷小改变。式（17.2.5）就是经典近似下计算配分函数的算式。

应当指出，普朗克常数 h 是一个纯量子的量，它不应该出现在经典统计的公式中。事实上，经典近似下，M－B 分布可以写成

$$a_l = \mathrm{e}^{-\alpha-\beta\varepsilon_l} \frac{\Delta\omega_l}{h^r} \tag{17.2.6}$$

把式（17.1.4）代入上式，得

$$a_l = \frac{N}{Z}\mathrm{e}^{-\beta\varepsilon_l} \frac{\Delta\omega_l}{h^r} \tag{17.2.7}$$

当把式（17.2.5）代入式（17.2.7）时，h 刚好相消，分布的表达式中不出现 h。于是内能、广义力等热力学函数中也不出现 h，与纯经典统计的结果相同。但是，由式（17.1.20）求出的熵函数中含有 h，与纯经典统计的结果不同。这是因为，根据玻耳兹曼关系，熵与系统的微观状态数有关。在纯经典描述中，微观运动状态是连续的，不可能有微观状态数的概念，从而也就不可能有绝对熵的概念。只有在运动状态的量子描述中，微观状

态数才有确切的意义，因而也才有绝对熵的概念。绝对熵是一个量子的结论。熵虽然是针对热力学系统引入的一个宏观物理量，但真正能够把熵的物理意义阐述清楚，必须运用量子概念。从这个意义上讲，熵是一个具有明显量子特性的物理量，在它的表达式中含有普朗克常数 h 也就不足为奇了。

17.3 理想气体的热力学函数

作为玻耳兹曼统计理论的具体应用，下面讨论单原子分子理想气体的热力学函数。为简单起见，假设无外场作用。

单原子分子理想气体是由全同非定域子构成的近独立子系统，其中的粒子是不可分辨的。后面会证明，在常温、常压下气体通常满足非简併性条件。另外，理想气体分子总是被限制在体积为 V 的宏观容器内自由运动。按照量子力学，粒子的能级间隔将足够的密，远远小于 kT 。由此可见，理想气体满足经典近似条件，可以采用经典近似方法讨论其热力学性质。

一、分子的配分函数

体积为 V 的单原子分子理想气体，在无外场情况下，气体分子做三维自由运动，自由度为 3，相体积元为 $\mathrm{d}x\mathrm{d}y\mathrm{d}z\mathrm{d}p_x\mathrm{d}p_y\mathrm{d}p_z$ ，分子能量为

$$\varepsilon_l = \frac{1}{2m}(p_x^2 + p_y^2 + p_z^2) \tag{17.3.1}$$

其中 m 为分子质量。假设容器在 x, y, z 三个方向的尺寸分别为 a,b,c ，当把容器的某个顶点选为坐标原点时， x, y, z 的变化范围分别是 $[0,a],[0,b],[0,c]$ 。分子动量三个分量的变化范围是 $(-\infty,+\infty)$ 。于是，由式（17.2.5），理想气体分子的配分函数

$$\begin{aligned}
Z(\beta, y) &= \frac{1}{h^3}\int_0^a \mathrm{d}x \int_0^b \mathrm{d}y \int_0^c \mathrm{d}z \iiint\limits_{\infty} \mathrm{e}^{-(p_x^2+p_y^2+p_z^2)/2mkT}\mathrm{d}p_x\mathrm{d}p_y\mathrm{d}p_z \\
&= \frac{V}{h^3}\int_{-\infty}^{\infty}\mathrm{e}^{-p_x^2/2mkT}\mathrm{d}p_x \int_{-\infty}^{\infty}\mathrm{e}^{-p_y^2/2mkT}\mathrm{d}p_y \int_{-\infty}^{\infty}\mathrm{e}^{-p_z^2/2mkT}\mathrm{d}p_z \\
&= V\left(\frac{2\pi mkT}{h^2}\right)^{3/2}
\end{aligned} \tag{17.3.2}$$

于是

$$\ln Z = \ln V + \frac{3}{2}\ln(kT) + \frac{3}{2}\ln\frac{2\pi m}{h^2} \tag{17.3.3}$$

需要说明的是，严格讲 p_x， p_y 和 p_z 的积分限应为 $(-\sqrt{2m\varepsilon}, \sqrt{2m\varepsilon})$，但注意到式（17.3.2）中的被积函数 $\exp(-p^2/2mkT)$ 随 p 的改变迅速衰减，对积分真正有贡献的区域在 $p^2/2mkT=0$ 附近很小的范围内。因此，把积分限扩充为 $(-\infty,+\infty)$，所引起的误差可忽略不计。

利用式（17.3.3）的结果和 17.1 节导出的热力学函数的统计表达式，即可求出理想气体的热力学函数。

二、理想气体的热力学函数

把式（17.3.3）代入式（17.1.11），得理想气体的压强为

$$p = \frac{NkT}{V} \tag{17.3.4}$$

上式就是理想气体的物态方程。将式（17.3.4）与熟知的热力学理论中理想气体的物态方程 $pV = nRT$ 比较，有

$$k = \frac{nR}{N} = \frac{R}{N_0} = 1.38 \times 10^{-23}\,\mathrm{J \cdot K^{-1}} \tag{17.3.5}$$

上式与式（17.1.16）完全相同。

把式（17.3.3）代入式（17.1.5），得理想气体的内能为

$$U = \frac{3}{2}NkT \tag{17.3.6}$$

上式表明，理想气体的内能只是温度 T 函数，与系统其它热力学参量无关。这与普通物理中得到的结果一致。

由式（17.3.6），可得单原子分子理想气体的定容热容量

$$C_V = \left(\frac{\partial U}{\partial T}\right)_v = \frac{3}{2}Nk = \frac{3}{2}nR \tag{17.3.7}$$

上式表明，理想气体的热容量为常数。这与实验结果符合得很好。

把式（17.3.3）代入式（17.1.20）中，并注意到理想气体中的分子是不可分辨的，应取熵常数 $S_0 = -k\ln N!$，于是得理想气体的熵为

$$S = Nk\left(\frac{3}{2}\ln T + \ln V\right) + \frac{3}{2}Nk\left(1 + \ln\frac{2\pi mk}{h^2}\right) - k\ln N!$$

把上式与热力学理论中求得的理想气体熵函数的表达式（15.5.16）比较，不难看到，上式的前两项与由式（15.5.16）的前两项完全相同。但式（15.5.16）中的熵常数 S_0 可取任意值，而上式中的熵常数取确定的值。这是因为此处所得为绝对熵。

由于 N 很大，利用斯特林公式，上式化为

$$S = Nk\left(\ln\frac{V}{N} + \frac{3}{2}\ln T + \frac{5}{2} + j\right) \tag{17.3.8}$$

式中：$j = \frac{3}{2}\ln\frac{2\pi mk}{h^2}$，称为**化学恒量**。上式称为萨克尔-泰特洛德（Sackur-Tetrode）公式。容易验证式（17.3.8）满足熵的广延性，即不会出现吉布斯佯谬。关于吉布斯佯谬这里不做过多的讨论。

把内能和熵的表达式（17.3.6）和式（17.3.8）代入自由能的定义式中，得理想气体的自由能为

$$F = U - TS = -NkT\left(1 + \ln\frac{V}{N} + \frac{3}{2}\ln T + j\right)$$

三、非简併性条件

上述结果是在经典近似下得到的。经典近似的条件之一就是满足非简併性条件。下

面来说明，在常温、常压下理想气体满足非简併性条件。

非简併性条件是指对任意能级都有

$$\frac{a_l}{\omega_l} << 1$$

成立。利用 M – B 分布，上述条件也可等价的表为

$$e^{\alpha} = \frac{Z}{N} >> 1 \tag{17.3.9}$$

我们把满足上式的气体称为**非简併气体**；把 $e^{\alpha} > 1$（e^{α} 比较大但又不很大）的气体，称为**弱简併气体**，把 $e^{\alpha} = 1$ 或 $e^{\alpha} < 1$ 的气体称为**简併气体**或**量子气体**。将式（17.3.2）代入式（17.3.9），得

$$e^{\alpha} = \frac{V}{N}\left(\frac{2\pi mkT}{h^2}\right)^{3/2} >> 1 \tag{17.3.10}$$

上式说明，气体的数密度 N/V 越小（气体越稀薄）、气体温度越高、气体分子的质量 m 越大，非简併性条件越容易满足。表 17.3.1 列出了几种气体在 1atm（1 个大气压）下沸点时的 e^{α} 值。

表 17.3.1　在 1atm 下沸点时气体的 e^{α} 值

气体	沸点/K	e^{α}
He	4.2	**7.5**
H_2	20.3	1.4×10^2
Ne	27.2	9.3×10^3
Ar	87.4	4.7×10^5

从表中看出，除 He 气外，其它气体都满足非简併性条件。因此除 He 气外，经典近似成立。对于 He 气，在极低温度时经典近似不成立。理论上 He 对玻耳兹曼分布的偏离应能观察到。但是，这时气体的密度很大，原子间的相互作用已经掩盖了这个统计效应。

如果令

$$e^{\alpha} = \frac{V}{N}\left(\frac{2\pi mkT_C}{h^2}\right)^{3/2} = 1 \tag{17.3.11}$$

其中 T_C 称为气体的**简併化温度**。由式（17.3.11）知，简併化温度与气体的数密度和粒子的质量有关。因此，不同气体的简併化温度不同。对于某一气体，若气体的实际温度远远大于该气体的简併化温度，非简併性条件成立。表 17.3.2 列出了几种气体的简併化温度。

由表 17.3.2 看出，在常温下，He 气和 H_2 气的简併化温度远小于气体的实际温度。因此，对于这两种气体，在常温下经典近似是合法的。对于 Cu 中的自由电子气体，简併化温度远高于 Cu 的熔点。因此，在通常温度下，Cu 中的自由电子气体是高度简併气体，不遵从玻耳兹曼统计理论。由于电子是费米子，所以遵从费米统计。对于光子气体，玻耳兹曼统计同样失效。光子是玻色子，光子气体遵从玻色统计。

表 17.3.2　气体的简并化温度

气体	粒子质量（m_e）	数密度/（cm^{-3}）	简并化温度/K
He	4×1837	2×10^{22}	3.17
H_2	2×1837	10^{19}	0.07
Cu（电子气体）	m_e	8.5×10^{22}	7.0×10^{4}
光子	0		∞

17.4　麦克斯韦速度分布律

M－B分布有很多应用，本节应用M－B分布研究气体分子的平动运动。

一、麦克斯韦速度分布律

设气体体积为V，分子总数为N，分子质量为m。为普遍起见，设气体分子受外场作用，相互作用势为$\varphi(x,y,z)$。则分子的能量表为

$$\varepsilon=\frac{1}{2m}(p_x^2+p_y^2+p_z^2)+\varphi(x,y,z) \tag{17.4.1}$$

由上一节的讨论知，气体通常满足非简并性条件，可用经典近似处理。

由M－B分布，在μ空间中$(\boldsymbol{r},\boldsymbol{p})$点附近，$\mathrm{d}\boldsymbol{r}\mathrm{d}\boldsymbol{p}=\mathrm{d}x\mathrm{d}y\mathrm{d}z\mathrm{d}p_x\mathrm{d}p_y\mathrm{d}p_z$相体积元内的分子数为

$$\mathrm{d}N_{r,p}=\mathrm{e}^{-\alpha-\beta\varepsilon(\boldsymbol{r},\boldsymbol{p})}\frac{\mathrm{d}\boldsymbol{r}\mathrm{d}\boldsymbol{p}}{h^3}=\mathrm{e}^{-\alpha}\mathrm{e}^{-\beta\varepsilon}\frac{\mathrm{d}\boldsymbol{r}\mathrm{d}\boldsymbol{p}}{h^3} \tag{17.4.2}$$

将上式对整个μ空间积分，有

$$N=\int\mathrm{d}N_{r,p}=\mathrm{e}^{-\alpha}\int_{-\infty}^{\infty}\mathrm{e}^{-\frac{\beta}{2m}p^2}\frac{\mathrm{d}\boldsymbol{p}}{h^3}\int_V\mathrm{e}^{-\beta\varphi}\mathrm{d}\boldsymbol{r}=\mathrm{e}^{-\alpha}Z \tag{17.4.3}$$

其中

$$Z=\int_{-\infty}^{\infty}\mathrm{e}^{-\frac{\beta}{2m}p^2}\frac{\mathrm{d}\boldsymbol{p}}{h^3}\int_V\mathrm{e}^{-\beta\varphi}\mathrm{d}\boldsymbol{r}=\left(\frac{2\pi mkT}{h^2}\right)^{3/2}\int_V\mathrm{e}^{-\beta\varphi}\mathrm{d}\boldsymbol{r} \tag{17.4.4}$$

利用式（17.4.3）消去式（17.4.2）中的$\mathrm{e}^{-\alpha}$，有

$$\mathrm{d}N_{r,p}=\frac{N}{Z}\mathrm{e}^{-\beta\varepsilon}\frac{\mathrm{d}\boldsymbol{r}\mathrm{d}\boldsymbol{p}}{h^3}$$

对上式中的坐标变数在体积V中积分，得分子的动量在$\boldsymbol{p}\sim\boldsymbol{p}+\mathrm{d}\boldsymbol{p}$范围内的分子数为

$$\mathrm{d}N_p=\frac{N}{Z}\mathrm{e}^{-\frac{\beta}{2m}p^2}\frac{\mathrm{d}\boldsymbol{p}}{h^3}\int_V\mathrm{e}^{-\beta\varphi}\mathrm{d}\boldsymbol{r}$$

把式（17.4.4）代入上式，得

$$\mathrm{d}N_p=N\left(\frac{1}{2\pi mkT}\right)^{3/2}\mathrm{e}^{-\frac{\beta}{2m}p^2}\mathrm{d}\boldsymbol{p} \tag{17.4.5}$$

将上式中的动量$\boldsymbol{p}$用速度$\boldsymbol{v}$代替，注意到$\mathrm{d}\boldsymbol{p}=m^3\mathrm{d}v_x\mathrm{d}v_y\mathrm{d}v_z=m^3\mathrm{d}\boldsymbol{v}$，上式可改写为

$$dN_{\boldsymbol{v}} = N\left(\frac{m}{2\pi kT}\right)^{3/2} e^{-\frac{m}{2kT}v^2} d\boldsymbol{v} \tag{17.4.6}$$

式（17.4.6）的意义是，体积V中，分子速度在$\boldsymbol{v} \sim \boldsymbol{v}+d\boldsymbol{v}$范围内的分子数。在式（17.4.6）两边同除以体积V，并令$n=N/V$，表示单位体积内的分子数，有

$$dn_{\boldsymbol{v}} = n\left(\frac{m}{2\pi kT}\right)^{3/2} e^{-\frac{m}{2kT}v^2} d\boldsymbol{v} = f(\boldsymbol{v})d\boldsymbol{v} \tag{17.4.7}$$

上式的意义是，单位体积内，速度在$\boldsymbol{v} \sim \boldsymbol{v}+d\boldsymbol{v}$范围内的分子数。其中

$$f(\boldsymbol{v}) = n\left(\frac{m}{2\pi kT}\right)^{3/2} e^{-\frac{m}{2kT}v^2} \tag{17.4.8}$$

称为**麦克斯韦速度分布函数**。其意义为：单位体积内，分子速度在$\boldsymbol{v}$附近单位速度间隔内的分子数。式（17.4.7）称为**麦克斯韦速度分布律**。

以上讨论是在直角坐标系中进行的。利用坐标变换，可得其它坐标系下的麦克斯韦速度分布律。例如：

柱坐标系中：$\boldsymbol{v}=(v_r,\varphi,v_z)$，

$$dn_{\boldsymbol{v}} = n\left(\frac{m}{2\pi kT}\right)^{3/2} e^{-\frac{m}{2kT}(v_r^2+v_z^2)} v_r dv_r dv_z d\varphi \tag{17.4.9}$$

球坐标系中：$\boldsymbol{v}=(v,\theta,\varphi,)$

$$dn_{\bar{v}} = n\left(\frac{m}{2\pi kT}\right)^{3/2} e^{-\frac{m}{2kT}v^2} v^2 \sin\theta dv d\theta d\varphi \tag{17.4.10}$$

对式（17.4.10）中的θ、φ积分，可得单位体积内，分子速率在$v \sim v+dv$范围内的分子数

$$dn_v = 4\pi n\left(\frac{m}{2\pi kT}\right)^{3/2} e^{-\frac{m}{2kT}v^2} v^2 dv = f(v)dv \tag{17.4.11}$$

上式称为**麦克斯韦速率分布律**。其中

$$f(v) = 4\pi n\left(\frac{m}{2\pi kT}\right)^{3/2} e^{-\frac{m}{2kT}v^2} v^2 \tag{17.4.12}$$

称为**麦克斯韦速率分布函数**。显然，$f(v)$满足$\int_0^\infty f(v)dv = n$。

下面对麦克斯韦速度（率）分布律做几点说明。

（1）麦克斯韦速度分布律是统计规律。尽管分子运动是混乱的、无规则的，对某一分子而言，它在某一时刻的速度如何是偶然的。但大量分子无规则运动的整体却遵从一定的规律——麦克斯韦速度分布律。

（2）麦克斯韦速度分布律被许多实验（例如：热电子发射、分子射线实验等）直接证实。反过来，在对很多实验结果进行理论分析时，麦克斯韦速度分布律也有十分重要的应用（例如，夫兰克—赫兹实验的理论分析）。

（3）从推导过程中明确看到，麦克斯韦速度分布律适用于有外场的情况。如在重力场、电磁场等外场中，麦克斯韦速度分布律同样成立。

（4）麦克斯韦速度分布律对非理想气体也成立。原因是，非理想气体中粒子间的相互作用可以用某种平均场$\varphi(x,y,z)$来代替，而这个φ又可归入到外场中，当作外场来处

理。这样，由第 3 点知麦克斯韦速度分布律成立。

（5）麦克斯韦速度分布律适用于单原子分子的运动或多原子分子的质心运动。

（6）对多元系，麦克斯韦速度分布律同样成立。这时，系统中的各个组元服从各自的麦克斯韦速度分布律。

二、特征速率

由式（17.4.12）知，麦克斯韦速率分布函数$f(v)$是分子质量m、速率v和气体温度T的函数。这个函数表明，对某一速率v的分子来说，$f(v)$与气体分子的质量m和所处的环境温度T有关。对确定的气体而言，分子质量m一定，在温度T也确定的情况下（即处于热平衡态下），速率分布函数$f(v)$只是分子速率v的函数，这个函数随v变化的规律如图 17.4.1 所示。从图中不难看出，在m、T一定时，全部分子中有各种不同的速率，分散在一个很宽的速率范围内，原则上可以取从 0 到∞的任何值。图 17.4.1 中的阴影窄条的面积，表示单位体积内，分子速率在$v \sim v+\mathrm{d}v$范围内的分子数。显然，图中曲线与横轴v包围的面积为

$$\int_0^\infty f(v)\mathrm{d}v = n \qquad (17.4.13)$$

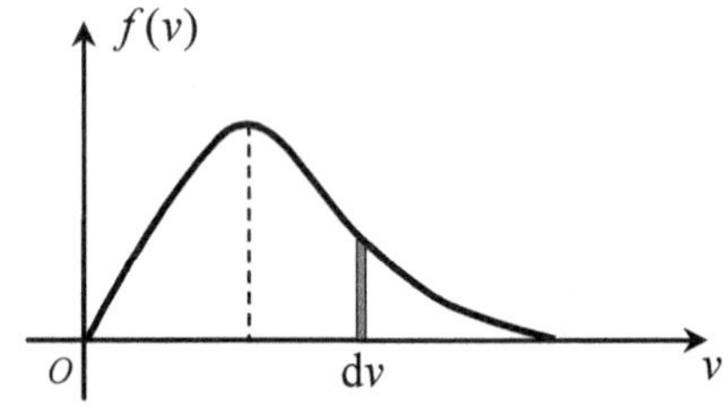

图 17.4.1　热平衡时气体的速率分布曲线

根据式（17.4.12），对于同一气体（m一定），在不同温度下，麦克斯韦速率分布函数不同。温度越高，速率大的分子数相对增多，分子按速率的分布越分散。温度越低，速率大的分子数相对减少，大多数分子越是集中在速率较小的范围内，分子按速率的分布越集中。图 17.4.2 绘出了同一气体在不同温度下的速率分布曲线，每条曲线与v轴包围的面积都等于n。

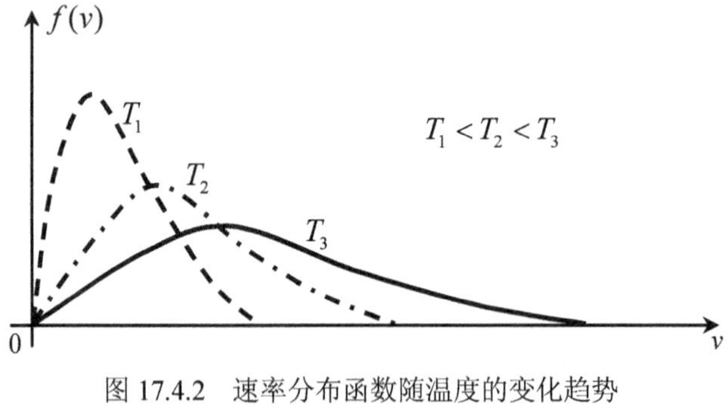

图 17.4.2　速率分布函数随温度的变化趋势

从图 17.4.2 看到，这些曲线有一个共同特点，每条曲线都有一个极大值。这表示在一定温度下，存在一个在其附近集中了比其它地方更多分子的速率。这个速率称为**最可几速率**。如果用v_m表示最可几速率，则v_m是使$f(v)$取极大值的速率。按照求极值的方法，对式（17.4.12）求速率的一阶导数，并令$\frac{\mathrm{d}f(v)}{\mathrm{d}v}=0$，得

$$v_m = \sqrt{\frac{2kT}{m}} \qquad (17.4.14)$$

由上式不难看出，温度越高，对应的最可几速率 v_m 越大。但因分布曲线下包围的总面积相同，故温度高时对应的分布曲线峰值较低而相对靠右，温度低时对应的分布曲线峰值较高而相对靠左。

由麦克斯韦速率分布律，还可求出分子的平均速率 $\overline{v}$ 和平方平均速率 $\overline{v^2}$

$$\overline{v}=\frac{1}{n}\int_0^\infty f(v)v\mathrm{d}v=\sqrt{\frac{8kT}{\pi m}} \tag{17.4.15}$$

$$\overline{v^2}=\frac{1}{n}\int_0^\infty f(v)v^2\mathrm{d}v=\frac{3kT}{m} \tag{17.4.16}$$

对式（17.4.16）两端开根号，得

$$v_s=\sqrt{\overline{v^2}}=\sqrt{\frac{3kT}{m}} \tag{17.4.17}$$

式中：v_s 为分子的方均根速率。v_m、$\overline{v}$ 和 v_s 均与 $\sqrt{T}$ 成正比，与 $\sqrt{m}$ 成反比。且

$$v_s:\overline{v}:v_m=\sqrt{\frac{3}{2}}:\frac{2}{\sqrt{\pi}}:1=1.225:1.128:1$$

如果有几种不同的气体，各气体的分子质量不同，在相同温度下，其速率分布曲线也不同。图 17.4.3 绘出了两种气体在同一温度下速率分布曲线的比较。分子质量大的

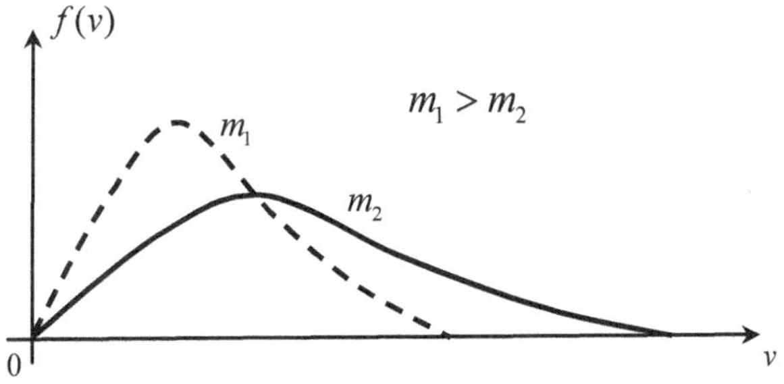

图 17.4.3　速率分布函数随分子质量的变化趋势

气体，低速分子相对较多，高速分子相对较少。反之，分子质量小的气体，高速分子相对较多，低速分子相对较少。这一结果也可由最可几速率公式（17.4.14）看出。m 越大 v_m 越小，故大质量分子的速率分布曲线峰值相对较高，且靠左，小质量分子的速率分布曲线峰值相对较低，且靠右。

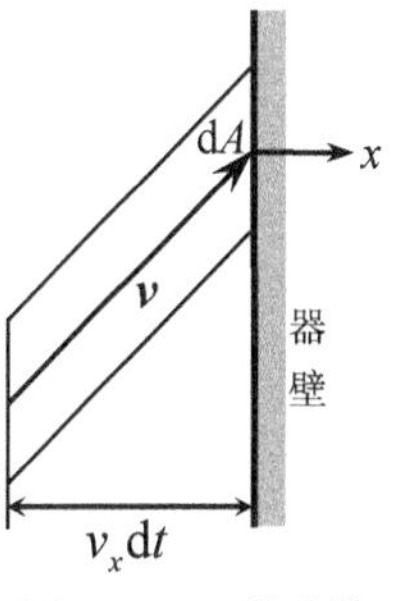

图 17.4.4　碰壁数

三、碰壁数

利用麦克斯韦速度分布律，可以求出**单位时间内碰到单位面积器壁上的分子数**。这个分子数称为**碰壁数**。

如图 17.4.4 所示，dA 是器壁上的一个面积元，其法线沿 x 轴。以 $\mathrm{d}\Gamma\mathrm{d}t\mathrm{d}A$ 表示在 dt 时间内，碰到 dA 面元上，速度在 $\boldsymbol{v}\sim\boldsymbol{v}+\mathrm{d}\boldsymbol{v}$ 范围内的分子数。这些分子必定位于以 dA 为底，以 $v\mathrm{d}t$ 为斜高的柱体内。由图知，该斜柱体的体积为 $v_x\mathrm{d}A\mathrm{d}t$，所以

$$\mathrm{d}\Gamma\mathrm{d}A\mathrm{d}t=fv_x\mathrm{d}v_x\mathrm{d}v_y\mathrm{d}v_z\mathrm{d}A\mathrm{d}t$$

上式两端同除以 $\mathrm{d}A\mathrm{d}t$，得单位时间内碰到单位面积器壁上，速度在 $\boldsymbol{v}\sim\boldsymbol{v}+\mathrm{d}\boldsymbol{v}$ 范围内的分子数为

$$\mathrm{d}\Gamma = f v_x \mathrm{d}v_x \mathrm{d}v_y \mathrm{d}v_z \tag{17.4.18}$$

对上式两端积分，其中 v_x 从 0 积分到 ∞，v_y 和 v_z 从 $-\infty$ 积分到 $+\infty$，有

$$\Gamma = \int_{-\infty}^{+\infty}\mathrm{d}v_y \int_{-\infty}^{+\infty}\mathrm{d}v_z \int_0^{\infty} v_x f \mathrm{d}v_x \tag{17.4.19}$$

将麦克斯韦速度分布函数式（17.4.8）代入上式，求出积分，得

$$\Gamma = n\sqrt{\frac{kT}{2\pi m}} = \frac{1}{4}n\overline{v} \tag{17.4.20}$$

式（17.4.20）就是单位时间内碰到单位面积器壁的分子数，即碰壁数。

当器壁上开一小孔，容器内的气体分子将会通过小孔逸出。一般而言，这将破坏容器内气体的平衡。但当孔足够小时，气体分子的逸出对容器内分子的平衡分布的影响可以忽略不计。这种能够维持容器内气体平衡情形下，分子从小孔逸出的过程称为**泻流**。不难想象，单位时间内从容器中逸出的分子数与碰到小孔面积上的分子数相同。所以式（17.4.20）可直接用来研究泻流问题。

17.5 能量均分定理

前面讨论了理想气体的热力学函数和麦克斯韦速度分布律。本节介绍 M – B 分布的另外一个重要推论——能量均分定理。

一、能量均分定理

我们知道，决定一个质点或物体空间位置所必须的独立坐标数目叫**力学自由度**。在统计物理学中，把决定一个粒子或系统所必须的广义坐标及广义动量的数目称为**热力学自由度**或**统计自由度**。广义坐标和广义动量与粒子能量之间最基本的关系是，粒子能量常可表示为广义坐标 q_i 和广义动量 p_i 的二次齐次函数。例如：单原子分子的平动能

$$\varepsilon = \frac{1}{2m}(p_x^2 + p_y^2 + p_z^2) \tag{17.5.1}$$

又如，线性谐振子的能量

$$\varepsilon = \frac{p^2}{2m} + \frac{1}{2}Aq^2 \tag{17.5.2}$$

更一般的，对于一个多自由度的粒子，其能量可表为

$$\begin{aligned}\varepsilon &= \frac{1}{2}b_1q_1^2 + \frac{1}{2}b_2q_2^2 + \cdots + \frac{1}{2}b_iq_i^2 + \cdots + \frac{1}{2}b_rq_r^2 \\ &\quad + \frac{1}{2}a_1p_1^2 + \frac{1}{2}a_2p_2^2 + \cdots + \frac{1}{2}a_ip_i^2 + \cdots + \frac{1}{2}a_rp_r^2\end{aligned} \tag{17.5.3}$$

其中 r 是力学自由度，$2r$ 是统计自由度。式（17.5.3）中，a_i 是允许含有除 p_i 以外的其它广义动量和广义坐标的参量，b_i 是允许含有除 q_i 以外的其它广义坐标和广义动量的参量。式（17.5.3）中的每一项称为一个**独立平方项**。

能量均分定理：**对于处在温度为 T 的平衡态的经典系统，粒子能量 ε 中每一个独立平方项的平均值等于 $kT/2$** 。

下面来证明这个定理。设粒子的能量可以表示为式（17.5.3）的形式，由于这里只需讨论其中任一独立平方项即可，所以把式（17.5.3）改写成

$$\varepsilon=\frac{1}{2}a_i p_i^2+\varepsilon'(q_1,q_2,\cdots q_r,p_1,p_2,\cdots,p_{i-1},p_{i+1},\cdots,p_r) \tag{17.5.4}$$

由于系统的内能等于系统中每个粒子的平均能量与系统总粒子数的乘积，即 $U=N\bar{\varepsilon}$ 。将此式代入内能的统计表达式（17.1.5），得

$$\bar{\varepsilon}=-\frac{\partial \ln Z}{\partial \beta} \tag{17.5.5}$$

其中

$$Z=\int e^{-\beta\varepsilon}\frac{dqdp}{h^r}=\frac{1}{h^r}\int e^{-\beta\varepsilon'}d\omega'\int_{-\infty}^{+\infty}e^{-\frac{a_i}{2}\beta p_i^2}dp_i$$

这里 $d\omega'=dq_1dq_2\cdots dq_r dp_1dp_2\cdots dp_{i-1}dp_{i+1}\cdots dp_r$ 。又

$$\int_{-\infty}^{+\infty}e^{-\frac{a_i}{2}\beta p_i^2}dp_i=\sqrt{\frac{2\pi}{a_i\beta}}$$

故

$$Z=\left(\frac{2\pi}{a_i\beta}\right)^{1/2}\frac{1}{h^r}\int e^{-\beta\varepsilon'}d\omega' \tag{17.5.6}$$

两边取对数

$$\ln Z=-\frac{1}{2}\ln\beta+\ln\left(\frac{2\pi}{a_i}\right)^{1/2}+\ln\left(\frac{1}{h^r}\int e^{-\beta\varepsilon'}d\omega'\right) \tag{17.5.7}$$

将上式代入式（17.5.5），得

$$\bar{\varepsilon}=\frac{1}{2}kT-\frac{\partial}{\partial\beta}\ln\left(\frac{1}{h^r}\int e^{-\beta\varepsilon'}d\omega'\right)=\frac{1}{2}kT+\bar{\varepsilon}' \tag{17.5.8}$$

上式和式（17.5.4）比较，立刻得

$$\overline{\frac{1}{2}a_i p_i^2}=\frac{1}{2}kT \tag{17.5.9}$$

以上针对动量的平方项证明了能量均分定理。同理可证坐标的平方项。应当指出，在证明坐标平方项时，积分限同样要取成 $-\infty$ 到 $+\infty$ 。但实际中，粒子总是在有限空间范围内运动的，其坐标不可能是无穷大。因而，对坐标积分时，积分限本来应该是有限的。但注意到被积函数是一个随 $|q_i|$ 的增加迅速衰减的函数，对积分 $\int\exp(-\beta b_i q_i^2/2)dq_i$ 的真正贡献来自于 $|q_i|=0$ 附近很小的区域，而 $|q_i|$ 较大的区域的贡献几乎为零。因此，把对坐标的积分扩展为 $-\infty$ 至 $+\infty$ 是合理的。

二、能量均分定理的应用

应用能量均分定理，可以方便地求得一些物质系统的内能和热容量。下面举几个例子。

1. 单原子分子理想气体

单原子分子的能量可表为

$$\varepsilon=(p_x^2+p_y^2+p_z^2)/2m \tag{17.5.10}$$

有三个独立平方项。由能量均分定理，单个分子的平均能量是

$$\overline{\varepsilon}=3kT/2 \tag{17.5.11}$$

于是，单原子分子理想气体的内能为

$$U=N\overline{\varepsilon}=3NkT/2 \tag{17.5.12}$$

上式与式（17.3.6）完全相同。由上式得单原子分子理想气体的定容热容量为

$$C_V=\left(\frac{\partial U}{\partial T}\right)_V=3Nk/2=3nR/2 \tag{17.5.13}$$

上式与式（17.3.7）完全相同。利用公式$C_p-C_V=nR$，得单原子分子理想气体的定压热容量为

$$C_p=5nR/2$$

定压热容量与定容热容量之比γ为

$$\gamma=C_p/C_V=1.667 \tag{17.5.14}$$

表 17.5.1 部分单原子分子理想气体的γ值

气体	温度/K	γ
He	291	1.660
	93	1.673
Ne	292	1.642
Ar	288	1.650
	93	1.690
Kr	292	1.689
Xe	292	1.666
Na	750～926	1.680
K	660～1000	1.640
Hg	548～629	1.666

表 17.5.1 列出了一些单原子分子理想气体γ值的实验数据。不难看出理论与实验吻合得很好。应该指出，在上述讨论中完全没有考虑原子中电子运动对热容量的贡献。或者说，只有在忽略了电子运动对热容量的贡献时，理论结果才与实验吻合。这种电子被“冻结”（对热容量没贡献）的现象在常温下普遍存在。但经典理论对此却给不出合理解释。后面会看到，运用量子理论能够很好解释这一现象。

2. 双原子分子理想气体

双原子分子的能量一般可表为

$$\varepsilon=\frac{1}{2M}(p_x^2+p_y^2+p_z^2)+\frac{1}{2I}\left(p_\theta^2+\frac{1}{\sin^2\theta}p_\phi^2\right)+\frac{1}{2\mu}p_r^2+u(r) \tag{17.5.15}$$

上式第一项是分子质心的平动能，其中 $M = m_1 + m_2$ 是分子的质量，等于两个原子质量的和；第二项是分子绕质心的转动能量，其中 $I = \mu r^2$ 是分子对质心的转动惯量，$\mu = m_1 m_2/(m_1 + m_2)$ 是分子的折合（约化）质量，r 是分子中两原子的间距；第三项是两原子相对运动动能；最后一项 $u(r)$ 是两原子的相互作用能。如果不考虑两原子的相对运动，认为两原子是刚性连接的，则最后两项为零。这时，ε 中有五个独立平方项。根据能量均分定理，刚性双原子分子的平均能量为

$$\bar{\varepsilon} = 5kT/2 \tag{17.5.16}$$

双原子分子理想气体的内能和热容量分别为

$$U = 5NkT/2 \tag{17.5.17}$$

$$C_V = 5Nk/2 = 5nR/2 \tag{17.5.18}$$

$$C_p = 7nR/2 \tag{17.5.19}$$

定压热容量与定容热容量之比 γ 为

$$\gamma = C_p/C_V = 1.40 \tag{17.5.20}$$

表 17.5.2　部分双原子分子理想气体的 γ 值

气体	温度/K	γ
H_2	289	1.407
	197	1.453
	62	1.597
N_2	293	1.398
	92	1.419
O_2	293	1.398
	197	1.411
	92	1.404
CO	291	1.396
	93	1.417
NO	288	1.38
	228	1.39
	193	1.38
HCl	290～373	1.40

表 17.5.2 列出了一些双原子分子理想气体 γ 值的实验数据。不难看出，除了低温下的氢气外，实验结果与理论吻合。对于氢气，数据显示，随着温度的下降，氢气的热容量趋于单原子分子气体的热容量。这相当于，当温度足够低时，氢分子的转动自由度被“冻结”，从而对热容量没贡献，只有平动运动才对热容量有贡献。为什么氢气分子在低温下转动自由度会“冻结”？这是经典理论所不能解释的。此外，不考虑两原子的相对运动也缺乏根据。合理的假设是两原子保持一定的平均距离而作相对振动。但是，如果

采用这个假设，双原子分子的能量将有七个平方项。按此得出的结果在常温下反而与实验严重不符。这也就是说，振动自由度在常温下也是被“冻结”的。这一结论经典理论同样不能解释。当然，和单原子分子情况一样，这里同样没考虑电子运动对热容量的贡献。这些问题留待后面一并讨论。

3. 理想固体（晶体）

假设固体中原子只在其平衡位置附近作小振动。在一级近似下，可以把原子的振动视为简谐振动。每个原子的能量为

$$\varepsilon = \frac{1}{2m}(p_x^2 + p_y^2 + p_z^2) + \frac{1}{2}m\omega^2(x^2 + y^2 + z^2) \tag{17.5.21}$$

式中：ω 为振动圆频率。由能量均分定理，原子的平均能量为

$$\bar{\varepsilon} = 3kT$$

理想固体的摩尔内能和定容摩尔热容量分别为

$$u = 3N_0kT = 3RT$$

$$c_V = 3R = 5.961 \tag{17.5.22}$$

这个结果与杜隆-珀替（Dulong-Petit）在 1818 年通过总结实验数据得到的定律吻合。杜隆-珀替定律指出：固体定容摩尔热容量与原子的质量和材料性质无关，也与弹性系数无关，即使固体中含有不同质量的原子或原子间相互作用力不一样，定容摩尔热容量也相同。按此定律，在任何温度范围内，所有固体的摩尔热容量都应相同。但实验表明，这个结论仅是大致正确。

表 17.5.3　部分元素固态结构的摩尔热容量

物质	c_V / (cal • K^{-1}• mol^{-1})	物质	c_V / (cal • K^{-1}• mol^{-1})
Na	6.20	Al	5.40
W	6.15	B	3.34
Fe	6.14	Be	3.85
Pt	6.21	Si	4.71
Au	6.10	金刚石	1.46
Pb	6.43	固态 H	0.57
Ag	5.77		
Cu	5.65		

表 17.5.3 列出了几种元素固态结构的定容摩尔热容量，表中的值是 0℃～100℃之间的平均值。从表中看到，左边这些物质大多数与杜隆-珀替定律基本符合，但右边这些物质则相差甚远。原因在于表中所列数据是在一定温度范围内测得的，实际上固体摩尔热容量是随温度变化的。实验发现，在低温情况下，固体热容量会随温度的降低而减小，当温度趋于绝对零度时，热容量也趋于零。这个事实经典理论不能解释。此外，金属中存在自由电子。如果将能量均分定理应用于电子，自由电子的热容量与离子振动的热容量将具有相同量级。而实验结果是：在 3K 以上，自由电子的热容量与离子振动的热容量相比，可以忽略不计。这个事实经典理论也不能解释。

17.6 固体热容量的爱因斯坦理论

上一节根据能量均分定理讨论了固体热容量，所得结果在高温和室温范围与实验吻合，但在低温范围与实验明显不符。1907 年爱因斯坦首先运用量子理论研究固体热容量，成功解释了固体热容量随温度降低而变小的实验事实。本节介绍固体热容量的爱因斯坦理论。

一、爱因斯坦固体模型

爱因斯坦根据固体晶格的周期性和固体中原子在其平衡位置振动的机制，提出了如下假设：

1. 构成固体的原子是定域子；
2. 原子围绕其平衡位置作小振动，可近似为三维简谐振动；
3. 所有原子的振动频率相同。

以上就是爱因斯坦关于固体微观结构的假设，称为**爱因斯坦固体模型**。容易看出，这一模型把固体抽象为由一组服从 M－B 分布，且具有相同频率的独立谐振子组成。

二、爱因斯坦固体热容量

假设固体中包含 N 个原子，根据爱因斯坦固体模型，该固体由 $3N$ 个同频率线性谐振子组成。按照量子力学，线性谐振子的能量为

$$\varepsilon_n = \left(n+\frac{1}{2}\right)\hbar\omega \qquad (n=0,1,2,\cdots) \tag{17.6.1}$$

能级简併度为 1（非简併）。其中 ω 是振子的（圆）频率。将上式代入配分函数的定义式（17.1.2），有

$$Z=\sum_{n=0}^{\infty}\omega_n \mathrm{e}^{-\beta\varepsilon_n}=\mathrm{e}^{-\hbar\omega\beta/2}\sum_{n=0}^{\infty}\mathrm{e}^{-\beta\hbar\omega n}$$

上式中的无穷求和是一个等比级数，利用等比级数和的公式，得振子的配分函数为

$$Z=\mathrm{e}^{-\hbar\omega\beta/2}\big/(1-\mathrm{e}^{-\beta\hbar\omega}) \tag{17.6.2}$$

于是

$$\ln Z=-\frac{\hbar\omega}{2}\beta-\ln\left(1-\mathrm{e}^{-\beta\hbar\omega}\right) \tag{17.6.3}$$

把式（17.6.3）代入内能的统计表达式，得固体内能为

$$U=-3N\frac{\partial}{\partial\beta}\ln Z=\frac{3}{2}N\hbar\omega+\frac{3N\hbar\omega}{\mathrm{e}^{\beta\hbar\omega}-1} \tag{17.6.4}$$

上式第一项与温度无关，是 $3N$ 个振子的零点振动能。第二项是温度为 T 时 $3N$ 个振子的热激发能。由式（17.6.4），得固体定容热容量为

$$C_V=\left(\frac{\partial U}{\partial T}\right)_V=3Nk\left(\frac{\hbar\omega}{kT}\right)^2\frac{\mathrm{e}^{\hbar\omega/kT}}{\left(\mathrm{e}^{\hbar\omega/kT}-1\right)^2} \tag{17.6.5}$$

为使式（17.6.5）变的更加简洁，令

$$\hbar\omega = k\theta_E$$

上式定义的 θ_E 称为固体的**爱因斯坦特征温度**。对不同固体，θ_E 的值不同。利用爱因斯坦特征温度，固体热容量表为

$$C_V = 3Nk\left(\frac{\theta_E}{T}\right)^2 \frac{e^{\theta_E/T}}{\left(e^{\theta_E/T}-1\right)^2} = 3Nkf\left(\theta_E/T\right) \tag{17.6.6}$$

其中

$$f\left(\theta_E/T\right) = \left(\frac{\theta_E}{T}\right)^2 \frac{e^{\theta_E/T}}{\left(e^{\theta_E/T}-1\right)^2} \tag{17.6.7}$$

称为**爱因斯坦函数**。在爱因斯坦模型下，上式对任何固体均成立，所以它是爱因斯坦固体的一个普适函数。

三、固体热容量的温度特性

根据式（17.6.6），固体热容量是温度的函数。下面就固体热容量随温度的变化特性做一些讨论。

当固体温度 T 远远大于该固体的爱因斯坦特征温度 θ_E，即 $T >> \theta_E$ 时，称为高温情况，反之，当 $T << \theta_E$ 时，称为低温情况。

在高温情况，有

$$e^{\theta_E/T} \approx 1, \quad e^{\theta_E/T} - 1 \approx \theta_E/T$$

把上述结果代入式（17.6.6），得

$$C_V = 3Nk \tag{17.6.8}$$

式（17.6.8）与能量均分定理的结果完全相同。这一结果的解释是，谐振子相邻能级间隔 $\Delta\varepsilon_n = \hbar\omega$，当 $T >> \theta_E$ 时，$kT >> k\theta_E = \hbar\omega = \Delta\varepsilon_n$，即 $\Delta\varepsilon_n/kT << 1$，能量量子化效应可以忽略，经典近似合法。因此，经典统计结果正确。

在低温情况，有

$$e^{\theta_E/T} - 1 \approx e^{\theta_E/T}$$

由式（17.6.6），得

$$C_V = 3Nk\left(\theta_E/T\right)^2 e^{-\theta_E/T} \tag{17.6.9}$$

从式（17.6.9）看出，当温度 $T \to 0\mathrm{K}$ 时，$C_V \to 0$。这个结论与能量均分定理不符，但与实验结果定性吻合。固体热容量随温度趋于零而趋于零的原因可以这样解释。当温度 $T \to 0K$ 时，有 $T << \theta_E$，因而 $kT << k\theta_E = \hbar\omega = \Delta\varepsilon_n$，即 $\Delta\varepsilon_n/kT >> 1$，经典近似条件不成立，自然能量均分定理的结果不适用。另一方面，在低温情况下，振子的能级间隔 $\Delta\varepsilon_n$ 相对于热能 kT 而言大的多。按照量子力学的跃迁理论，振子能够获得能量 $\hbar\omega$ 跃迁到激发态的几率几乎为零。因此，平均而言全部振子都被"冻结"在基态。当温度升高时，它们几乎不吸收能量，所以，对热容量没有贡献。

应当指出，爱因斯坦固体热容量理论只在定性上与实验吻合，在定量上与实验有明显偏差。实验发现，在极低温度下，固体热容量与 T^3 成正比。但式（17.6.9）给出的却是指数关系，它所预言的热容量随温度降低而趋于零的速率要比实验结果快得多。爱因

斯坦固体热容量理论与实验的偏离，主要来源于爱因斯坦固体模型并不完全符合实际。事实上，固体中的每个原子和它周围原子之间存在着联系，在低温下这种联系更为显著。当晶体内原子以格波（固体中原子在其平衡位置振动，振动以前进波的形式在晶体中传播，这种波称为格波）形式传播着自己的振动时，各格波的频率通常并不相等。而爱因斯坦模型恰恰忽略了这点，认为所有振子的频率都是相同的。这就使得在某一温度下，所有振子会被同时“冻结”，从而导致热容量随温度的降低迅速趋于零。爱因斯坦固体热容量理论虽然在定量上与实验不符，但他的工作为人们指明了解决问题的方向，那就是必须在量子理论的框架内讨论固体热容量问题。这正是爱因斯坦工作的意义所在。在下一章，我们还将对固体热容量做进一步的探讨。

17.7　理想气体的热容量

在 17.5 节中，应用经典统计理论研究了理想气体的内能和热容量，得到了与实验大体吻合的结果。但是，仍然遗留了几个问题没能给出合理的物理解释。一个是：原子内电子的运动为什么对气体热容量没有贡献？第二个是：双原子分子的振动自由度在常温范围内为什么对热容量没贡献？第三个是：在低温下，固态氢的热容量为什么与实验不符？所有这些问题，经典理论都无能为力，只有量子理论才能给出圆满的解释。下面通过对双原子分子理想气体热容量的讨论，来回答上述问题。

一、配分函数的析因子性质

在一定近似下，双原子分子的能量可以表为

$$\varepsilon = \varepsilon^t + \varepsilon^v + \varepsilon^r + \varepsilon^e \tag{17.7.1}$$

式中：ε^t、ε^v、ε^r 和 ε^e 分别为分子的平动能、振动能、转动能、和电子的运动能量。以 ω^t，ω^v，ω^r 和 ω^e 分别表示平动、振动、转动和电子运动能的简併度，则分子的配分函数可表为

$$\begin{aligned} Z &= \sum_l \omega_l \mathrm{e}^{-\beta\varepsilon_l} = \sum_{t,v,r,e} \omega^t\omega^v\omega^r\omega^e \mathrm{e}^{-\beta(\varepsilon^t+\varepsilon^v+\varepsilon^r+\varepsilon^e)} \\ &= \sum_t \omega^t \mathrm{e}^{-\beta\varepsilon^t} \sum_v \omega^v \mathrm{e}^{-\beta\varepsilon^v} \sum_r \omega^r \mathrm{e}^{-\beta\varepsilon^r} \sum_e \omega^e \mathrm{e}^{-\beta\varepsilon^e} \\ &= Z^t Z^v Z^r Z^e \end{aligned} \tag{17.7.2}$$

上式说明，粒子的每一种运动形式（运动自由度），在配分函数中有一个相应的因子。配分函数的这个性质称为**析因子性质**，或**配分函数分解定理**。

对式（17.7.2）取对数，得

$$\ln Z = \ln Z^t + \ln Z^v + \ln Z^r + \ln Z^e \tag{17.7.3}$$

将上式代入内能的统计表达式中，得

$$\begin{aligned} U &= -N\frac{\partial}{\partial\beta}\ln Z = -N\frac{\partial}{\partial\beta}\left(\ln Z^t + \ln Z^v + \ln Z^r + \ln Z^e\right) \\ &= U^t + U^v + U^r + U^e \end{aligned} \tag{17.7.4}$$

容易理解，上式右端的四项分别表示分子的平动能、振动能、转动能和电子运动能量对

系统内能的贡献。由式（17.7.4），得定容热容量为

$$C_V = \left(\frac{\partial U}{\partial T}\right)_V = C_V^t + C_V^v + C_V^r + C_V^e \tag{17.7.5}$$

上式右端的四项分别表示分子的平动、振动、转动和电子运动对系统定容热容量的贡献。由此可见，系统的内能和热容量来自于分子各种运动形式的贡献。下面分别讨论各运动形式对热容量的贡献。

二、理想气体的热容量

1. 平动热容量

平动是指气体分子整体（质心）作为一个质点的运动。由于气体分子是在宏观大小的体积V中自由运动的，根据17.3节的讨论知，分子平动运动对内能的贡献满足经典近似条件，服从经典统计规律，或者说，能量均分定理成立。故可以直接引用17.3节的结果，有

$$U^t = \frac{3}{2}NkT$$

$$C_V^t = \frac{3}{2}Nk \tag{17.7.6}$$

上述结果前面已经做过讨论，这里不再重复。

2. 振动热容量

注意到双原子分子中两原子相对振动的幅度一般不大，可用线性谐振子来近似。若以ω表示振子的频率，振子能量为

$$\varepsilon_n^v = \left(n+\frac{1}{2}\right)\hbar\omega \qquad (n=0,1,2,\cdots)$$

与之对应的配分函数为

$$Z^v = \sum_{n=0}^{\infty} e^{-\beta\varepsilon_n^v} = e^{-\beta\hbar\omega/2}\sum_{n=0}^{\infty} e^{-n\beta\hbar\omega} = \frac{e^{-\beta\hbar\omega/2}}{1-e^{-\beta\hbar\omega}} \tag{17.7.7}$$

于是，振动对内能的贡献为

$$U^v = -N\frac{\partial}{\partial\beta}\ln Z^v = \frac{1}{2}N\hbar\omega + \frac{N\hbar\omega}{e^{\beta\hbar\omega}-1} \tag{17.7.8}$$

振动对定容热容量的贡献为

$$C_V^v = \left(\frac{\partial U^v}{\partial T}\right)_V = Nk\left(\frac{\hbar\omega}{kT}\right)^2 \frac{e^{\hbar\omega/kT}}{\left(e^{\hbar\omega/kT}-1\right)^2} \tag{17.7.9}$$

令

$$k\theta_v = \hbar\omega \tag{17.7.10}$$

式中：θ_v为分子的**振动特征温度**。利用上式，可将式（17.7.9）改写为

$$C_V^v = Nk\left(\frac{\theta_v}{T}\right)^2 \frac{e^{\theta_v/T}}{(e^{\theta_v/T}-1)^2} \tag{17.7.11}$$

由式（17.7.10）知，分子的振动特征温度取决于分子的振动频率，可利用分子光谱的数据求出。

表 17.7.1 列出了几种双原子分子气体的 θ_v 值。从表中看到，双原子分子的振动特征温度是 10^3 量级，在常温下，可认为 $T << \theta_v$，因此，由式（17.7.11），C_V^v 可近似表为

$$C_V^v = Nk\left(\theta_v/T\right)^2 \mathrm{e}^{-\theta_v/T} \approx 0 \tag{17.7.12}$$

上式表明，在常温下，振动自由度对热容量的贡献近似为零。原因与上一节爱因斯坦固体热容量在低温时的情况完全相同，即常温时双原子分子的振动被“冻结”在基态而不吸收能量。

表 17.7.1　部分双原子分子气体的振动特征温度

气体分子	θ_v /10^3K	气体分子	θ_v /10^3K
H_2	6.10	CO	3.07
N_2	3.34	NO	2.69
O_2	2.23	HCl	4.14

3．转动热容量

在讨论双原子分子的转动时，由于全同粒子的不可分辨性，需区分同核双原子分子还是异核双原子分子两种情况。如 H_2、O_2、N_2 是同核双原子分子；CO、NO、HCI 是异核双原子分子。

首先讨论异核双原子分子。根据量子力学，转动能级为

$$\varepsilon_j^r = \frac{j(j+1)\hbar^2}{2I} \qquad (j = 0,1,2,\cdots) \tag{17.7.13}$$

式中：j 为角量子数。转动能级的简併度为 $2j+1$。因此转动配分函数为

$$Z^r = \sum_{j=0}^{\infty}\left(2j+1\right)\mathrm{e}^{-\frac{j(j+1)\hbar^2}{2IkT}} \tag{17.7.14}$$

令

$$k\theta_r = \frac{\hbar^2}{2I} \tag{17.7.15}$$

上式定义的 θ_r 称为分子的**转动特征温度**。利用式（17.7.15），可将式（17.7.14）表为

$$Z^r = \sum_{j=0}^{\infty}\left(2j+1\right)\mathrm{e}^{-\frac{\theta_r}{T}j(j+1)} \tag{17.7.16}$$

转动特征温度的值由分子的转动惯量决定，可由分子光谱数据求出，表 17.7.2 列出了几种气体的 θ_r 值。从表中看到，θ_r 为 1K～10K 的量级。在常温下，可认为 $T \gg \theta_r$。在这种情形下，当 j 改变时，$\frac{\theta_r}{T}j(j+1)$ 可看成连续变量，故式（17.7.16）中的求和可近似用积分来代替。

表 17.7.2　部分双原子分子气体的转动特征温度

气体分子	θ_r /K	气体分子	θ_r /K
H_2	85.4	CO	2.77
N_2	2.86	NO	2.42
O_2	2.70	HCl	15.1

令 $x = j(j+1)\dfrac{\theta_r}{T}$，则

$$\mathrm{d}x = (2j+1)\frac{\theta_r}{T}\mathrm{d}j \tag{17.7.17}$$

注意到 $\mathrm{d}j = 1$，则

$$\mathrm{d}x = (2j+1)\frac{\theta_r}{T} \tag{17.7.18}$$

于是

$$Z^r = \sum_{j=0}^{\infty}(2j+1)\mathrm{e}^{-\frac{\theta_r}{T}j(j+1)} = \frac{T}{\theta_r}\int_0^{\infty}\mathrm{e}^{-x}\mathrm{d}x = \frac{T}{\theta_r}$$

将式（17.7.15）代入上式，得

$$Z^r = \frac{2I}{\hbar^2\beta}$$

由此求得转动对内能和热容量的贡献分别为

$$U^r = -N\frac{\partial}{\partial\beta}\ln Z^r = NkT$$

$$C_V^r = Nk \tag{17.7.19}$$

上式与能量均分定理的结果完全相同。原因是，在常温范围内，转动能级间距远小于 kT，转动能可视为准连续。在这种情形下，量子统计和经典统计得到的结果相同。

再来看同核双原子分子。对于同核双原子分子，在只考虑原子核的情况下，是由两个相同原子核构成的全同粒子系统，其状态必须满足全同性原理，即其状态必须具有确定的交换对称性。为了确定起见，这里只以氢气为例，讨论同核双原子分子的转动对热容量的贡献。

氢分子中含有两个氢核，氢核就是质子，自旋为 1/2，是费米子。因此，由两个氢核构成的系统是全同费米子系统，其状态必须交换反对称。根据量子力学理论知，对于两个全同费米子构成的系统，在不计粒子间相互作用和自旋轨道相互作用的情况下，系统的反对称态表示为：空间对称态乘以自旋反对称态或空间反对称态乘以自旋对称态的形式。在这里，系统的空间态就是轨道角动量态（相对坐标系下），它具有关于角量子数 j 的奇偶性，即 j 取奇数时空间态交换反对称，j 取偶数时空间态交换对称；系统的自旋态分为自旋三重态和自旋单重态，自旋三重态交换对称，自旋单重态交换反对称。这样两原子核系统的反对称态表示为：**j 取奇数时的空间态·自旋三重态**和 **j 取偶数时的空间态·自旋单重态**。处于前一种状态的氢称为**正氢（Orthohydrogen）**，处于后一种状态的氢称为**仲氢（Parahydrogen）**。由于自旋三重态有三种不同形式，自旋单重态只有一种形式。所以通常实验条件下，平均而言，正氢占氢分子总数的 3/4，仲氢占 1/4。氢气是二者的混合。由上讨论知，正氢分子的转动能为

$$\varepsilon_{Oj}^r = \frac{j(j+1)\hbar^2}{2I} \qquad (j = 1,3,5,\cdots)$$

仲氢分子的转动能为

$$\varepsilon_{Pj}^r = \frac{j(j+1)\hbar^2}{2I} \qquad (j = 0,2,4,\cdots)$$

简併度都是$2j+1$。用Z_O^r和Z_P^r分别表示正氢分子和仲氢分子的转动配分函数，则

$$Z_O^r=\sum_{j=1,3,5\cdots}(2j+1)\mathrm{e}^{-j(j+1)\theta_r/T} \tag{17.7.20}$$

$$Z_P^r=\sum_{j=0,2,4\cdots}(2j+1)\mathrm{e}^{-j(j+1)\theta_r/T} \tag{17.7.21}$$

表 17.7.2 列出氢气的转动特征温度$\theta_r=85.4K$，常温下可认为$T>>\theta_r$。与异核情况完全一样，可以把式（17.7.20）和式（17.7.21）中的求和运算用积分运算代替，但需注意，这里$\mathrm{d}j=2$，即

$$\mathrm{d}x=(2j+1)\frac{2\theta_r}{T} \tag{17.7.22}$$

于是有

$$Z_O^r=Z_P^r=\frac{T}{2\theta_r}\int_0^\infty \mathrm{e}^{-x}\mathrm{d}x=\frac{T}{2\theta_r}=\frac{I}{\hbar^2\beta} \tag{17.7.23}$$

利用上式，并注意到正氢的分子数为$3N/4$，仲氢的分子数为$N/4$，于是，得正氢和仲氢对内能的贡献分别为

$$U_O^r=-\frac{3N}{4}\frac{\partial}{\partial\beta}\ln Z_O^r=\frac{3}{4}NkT$$

$$U_P^r=-\frac{N}{4}\frac{\partial}{\partial\beta}\ln Z_P^r=\frac{1}{4}NkT$$

转动对内能的总贡献为

$$U^r=U_O^r+U_P^r=NkT$$

对热容量的贡献为

$$C_V^r=Nk \tag{17.7.24}$$

上述结果与能量均分定理的结果完全相同。

由于氢分子的转动惯量较小，氢的转动特征温度较其它气体的转动特征温度高（如表 17.7.2 所列）。在低温下（接近氢的转动特征温度），对其它气体能量均分定理仍然成立，但对氢气已不适用。这时对氢不能用积分代替求和，必须按式（17.7.20）及式（17.7.21）求Z^r，然后再求出U^r及C_V^r，这样得到的结果与实验符合得很好。

4. 电子热容量

关于电子对热容量的贡献，这里不做详细讨论，只做一数量级的估计。

由量子力学知，原子中电子的相邻能级间隔$\Delta\varepsilon^e\sim10^1\,\mathrm{eV}$，与这个能量相应的特征温度$\theta_e\sim10^5\,\mathrm{K}$。因此，常温下$kT<<\Delta\varepsilon^e$。于是，电子的配分函数

$$Z^e\approx\sum_n \mathrm{e}^{-\beta\varepsilon_n^e}\approx\mathrm{e}^{-\beta\varepsilon_1^e}\left(1+\mathrm{e}^{-\beta\Delta\varepsilon^e}+\mathrm{e}^{-2\beta\Delta\varepsilon^e}+\cdots\right)\approx\mathrm{e}^{-\beta\varepsilon_1^e}$$

电子对内能的贡献

$$U^e=-N^e\frac{\partial\ln Z^e}{\partial\beta}\approx N^e\varepsilon_1^e$$

与温度无关，所以$C_V^e=0$，即常温下电子运动对热容量没贡献。

由此可见，和热运动能kT相比，原子中电子的能级间隔足够的大，以至于在常温情况下，电子很难获取能量跃迁到激发态。因此，电子几乎全部被“冻结”在基态，当

气体温度升高时，电子不吸收能量，对热容量无贡献。

内容提要

一、玻耳兹曼统计理论的适用条件

（1）可分辨粒子或定域子组成的近独立子系统；

（2）满足非简併性条件的全同玻色子或全同费米子组成的近独立子系统。

二、经典近似

1. 经典近似的条件

（1）只针对玻耳兹曼统计或 M－B 分布；

（2）粒子的能级间隔 $\Delta\varepsilon_l << kT$ 。

2. 经典近似方法

把粒子的能量近似为经典形式 $\varepsilon_l = \varepsilon_l(q,p)$ 。计算时把对能级的求和化为对正则变量在相空间的积分。

三、玻耳兹曼统计理论的基本关系式

1. 粒子的配分函数

系统热力学函数完全由粒子的配分函数决定，配分函数具有热力学特性函数的性质。其定义为

$$Z = \sum_l \omega_l \mathrm{e}^{-\beta\varepsilon_l} = \sum_s \mathrm{e}^{-\beta\varepsilon_s}$$

满足经典近似条件时

$$Z = \int \mathrm{e}^{-\beta\varepsilon(q,p)} \frac{\mathrm{d}q\mathrm{d}p}{h^r}$$

配分函数具有析因子性质。

2. 热力学函数的统计表达式

内能 $$U = -N\frac{\partial}{\partial\beta}\ln Z$$

广义力 $$Y = -\frac{N}{\beta}\frac{\partial}{\partial y}\ln Z$$

熵 $$S = Nk\left[\ln Z - \beta\frac{\partial}{\partial\beta}\ln Z\right] + S_0$$

自由能 $$F = -\frac{N}{\beta}\ln z_1 + F_0$$

四、玻耳兹曼关系

$$S = k\ln\Omega$$

玻耳兹曼关系给出了系统熵函数与热力学几率的关系，明确了熵的统计意义，是统计力学中普遍成立的一个关系。

五、M－B分布的应用

（1）理想气体的热力学函数；

（2）麦克斯韦速度分布律；

（3）能量均分定理；

（4）固体热容量的爱因斯坦理论；

（5）理想气体的热容量；

习　　题

17.1　试根据公式 $p=\sum_l a_l\frac{\partial\varepsilon_l}{\partial V}$，证明，对于非相对论粒子有 $p=\frac{2}{3}\frac{U}{V}$。其中

$$\varepsilon=\frac{p^2}{2m}=\frac{1}{2m}\left(\frac{2\pi\hbar}{L}\right)^2(n_x^2+n_y^2+n_z^2)\qquad(n_x,n_y,n_z=0,\pm1,\pm2,\cdots)$$

上述结论对于玻耳兹曼分布、玻色分布和费米分布都成立。

17.2　试根据公式 $p=\sum_l a_l\frac{\partial\varepsilon_l}{\partial V}$，证明，对于极端相对论粒子有 $p=\frac{1}{3}\frac{U}{V}$。其中

$$\varepsilon=cp=c\frac{2\pi\hbar}{L}(n_x^2+n_y^2+n_z^2)^{1/2}\qquad(n_x,n_y,n_z=0,\pm1,\pm2,\cdots)$$

上述结论对于玻耳兹曼分布、玻色分布和费米分布均成立。

17.3　试证明，对于遵从玻耳兹曼分布的系统，熵函数可以表为

$$S=-Nk\sum_s p_s\ln p_s$$

式中：$p_s=\frac{e^{-\alpha-\beta\varepsilon_s}}{N}=\frac{e^{-\beta\varepsilon_s}}{z_1}$ 为粒子在量子态 s 的几率；$\sum_s$ 为对粒子所有量子态求和。

17.4　根据熵和热力学几率 Ω 之间的关系，计算理想气体在自由膨胀中熵的变化。

17.5　固体含有 A、B 两种原子。试证明，由于原子在晶体格点的随机分布引起的混合熵为

$$S=k\ln\frac{N!}{(Nx)!\left[N(1-x)\right]!}=-Nk\left[x\ln x+(1-x)\ln(1-x)\right]$$

其中 N 是总原子数，x 是 A 原子的百分比，$(1-x)$ 是 B 原子的百分比。注意 $x<1$。上式给出的熵为正值。

17.6　对于理想气体有 $pV=\frac{2}{3}E_k$，E_k 为气体的平均平动动能，试应用玻耳兹曼分布导出理想气体压强公式。

17.7　气体以恒定的速度沿 Z 方向作整体运动。试证明，在平衡状态下，分子动量的最可几分布为

$$e^{-\alpha-\frac{\beta}{2m}[p_x^2+p_y^2+(p_z-p_0)^2]}\frac{V\mathrm{d}p_x\mathrm{d}p_y\mathrm{d}p_z}{h^3}$$

提示：由于气体在 Z 方向的动量恒定，在求 Ω 的极大值时，除了由于粒子数恒定和能量恒定而引入的拉氏乘子 α 和 β 外，还要引入第三个拉氏乘子。

17.8 表面活性物质的分子在液面上作二维自由运动，可以看做二维理想气体。试写出二维理想气体的速度分布和速率分布，并求平均速率$\overline{v}$，最可几速率v_m和方均根速率v_s。

17.9 试用麦克斯韦－玻耳兹曼分布证明等温气压公式

$$p = p_0 e^{-mgz/kT}$$

17.10 一维线性谐振子，能谱为

$$\varepsilon_n = \left(1+\frac{1}{2}\right)h\nu \qquad (n=0,\ 1,\ \cdots)$$

且系统的温度足够低$(h\nu >> kT)$。

（1）求振子处于第一激发态$(n=1)$与基态（$n=0$）的几率之比；

（2）若振子仅占据第一激发态与基态，试计算其平均能量。

17.11 试证明，单位时间内碰到单位面积器壁上，速率介于v与$v+\mathrm{d}v$之间的分子数为

$$\mathrm{d}\Gamma = n\pi\left(\frac{m}{2\pi kT}\right)^{3/2} e^{-\frac{m}{2kT}v^2} v^3 \mathrm{d}v$$

17.12 分子从器壁的小孔射出，求射出的分子束中，分子的平均速率和方均根速率。

17.13 已知粒子遵从玻耳兹曼分布，其能量表达式为

$$\varepsilon = \frac{1}{2m}(p_x^2+p_y^2+p_z^2)+ax^2+bx$$

其中a、b为常数。求粒子的平均能量。

17.14 气柱的高度为H，截面积为S，处在重力场中。试证明，气柱的内能和热容量为

$$U = U_0 + NkT - NmgH\left(e^{\frac{mgH}{kT}}-1\right)^{-1}$$

$$C_V = C_V^0 + Nk - \frac{N(mgH)^2}{kT^2} e^{\frac{mgH}{kT}}\left(e^{\frac{mgH}{kT}}-1\right)^{-2}$$

17.15 设一个双原子分子具有电偶极矩$\boldsymbol{P}_0$，则在电场$\boldsymbol{E}$中转动能的经典表达式为

$$\varepsilon^r = \frac{1}{2I}\left(p_\theta^2+\frac{1}{\sin^2\theta}p_\phi^2\right) - p_0 E\cos\theta$$

其中θ为电偶极矩$\boldsymbol{P}_0$与电场$\boldsymbol{E}$的夹角。试计算其转动配分函数z^r，并导出电极化强度ρ为

$$\rho = \overline{np_0\cos\theta} = np_0\left(\frac{e^x+e^{-x}}{e^x-e^{-x}}-\frac{1}{x}\right)$$

其中$x = p_0E/kT$，n为单位体积的分子数，当$x<<1$时，则有

$$\rho = x_e E$$

其中$x_e = np_0^2/3kT$。

17.16 试求爱因斯坦固体的熵。

第 18 章 玻色统计与费米统计

第 17 章介绍了玻耳兹曼统计理论。玻耳兹曼统计理论适用于可分辨粒子系统或满足非简併性条件的全同粒子系统。本章介绍基于 B－E 分布和 F－D 分布的玻色统计理论与费米统计理论。并应用它们讨论两种典型的量子气体——光子气体和自由电子气体。

18.1 热力学量的统计表达式

在玻色统计和费米统计中，热力学函数最终都用**巨配分函数（Grand Partition Function）**表出。下面首先给出巨配分函数的定义。

一、系统的巨配分函数

定义

$$\Xi(\alpha,\beta,y)=\prod_l(1\pm e^{-\alpha-\beta\varepsilon_l})^{\pm\omega_l}=\prod_s(1\pm e^{-\alpha-\beta\varepsilon_s})^{\pm 1} \tag{18.1.1}$$

式中：$\prod_l$ 为对粒子所有能级的连乘；$\prod_s$ 为对粒子所有能态的连乘。在式（18.1.1）中，取"+"对应费米系统，取"－"对应玻色系统。式（18.1.1）就是系统巨配分函数的定义式。根据量子力学，粒子能量 ε_l 是外参量 y（体积 V，外磁场 H 等）的函数。所以系统巨配分函数通过粒子能量依赖于外参量。

对式（18.1.1）取对数，有

$$\ln\Xi=\pm\sum_l\omega_l\ln(1\pm e^{-\alpha-\beta\varepsilon_l}) \tag{18.1.2}$$

二、热力学量的统计表达式

由式（16.7.1）知，系统的平均总粒子数

$$\bar{N}=\sum_l a_l=\sum_l\frac{\omega_l}{e^{\alpha+\beta\varepsilon_l}\pm 1} \tag{18.1.3}$$

利用式（18.1.2），上式表为

$$\bar{N}=-\frac{\partial}{\partial\alpha}\ln\Xi \tag{18.1.4}$$

系统的内能 U 表为

$$U=\sum_l a_l\varepsilon_l=\sum_l\frac{\varepsilon_l\omega_l}{e^{\alpha+\beta\varepsilon_l}\pm 1}=-\frac{\partial}{\partial\beta}\ln\Xi \tag{18.1.5}$$

由 17.1 节知，与广义力 Y 相应的微观量是 $\frac{\partial\varepsilon_l}{\partial y}$。所以，外界作用于系统的广义力 Y 是 $\frac{\partial\varepsilon_l}{\partial y}$

的统计平均值，即

$$Y=\sum_l \frac{\partial \varepsilon_l}{\partial y}a_l=\sum_l \frac{\omega_l}{e^{\alpha+\beta\varepsilon_l}\pm 1}\frac{\partial \varepsilon_l}{\partial y}=-\frac{1}{\beta}\frac{\partial}{\partial y}\ln \Xi \tag{18.1.6}$$

特别地，当取外参量 $y=V$ 为系统的体积时，则广义力 $Y=-p$ 为外界作用于系统的压强，这时式（18.1.6）化为

$$p=\frac{1}{\beta}\frac{\partial}{\partial V}\ln \Xi \tag{18.1.7}$$

下面导出熵的统计表达式。为此，对 $\ln\Xi$ 求全微分，有

$$\mathrm{d}\ln\Xi=\frac{\partial \ln\Xi}{\partial \alpha}\mathrm{d}\alpha+\frac{\partial \ln\Xi}{\partial \beta}\mathrm{d}\beta+\frac{\partial \ln\Xi}{\partial y}\mathrm{d}y$$

将式（18.1.4）、（18.1.5）和（18.1.6）代入上式，得

$$\begin{aligned}\mathrm{d}\ln\Xi&=-\bar{N}\mathrm{d}\alpha-U\mathrm{d}\beta-\beta Y\mathrm{d}y\\&=-\mathrm{d}(\bar{N}\alpha+U\beta)+\alpha\mathrm{d}\bar{N}+\beta\mathrm{d}U-\beta Y\mathrm{d}y\end{aligned}$$

整理得

$$\mathrm{d}(\ln\Xi+\alpha\bar{N}+\beta U)=\beta\left(\mathrm{d}U-Y\mathrm{d}y+\frac{\alpha}{\beta}\mathrm{d}\bar{N}\right) \tag{18.1.8}$$

由于上式左端是全微分，所以 β 是 $\mathrm{d}U-Y\mathrm{d}y+\frac{\alpha}{\beta}\mathrm{d}\bar{N}$ 的积分因子。根据第 15 章开系的热力学基本微分方程式（15.5.9），$\mathrm{d}U-Y\mathrm{d}y-\mu\mathrm{d}\bar{N}$ 有积分因子 $1/T$，使得

$$\mathrm{d}S=\frac{1}{T}(\mathrm{d}U-Y\mathrm{d}y-\mu\mathrm{d}\bar{N}) \tag{18.1.9}$$

式中：μ 为粒子的化学势。比较式（18.1.8）与式（18.1.9），有

$$\beta=\frac{1}{kT},\qquad \alpha=-\frac{\mu}{kT}$$

于是得

$$\mathrm{d}S=k\mathrm{d}\left(\ln\Xi-\alpha\frac{\partial}{\partial\alpha}\ln\Xi-\beta\frac{\partial}{\partial\beta}\ln\Xi\right)$$

积分上式，并按熵常数的自然选择，取积分常数为 0，得熵的统计表达式为

$$S=k\left(\ln\Xi-\alpha\frac{\partial}{\partial\alpha}\ln\Xi-\beta\frac{\partial}{\partial\beta}\ln\Xi\right) \tag{18.1.10}$$

将式（18.1.2）代入上式，经简单推导，得

$$S=k\ln\Omega$$

上式与玻耳兹曼统计理论中得到结果完全相同。它给出了玻色系统和费米系统的熵与最大热力学几率的关系。这说明，玻耳兹曼关系是一个普遍成立的关系式，不仅在玻耳兹曼统计理论中成立，在玻色统计和费米统计中同样成立。

从上述热力学函数的统计表达式知，任何热力学函数都可用巨配分函数的对数及其偏微商表出。所以，巨配分函数的计算，就成为玻色统计和费米统计的基本运算。一旦求得系统的巨配分函数，只需进行简单的微商运算，就可得到系统的所有热力学函数。因此，$\ln\Xi$ 是以 α、β、y（对简单系统即 T、V、μ）为自变量的热力学特性函数。

18.2 光子气体

在 9.1 节中，讨论过黑体辐射（也叫空腔辐射或空窖辐射）问题，给出了基于经典物理学理论得到的辐射场能量密度按频率分布的瑞利–金斯公式，以及通过与实验数据拟合而得到的经验公式——维恩公式，并指出了这两个公式与实验结果的严重分歧，同时还给出了与实验完全吻合的普朗克公式。本节将从量子统计物理学的角度出发，讨论黑体辐射问题，给出普朗克公式严格的理论推导。

一、光子气体模型

近代物理学认为，辐射场是由光量子或光子组成。当原子辐射光时，产生光子，当光被原子吸收时，湮灭光子。因光子的自旋量子数 $s=1$，故光子是玻色子。光子能量表为

$$\varepsilon = pc = h\nu = \hbar\omega \tag{18.2.1}$$

式中：c 为真空中的光速；p 为光子的动量；ν 为光子的频率。

按照辐射场的光量子观点，可以把空腔内的辐射场视为空腔内充满了各种频率的光子，这些光子的集合体称为**光子气体**。光子气体和普通气体有很大不同，区别是：

（1）光子在不断的产生或湮灭，故光子数不守恒，拉氏乘子 $\alpha=0$；

（2）所有光子具有相同的速度 c（注意动量不同），因而不存在速度分布律，只需考虑能量分布；

（3）光子间无相互作用，光子气体的平衡分布，只有在辐射场中存在能够吸收和辐射光子的物体时，才能建立起来。在吸收或辐射过程中，一种频率的光子转变成另一种频率的光子。而普通气体分子之间之所以能建立起按速度的平衡分布，是通过分子间碰撞等相互作用机制来实现的。

二、普朗克公式

通常空腔体积 V 是宏观量，可视为 V 足够大。这时光子的能量和动量近似认为是准连续的。根据半经典近似，在空腔（体积 V ）内，动量大小在 $p \sim p+dp$ 范围内，光子的量子态数为

$$D(p)\mathrm{d}p = 2\frac{4\pi V}{h^3}p^2\mathrm{d}p \tag{18.2.2}$$

上式中因子 2 是考虑到光子的自旋量子数 $s=1$，自旋在动量方向上的投影可取 0 和 $\pm\hbar$ 三个可能值。自旋投影为 0 的光子称为纵光子，自旋投影为 $\pm\hbar$ 的光子称为横光子。实际中纵光子不存在，只能观测到横光子。把式（18.2.1）代入式（18.2.2）右端，得

$$D(\omega)\mathrm{d}\omega = \frac{V}{\pi^2 c^3}\omega^2\mathrm{d}\omega \tag{18.2.3}$$

式（18.2.3）表示，在空腔内，光子圆频率在 $\omega \sim \omega+\mathrm{d}\omega$ 范围内，光子的量子态数。由于光子是玻色子，服从 $\mathrm{B-E}$ 分布，并注意到 $\alpha=0$，所以有

$$f=\frac{1}{e^{\alpha+\beta\varepsilon}-1}=\frac{1}{e^{\beta\varepsilon}-1} \tag{18.2.4}$$

上式表示在能量ε附近，单位能量间隔内每个量子态上的平均光子数。将式（18.2.1）代入上式，得

$$f=\frac{1}{e^{\hbar\omega/kT}-1} \tag{18.2.5}$$

上式表示在圆频率ω附近，单位圆频率间隔内每个量子态上的平均光子数。于是，得体积V内，圆频率在$\omega \sim \omega+d\omega$范围内的平均光子数为

$$N(\omega,T)d\omega=\frac{V}{\pi^2c^3}\frac{\omega^2}{e^{\hbar\omega/kT}-1}d\omega \tag{18.2.6}$$

注意到每个光子的能量为$\hbar\omega$，因此，体积V内，圆频率在$\omega \sim \omega+d\omega$范围内，辐射场的能量为

$$U(\omega,T)d\omega=\frac{V}{\pi^2c^3}\frac{\hbar\omega^3d\omega}{e^{\hbar\omega/kT}-1} \tag{18.2.7}$$

上式两边同除以体积V，得

$$u(\omega,T)d\omega=\frac{1}{\pi^2c^3}\frac{\hbar\omega^3d\omega}{e^{\hbar\omega/kT}-1} \tag{18.2.8}$$

上式的物理意义是，单位体积内，圆频率在$\omega \sim \omega+d\omega$范围内辐射场的能量。式（18.2.8）就是著名的辐射场能量密度按频率分布的普朗克公式。

三、讨论

首先考察低频情况，即$\frac{\hbar\omega}{kT}<<1$的情况。此时有

$$e^{\hbar\omega/kT}\approx 1+\frac{\hbar\omega}{kT}$$

把上式代入式（18.2.8），得

$$u(\omega,T)d\omega=\frac{1}{\pi^2c^3}kT\omega^2d\omega$$

或

$$u(\nu,T)d\nu=\frac{8\pi}{c^3}kT\nu^2d\nu$$

上式与瑞利–金斯公式式（9.1.2）完全相同。

再看高频情况，即$\frac{\hbar\omega}{kT}>>1$的情况。此时$e^{\hbar\omega/kT}>>1$，式（18.2.8）可以近似为

$$u(\omega,T)d\omega=\frac{1}{\pi^2c^3}\hbar\omega^3e^{-\hbar\omega/kT}d\omega$$

上式与维恩公式（9.1.1）相同。而且，当$\hbar\omega/kT>>1$，$u(\omega,T)$随ω的增加迅速地趋于零。这意味着，在温度为T的平衡辐射中，满足$\hbar\omega/kT>>1$的高频光子几乎不存在。

将式（18.2.8）对频率ω积分，得辐射场的能量密度

$$u(T)=\int_0^\infty u(\omega,T)d\omega=\int_0^\infty\frac{1}{\pi^2c^3}\frac{\hbar\omega^3d\omega}{e^{\hbar\omega/kT}-1}$$

将积分求出，得

$$u(T)=\frac{\pi^2 k^4}{15\hbar^3 c^3}T^4=\alpha T^4 \tag{18.2.9}$$

式中：$\alpha=\frac{\pi^2 k^4}{15\hbar^3 c^3}=7.567\times10^{-6}\,\mathrm{J\cdot m^{-3}\cdot K^{-4}}$。式（18.2.9）指出，平衡辐射场的能量密度与绝对温度的四次方成正比。这一结果最早是斯忒藩和玻耳兹曼（Stefan-Boltzmann）应用热力学理论得到的，称为斯忒藩－玻耳兹曼定律。不过在他们的定律中，比例系数要由实验来测定。但在统计力学中，比例系数完全由理论计算得到。

根据普朗克公式，在一定平衡温度下，辐射场能量密度按频率的分布存在一个极大值，若用 ω_m 表示这个极大值，有

$$\left.\frac{\mathrm{d}u(\omega,T)}{\mathrm{d}\omega}\right|_{\omega=\omega_m}=0 \tag{18.2.10}$$

为简单起见，令

$$x=\frac{\hbar\omega}{kT},\quad x_m=\frac{\hbar\omega_m}{kT}$$

并利用式（18.2.8），式（18.2.10）化为

$$\left.\frac{\mathrm{d}}{\mathrm{d}x}\left(\frac{x^3}{\mathrm{e}^x-1}\right)\right|_{x_m}=0$$

由上式得

$$3-3\mathrm{e}^{-x_m}=x_m \tag{18.2.11}$$

式（18.2.11）为超越方程，用图解法或数值方法，得其解为

$$x_m=\frac{\hbar\omega_m}{kT}\approx 2.822 \tag{18.2.12}$$

上式给出了使平衡温度为 T 的辐射场能量密度为最大的光子的频率，或者说，在平衡温度为 T 的辐射场中，频率为 ω_m 的光子数最多。不难看出，ω_m 与 T 成正比，随着辐射场平衡温度的升高，ω_m 会增大，这个结论称为**维恩位移定律**。

18.3 声子气体

第 17 章介绍了固体热容量的爱因斯坦理论。在爱因斯坦理论中，把固体看成由 $3N$ 个频率相同的线性简谐振子组成，由此得到的固体热容量在低温下与实验定性吻合，但在定量上明显不符。德拜（Debye）在爱因斯坦理论基础上，就振子的频率问题提出了改进模型，很好解决了固体热容量问题。

一、德拜固体模型

固体中原子间存在着强烈的相互作用，在这种强耦合作用下，原子围绕其平衡位置作小振动。假设固体由 N 个质量为 m 的原子组成，每个原子的自由度为 3，则整个系统的自由度为 $3N$。若用 $x_i(i=1,2,\cdots,3N)$ 表示系统第 i 个自由度对其平衡位置的偏离，用 φ

表示原子间的总相互作用势，则

$$\varphi = \varphi(x_1, x_2, \cdots, x_{3N})$$

系统的能量为

$$E = \sum_{i=1}^{3N} \frac{p_i^2}{2m} + \varphi \tag{18.3.1}$$

因为原子作小振动，$x_i(i=1,2,\cdots,3N)$ 的值很小，可以把势函数 φ 在平衡位置附近做展开，并只保留二级小，即

$$\varphi = \varphi_0 + \sum_{i=1}^{3N} \left.\frac{\partial \varphi}{\partial x_i}\right|_0 x_i + \sum_{i,j=1}^{3N} \left.\frac{\partial^2 \varphi}{\partial x_i \partial x_j}\right|_0 x_i x_j$$

注意到平衡位置处原子所受合力为零，故上式第二项等于零。通过势函数零点的选择，可以使 $\varphi_0 = 0$。令 $a_{ij} = \left.\frac{\partial^2 \varphi}{\partial x_i \partial x_j}\right|_0$，于是

$$\varphi = \sum_{i,j=1}^{3N} a_{ij} x_i x_j \tag{18.3.2}$$

上式是对称二次形，通过线性变换可化为二次形的标准形，即

$$\varphi = \frac{1}{2} \sum_{i=1}^{3N} m\omega_i^2 q_i^2 \tag{18.3.3}$$

将式（18.3.3）代入式（18.3.1），得

$$E = \sum_{i=1}^{3N} \left(\frac{p_i^2}{2m} + \frac{1}{2} m\omega_i^2 q_i^2 \right) \tag{18.3.4}$$

值得注意的是，上式中的 q_i 并不代表系统原来的某个坐标变数 x_i，而是式（18.3.2）经线性变换后的新变数。一般来讲，q_i 是所有 $x_i(i=1,2,\cdots,3N)$ 的线性组合，与全体 x_i 有关。q_i 称为**简正坐标**。式（18.3.4）说明，$3N$ 简正坐标作独立的简谐振动，这样的简谐振动称为**简正振动**，ω_i 称为**简正频率**。由此可见，式（18.3.4）把系统中强耦合的 N 个原子的小振动，化为了 $3N$ 个近独立的简正振动。

根据量子力学，每一简正振动的能量为

$$\varepsilon_n = \hbar\omega_i \left(n + \frac{1}{2} \right) \qquad (n = 0, 1, 2, \cdots) \tag{18.3.5}$$

简并度为 1。若把量子化能量 $\hbar\omega_i$ 看成一种准粒子，这种准粒子称为**能量子**或**声子**。不同简正频率表示声子的不同状态，相应的声子也具有不同的能量。如频率为 ω 的声子，能量为

$$\varepsilon = \hbar\omega \tag{18.3.6}$$

在引入声子概念后，量子数 n 可理解为处于相应状态的声子数。由于简正振动是独立的，所以声子间无相互作用。这样，就把固体中原子的振动，抽象为处于各种能态的独立的声子的集合，或固体中原子的振动可看成处于各种状态的大量声子组成的理想气体。

声子不仅有能量 $\varepsilon = \hbar\omega$，而且还有动量。根据量子力学，声子的动量可表示为

$$\boldsymbol{p} = \hbar\boldsymbol{k} \tag{18.3.7}$$

式中：$\boldsymbol{k}$ 为声子的波矢。为了找到声子的能量动量关系，需要找到色散关系，即 $k = k(\omega)$。下面来讨论这个问题。

固体中原子的间距相比于固体的宏观尺寸小得多，可以把固体近似为连续介质。固体中原子之间存在着强耦合作用，任何一个原子的振动必然带动其周围原子的振动，从而形成振动在固体中的传播，即波动。固体中传播的这种波称为弹性波。上述任一确定频率的简正振动形成的波是固体中弹性波的一个**模**。固体中任何弹性波都是这些模的线性叠加。若频率为 ω、波矢为 $\boldsymbol{k}$ 的某单色模在固体中的传播速度为 c，由熟知的波动学知识，有

$$\omega = ck \tag{18.3.8}$$

利用式（18.3.7）和式（18.3.8），立刻得声子的能量动量关系为

$$\varepsilon = cp \tag{18.3.9}$$

另外，固体中的弹性波分为纵波和横波两种，纵波是沿波的传播方向的振动的传递，横波是垂直于波的传播方向的振动的传递。纵波只有一个方向的振动，横波可以分解为相互正交的两个方向的振动。也就是说，任一频率的简正振动形成的波有三个彼此正交的偏振方向，从而对应三种不同偏振状态的声子，分别称为**纵波声子**和**横波声子**。纵波声子只有一种偏振状态，横波声子有两种偏振状态。不同频率、不同偏振方向代表声子的不同状态。假设纵波的传播速度为 c_l，横波的传播速度为 c_t。由式（18.3.9）知，纵波声子和横波声子的能量动量关系分别为

$$\varepsilon = c_l p \tag{18.3.10}$$

和

$$\varepsilon = c_t p \tag{18.3.11}$$

根据上述讨论不难看出，固体的微观运动可以抽象为由处于不同状态的大量声子（包括纵波声子和横波声子）构成的理想气体。每一确定的频率和偏振方向代表声子的一个状态。任一简正振动的量子数 n 表示处于相应状态的声子数。n 可以取包括零在内的一切正整数，这意味着同一状态允许有多个声子，即声子理想气体服从玻色统计。在平衡态下，各种频率简正振动的量子数 n 在不断变化，因此声子理想气体中不断地发生着各种状态的声子的产生与湮灭过程，系统声子数不恒定。由于简正振动的频率和波矢是连续变化的，所以声子的频率、波矢，进而声子的能量、动量以及状态也连续变化。以上就是德拜的固体模型。根据这一模型，应用玻色统计，就可求出固体的内能和热容量。

二、德拜固体热容量

假设固体的体积为 V。由于声子动量连续，根据半经典近似，在体积 V 内，动量在 $p \sim p + \mathrm{d}p$ 范围内，纵波声子的状态数为

$$\frac{4\pi V}{h^3} p^2 \mathrm{d}p \tag{18.3.12}$$

横波声子的状态数为

$$2 \times \frac{4\pi V}{h^3} p^2 \mathrm{d}p \tag{18.3.13}$$

式（18.3.13）中的因子 2 是考虑到横波声子有两个偏振方向而引入的。

利用纵波声子和横波声子的能量动量关系式（18.3.10）和式（18.3.11），以及声子的能量表达式（18.3.6），得体积V内，频率在$\omega \sim \omega + \mathrm{d}\omega$范围内，声子（包括纵波声子与横波声子）的状态数为

$$D(\omega)\mathrm{d}\omega = \frac{V}{2\pi^2}\left(\frac{1}{c_l^3} + \frac{2}{c_t^3}\right)\omega^2\mathrm{d}\omega = B\omega^2\mathrm{d}\omega \tag{18.3.14}$$

式中

$$B = \frac{V}{2\pi^2}\left(\frac{1}{c_l^3} + \frac{2}{c_t^3}\right) \tag{18.3.15}$$

由式（18.3.4）知，简正振动的总模式有$3N$种，即声子的总状态数有$3N$个。假设ω_m为声子的最大频率，则$\omega > \omega_m$状态的声子不存在，于是有

$$3N = \int_0^{\omega_m} D(\omega)\mathrm{d}\omega = \int_0^{\omega_m} B\omega^2\mathrm{d}\omega \tag{18.3.16}$$

求出积分，得

$$\omega_m^3 = \frac{9N}{B} = 18\pi^2\frac{N}{V}\left(\frac{c_l^3 c_t^3}{2c_l^3 + c_t^3}\right) \tag{18.3.17}$$

上式给出声子的最大频率（最大简正频率）与固体中原子的数密度和弹性波速度之间的关系。这个频率首先是德拜在 1912 年提出的，称为**德拜频谱**。利用式（18.3.17），式（18.3.14）改写为

$$D(\omega)\mathrm{d}\omega = 9N\frac{\omega^2}{\omega_m^3}\mathrm{d}\omega \tag{18.3.18}$$

另外，由于声子遵从$B-E$分布，且声子数不守恒，$\alpha = 0$。故温度为T时，处于能量为$\hbar\omega$的一个状态上的平均声子数为

$$f = \frac{1}{\mathrm{e}^{\hbar\omega/kT} - 1} \tag{18.3.19}$$

于是，各种频率声子的总能量与零点能U_0（声子数为零时的能量）之和为

$$\begin{aligned} U &= U_0 + \int_0^{\omega_m} \frac{\hbar\omega}{\mathrm{e}^{\hbar\omega/kT} - 1} D(\omega)\mathrm{d}\omega \\ &= U_0 + \frac{9N}{\omega_m^3}\int_0^{\omega_m} \frac{\hbar\omega^3}{\mathrm{e}^{\hbar\omega/kT} - 1}\mathrm{d}\omega \end{aligned} \tag{18.3.20}$$

式（18.3.20）就是固体的内能。现令

$$\hbar\omega_m = k\theta_D \tag{18.3.21}$$

上式定义的θ_D叫**德拜特征温度**。可由固体热容量的实验数据或固体中弹性波速度的实验数据求出。将式（18.3.21）代入式（18.3.20），为计算方便，令

$$x = \frac{\hbar\omega}{kT}，\quad x_m = \frac{\hbar\omega_m}{kT} = \frac{\theta_D}{T} \tag{18.3.22}$$

于是式（18.3.20）可改写为

$$U - U_0 = \frac{9NkT}{x_m^3}\int_0^{x_m} \frac{x^3}{\mathrm{e}^x - 1}\mathrm{d}x = 3NkTD(x_m) \tag{18.3.23}$$

其中

$$D(x_m)=\frac{3}{x_m^3}\int_0^{x_m}\frac{x^3}{e^x-1}dx=3\frac{T^3}{\theta_D^3}\int_0^{x_m}\frac{x^3}{e^x-1}dx \tag{18.3.24}$$

称为**德拜函数**。求出德拜函数即得固体的内能。下面就高温（$T>>\theta_D$）和低温（$T<<\theta_D$）两种情况进行讨论。

1. 高温情况

高温时 $x<<1$，将 e^x 在 $x=0$ 处展开，有

$$\begin{aligned}D(x_m)&=\frac{3}{x_m^3}\int_0^{x_m}\frac{x^3dx}{e^x-1}=\frac{3}{x_m^3}\int_0^{x_m}\frac{x^3dx}{x+\frac{x^2}{2}+\frac{x^3}{6}+\cdots}\\&=\frac{3}{x_m^3}\int_0^{x_m}x^2\left(1-\frac{x}{2}+\frac{x^2}{12}+\cdots\right)dx\\&=1-\frac{3}{8}x_m+\frac{1}{20}x_m^2+\cdots\end{aligned} \tag{18.3.25}$$

把上式代入式（18.3.23），得高温下固体内能为

$$\begin{aligned}U-U_0&=3NkT\left(1-\frac{3}{8}x_m+\frac{1}{20}x_m^2+\cdots\right)\\&=3NkT-\frac{9}{8}Nk\theta_D+\frac{3}{20}Nk\frac{\theta_D^2}{T}+\cdots\end{aligned} \tag{18.3.26}$$

于是高温时固体的热容量为

$$C_V=\left(\frac{\partial U}{\partial T}\right)_V=3Nk-\frac{3Nk}{20}\frac{\theta_D^2}{T^2}+\cdots \tag{18.3.27}$$

容易看出，高温时上式右端从第二项往后的所有项都远远小于第一项，对热容量的影响不大，若略去这些项，则 $C_V=3Nk$，与杜隆—珀替定律一致。温度稍低时，上式右端第二项不可忽略，这时 C_V 是温度的函数。实验证明，多数固态物质的定容热容量的确随温度的降低而减小。

2. 低温情况

低温时 $x>>1$，频率大于 ω_m 的平均声子数极少，故可将 x 的积分限扩展为 $0\to\infty$，于是，化式（18.3.24）为

$$D(x_m)=\frac{3}{x_m^3}\int_0^{\infty}\frac{x^3}{e^x-1}dx=\frac{3}{x_m^3}\frac{\pi^4}{15}=\frac{\pi^4}{5x_m^3} \tag{18.3.28}$$

把上式代入式（18.3.23），得低温下固体内能为

$$U=U_0+\frac{3Nk\pi^4}{5\theta_D^3}T^4 \tag{18.3.29}$$

由此得低温下固体的热容量为

$$C_V=\frac{12Nk\pi^4}{5\theta_D^3}T^3 \tag{18.3.30}$$

可见，在低温下，固体热容量与 T^3 成正比，这个结论称为**德拜定律**。

对于绝缘体，式（18. 3. 30）与实验结果吻合的很好。图 18.3.1 是根据 KCl 晶体在

$T = 5\text{K}$ 以下的实验数据绘出的。图中，横坐标为 T^2，纵坐标为 C_V/T。实验数据很好地落在一条直线上。由实验数据求得 KCl 晶体的德拜特征温度 $\theta_D = (233 \pm 3)\text{K}$，这个值与从有关弹性系数的各种估算所得 θ_D 的值 230～246K 基本一致。

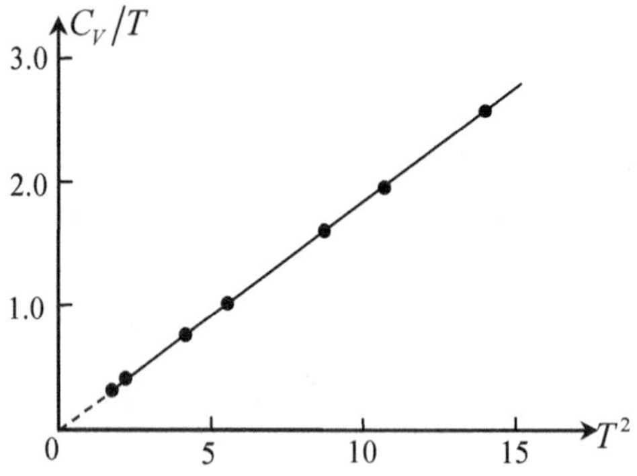

图 18.3.1 T=5K 以下 KCl 晶体热容量的实验结果

（数据取自 P.H.Keesom and N.Perlman, Phys.91, 1354(1953)）

对于金属导体，在 $T > 3\text{K}$ 时，式（18.3.30）也与实验结果吻合。但在 $T < 3\text{K}$ 时，德拜定律与实验结果有差异。这是由于金属内存在自由电子，在 $T < 3\text{K}$ 时，电子对热容量的贡献不可忽略。而式（18.3.30）只考虑了固体中原子运动对热容量的贡献。

18.4 金属中的自由电子

金属电子论是在 19 世纪初发展起来的。最初人们把玻耳兹曼统计应用到金属中的自由电子，较好地解释了金属的某些物理性质。如在一定温度下，各种金属的导热率与导电率之比相等。但是，当把玻耳兹曼统计理论用于处理金属中自由电子对热容量的贡献时，却遇到了严重困难。1926 年，费米和狄拉克提出了 F－D 分布。1928 年，索末菲首先把它用于金属中的自由电子，成功地解决了自由电子对热容量的贡献问题。下面来介绍有关金属中自由电子的统计理论。

一、自由电子气体的内能

当金属原子结合成金属时，原子中的价电子将脱离核的束缚而在整个金属中运动成为公有电子。这些公有电子在金属中运动时，受到构成金属点阵的原子实所产生的周期场的作用，同时电子间也存在相互作用。所以，严格描述金属中公有电子的运动是一个十分复杂的问题。在初级近似下，可以认为公有电子受到的各种相互作用彼此抵消，只有在金属表面由于没有外界离子的引力来抵消内部离子的作用，所以电子受金属内部离子的吸引而被束缚在金属内。这样，可以把金属中的公有电子看做是封闭在金属内部的自由粒子，称为**自由电子**。

电子自旋为 1/2，是费米子，服从费米统计。根据 F－D 分布，温度 T 时，能量为 ε 的量子态上的平均电子数为

$$f = \frac{1}{e^{(\varepsilon-\mu)/kT}+1} \tag{18.4.1}$$

考虑到电子自旋在其动量方向的投影取两个可能值，在 μ 空间中，$\mathrm{d}\omega = \mathrm{d}\boldsymbol{r}\mathrm{d}\boldsymbol{p}$ 相体积元内，电子的量子态数为

$$2\frac{\mathrm{d}\boldsymbol{r}\mathrm{d}\boldsymbol{p}}{h^3} \tag{18.4.2}$$

由于分布函数 f 与空间坐标无关，与动量方向无关。故在体积 V 中，动量大小在 $p \sim p+\mathrm{d}p$ 范围内，电子的量子态数为

$$2\cdot\frac{4\pi V}{h^3}p^2dp \tag{18.4.3}$$

把自由电子的能量动量关系 $\varepsilon = \frac{p^2}{2m}$ 代入上式，可得体积 V 中，能量在 $\varepsilon \sim \varepsilon+\mathrm{d}\varepsilon$ 范围内自由电子的量子态数为

$$D(\varepsilon)\mathrm{d}\varepsilon = \frac{4\pi V}{h^3}(2m)^{3/2}\varepsilon^{1/2}\mathrm{d}\varepsilon \tag{18.4.4}$$

式中：$D(\varepsilon)$ 为能态密度。

这样，在体积 V 中，在 $\varepsilon \sim \varepsilon+\mathrm{d}\varepsilon$ 的能量范围内，平均自由电子数为

$$fD(\varepsilon)\mathrm{d}\varepsilon = \frac{4\pi V}{h^3}(2m)^{3/2}\frac{\varepsilon^{1/2}\mathrm{d}\varepsilon}{e^{(\varepsilon-\mu)/kT}+1} \tag{18.4.5}$$

对上式积分，可得平均总自由电子数

$$N = \int_0^\infty fD(\varepsilon)\mathrm{d}\varepsilon = \frac{4\pi V}{h^3}(2m)^{3/2}\int_0^\infty\frac{\varepsilon^{1/2}\mathrm{d}\varepsilon}{e^{(\varepsilon-\mu)/kT}+1} \tag{18.4.6}$$

在给定电子数 N、温度 T 和体积 V 时，化学势 μ 可由上式求出。由式（18.4.6）知，μ 是温度和电子数密度 N/V 的函数。

用电子能量 ε 乘以式（18.4.5），并对 ε 积分，得自由电子气体的内能为

$$U = \int_0^\infty fD(\varepsilon)\varepsilon\mathrm{d}\varepsilon = \frac{4\pi V}{h^3}(2m)^{3/2}\int_0^\infty\frac{\varepsilon^{3/2}\mathrm{d}\varepsilon}{e^{(\varepsilon-\mu)/kT}+1} \tag{18.4.7}$$

对内能求温度的偏微商，即得自由电子气体的热容量 C_V^e。

二、费米能量

以 μ_0 表示 $T=0\mathrm{K}$ 时自由电子的化学势。则 $T=0\mathrm{K}$ 时，分布函数

$$f = \frac{1}{e^{(\varepsilon-\mu_0)/kT}+1} = \begin{cases}1 & (\varepsilon<\mu_0)\\ 0 & (\varepsilon>\mu_0)\end{cases} \tag{18.4.8}$$

上式表明，$T=0\mathrm{K}$ 时，能量 $\varepsilon<\mu_0$ 的每一个量子态上都占据了一个电子，而能量 $\varepsilon>\mu_0$ 的量子态上没有电子。其物理图像是，在 $T=0\mathrm{K}$ 时，电子将尽可能占据最低能态，但由于受泡利原理的限制，每一个量子态最多只能容纳一个电子，因此，电子从 $\varepsilon=0$ 的能态开始，依次填充至 $\varepsilon=\mu_0$ 的能态为止。如图 18.4.1 所示。μ_0 是 0K 时电子的最大能量，称为**费米能量**。由 $\varepsilon = p^2/2m$，可得 $T=0\mathrm{K}$ 时，电子的最大动量 $p_0=(2m\mu_0)^{1/2}$，p_0 称为**费米动量**。

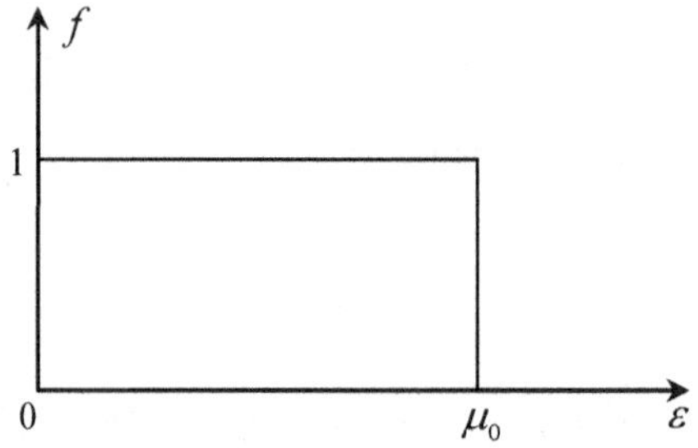

图 18.4.1　T=0K 时电子的分布函数

将式（18.4.8）代入式（18.4.6），得

$$N=\frac{4\pi V}{h^3}(2m)^{3/2}\int_0^{\mu_0}\varepsilon^{1/2}\mathrm{d}\varepsilon=\frac{8\pi V}{3h^3}(2m)^{3/2}\mu_0^{3/2} \tag{18.4.9}$$

解出 μ_0 为

$$\mu_0=\frac{h^2}{8m}\left(\frac{3N}{\pi V}\right)^{2/3}=\frac{\hbar^2}{2m}(3\pi^2 n)^{2/3} \tag{18.4.10}$$

其中 $n=N/V$ 为电子数密度。相应地，费米动量为

$$p_0=\hbar(3\pi^2 n)^{1/3} \tag{18.4.11}$$

将式（18.4.8）代入式（18.4.7），得 0K 时自由电子气体的内能为

$$U=\frac{4\pi V}{h^3}(2m)^{3/2}\int_0^{\mu_0}\varepsilon^{3/2}\mathrm{d}\varepsilon=\frac{3}{5}N\mu_0 \tag{18.4.12}$$

由上式知，0K 时电子的平均能量为 $3\mu_0/5$。

现以 Cu 为例，来看 μ_0 的值。Cu 的电子数密度 $n=8.5\times10^{28}\,\mathrm{m}^{-3}$，代入式（18.4.10），得

$$\mu_0=1.1\times10^{-18}\,\mathrm{J}$$

定义费米温度

$$T_F=\mu_0/k \tag{18.4.13}$$

于是，得 Cu 的 $T_F\approx7.8\times10^4\,\mathrm{K}$。由此可见，对于金属中的自由电子而言，$\mu_0$ 的值很大。在一般温度下金属中自由电子气体的化学势 μ 与 μ_0 具有相同的数量级。所以，通常情况下 $\mu>>kT$，故 $\mathrm{e}^{\alpha}=\mathrm{e}^{-\mu/kT}<<1$。这就是说，金属中自由电子气体是高度简併的，$\mathrm{M-B}$ 分布不适用。

三、自由电子气体的热容量

当 $T>0\mathrm{K}$ 时，每个量子态上的平均电子数为

$$f=\frac{1}{\mathrm{e}^{(\varepsilon-\mu)/kT}+1}=\begin{cases}1 & (\mu-\varepsilon>>kT)\\ 1/2 & (\varepsilon=\mu)\\ 0 & (\varepsilon-\mu>>kT)\end{cases} \tag{18.4.14}$$

将上述分布函数绘于图 18.4.2 中。图中实线为 $T>0\mathrm{K}$ 时的分布曲线，虚线为 $T=0\mathrm{K}$ 时的分布曲线。比较两条曲线不难看出，$T>0\mathrm{K}$ 时分布函数随 ε 变化，但这种变化只发生在费米能附近 kT 数量级的范围内。当 ε 远离费米能时，$T>0\mathrm{K}$ 时的分布曲线与 $T=0\mathrm{K}$ 时

的分布曲线完全重合。对此结果可做如下理解：在0K时，电子占据了能量从0到μ_0的每一个量子态，能量大于μ_0的所有量子态全部空着。当温度升高时（$T>0\text{K}$），处在费米面附近kT范围内的电子，有可能吸收热运动能跃迁到未被电子占据的较高能态。但处在费米面以下较深处的低能态电子，热运动能kT不足以激发这些电子跃迁到费米面以上能态。这就使得只有那些能量在费米能附近，kT数量级范围内的电子，对量子态的占据情况发生改变，其它状态的占据情况实际上并未改变。由此可见，当$T>0\text{K}$时，只有μ_0以下kT范围内的电子参与了吸收热运动能跃迁到μ_0以上能态的过程图（18.4.2）。因此，只有这部分电子对热容量有贡献。这部分电子称为**有效电子**。

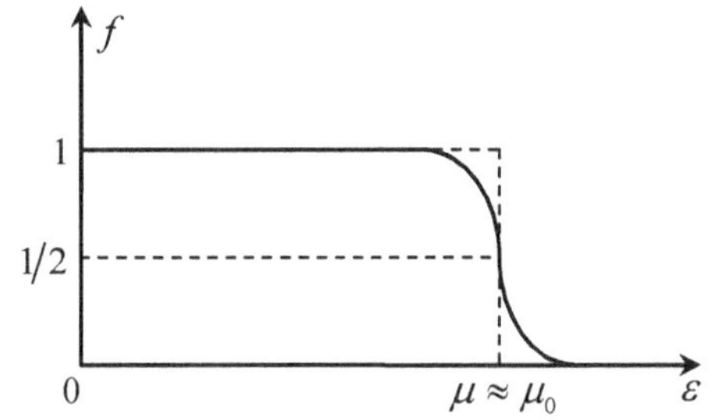

图 18.4.2　T>0K 时电子的分布函数

根据上面的讨论，并注意到$\mu\approx\mu_0$，有效电子数N_{ef}可近似表为

$$N_{ef}\approx N\frac{kT}{\mu} \tag{18.4.15}$$

若将能量均分定理用于有效电子，每个有效电子对热容量的贡献为$\dfrac{3}{2}k$，可以估算出电子对热容量的贡献为

$$C_V^e=\frac{3}{2}kN_{ef}=\frac{3}{2}Nk\frac{kT}{\mu} \tag{18.4.16}$$

在室温下，$kT/\mu\approx10^{-2}$。所以在通常温度下，金属中电子对热容量的贡献只有其经典理论值$\dfrac{3}{2}Nk$的1/100。与离子振动的热容量$3Nk$相比，电子的热容量完全可以忽略不计。

下面从式（18.4.6）与式（18.4.7）出发，对金属中电子的内能和热容量进行定量计算。为方便起见，令

$$c=\frac{4\pi V}{h^3}(2m)^{3/2}\qquad \eta(\varepsilon)=c\varepsilon^{\gamma} \tag{18.4.17}$$

其中$\gamma=1/2$或$3/2$。利用上式，式（18.4.6）与式（18.4.7）可统一写成

$$I(\gamma)=\int_0^{\infty}\frac{\eta(\varepsilon)}{e^{(\varepsilon-\mu)/kT}+1}d\varepsilon \tag{18.4.18}$$

$N=I(1/2)$，$U=I(3/2)$。作变数变换$\varepsilon-\mu=kTx$，则$d\varepsilon=kTdx$。于是式（18.4.18）变为

$$I=\int_{-\mu/kT}^{\infty}\frac{\eta(\mu+kTx)}{e^x+1}kTdx$$
$$=\int_{-\mu/kT}^{0}\frac{\eta(\mu+kTx)}{e^x+1}kTdx+\int_0^{\infty}\frac{\eta(\mu+kTx)}{e^x+1}kTdx$$

$$= kT\int_0^{\mu/kT}\frac{\eta(\mu-kTx)}{e^{-x}+1}dx + kT\int_0^{\infty}\frac{\eta(\mu+kTx)}{e^{x}+1}dx$$

上式右方第一项中

$$\frac{1}{e^{-x}+1}=1-\frac{1}{e^{x}+1}$$

代入整理后，得

$$I=\int_0^{\mu}\eta(\varepsilon)d\varepsilon + kT\int_0^{\infty}\frac{\eta(\mu+kTx)-\eta(\mu-kTx)}{e^{x}+1}dx$$

上式右方第二项中，已把积分上限取作∞。这是因为$\mu/kT>>1$，而且被积函数分母中的因子e^x，使积分的贡献主要来自于x取值较小的范围。由于后一理由，又可将被积函数中的分子展开为x的幂级数，且只保留x的一次项，于是，得

$$I=\int_0^{\mu}\eta(\varepsilon)d\varepsilon + 2(kT)^2\eta'(\mu)\int_0^{\infty}\frac{x}{e^{x}+1}dx$$

$$=\int_0^{\mu}\eta(\varepsilon)d\varepsilon + \frac{\pi^2}{6}(kT)^2\eta'(\mu) \tag{18.4.19}$$

把式（18.4.17）中的第二式代入上式，得

$$I(\gamma)=c\mu^{\gamma+1}\left[\frac{1}{\gamma+1}+\frac{\gamma\pi^2}{6}\left(\frac{kT}{\mu}\right)^2\right] \tag{18.4.20}$$

于是

$$N=I(\gamma=1/2)=\frac{2}{3}c\mu^{3/2}\left[1+\frac{\pi^2}{8}\left(\frac{kT}{\mu}\right)^2\right] \tag{18.4.21}$$

$$U=I(\gamma=3/2)=\frac{2}{5}c\mu^{5/2}\left[1+\frac{5\pi^2}{8}\left(\frac{kT}{\mu}\right)^2\right] \tag{18.4.22}$$

由式（18.4.21）得

$$\mu=\left(\frac{3N}{2c}\right)^{2/3}\left[1+\frac{\pi^2}{8}\left(\frac{kT}{\mu}\right)^2\right]^{-2/3}$$

上式右端的第一项恰好是式（18.4.10）的结果，即$\left(\frac{3N}{2c}\right)^{2/3}=\mu_0$。注意到$\mu\approx\mu_0$，上式右端的第二项可用$kT/\mu_0$近似代替$kT/\mu$，得

$$\mu=\mu_0\left[1+\frac{\pi^2}{8}\left(\frac{kT}{\mu_0}\right)^2\right]^{-2/3}$$

由于方括号中的第二项很小，将方括号展开，且只保留前两项，有

$$\mu\approx\mu_0\left[1-\frac{\pi^2}{12}\left(\frac{kT}{\mu_0}\right)^2\right] \tag{18.4.23}$$

将上式代入式（18.4.22），并作相应的近似，得

$$U=\frac{2}{5}c\mu_0^{5/2}\left[1-\frac{\pi^2}{12}\left(\frac{kT}{\mu_0}\right)^2\right]^{5/2}\left[1+\frac{5\pi^2}{8}\left(\frac{kT}{\mu_0}\right)^2\right]$$

作完全类似的近似，得

$$U\approx\frac{3}{5}N\mu_0\left[1-\frac{5\pi^2}{24}\left(\frac{kT}{\mu_0}\right)^2\right]\left[1+\frac{5\pi^2}{8}\left(\frac{kT}{\mu_0}\right)^2\right]$$

将上式的方括号乘开，并只保留 kT/μ_0 的平方项，得电子气体的内能为

$$U\approx\frac{3}{5}N\mu_0\left[1+\frac{5\pi^2}{12}\left(\frac{kT}{\mu_0}\right)^2\right] \tag{18.4.24}$$

由此得电子气体的定容热容量

$$C_V^e=\left(\frac{\partial U}{\partial T}\right)_V=\frac{\pi^2}{2}Nk\frac{kT}{\mu_0} \tag{18.4.25}$$

把这个结果与前面粗略估算的结果式（18.4.16）比较，看到只系数略有差别。

根据固体热容量的德拜理论，在低温情况，离子振动对热容量的贡献 C_V^L 与温度的三次方成正比，所以金属的热容量可一般性的表为

$$C_V=C_V^L+C_V^e=bT^3+aT \tag{18.4.26}$$

电子气体的热容量 C_V^e 与离子振动的热容量 C_V^L 之比为

$$\frac{C_V^e}{C_V^L}\approx\frac{8}{T^2} \tag{18.4.27}$$

上式表明，当 $T<3\text{K}$ 时，电子对热容量的贡献将不能忽略，而且温度越低，电子对热容量的贡献越显著。

内容提要

量子统计是建立在量子力学基础上的统计理论。在量子统计中，能量量子化，全同粒子的不可分辨性，泡利原理等量子特性对统计结果的影响至关重要。本章介绍了平衡态下，光子、声子和电子理想气体的统计理论。

一、量子统计力学的基本公式

1. 分布与分布函数

$$a_l=\frac{\omega_l}{e^{\beta(\varepsilon_l-\mu)}\pm1}$$

其中取“+”为费米分布，取“−”为玻色分布。意义为：分布在能级 ε_l 上的粒子数。

$$f_s=\frac{1}{e^{\beta(\varepsilon_s-\mu)}\pm1}$$

其中取“+”为费米系统的分布函数，取“−”为玻色系统的分布函数。意义为：分布在能量为 ε_s 的一个量子态上的平均粒子数。

2. 总粒子数与内能

$$N=\sum_l a_l=\sum_s f_s=\sum_l \frac{\omega_l}{e^{\beta(\varepsilon_l-\mu)}\pm 1}=\sum_s \frac{1}{e^{\beta(\varepsilon_s-\mu)}\pm 1}$$

$$U=\sum_l a_l\varepsilon_l=\sum_s f_s\varepsilon_s=\sum_s \frac{\omega_l\varepsilon_l}{e^{\beta(\varepsilon_l-\mu)}\pm 1}=\sum_s \frac{\varepsilon_s}{e^{\beta(\varepsilon_s-\mu)}\pm 1}$$

二、热力学函数的统计表达式

1. 巨配分函数

$$\Xi=\prod_l (1\pm e^{-\alpha-\beta\varepsilon_l})^{\pm\omega_l}=\prod_s (1\pm e^{-\alpha-\beta\varepsilon_s})^{\pm 1}$$

其中，“+”对应费米系统，“−”对应玻色系统。

2. 热力学函数的统计表达式

（1）内能： $$U=E=-\frac{\partial}{\partial\beta}\ln\Xi$$

（2）广义力： $$Y=-\frac{1}{\beta}\frac{\partial}{\partial y}\ln\Xi$$

（3）粒子数： $$\bar{N}=-\frac{\partial}{\partial\alpha}\ln\Xi$$

（4）熵： $$S=k\left[\ln\Xi-\alpha\frac{\partial}{\partial\alpha}\ln\Xi-\beta\frac{\partial}{\partial\beta}\ln\Xi\right]$$

（5）玻耳兹曼关系： $$S=k\ln\Omega$$

三、量子统计的应用

应用玻色统计讨论了光子气体和声子气体，应用费米统计讨论了自由电子气体，得出若干重要结论。如平衡辐射场的普朗克公式；固体热容量、金属中自由电子的费米能以及电子气体的热容量等。

习　　题

18.1 试证明，对于玻色系统，熵可表为

$$S=-k\sum_s\left[f_s\ln f_s-(1+f_s)\ln(1+f_s)\right]$$

其中 f_s 为量子态 s 上的平均粒子数，$\sum\limits_s$ 表示对粒子的所有量子态求和。

18.2 试证明，对于费米系统，熵可表为

$$S=-k\sum_s\left[f_s\ln f_s+(1-f_s)\ln(1-f_s)\right]$$

其中 f_s 为量子态 s 上的平均粒子数，$\sum\limits_s$ 表示对粒子的所有量子态求和。

18.3 试根据普朗克公式，求平衡辐射场内能密度按波长的分布：

$$u_\lambda d\lambda=\frac{8\pi hc}{\lambda^5}\frac{d\lambda}{e^{hc/\lambda kT}-1}$$

并据此证明，使辐射内能密度取极大的波长 λ_m 满足方程：

$$5e^{-x}+x=5$$

其中 $x=hc/\lambda_m kT$ 。这个方程的数值解为 $x=4.9651$ ，因此

$$\lambda_m=\frac{hc}{4.9651kT}$$

λ_m 随温度增加向短波方向移动。

18.4 试求光子气体巨配分函数的对数，并由此求内能 U，辐射压强 P 和熵 S。

提示：积分

$$\int_0^\infty x^2\ln\left(1-e^{-x}\right)dx=\left[\frac{x^3}{3}\ln\left(1-e^{-x}\right)\right]_0^\infty-\frac{1}{3}\int_0^\infty\frac{x^3dx}{e^x-1}$$
$$=-\frac{1}{3}\int_0^\infty\frac{x^3dx}{e^x-1}$$

18.5 试计算平衡辐射场中单位时间碰到单位面积器壁的光子所携带的能量，并由此得出平衡辐射的通量密度 J_u 。

18.6 固体中原子的热运动可看做声子气体。试求声子气体的巨配分函数的对数在高温（$T>>\theta_D$）和低温（$T<<\theta_D$）时的表达式，从而求出内能和熵。

18.7 试证明 0K 时电子气体每秒钟碰撞单位面积器壁上的次数 $\Gamma=\frac{1}{4}n\bar{v}_0$ 。其中 n 是电子数密度，$\bar{v}_0$ 是 0K 时电子的平均速率。

18.8 试求低温下金属中自由电子气体的巨配分函数的对数，从而求出电子气体的压强、内能和熵。

提示：积分

$$\int_0^\infty\varepsilon^{1/2}\ln\left(1+e^{-\alpha-\beta\varepsilon}\right)d\varepsilon=\frac{2}{3}\varepsilon^{3/2}\ln\left(1+e^{-\alpha-\beta\varepsilon}\right)\Big|_0^\infty-\frac{2}{3}\int_0^\infty\frac{\varepsilon^{3/2}(-\beta)}{e^{\alpha+\beta\varepsilon}+1}d\varepsilon$$
$$=-\frac{2}{3}\int_0^\infty\frac{\varepsilon^{3/2}(-\beta)}{e^{\alpha+\beta\varepsilon}+1}d\varepsilon$$

18.9 设某样品中的电子服从费米分布，电子总数为 N ，其态密度为

$$D(\varepsilon)=\begin{cases}0 & (\varepsilon<0)\\ D_0 & (\varepsilon\geqslant 0)\end{cases}$$

其中 D_0 为常数。试求：

（1）$T=0K$ 时的化学势 μ_0 和总能量 U_0 ；

（2）系统的非简并条件为 $T>>N/(D_0k)$ ；

（3）此系统强烈简并时 $C_V\propto T$ 。

18.10 设每单位面积的电子数目为 n，电子质量为 m，试证，在二维情况下电子的化学势为

$$\mu(T)=kT\ln\left[e^{n\pi\hbar^2/mkT}-1\right]$$

第 19 章　涨落理论

统计物理学指出，系统宏观量是相应微观量的统计平均值。由于物质系统所含微观粒子数目有限，统计平均必将导致在系统的局部时空范围内，宏观态对平衡态（统计平均值）发生微小偏离的现象，这种现象称为**涨落**。

涨落理论是统计物理学的一个重要组成部分，许多自然现象都要用涨落理论来解释。例如：由于气体或液体的密度涨落，引起其中传播的光的散射现象；再如，无线电技术中，由于电子热运动的涨落产生的热噪声，以及在电子管中，阴极发射电子的不规则性形成的散粒效应等。

涨落现象有两类，一类是围绕平均值的涨落，即系统各宏观量的瞬时值与平均值的偏差，它是由于物质结构的分子性引起的。另一类是布朗运动，布朗运动是处在流体中的微小颗粒因受流体分子的碰撞而产生的不规则运动。本章首先介绍围绕平均值的涨落，然后介绍布朗运动。

19.1　围绕平均值的涨落

一、涨落的描述

统计物理学认为，宏观量是相应微观量在满足给定宏观条件下的系统所有可能微观状态上的平均值。设系统处于微观状态 s 的几率为 ρ_s，在微观状态 s 上微观量 B 的取值为 B_s，则

$$\overline{B} = \sum_s B_s \rho_s \tag{19.1.1}$$

$\overline{B}$ 就是与微观量 B 相对应的宏观量。B_s 与平均值的偏差为 $B_s - \overline{B}$，其平均值

$$\overline{B_s - \overline{B}} = \sum_s \rho_s (B_s - \overline{B}) = \sum_s \rho_s B_s - \sum_s \rho_s \overline{B} = 0 \tag{19.1.2}$$

若用 $\overline{(\Delta B)^2}$ 表示偏差的平方平均值，即

$$\overline{(\Delta B)^2} = \overline{(B_s - \overline{B})^2} = \sum_s \rho_s (B_s - \overline{B})^2 = \overline{B^2} - (\overline{B})^2 \tag{19.1.3}$$

该值反映对 $\overline{B}$ 的平均偏离程度，称为宏观量 $\overline{B}$ 的涨落。比值

$$\frac{\overline{(\Delta B)^2}}{(\overline{B})^2} = \frac{\overline{(B_s - \overline{B})^2}}{(\overline{B})^2} \tag{19.1.4}$$

称为宏观量 $\overline{B}$ 的相对涨落。

二、涨落的准热力学理论

讨论围绕平均值的涨落时，通常采用涨落的准热力学理论，该理论最早是由波兰物

理学家斯莫陆绰斯基（Smoluchowski），在研究系统中局部区域的热力学涨落问题时提出的。这个理论的最大特点是，在给定系统宏观状态的条件下，能够直接得到热力学量取各种涨落的几率分布，据此可以方便地计算涨落。

考虑系统与源接触达到平衡，源很大，具有确定的温度T和压强p，系统与源构成复合系统，复合系统为孤立系统。为简单起见，设系统粒子数一定，即系统为闭系。当系统的能量和体积分别发生变化ΔE和ΔV时，源的能量和体积也必然有相应的变化，设为ΔE_r和ΔV_r，于是有

$$\begin{aligned}\Delta E+\Delta E_r=0\\ \Delta V+\Delta V_r=0\end{aligned} \tag{19.1.5}$$

以$\bar{E}$和$\bar{V}$表示系统能量和体积的平均值，它们就是平衡态下系统的内能和体积。以$\bar{S}^{(0)}$表示平衡态下复合系统的熵，$\bar{\Omega}^{(0)}$为平衡态下复合系统的最大热力学几率。由玻耳兹曼关系，有

$$\bar{S}^{(0)}=k\ln\bar{\Omega}^{(0)} \tag{19.1.6}$$

当系统的能量和体积对$\bar{E}$、$\bar{V}$有偏离ΔE和ΔV时，复合系统的熵和微观状态数也会有相应的偏离。设此时复合系统的熵为$S^{(0)}$，微观状态数为$\Omega^{(0)}$，则

$$S^{(0)}=k\ln\Omega^{(0)} \tag{19.1.7}$$

式（19.1.7）与式（19.1.6）相减，得复合系统熵的偏差为

$$\Delta S^{(0)}=S^{(0)}-\bar{S}^{(0)}=k\ln\frac{\Omega^{(0)}}{\bar{\Omega}^{(0)}}$$

于是

$$\Omega^{(0)}=\bar{\Omega}^{(0)}\mathrm{e}^{\Delta S^{(0)}/k} \tag{19.1.8}$$

复合系统是孤立系统，在平衡态下，它的每一个可能微观状态出现的几率相等。所以系统的能量和体积对最可几值（平均值）具有偏差ΔE和ΔV的几率W与$\Omega^{(0)}$成正比，即

$$W\propto\Omega^{(0)}=\bar{\Omega}^{(0)}\mathrm{e}^{\Delta S^{(0)}/k}\propto\mathrm{e}^{\Delta S^{(0)}/k}$$

把比例系数记为W_m，有

$$W=W_m\mathrm{e}^{\Delta S^{(0)}/k} \tag{19.1.9}$$

由上式知，当$\Delta S^{(0)}=0$时，即系统对平均值无偏离时，$W=W_m$。所以W_m为系统处于平衡态的几率。另外，由于熵的广延性，$\Delta S^{(0)}$还可表示为

$$\Delta S^{(0)}=\Delta S+\Delta S_r \tag{19.1.10}$$

式中：ΔS为系统的熵的偏差；ΔS_r为源的熵的偏差。由于热源很大，可以认为热源的温度T和压强p不变，并把ΔE_r，ΔV_r，ΔS_r看成是无穷小量，根据热力学基本微分方程，有

$$\Delta S_r=\frac{\Delta E_r+p\Delta V_r}{T}=-\frac{\Delta E+p\Delta V}{T} \tag{19.1.11}$$

将式（19.1.10）及（19.1.11）代入式（19.1.9），得

$$W=W_m\mathrm{e}^{\frac{-\Delta E+T\Delta S-p\Delta V}{kT}} \tag{19.1.12}$$

上式为系统涨落的一般公式。

式（19.1.12）对各量偏差的大小没有限制。但由于系统中粒子数一定，平衡时只有

两个独立变量，所以 ΔS 、 ΔE 、 ΔV 三个偏差中只有两个是独立的，如以 S 、 V 为独立变量，则 E 是 S 、 V 的函数。$\Delta E = E(S,V) - \overline{E}(\overline{S},\overline{V})$ 。在一般情况下（近平衡），偏差比较小，可以把 $E(S,V)$ 在平衡态附近做泰勒展开，取到二次项，有

$$\Delta E = \frac{\partial E}{\partial S}\Delta S + \frac{\partial E}{\partial V}\Delta V + \frac{1}{2}\left[\frac{\partial^2 E}{\partial S^2}(\Delta S)^2 + 2\frac{\partial^2 E}{\partial S\partial V}\Delta S\Delta V + \frac{\partial^2 E}{\partial V^2}(\Delta V)^2\right] \tag{19.1.13}$$

注意到

$$\frac{\partial E}{\partial S} = T \qquad \frac{\partial E}{\partial V} = -p \tag{19.1.14}$$

为系统平衡时的温度与压强。另外

$$\left[\frac{\partial^2 E}{\partial S^2}(\Delta S)^2 + 2\frac{\partial^2 E}{\partial S\partial V}\Delta S\Delta V + \frac{\partial^2 E}{\partial V^2}(\Delta V)^2\right] = \left(\Delta\frac{\partial E}{\partial S}\right)\Delta S + \left(\Delta\frac{\partial E}{\partial V}\right)\Delta V \tag{19.1.15}$$

利用式（19.1.14）和式（19.1.15），式（19.1.13）化为

$$\Delta E = T\Delta S - p\Delta V + \frac{1}{2}(\Delta T\Delta S - \Delta p\Delta V) \tag{19.1.16}$$

将式（19.1.16）代入式（19.1.12），得

$$W = W_m \mathrm{e}^{\frac{\Delta p\Delta V - \Delta T\Delta S}{2kT}} \tag{19.1.17}$$

上式适用系统宏观量涨落小的情形，根据这个公式，可以计算各宏观量的涨落。

三、应用

1. 体积和温度的涨落

由于系统的独立变量数有两个，所以，可以在式（19.1.17）中的 p 、 V 、 T 、 S 四个变数中任选两个作为独立自变量。这里选 T 、 V 为独立变量，则 S 和 p 是 T 、 V 的函数，于是

$$\Delta S = \left(\frac{\partial S}{\partial T}\right)_V \Delta T + \left(\frac{\partial S}{\partial V}\right)_T \Delta V = \frac{C_V}{T}\Delta T + \left(\frac{\partial p}{\partial T}\right)_V \Delta V \tag{19.1.18}$$

$$\Delta P = \left(\frac{\partial p}{\partial T}\right)_V \Delta T + \left(\frac{\partial p}{\partial V}\right)_T \Delta V \tag{19.1.19}$$

将以上两式代入式（19.1.17），有

$$W(\Delta T,\Delta V) = W_m \exp\left[-\frac{C_V}{2kT^2}(\Delta T)^2 + \frac{1}{2kT}\left(\frac{\partial p}{\partial V}\right)_T (\Delta V)^2\right] \tag{19.1.20}$$

上式表明，当系统处于平衡态（ $\overline{T}$ 、 $\overline{V}$ ）时，几率极大（ $W = W_m$ ），而偏离平衡态时，几率 W 远小于 W_m 。式（19.1.20）为围绕平均值涨落的几率分布公式，其中 ΔT ， ΔV 可正可负。

下面求体积涨落 $\overline{(\Delta V)^2}$ 。根据计算平均值的一般公式

$$\overline{(\Delta V)^2} = \overline{(V - \overline{V})^2}$$

$$= \frac{\int\int_{-\infty}^{\infty}(\Delta V)^2 W(\Delta T,\Delta V)\mathrm{d}(\Delta T)\mathrm{d}(\Delta V)}{\int\int_{-\infty}^{\infty} W(\Delta T,\Delta V)\mathrm{d}(\Delta T)\mathrm{d}(\Delta V)} = kTV\kappa_T > 0 \tag{19.1.21}$$

其中 $\kappa_T = -\dfrac{1}{V}\left(\dfrac{\partial V}{\partial p}\right)_T$ 为等温压缩系数。

同理可求得

$$\overline{(\Delta T)^2} = \frac{kT^2}{C_V} > 0 \tag{19.1.22}$$

以及

$$\overline{(\Delta T \Delta V)} = 0 \tag{19.1.23}$$

$\overline{(\Delta x \Delta y)}$ 叫做量 x 和 y 的相关系数，用它衡量 x 和 y 的统计相关程度。如果 x 和 y 不相关，则 $\overline{(\Delta x \Delta y)} = 0$，称这两个量为**统计独立量**。由此知，$T$ 和 V 是统计独立量。

2. *熵和压强的涨落*

选熵 S 和压强 p 为独立变量，则温度 T 和体积 V 是 S 和 p 的函数，类似前面的推导，易得系统熵和压强偏离平衡态的几率分布为

$$W(\Delta S, \Delta p) = W_m \exp\left\{-\frac{1}{2kT}\left[\frac{T}{C_P}(\Delta S)^2 - \left(\frac{\partial V}{\partial p}\right)_S (\Delta p)^2\right]\right\} \tag{19.1.24}$$

于是得熵和压强的涨落为

$$\overline{(\Delta S)^2} = kC_P \tag{19.1.25}$$

$$\overline{(\Delta P)^2} = -kT\left(\frac{\partial p}{\partial V}\right)_S \tag{19.1.26}$$

$$\overline{\Delta S \Delta P} = 0 \tag{19.1.27}$$

可见，S 和 p 也是统计独立量。但是，有些量并不是统计独立的，如温度和熵就是非统计独立量。要计算它们的相关系数 $\overline{\Delta T \Delta S}$，可以选用任意两个变数，一般选择 T、V 或 S、p 作自变量比较方便。下面就选 T、V 为自变量进行计算。因

$$\Delta S = \left(\frac{\partial S}{\partial V}\right)_T \Delta V + \left(\frac{\partial S}{\partial T}\right)_V \Delta T$$

故

$$\overline{\Delta T \Delta S} = \left(\frac{\partial S}{\partial V}\right)_T \overline{\Delta T \Delta V} + \left(\frac{\partial S}{\partial T}\right)_V \overline{(\Delta T)^2} \tag{19.1.28}$$

将式（19.1.22）及式（19.1.23）代入上式，得

$$\overline{\Delta T \Delta S} = kT \tag{19.1.29}$$

用类似的方法容易得到

$$\overline{\Delta P \Delta V} = -kT \tag{19.1.30}$$

$$\overline{\Delta V \Delta S} = kT\left(\frac{\partial V}{\partial T}\right)_P \tag{19.1.31}$$

$$\overline{\Delta T \Delta P} = \frac{kT^2}{C_V}\left(\frac{\partial P}{\partial T}\right)_V \tag{19.1.32}$$

由上面的计算结果可以看到，在一般情况下，广延量（如 S、V）的涨落与粒子数 N 成正比，而强度量（如 T、P）的涨落则与粒子数 N 成反比，但二者的相对涨落均与粒子数 N 成反比。因此，在一般情况下，宏观系统的相对涨落极其微小，可以忽略不计，

但在某些情况下，例如：在临界点附近，涨落可能很大。

以上讨论是针对系统体积变化、粒子数不变的情形进行的，完全类似，可以讨论体积一定、粒子数变化的情况，这里不再赘述。

19.2 布朗运动

一、布朗（Brown）运动

悬浮于流体中的微小粒子，会不断受到周围分子的碰撞。由于粒子很小（典型尺寸为$10^{-7}\,\text{m}\sim10^{-6}\,\text{m}$），来自于不同方向的碰撞不能彼此平衡，结果造成微粒子的无规则运动。这一现象最早是由植物学家布朗，于1827年从水中的花粉颗粒观察到的。因此，人们把悬浮于流体中微小颗粒的无规运动称为**布朗运动**，悬浮颗粒称为**布朗粒子**。

布朗粒子像一个巨分子，其运动速度比流体分子的速度小很多。假设布朗粒子是球形，在液体中，布朗粒子每秒钟受到分子的碰撞次数约有10^{19}次量级，在气体中，约有10^{15}次量级。在如此频繁的碰撞下，布朗粒子的瞬时运动是无法观察到的，实际中，观察到的是在宏观短微观长的时间内，布朗粒子的平均运动。因此，布朗粒子的位移实质上是流体剩余涨落的体现。

关于布朗运动的理论，直到1900年以后才逐渐建立。爱因斯坦（1905年）、斯莫陆绰斯基（1906年）和朗之万（Langevin）（1908年）等分别发表了他们关于布朗运动的理论研究工作，皮兰（Perrin）（1908年）完成了布朗运动的实验工作，布朗运动才得到清楚的解释。本节只介绍朗之万的布朗运动理论。

二、朗之万理论

液体中的布朗粒子受到重力、浮力、其它外场力以及介质分子施予粒子的净作用力。布朗运动正是最后这种力引起的。这种力可分为两部分：一部分是黏滞阻力，另一部分为随机作用力$F(t)$。黏滞阻力来自于流体中分子对粒子的碰撞。当粒子以速度$\boldsymbol{v}$运动时，在其前进方向将与更多的分子碰撞，平均而言，布朗粒子将受到与其速度方向相反的阻力作用。当$\boldsymbol{v}$不大时，阻力的大小与粒子的速度成正比，故黏滞阻力可以表示为$-\alpha\boldsymbol{v}$，α是比例系数。若将布朗粒子看成半径为a的小球，流体的黏滞系数为η，则

$$\alpha=6\pi a\eta \tag{19.2.1}$$

随机作用力$F(t)$，是液体分子对静止布朗粒子碰撞的净作用力。显然，随机作用力的时间平均值为零。

为简单起见，只考虑布朗粒子在水平方向上的运动，且假设无其它外场作用。设t时刻布朗粒子的坐标为$x(t)$，根据牛顿第二定律，布朗粒子的运动方程为

$$m\ddot{x}=-\alpha\dot{x}+F_x(t) \tag{19.2.2}$$

以x左乘以式，并考虑到

$$x\ddot{x}=\frac{1}{2}\frac{\mathrm{d}^2}{\mathrm{d}t^2}x^2-\dot{x}^2 \tag{19.2.3}$$

可得

$$\frac{1}{2}\frac{\mathrm{d}^2}{\mathrm{d}t^2}(mx^2)-m\dot{x}^2=-\frac{\alpha}{2}\frac{\mathrm{d}}{\mathrm{d}t}x^2+xF_x(t) \tag{19.2.4}$$

对大量布朗粒子的上述表达式求平均（即对许多布朗粒子写出此方程，相加后除以总粒子数），有

$$\frac{1}{2}\frac{\mathrm{d}^2}{\mathrm{d}t^2}(m\overline{x^2})-m\overline{\dot{x}^2}=-\frac{\alpha}{2}\frac{\mathrm{d}}{\mathrm{d}t}\overline{x^2}+\overline{xF_x(t)} \tag{19.2.5}$$

值得注意的是，此处的平均是对许多布朗粒子的算数平均，与时间无关。所以求平均与求时间的微商两种运算次序可以互换。在写出式（19.2.5）时用到了这一事实。由于$xF_x(t)$可正可负，它的数值对于各个布朗粒子来说，是涨落不定的，因此$\overline{xF_x(t)}=0$，将布朗粒子看成是巨分子，对于$m\overline{\dot{x}^2}$可按能量均分定理，有

$$\frac{1}{2}m\overline{\dot{x}^2}=\frac{1}{2}kT \tag{19.2.6}$$

将这些结果代入式（19.2.5），化简整理后，得

$$\frac{\mathrm{d}^2}{\mathrm{d}t^2}\overline{x^2}+\frac{\alpha}{m}\frac{\mathrm{d}}{\mathrm{d}t}\overline{x^2}-\frac{2kT}{m}=0 \tag{19.2.7}$$

上述方程为二阶常系数非齐次常微分方程。其通解为

$$\overline{x^2}=\frac{2kT}{\alpha}t+c_1\mathrm{e}^{-\frac{\alpha}{m}t}+c_2 \tag{19.2.8}$$

式中：c_1、c_2为积分常数，由初始条件确定。$\dfrac{\alpha}{m}$的数值估计如下，设布朗粒子为半径为a的小球，质量$m=\dfrac{4\pi}{3}\rho a^3$，$\rho$为粒子的质量密度，则$\dfrac{\alpha}{m}=\dfrac{9\eta}{2a^2\rho}$。在皮兰实验中，布朗粒子（胶体物质）的密度$\rho$为$1.19\times10^3\,\mathrm{kg\cdot m^{-3}}$。$a$的平均值为$3.67\times10^{-7}\,\mathrm{m}$，液体介质（水）的粘滞系数$\eta$为$1.14\times10^{-3}\,\mathrm{Pa\cdot S}$。由此算得$\alpha/m=3.2\times10^7\,\mathrm{s^{-1}}$，因此在很短的时间后（例如：$t=10^{-6}\,\mathrm{s}$），式（19.2.8）右端的第二项便可忽略。如果假设所有粒子在$t=0$时刻都处在$x=0$处，则$c_2=0$。因此得

$$\overline{x^2}=\frac{2kT}{\alpha}t \tag{19.2.9}$$

式（19.2.9）指出，经过一定时间后，布朗粒子净位移平方的平均值与时间成正比，这是随机过程的典型结果，这个结果被皮兰的实验所证实。

三、扩散与布朗运动

当布朗粒子在空间的分布不均匀时，可以观察到布朗粒子的扩散现象。下面再从扩散的观点来讨论布朗粒子的位移规律。

为简单起见，仍考虑一维情况。以$n(x,t)$表示流体中布朗粒子的数密度，$\boldsymbol{J}(x,t)$表示布朗粒子的流密度（单位时间，垂直通过单位面积的粒子数）。根据扩散定律

$$\boldsymbol{J}=-D\nabla n(x,t) \tag{19.2.10}$$

式中：D为扩散系数，单位是$\mathrm{m^2s^{-1}}$，式中负号表示粒子从浓度高处向低处扩散。

如果认为流体中的布朗粒子既不增加也不减少，应满足连续性方程

$$\frac{\partial n(x.t)}{\partial t}+\nabla\cdot\boldsymbol{J}=0 \tag{19.2.11}$$

将式（19.2.10）代入式（19.2.11），得到布朗粒子的扩散方程为

$$\frac{\partial n}{\partial t}=D\nabla^2 n \tag{19.2.12}$$

如果设$t=0$时，N个布朗粒子集中在$x=0$处，此时粒子数密度可表为

$$n(x,0)=N\delta(x) \tag{19.2.13}$$

应用傅里叶变换法，并考虑初始条件式（19.2.13），求得扩散方程（19.2.11）的解为

$$n(x,t)=\frac{N}{2\sqrt{\pi Dt}}\mathrm{e}^{-\frac{x^2}{4Dt}} \tag{19.2.14}$$

这个解表明，在任意时刻t，布朗粒子的数密度满足高斯分布。随着t的增加，布朗粒子逐渐向两边扩散，如图 19.2.1 所示。

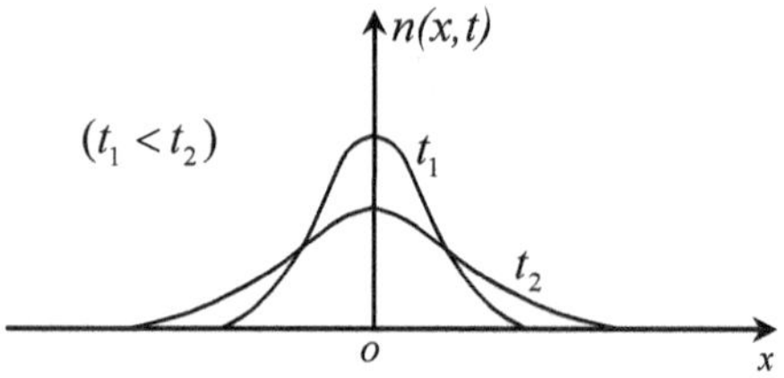

图 19.2.1　布朗粒子的数密度随时间的扩散

利用式（19.2.14），不难求出布朗粒子净位移平方的平均值为

$$\overline{x^2}=\frac{1}{N}\int_{-\infty}^{\infty}x^2 n(x,t)\mathrm{d}x=2Dt \tag{19.2.15}$$

上式与式（19.2.9）的预言相同。把式（19.2.15）与式（19.2.9）比较，可得扩散系数

$$D=\frac{kT}{\alpha} \tag{19.2.16}$$

式（19.2.16）称为**爱因斯坦关系**。由上知，扩散是粒子布朗运动的结果，原来不均匀的粒子分布，由于布朗运动而产生了扩散，随着时间的推移，最后趋于均匀。

四、研究布朗运动的意义

爱因斯坦、朗之万等发展的布朗运动理论，不仅阐明了布朗运动的物理本质，而且预言了布朗运动的一系列特性，这些预言得到了皮兰实验的证实。布朗运动是当时以最直接的方式把分子运动显现出来的物理现象。爱因斯坦、朗之万等人的研究工作，对物质原子论的确定起过重要的历史作用，也为随机过程的研究开辟了道路。

随着科学技术的进步，逐渐发明出各种精密的测量仪器，如高灵敏度天平、悬丝电流计等。这些仪器的灵敏度都会受到布朗运动的影响。在电子科学技术中、微信号的放大，也因布朗运动的影响而产生电噪声。布朗运动理论在研究和处理这些具有实际意义的问题中，都有十分重要的应用。由于篇幅所限，这里就不做过多介绍。

内容提要

一、涨落现象

（1）涨落现象是统计规律的必然结果。涨落有两种：围绕平均值的涨落和布朗运动。

（2）涨落的准热力学理论。系统围绕平衡态涨落的普遍公式

$$W = W_m \mathrm{e}^{\frac{-\Delta E - T\Delta S + P\Delta V}{kT}}$$

在系统宏观量涨落不大的情况下，上式可改为

$$W = W_m \mathrm{e}^{\frac{\Delta P\Delta V - \Delta T\Delta S}{2kT}}$$

（3）应用。应用涨落的准热力学理论，计算各种宏观量的涨落。

二、布朗运动的朗之万理论

（1）朗之万理论处理布朗运动的方法。

（2）朗之万理论得出的关于布朗运动的结论。

习　　题

19.1　从 $W \propto \mathrm{e}^{-\frac{\Delta S\Delta T - \Delta P\Delta V}{2kT}}$ 出发，以 ΔP、ΔS 为自变量，证明：

$$W \propto \mathrm{e}^{\frac{1}{2kT}\left(\frac{\partial v}{\partial p}\right)_s (\Delta p)^2 - \frac{1}{2kC_P}(\Delta S)^2}$$

进而证明：

$$\overline{\Delta S\Delta P} = 0$$

$$\overline{(\Delta S)^2} = kC_P$$

$$\overline{(\Delta P)^2} = -kT\left(\frac{\partial P}{\partial V}\right)_S$$

19.2　利用式（19.1.21）、式（19.1.22）及式（19.1.23）的结果证明：

$$\overline{\Delta T\Delta S} = kT$$

$$\overline{\Delta P\Delta V} = -kT$$

$$\overline{(\Delta S\Delta V)} = kT\left(\frac{\partial V}{\partial T}\right)_P$$

$$\overline{(\Delta T\Delta P)} = \frac{kT^2}{C_V}\left(\frac{\partial P}{\partial T}\right)_V$$

19.3　醉汉走路，忽东忽西，每步长为 l。证明：当他走了 N 步（其中 N_1 步向东，N_2 步向西）以后，离开出发点的距离为 $x = (N_1 - N_2)l$ 的几率是

$$P_N(x) = \sqrt{\frac{2}{\pi N}}\mathrm{e}^{-\frac{m^2}{2N}}$$

其中 $m=x/l$ 为离开出发点的步数。

19.4 在均匀恒定外电场 ε 作用下，电荷量为 e，质量为 m 的布朗粒子在流体中运动，运动方程为

$$m\frac{\mathrm{d}v}{\mathrm{d}t}=-\alpha v+e\varepsilon+F(t)$$

α 是粘滞阻力系数，$F(t)$是随机力，达到稳恒状态时，粒子的平均速度为

$$\overline{v}=e\varepsilon/\alpha$$

以 $\mu\equiv\overline{v}/\varepsilon$ 表示迁移率。证明：迁移率与扩散系数 $D=kT/\alpha$ 间存在如下关系

$$\frac{\mu}{D}=\frac{e}{kT}$$

上式称为爱因斯坦关系。

第 20 章　非平衡态的初步理论

前面介绍了平衡态统计理论，实际上平衡态是一种特殊状态，非平衡态才是更为普遍的状态。对非平衡态问题（从近平衡到远离平衡）的研究，涉及到物理学、宇宙学、化学、生命科学等诸多学科，是当前理论物理学十分活跃的一个研究领域。

我们知道，孤立系统即使起始于非平衡态，但经过足够长时间一定会达到平衡态。显然这是指近平衡情况的非平衡态，这种从非平衡趋于平衡的过程是不可逆过程。例如：质量输运的扩散过程、热量输运的热传导过程、电荷输运的导电过程以及与动量输运有关的粘滞现象等。

在平衡态统计物理学中，为了描述系统的状态，需要给出系统的分布函数，再由分布函数得到系统各种物理量的统计平均值以表征系统的性质。对处于非平衡态的系统，关键问题仍然是找到系统的分布函数，以它为基础来研究非平衡态系统的各种物理规律。本章仅针对气体非平衡态问题，导出分布函数满足的方程，以及这个方程的简单应用。

20.1　玻耳兹曼积分微分方程

一、分布函数

当气体处于非平衡态时，一般而言，分布函数不仅是粒子速度 $\boldsymbol{v}$ 的函数，也是坐标 $\boldsymbol{r}$ 和时间 t 的函数。坐标的三个分量 (x,y,z) 和速度的三个分量 (v_x,v_y,v_z)，张成一个六维正交空间——相空间。用 $(\boldsymbol{r},\boldsymbol{v})$ 描述粒子质心的运动状态，则相空间中的一个点代表粒子质心运动的一个状态。N 个粒子按状态分布，可用分布函数 $f(\boldsymbol{r},\boldsymbol{v},t)$ 来描述。其意义是：在 t 时刻，在相空间中 $(\boldsymbol{r},\boldsymbol{v})$ 点附近单位相体积元内的粒子数。或更直观的说，是在 t 时刻，在坐标空间 $\boldsymbol{r}$ 点附近的单位体积元内，且速度在 $\boldsymbol{v}$ 附近单位速度间隔内的粒子数。于是，$\dfrac{\partial f}{\partial t}\mathrm{d}\boldsymbol{r}\mathrm{d}\boldsymbol{v}\mathrm{d}t$ 表示 $\mathrm{d}t$ 时间内相体积元 $\mathrm{d}\boldsymbol{r}\mathrm{d}\boldsymbol{v}$ 中增加的粒子数。由此可见，粒子数的变化可用分布函数表示。

二、分布函数变化的物理机制

现在分析引起分布函数变化的原因。在气体比较稀薄的情况下，气体分子间平均距离很大，由于分子间是短程相互作用，有效力程很短。所以，当分子碰撞所经历的时间 τ_c 与分子在两次碰撞之间飞行的时间 τ_r 相比小得多时，即

$$\tau_c \ll \tau_r \tag{20.1.1}$$

可以认为分子在两次碰撞之间是自由飞行（漂移）的。又因为每次碰撞都局限在很小的空间 r_c^3（r_c 为分子有效相互作用半径）范围内发生。在这种情况下，引起分布函数变化

的两种机制可以明显分开。一种是由于漂移引起的变化，另一种是由于碰撞引起的变化。漂移引起分布函数的变化来自于两个方面，一方面是由于粒子不停运动所引起的位置改变，使得在体积元 d$\boldsymbol{r}$ 内的粒子数发生改变；另一方面是在外场作用下粒子产生加速度使速度发生改变，从而导致速度间隔 d$\boldsymbol{v}$ 内的粒子数发生改变。两者之和就是漂移引起分布函数的总改变。碰撞引起分布函数的变化，是因为粒子在运动过程中彼此之间会不断发生碰撞，导致相体积元 d$\boldsymbol{r}$d$\boldsymbol{v}$ 内的粒子数发生改变，从而引起分布函数的变化。由于以上原因，分布函数随时间的变化可表为

$$\frac{\partial f}{\partial t}=\left(\frac{\partial f}{\partial t}\right)_r+\left(\frac{\partial f}{\partial t}\right)_c \tag{20.1.2}$$

上式右端第一项是漂移引起的分布函数的时间变化率，第二项是碰撞引起的分布函数的时间变化率。

三、玻耳兹曼积分微分方程

根据上述分布函数变化的物理机制，下面来讨论分布函数随时间的演化规律。

首先分析漂移所引起的分布函数的变化。注意到粒子的运动空间是六维相空间。通常情况下，系统的总粒子数是守恒的，即粒子数既不增加也不减少。因此，粒子的漂移应满足相空间中的连续性方程（见式（19.2.11））。但需注意，这里与式（19.2.11）中粒子数密度 n 相当的物理量是分布函数 f，同时，在六维相空间中与式（19.2.11）中粒子流密度 $\boldsymbol{J}$ 相当的物理量分为两部分：一部分是坐标空间的流密度 $\boldsymbol{J}_r=f\boldsymbol{v}$，另一部分是速度空间的流密度 $\boldsymbol{J}_v=f\dot{\boldsymbol{v}}$（$\dot{\boldsymbol{v}}$ 表示速度对时间的导数）。于是六维相空间中的连续性方程表为

$$\left(\frac{\partial f}{\partial t}\right)_r+\nabla_r\cdot(f\boldsymbol{v})+\nabla_v\cdot(f\dot{\boldsymbol{v}})=0 \tag{20.1.3}$$

或

$$\left(\frac{\partial f}{\partial t}\right)_r+\frac{\partial(fv_x)}{\partial x}+\frac{\partial(fv_y)}{\partial y}+\frac{\partial(fv_z)}{\partial z}+\frac{\partial(f\dot{v}_x)}{\partial v_x}+\frac{\partial(f\dot{v}_y)}{\partial v_y}+\frac{\partial(f\dot{v}_z)}{\partial v_z}=0 \tag{20.1.4}$$

式中：∇_r 为坐标空间的梯度算子；∇_v 是速度空间的梯度算子。由于坐标和速度是独立变量，所以

$$\frac{\partial v_x}{\partial x}+\frac{\partial v_y}{\partial y}+\frac{\partial v_z}{\partial z}=0 \tag{20.1.5}$$

再假设

$$\frac{\partial \dot{v}_x}{\partial v_x}+\frac{\partial \dot{v}_y}{\partial v_y}+\frac{\partial \dot{v}_z}{\partial v_z}=0 \tag{20.1.6}$$

条件式（20.1.6）对重力场和电磁场成立。利用以上两式，式（20.1.3）简化为

$$\left(\frac{\partial f}{\partial t}\right)_r=-\boldsymbol{v}\cdot\nabla_r f-\dot{\boldsymbol{v}}\cdot\nabla_v f \tag{20.1.7}$$

设作用于分子上的外力为 $\boldsymbol{F}$，利用牛顿运动定律

$$m\dot{\boldsymbol{v}}=\boldsymbol{F} \tag{20.1.8}$$

式（20.1.7）化为

$$\left(\frac{\partial f}{\partial t}\right)_r = -\boldsymbol{v}\cdot\boldsymbol{\nabla}_r f - \frac{1}{m}\boldsymbol{F}\cdot\boldsymbol{\nabla}_v f \tag{20.1.9}$$

上式给出了单位时间内，由于漂移引起的单位相体积元内分子数的变化。

再来分析碰撞所引起分布函数的变化。为此，需要知道粒子的碰撞机制，但这个问题目前尚不甚清楚。为了简化计算，对碰撞过程作如下假设：

（1）由于气体分子的数密度较小，分子间的碰撞主要是两两碰撞，三个或三个以上分子的碰撞几率很小。故只考虑分子的两两碰撞，两个以上分子的碰撞忽略不计。

（2）假设分子是弹性刚球，分子的碰撞是弹性碰撞。于是，碰撞前后动量守恒、能量守恒。

现在来推导在上述假设前提下，分布函数的碰撞变化率。设两个分子的质量分别为 m_1 和 m_2，碰撞前的速度分别为 $\boldsymbol{v}_1$ 和 $\boldsymbol{v}_2$，碰撞后的速度分别为 $\boldsymbol{v}_1'$ 和 $\boldsymbol{v}_2'$。由于碰撞前后动量守恒、能量守恒，所以

$$m_1\boldsymbol{v}_1 + m_2\boldsymbol{v}_2 = m_1\boldsymbol{v}_1' + m_2\boldsymbol{v}_2' \tag{20.1.10}$$

$$\frac{1}{2}m_1v_1^2 + \frac{1}{2}m_2v_2^2 = \frac{1}{2}m_1v_1'^2 + \frac{1}{2}m_2v_2'^2 \tag{20.1.11}$$

式（20.1.10）表示为分量形式有三个方程，与式（20.1.11）联立，共有四个方程式。但碰撞后的速度由六个分量（$v_{1x}', v_{1y}', v_{1z}'; v_{2x}', v_{2y}', v_{2z}'$）决定，故未知数的个数比方程多两个。这两个任意数的物理意义是碰撞方向的随机性。现用 $\boldsymbol{n}$ 表示两分子相碰时由第一个分子中心指向第二个分子中心的单位矢量，$\boldsymbol{n}$ 可用来标志两个分子的碰撞方向。这样，碰撞前两分子的速度 $\boldsymbol{v}_1$、$\boldsymbol{v}_2$，以及碰撞方向 $\boldsymbol{n}$ 给定后，碰撞后两分子的速度 $\boldsymbol{v}_1'$、$\boldsymbol{v}_2'$ 也就完全确定。

力学理论证明，在弹性碰撞中，两分子相对速度的大小（相对速率）不因碰撞而发生改变，相对速度在碰撞方向 $\boldsymbol{n}$ 上的投影在碰撞前后变号。也就是说，如果两分子在碰撞前的速度为 $\boldsymbol{v}_1'$ 和 $\boldsymbol{v}_2'$，碰撞方向为 $-\boldsymbol{n}$，碰后速度就是 $\boldsymbol{v}_1$ 和 $\boldsymbol{v}_2$，我们把这种碰撞称为**反碰撞**。

下面分别讨论碰撞与反碰撞。

1. 碰撞

现考虑质量分别为 m_1 和 m_2 的两个分子相碰。如图 20.1.1 所示。碰撞前两分子的速度分别为 $\boldsymbol{v}_1$ 和 $\boldsymbol{v}_2$，碰撞方向为 $\boldsymbol{n}$。碰后两分子的速度分别为 $\boldsymbol{v}_1'$ 和 $\boldsymbol{v}_2'$。以第一个分子的中心为球心，以

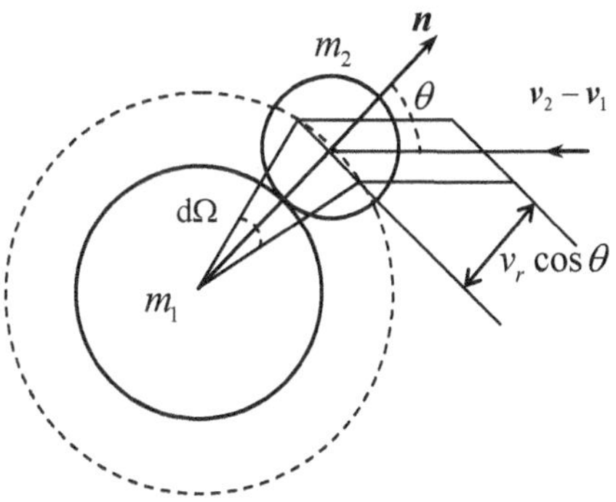

图 20.1.1　两个分子的碰撞

$d_{12} = (d_1 + d_2)/2$ 为半径作一球，称为**虚球**（图 20.1.1 中用虚线表示），d_1、d_2 分别为两分子直径。两分子发生碰撞时，第二个分子的中心必位于虚球上。第二个分子相对于第一个分子的速度为 $\boldsymbol{v}_2 - \boldsymbol{v}_1$，设 $\boldsymbol{v}_1 - \boldsymbol{v}_2$ 与 $\boldsymbol{n}$ 的夹角为 θ，则

$$(\boldsymbol{v}_1 - \boldsymbol{v}_2)\cdot\boldsymbol{n} = v_r\cos\theta$$

$v_r = |\boldsymbol{v}_1 - \boldsymbol{v}_2|$ 为相对速率。只有当 $0 \leqslant \theta \leqslant \pi/2$ 时，这两个分子才有可能在 $\boldsymbol{n}$ 方向发生碰撞。$\mathrm{d}t$ 时间内，第二个分子在以 $\boldsymbol{n}$ 为轴的 $\mathrm{d}\Omega$ 立体角元内能与第一个分子发生碰撞，且

速度在 $\boldsymbol{v}_2 \sim \boldsymbol{v}_2 + \mathrm{d}\boldsymbol{v}_2$ 的分子必位于以 $\mathrm{d}A = \mathrm{d}\Omega \mathrm{d}_{12}^2$ 为底，以 $v_r \mathrm{d}t$ 为斜高的斜柱体内，该柱体的体积为

$$\mathrm{d}A \cdot v_r \mathrm{d}t \cos\theta = \mathrm{d}_{12}^2 v_r \cos\theta \mathrm{d}\Omega \mathrm{d}t \tag{20.1.12}$$

所以第一个分子被碰撞的次数为

$$f_2 \mathrm{d}\boldsymbol{v}_2 \mathrm{d}_{12}^2 v_r \cos\theta \mathrm{d}\Omega \mathrm{d}t \tag{20.1.13}$$

式中：f_2 为 $f(\boldsymbol{r}, \boldsymbol{v}_2, t)$ 的缩写。而在体积元 $\mathrm{d}\tau$ 中，速度在 $\boldsymbol{v}_1 \sim \boldsymbol{v}_1 + \mathrm{d}\boldsymbol{v}_1$ 的分子数为 $f_1 \mathrm{d}\boldsymbol{v}_1 \mathrm{d}\tau$，$f_1$ 是 $f(\boldsymbol{r}, \boldsymbol{v}_1, t)$ 的缩写。因此在 $\mathrm{d}t$ 时间内，$\mathrm{d}\tau$ 体积元内，速度为 $\boldsymbol{v}_1 \sim \boldsymbol{v}_1 + \mathrm{d}\boldsymbol{v}_1$ 的分子与速度为 $\boldsymbol{v}_2 \sim \boldsymbol{v}_2 + \mathrm{d}\boldsymbol{v}_2$ 的分子在 $\boldsymbol{n}$ 方向上，$\mathrm{d}\Omega$ 立体角元内的碰撞次数为

$$f_1 f_2 \mathrm{d}\boldsymbol{v}_1 \mathrm{d}\boldsymbol{v}_2 \mathrm{d}_{12}^2 v_r \cos\theta \mathrm{d}\Omega \mathrm{d}t \mathrm{d}\tau \tag{20.1.14}$$

上式给出速度为 $\boldsymbol{v}_1$、$\boldsymbol{v}_2$ 的分子，经碰撞后变成速度为 $\boldsymbol{v}_1'$、$\boldsymbol{v}_2'$ 的分子的碰撞数。该碰撞数称为**元碰撞数**。

2. 反碰撞

在反碰撞过程中，速度为 $\boldsymbol{v}_1' \sim \boldsymbol{v}_1' + \mathrm{d}\boldsymbol{v}_1'$ 内的分子与速度为 $\boldsymbol{v}_2' \sim \boldsymbol{v}_2' + \mathrm{d}\boldsymbol{v}_2'$ 内的分子，在以 $-\boldsymbol{n}$ 为轴的立体角元 $\mathrm{d}\Omega$ 内相碰后，速度分别变为 $\boldsymbol{v}_1 \sim \boldsymbol{v}_1 + \mathrm{d}\boldsymbol{v}_1$ 和 $\boldsymbol{v}_2 \sim \boldsymbol{v}_2 + \mathrm{d}\boldsymbol{v}_2$ 的分子，这样的分子数称为**元反碰撞数**。类似元碰撞数的推导过程，元反碰撞数为

$$f_1' f_2' \mathrm{d}\boldsymbol{v}_1' \mathrm{d}\boldsymbol{v}_2' \mathrm{d}_{12}^2 v_r' \cos\theta \mathrm{d}\Omega \mathrm{d}t \mathrm{d}\tau \tag{20.1.15}$$

式中：f_1'，f_2' 分别为 $f(\boldsymbol{r}, \boldsymbol{v}_1', t)$ 与 $f(\boldsymbol{r}, \boldsymbol{v}_2', t)$ 的缩写。由式（20.1.10）及式（20.1.11）易证 $\mathrm{d}\boldsymbol{v}_1' \mathrm{d}\boldsymbol{v}_2' = \mathrm{d}\boldsymbol{v}_1 \mathrm{d}\boldsymbol{v}_2$。且碰撞不改变两分子的相对速率，即 $v_r' = v_r$。

从前面的讨论看出，在 $\mathrm{d}\tau$ 体积元内，若元碰撞使 $\mathrm{d}\tau \mathrm{d}\boldsymbol{v}_1$ 内分子数减少，则元反碰撞将使 $\mathrm{d}\tau \mathrm{d}\boldsymbol{v}_1$ 内分子数增加。

将式（20.1.15）（或式（20.1.14））对 $\mathrm{d}\boldsymbol{v}_2 \mathrm{d}\Omega$ 积分，其中对 $\mathrm{d}\boldsymbol{v}_2 = \mathrm{d}v_{2x} \mathrm{d}v_{2y} \mathrm{d}v_{2z}$ 积分时，各分量均从 $-\infty$ 积到 ∞；对 $\mathrm{d}\Omega = \sin\theta \mathrm{d}\theta \mathrm{d}\varphi$ 积分时，θ 从 0 积到 $\pi/2$，φ 从 0 积到 2π。积分后的结果表示 $\mathrm{d}t$ 时间内，$\mathrm{d}\tau$ 体积元内，分子速度为 $\boldsymbol{v}_1 \sim \boldsymbol{v}_1 + \mathrm{d}\boldsymbol{v}_1$ 间隔内，增加（或减少）的分子数。这样，由于碰撞，$\mathrm{d}t$ 时间内，$\mathrm{d}\tau$ 体积元内，速度在 $\boldsymbol{v}_1 \sim \boldsymbol{v}_1 + \mathrm{d}\boldsymbol{v}_1$ 间隔内，分子数的净增量为，

$$\left(\frac{\partial f_1}{\partial t}\right)_c \mathrm{d}t \mathrm{d}\tau \mathrm{d}\boldsymbol{v}_1 = \mathrm{d}t \mathrm{d}\tau \mathrm{d}\boldsymbol{v}_1 \int_\Omega \int_{v_2} (f_1' f_2' - f_1 f_2) \mathrm{d}_{12}^2 v_r \cos\theta \mathrm{d}\Omega \mathrm{d}\boldsymbol{v}_2 \tag{20.1.16}$$

为了与漂移项 $\left(\dfrac{\partial f}{\partial t}\right)_r$ 对应，将上式中的下标 1 去掉，同时把下标 2 换为下标 1，有

$$\left(\frac{\partial f}{\partial t}\right)_c = \int_\Omega \int_{v_2} (f' f_1' - f f_1) \mathrm{d}_{12}^2 v_r \cos\theta \mathrm{d}\Omega \mathrm{d}\boldsymbol{v}_1 \tag{20.1.17}$$

将表示漂移变化率的式（20.1.9）和表示碰撞变化率的式（20.1.17）代入式（20.1.2），得分布函数的总变化率为

$$\frac{\partial f}{\partial t} = -\boldsymbol{v} \cdot \nabla_r f - \frac{\boldsymbol{F}}{m} \cdot \nabla_v f + \iint (f' f_1' - f f_1) \mathrm{d}_{12}^2 v_r \cos\theta \mathrm{d}\Omega \mathrm{d}\boldsymbol{v}_1 \tag{20.1.18}$$

这个方程首先由玻耳兹曼导出。由于方程中既有对未知量的积分，又有对未知量的微分，故称为玻耳兹曼积分微分方程。

值得注意的是，玻耳兹曼积分微分方程已不是纯粹的力学方程，在推导过程中加入

了统计假设。在计算元碰撞数与元反碰撞数时，都有两个分布函数的乘积，这两个分布函数相乘相当于几率相乘，几率相乘意味着两个事件是完全独立的，即上述分析是在两个分子的分布彼此独立的假设下进行的，这种假设称为**分子混沌性假设**。如果没有这样的假设，问题的讨论会变的十分复杂。大量事实证明，对于稀薄气体，基于分子混沌性假设前提下的玻耳兹曼积分微分方程是正确的。

20.2 H 定理

一、H 定理

1872 年，玻耳兹曼用分布函数 f 构造了相空间中的一个泛函 H，其定义是

$$H=\iint f(\boldsymbol{r},\boldsymbol{v},t)\ln f(\boldsymbol{r},\boldsymbol{v},t)\mathrm{d}\boldsymbol{r}\mathrm{d}\boldsymbol{v} \tag{20.2.1}$$

并指出：系统的 H 函数永不随时间增加，即

$$\frac{\mathrm{d}H}{\mathrm{d}t}\leqslant 0 \tag{20.2.2}$$

其中，等号仅当 $f'f_1'-f\,f_1=0$ 时成立。这一结论称为 ***H* 定理**。

下面利用玻耳兹曼积分微分方程证明 H 定理。为简化讨论，假设：

（1）系统不受外场作用，所以，$\boldsymbol{F}=0$。

（2）分布是空间均匀的，即分布函数 f 只是粒子速度的函数，与坐标无关，因此，$\nabla_r f=0$。

这时，分布函数随时间的变化仅由碰撞引起，与漂移无关，玻耳兹曼积分微分方程化为

$$\frac{\partial f}{\partial t}=\iint(f'f_1'-ff_1)\mathrm{d}_{12}^2v_r\cos\theta\mathrm{d}\Omega\mathrm{d}\boldsymbol{v}_1 \tag{20.2.3}$$

对式（20.2.1）求时间的导数，有

$$\frac{\mathrm{d}H}{\mathrm{d}t}=\frac{\mathrm{d}}{\mathrm{d}t}\iint f\ln f\mathrm{d}\boldsymbol{v}\mathrm{d}\tau=\iint(1+\ln f)\frac{\partial f}{\partial t}\mathrm{d}\boldsymbol{v}\mathrm{d}\tau \tag{20.2.4}$$

上式中，把体积元 $\mathrm{d}\boldsymbol{r}$ 记为 $\mathrm{d}\tau$。将式（20.2.3）代入式（20.2.4），并令 $\Lambda=\mathrm{d}_{12}^2v_r\cos\theta$，有

$$\frac{\mathrm{d}H}{\mathrm{d}t}=\iint\iint(1+\ln f)(f'f_1'-f\,f_1)\Lambda\mathrm{d}\Omega\mathrm{d}\boldsymbol{v}\mathrm{d}\boldsymbol{v}_1\mathrm{d}\tau \tag{20.2.5}$$

上式右端 $\boldsymbol{v}_1$、$\boldsymbol{v}$ 是积分变量，如果做 $\boldsymbol{v}\rightleftharpoons\boldsymbol{v}_1$，$f\rightleftharpoons f_1$，$f'\rightleftharpoons f_1'$ 的互换，积分结果不变，因此有

$$\frac{\mathrm{d}H}{\mathrm{d}t}=\iint\iint(1+\ln f_1)(f_1'f'-f_1f)\Lambda\mathrm{d}\Omega\mathrm{d}\boldsymbol{v}_1\mathrm{d}\boldsymbol{v}\mathrm{d}\tau \tag{20.2.6}$$

式（20.2.5）与式（20.2.6）相加再除以 2，得

$$\frac{\mathrm{d}H}{\mathrm{d}t}=\frac{1}{2}\iint\iint[2+\ln(ff_1)](f'f_1'-f\,f_1)\Lambda\mathrm{d}\Omega\mathrm{d}\boldsymbol{v}_1\mathrm{d}\boldsymbol{v}\mathrm{d}\tau \tag{20.2.7}$$

由于碰撞与反碰撞是对称的，所以在上式中，把标识碰撞与反碰撞的量互换，即：令 $\boldsymbol{v}\to\boldsymbol{v}'$，$\boldsymbol{v}_1\to\boldsymbol{v}_1'$，$f\rightleftharpoons f'$，$f_1\rightleftharpoons f_1'$ 积分结果不变。并注意到 20.1 节曾指出过的，$\mathrm{d}\boldsymbol{v}_1\mathrm{d}\boldsymbol{v}=\mathrm{d}\boldsymbol{v}_1'\mathrm{d}\boldsymbol{v}'$，有

$$\frac{\mathrm{d}H}{\mathrm{d}t}=\frac{1}{2}\iint\iint[2+\ln(f'f_1')](ff_1-f'f_1')\Lambda\mathrm{d}\Omega\mathrm{d}\boldsymbol{v}_1\mathrm{d}\boldsymbol{v}\mathrm{d}\tau \tag{20.2.8}$$

将式（20.2.7）与式（20.2.8）相加再除以 2，得

$$\frac{\mathrm{d}H}{\mathrm{d}t}=-\frac{1}{4}\iint\iint[\ln(ff_1)-\ln(f'f_1')](ff_1-f'f_1')\Lambda\mathrm{d}\Omega\mathrm{d}\boldsymbol{v}_1\mathrm{d}\boldsymbol{v}\mathrm{d}\tau \tag{20.2.9}$$

若令

$$x=\ln(ff_1),\quad y=\ln(f'f_1') \tag{20.2.10}$$

式（20.2.9）右端的被积函数表示为

$$F(x,y)=(x-y)(\mathrm{e}^x-\mathrm{e}^y)$$

容易看出，对 x，y 的任意值，函数 $F(x,y)\geqslant 0$ 恒成立，且等号仅当 $x=y$ 时才成立。因此，式（20.2.9）右端的积分恒不为负。于是式（20.2.2）成立，且等号只有当 $ff_1=f'f_1'$ 时才实现。H 定理得证。

以上推导是在分布函数随时间的变化与漂移无关的假设下进行的，但可以证明，在一般情况下 H 定理同样成立。H 定理是玻耳兹曼积分微分方程的一个直接推论。

二、*H* 定理与熵增加原理

H 定理指出，当分布函数随时间改变时，H 函数总是趋向减少的。H 函数随时间的这种变化给出了趋向平衡的标志。当 H 减少到它的极小值而不再变化时，系统就达到平衡状态。于是，H 定理不仅从统计物理的角度论证了趋向平衡的问题，而且给出了趋向平衡的不可逆过程的速率。由此可见，H 是具有熵的性质的一个函数，H 定理与热力学中的熵增加原理相当。现在以单原子分子理想气体为例，讨论它们之间的关系。这时，系统的速度分布满足麦克斯伟速度分布律，对于体积为 V 的 N 粒子系统，其速度分布函数为

$$f(\boldsymbol{v})=\frac{N}{V}\left(\frac{m}{2\pi kT}\right)^{3/2}\mathrm{e}^{-\frac{mv^2}{2kT}} \tag{20.2.11}$$

将上式代入式（20.2.1），注意到 $\int f(\boldsymbol{v})\mathrm{d}\boldsymbol{v}=N/V$，得

$$\begin{aligned}H&=\iint\left(\ln\frac{N}{V}+\frac{3}{2}\ln\frac{m}{2\pi kT}-\frac{mv^2}{2kT}\right)f(\boldsymbol{v})\mathrm{d}\boldsymbol{v}\mathrm{d}\tau\\&=N\ln\frac{N}{V}+\frac{3}{2}N\ln\frac{m}{2\pi kT}-\frac{N}{2kT}\overline{mv^2}\end{aligned} \tag{20.2.12}$$

根据能量均分定理，$\overline{mv^2}=3kT$，上式化为

$$\begin{aligned}H&=N\ln\frac{N}{V}-\frac{3}{2}N\ln T+\frac{3}{2}N\ln\frac{m}{2\pi k}-\frac{3}{2}N\\&=-N\ln\frac{V}{N}-\frac{3}{2}N\ln T+\text{常数}\end{aligned} \tag{20.2.13}$$

在 17.3 节中，已求得理想气体的熵函数的表达式（17.3.8），现将其重写于下

$$S=Nk\ln\frac{V}{N}+\frac{3}{2}Nk\ln T+\text{常数} \tag{20.2.14}$$

比较式（20.2.13）与式（20.2.14），知

$$S = -kH + 常数 \tag{20.2.15}$$

上式给出 H 函数与熵的关系。对于孤立系统，H 随时间减少，正表明熵随时间增加。由此可见，H 定理恰好给熵增加原理以统计解释。不过，在 H 定理的证明中，分布函数随时间的变化率是由玻耳兹曼积分微分方程给出，这就限制了 H 定理的适用范围，它只适用于单原子分子气体，并且是以分子混沌性假设为前提的。

三、细致平衡

H 定理指出，当系统达到平衡态时，H 函数达到最小，此时必有

$$f'f_1' - f f_1 = 0 \tag{20.2.16}$$

另外，平衡态的分布函数不随时间变，即

$$\frac{\partial f}{\partial t} = 0 \tag{20.2.17}$$

将式（20.2.16）和式（20.2.17）代入玻耳兹曼积分微分方程（20.1.18），得

$$\boldsymbol{v}\cdot\nabla_r f + \frac{\boldsymbol{F}}{m}\cdot\nabla_v f = 0 \tag{20.2.18}$$

式（20.2.16）的物理意义是，碰撞和反碰撞对分布函数的影响相互抵消；式（20.2.18）的物理意义是，坐标空间的漂移与速度空间的漂移对分布函数的影响相互抵消。碰撞与漂移对分布函数影响的各自抵消，最终导致分布函数不随时间变，系统到达平衡。这样的平衡称为**细致平衡**。式（20.2.16）称为**细致平衡条件**。普遍来说，凡是一个元过程与相应的元反过程相抵消而使系统达到平衡，就称为细致平衡。容易理解，如果系统达到了细致平衡，系统的平衡必能保持。反之，如果系统达到平衡，也必然达到了细致平衡。系统的平衡是由细致平衡来保证的。

从前面的讨论看到，平衡态时，分布函数一定不随时间变。但反过来，分布函数不随时间变却不一定达到平衡态。这一点从玻耳兹曼积分微分方程很容易看出。如果关系式

$$\boldsymbol{v}\cdot\nabla_r f + \frac{\boldsymbol{F}}{m}\cdot\nabla_v f = \iint (f'f_1' - ff_1)\mathrm{d}_{12}^2 v_r \cos\theta \mathrm{d}\Omega \mathrm{d}\boldsymbol{v}_1 \tag{20.2.19}$$

成立，由玻耳兹曼积分微分方程知，式（20.2.17）成立，即分布函数不随时间变。式（20.2.19）的物理意义也很清楚。它表示，碰撞对分布函数的影响与漂移对分布函数的影响相互抵消，而不是各自抵消。这种情况同样可以维持分布函数不随时间变，但通常认为这种状态不是平衡态，而把它称为**稳恒态**。稳恒态一般是在外界的某种持续约束或干预下，保持系统宏观性质不变的状态，与平衡态有着本质的区别。玻耳兹曼积分微分方程从统计物理学的角度阐明这两种状态的区别。

20.3　金属电导率

一、玻耳兹曼方程的弛豫时间近似

金属的导电性，是金属中自由电子运动的结果。在外电场作用下，金属中自由电子做定向运动，引起电荷的输运，宏观上表现为电流。导电过程是不可逆过程，在此过程中金属中的自由电子处于非平衡态。因此，必须应用玻耳兹曼积分微分方程来确定金属

中自由电子的分布函数。

为简单起见，在下面的讨论中，关于碰撞过程对分布函数的影响，采用**弛豫时间近似**来处理。下面就来介绍这种近似。

一般来说，金属中自由电子间的碰撞非常频繁。这使系统首先在宏观小的区域内建立起局域平衡。系统在整体上达到平衡则要通过诸如扩散、热传导等缓慢得多的过程才能实现。当系统的分布函数 f 与局域平衡分布函数 f_e 存在偏差 $f-f_e$ 时，假设粒子碰撞引起分布函数的时间变化率与这个偏差成正比，即

$$\left(\frac{\partial f}{\partial t}\right)_c=-\frac{f-f_e}{\tau} \tag{20.3.1}$$

其中 $1/\tau$ 为比例系数，τ 具有时间的量纲，称为**弛豫时间**。式中负号表示碰撞总是使偏离平衡的情况得以恢复。把碰撞对分布函数的影响表为式（20.3.1）就称为弛豫时间近似。在弛豫时间近似下，玻耳兹曼积分微分方程（20.1.18）式简化为

$$\frac{\partial f}{\partial t}+\boldsymbol{v}\cdot\nabla_r f+\frac{\boldsymbol{F}}{m}\cdot\nabla_v f=-\frac{f-f_e}{\tau} \tag{20.3.2}$$

二、金属的电导率

当金属处于电场强度为 $\boldsymbol{E}$ 的外电场中时，金属中电子所受电场力 $\boldsymbol{F}=-e\boldsymbol{E}$，代入式（20.3.2），得

$$\frac{\partial f}{\partial t}=-\boldsymbol{v}\cdot\nabla_r f+\frac{e\boldsymbol{E}}{m}\cdot\nabla_v f-\frac{f-f_e}{\tau} \tag{20.3.3}$$

式中：$\boldsymbol{v}$ 为电子速度。假设外电场均匀稳恒，且沿 x 方向；金属内各处不存在温度梯度。那么最终必将达到电荷的稳定流动，系统达到稳恒态，分布函数不显含时间。即 $\frac{\partial f}{\partial t}=0$，且 $\nabla_r f=0$，于是有

$$\frac{eE_x}{m}\frac{\partial f}{\partial v_x}=\frac{f-f_e}{\tau} \tag{20.3.4}$$

或

$$f=f_e+\frac{e\tau E_x}{m}\frac{\partial f}{\partial v_x} \tag{20.3.5}$$

在外电场不太强的情况下，f 与 f_e 的偏离比较小，在一级近似下，可以把上式右端的 f 用 f_e 代，于是有

$$f=f_e+\frac{e\tau E_x}{m}\frac{\partial f_e}{\partial v_x} \tag{20.3.6}$$

式（20.3.6）就是在外电场 E_x 作用下，金属中自由电子处于稳恒状态时，分布函数满足的关系式。

根据经典电动力学，当作用于金属的外电场 E_x 恒定时，金属中的电流密度 j_x 与外电场成正比，即

$$j_x=\sigma E_x \tag{20.3.7}$$

式中：σ 为金属的电导率，式（20.3.7）称为**欧姆定律**。

另外，根据分布函数的物理意义，单位体积内，速度间隔在d$\boldsymbol{v}$内的平均电子数dn为

$$\mathrm{d}n = f \cdot \frac{2m^3\mathrm{d}\boldsymbol{v}}{h^3} \tag{20.3.8}$$

其中，因子2是考虑到电子自旋的两个可能取向而引入的。电流密度j_x等于单位时间内，垂直通过单位面积的电子数乘以电子所携带的电荷$-e$，即电流密度又可表为

$$J_x = -e\int f v_x \frac{2m^3\mathrm{d}\boldsymbol{v}}{h^3} \tag{20.3.9}$$

在上式中，若令$f = f_e$为无外电场时自由电子的费米分布，即

$$f = f_e = \frac{1}{\mathrm{e}^{(-\mu+p^2/2m)/kT}+1} \tag{20.3.10}$$

将式（20.3.10）代入式（20.3.9），易得$J_x = 0$。这表明，无外电场时，金属内没有宏观电流。

当存在外电场时，稳恒状态下电子的分布函数由式（20.3.6）确定。将式（20.3.6）代入式（20.3.9），得

$$J_x = -\frac{e^2E_x}{m}\int \tau v_x \frac{\partial f_e}{\partial v_x}\frac{2m^3\mathrm{d}\boldsymbol{v}}{h^3} \tag{20.3.11}$$

对于费米分布，$\dfrac{\partial f_e}{\partial v_x}$仅在$\varepsilon \approx \mu$附近不为零。这意味着，仅在$\varepsilon \approx \mu$附近的电子对电导率有贡献。因此在上式中令$\tau = \tau_F$，$\tau_F$为$\varepsilon \approx \mu$处的$\tau$值。这样，式（20.3.11）改写为

$$J_x = -\frac{e^2E_x}{m}\tau_F\int v_x \frac{\partial f_e}{\partial v_x}\frac{2m^3\mathrm{d}\boldsymbol{v}}{h^3} \tag{20.3.12}$$

利用分部积分法

$$\int_{-\infty}^{+\infty} v_x \frac{\partial f_e}{\partial v_x}\mathrm{d}v_x = v_x f_e\Big|_{-\infty}^{+\infty} - \int_{-\infty}^{+\infty} f_e \mathrm{d}v_x = -\int_{-\infty}^{+\infty} f_e \mathrm{d}v_x \tag{20.3.13}$$

得

$$J_x = \frac{e^2E_x}{m}\tau_F\int_{-\infty}^{\infty} f_e\frac{2m^3\mathrm{d}\boldsymbol{v}}{h^3} = \frac{ne^2\tau_F}{m}E_x$$

上式与式（20.3.7）比较，得

$$\sigma = \frac{ne^2\tau_F}{m} \tag{20.3.14}$$

式中：n为单位体积内的自由电子数。

三、讨论

下面根据式（20.3.14），对高温下金属的电导率作定性分析。在高温下，自由电子在金属中主要受离子振动的散射，在$\varepsilon \approx \mu$附近，电子的自由程λ_F与速率v_F的关系为

$$\lambda_F = \tau_F v_F \tag{20.3.15}$$

v_F与温度T几乎无关。若用爱因斯坦模型描述离子的振动，并以q表示离子离开平衡位置的位移，根据能量均分定理，离子的平均势能为

$$\frac{1}{2}A\overline{q^2}=\frac{1}{2}kT \tag{20.3.16}$$

而自由电子的自由程与离子振动的位移平方的平均值$\overline{q^2}$成反比，即

$$\lambda_F \propto \frac{1}{\overline{q^2}} \tag{20.3.17}$$

由以上关系式知

$$\sigma \propto 1/T \tag{20.3.18}$$

金属电导率与温度成反比的关系与高温下的实验结果吻合。

内容提要

一、玻耳兹曼积分微分方程

1. 非平衡态分布函数随时间变化的物理机理

引起非平衡态分布函数随时间变化的重要原因是漂移与碰撞

$$\frac{\partial f}{\partial t}=\left(\frac{\partial f}{\partial t}\right)_r+\left(\frac{\partial f}{\partial t}\right)_c$$

2. 非平衡态分布函数随时间的演化规律

玻耳兹曼积分微分方程

$$\frac{\partial f}{\partial t}=-\boldsymbol{v}\cdot\nabla_r f-\frac{\boldsymbol{F}}{m}\cdot\nabla_v f+\iint(f'f_1'-ff_1)d_{12}^2 v_r\cos\theta\,\mathrm{d}\Omega\,\mathrm{d}\boldsymbol{v}_1$$

二、H定理

1. H定理的内容

系统的H函数永不增加，平衡时H函数达到最小，且$ff_1=f'f_1'$。

2. H函数与熵函数的关系

$$S=-kH+常数$$

3. 平衡态与稳恒态的区别

三、金属电导率

$$\sigma=\frac{ne^2\tau_F}{m}$$

金属电导率与温度成反比。

习　　题

20.1 被吸附的气体分子在表面上作二维运动。试写出二维气体的玻耳兹曼积分微分方程。

20.2 试由细致平衡条件导出费米分布。

提示： 在单位时间内，两个费米子由状态 i 和状态 j 跃迁到状态 k 和状态 l 的数目，与状态 i 和状态 j 被占据的几率 f_i 和 f_j ，及状态 k 和状态 l 未被占据的几率的 $(1-f_k)$ 和 $(1-f_l)$ 成正比，这个数目可表为

$$A_{ij}^{kl} f_i f_j (1-f_k)(1-f_l)$$

同理，在单位时间内，两个费米子由状态 k 和状态 l 跃迁到状态 i 和状态 j 的数目为

$$A_{kl}^{ij} f_k f_l (1-f_i)(1-f_j)$$

细致平衡要求

$$A_{kl}^{ij} f_k f_l (1-f_i)(1-f_j) = A_{ij}^{kl} f_i f_j (1-f_k)(1-f_l)$$

根据跃迁几率的对称性，有

$$A_{kl}^{ij} = A_{ij}^{kl}$$

所以得

$$f_k f_l (1-f_i)(1-f_j) = f_i f_j (1-f_k)(1-f_l)$$

由此方程可导出费米分布。

20.3 试由细致平衡条件导出玻色分布

提示： 玻色子有聚集倾向，与上题相应的关系式为

$$f_k f_l (1+f_i)(1+f_j) = f_i f_j (1+f_k)(1+f_l)$$

由这方程可导出玻色分布。

附　录

际录A　常用物理常数数值表

名 称	符 号	数值和单位
标准重力加速度	g_n	$9.806\ 65\ \mathrm{m \cdot s^{-2}}$
万有引力常量	G	$6.672\ 59 \times 10^{-11}\mathrm{N \cdot m^2 \cdot kg^{-2}}$
阿伏伽德罗常数	N_A	$6.022\ 136\ 7 \times 10^{23}\ \mathrm{mol^{-1}}$
玻耳兹曼常数	k	$1.380\ 658 \times 10^{-23}\ \mathrm{J \cdot K^{-1}}$
摩尔气体常数	R	$8.314\ 510\ \mathrm{J \cdot mol^{-1} \cdot K^{-1}}$
理想气体摩尔体积	V_{mol}	$0.022\ 414\ 10\ \mathrm{m^3 \cdot mol^{-1}}$
基本电荷单位	e	$1.602\ 176\ 462 \times 10^{-19}\ \mathrm{C}$
真空介电常数	ε_0	$8.854\ 187\ 817 \ldots \times 10^{-12}\ \mathrm{F \cdot m^{-1}}$
真空磁导率	μ_0	$4\pi \times 10^{-7}\ \mathrm{H \cdot m^{-1}}$
真空中的光速	C	$2.997\ 924\ 58 \times 10^{8}\ \mathrm{m \cdot s^{-1}}$
电子静质量	m_e	$9.109\ 381\ 88 \times 10^{-31}\mathrm{kg}$
质子静质量	m_p	$1.672\ 621\ 58 \times 10^{-27}\mathrm{kg}$
中子静质量	m_n	$1.674\ 82$（3）$\times 10^{-27}\mathrm{kg}$
电子荷质比	e/m_e	1.758796（6）$10^{11}\mathrm{C \cdot kg^{-1}}$
质子电子质量比	m_p/m_e	1836.152 6675
斯忒藩常数	σ	$5.670\ 400 \times 10^{-8}\ \mathrm{W \cdot m^{-2} \cdot K^{-4}}$
普朗克常数	h	$6.626\ 068\ 76 \times 10^{-34}\ \mathrm{J \cdot s}$
精细结构常数	α	$7.297\ 20$（3）$\times 10^{-3}$
Rydberg 常数	R_∞	$1.097\ 373\ 156\ 854\ 9 \times 10^{7}\mathrm{m^{-1}}$
玻尔半径	a_0	$0.529\ 177\ 249 \times 10^{-10}\ \mathrm{m}$
玻尔磁子	μ_B	$9.274\ 015\ 4 \times 10^{-24}\mathrm{A \cdot m^2}$
电子磁矩	μ_e	$9.284\ 770\ 1 \times 10^{-24}\mathrm{A \cdot m^2}$
电子伏	eV	$1.602\ 176\ 462 \times 10^{-19}\mathrm{J}$
原子质量单位	u	$1.660\ 538\ 73 \times 10^{-27}\mathrm{kg}$

附录B　矢量运算公式

1. 三个矢量的积

$$\boldsymbol{A}\cdot(\boldsymbol{B}\times\boldsymbol{C})=\boldsymbol{B}\cdot(\boldsymbol{C}\times\boldsymbol{A})=\boldsymbol{C}\cdot(\boldsymbol{A}\times\boldsymbol{B}) \tag{B1}$$

$$\boldsymbol{A}\times(\boldsymbol{B}\times\boldsymbol{C})=(\boldsymbol{C}\cdot\boldsymbol{A})\boldsymbol{B}-(\boldsymbol{A}\cdot\boldsymbol{B})\boldsymbol{C} \tag{B2}$$

2. 矢量场的微分表达式

（1）直接坐标系：

$$\boldsymbol{A}=A_x\boldsymbol{e}_x+A_y\boldsymbol{e}_y+A_z\boldsymbol{e}_z\text{，}\quad \boldsymbol{r}=x\boldsymbol{e}_x+y\boldsymbol{e}_y+z\boldsymbol{e}_z$$

$$\nabla u=\frac{\partial u}{\partial x}\boldsymbol{e}_x+\frac{\partial u}{\partial y}\boldsymbol{e}_y+\frac{\partial u}{\partial z}\boldsymbol{e}_z \tag{B3}$$

$$\nabla\cdot\boldsymbol{A}=\frac{\partial A_x}{\partial x}+\frac{\partial A_y}{\partial y}+\frac{\partial A_z}{\partial z} \tag{B4}$$

$$\nabla\times\boldsymbol{A}=\begin{vmatrix}\boldsymbol{e}_x & \boldsymbol{e}_y & \boldsymbol{e}_z\\ \dfrac{\partial}{\partial x} & \dfrac{\partial}{\partial y} & \dfrac{\partial}{\partial z}\\ A_x & A_y & A_z\end{vmatrix} \tag{B5}$$

$$\nabla^2 u=\nabla\cdot\nabla u=\frac{\partial^2 u}{\partial x^2}+\frac{\partial^2 u}{\partial y^2}+\frac{\partial^2 u}{\partial z^2} \tag{B6}$$

$$\nabla^2\boldsymbol{A}=(\frac{\partial^2}{\partial x^2}+\frac{\partial^2}{\partial y^2}+\frac{\partial^2}{\partial z^2})\boldsymbol{A} \tag{B7}$$

（2）柱坐标系：

$$\boldsymbol{A}=A_\rho\boldsymbol{e}_\rho+A_\phi\boldsymbol{e}_\phi+A_z\boldsymbol{e}_z\text{，}\quad \boldsymbol{r}=\rho\boldsymbol{e}_\rho+z\boldsymbol{e}_z$$

$$\nabla u=\frac{\partial u}{\partial\rho}\boldsymbol{e}_\rho+\frac{1}{\rho}\frac{\partial u}{\partial\phi}\boldsymbol{e}_\phi+\frac{\partial u}{\partial z}\boldsymbol{e}_z \tag{B8}$$

$$\nabla\cdot\boldsymbol{A}=\frac{1}{\rho}\frac{\partial}{\partial\rho}(\rho A_\rho)+\frac{1}{\rho}\frac{\partial A_\phi}{\partial\phi}+\frac{\partial A_z}{\partial z} \tag{B9}$$

$$\nabla\times\boldsymbol{A}=\frac{1}{\rho}\begin{vmatrix}\boldsymbol{e}_\rho & \rho\boldsymbol{e}_\phi & \boldsymbol{e}_z\\ \dfrac{\partial}{\partial\rho} & \dfrac{\partial}{\partial\phi} & \dfrac{\partial}{\partial z}\\ A_\rho & \rho A_\phi & A_z\end{vmatrix} \tag{B10}$$

$$\nabla^2 u=\frac{1}{\rho}\frac{\partial}{\partial\rho}(\rho\frac{\partial u}{\partial\rho})+\frac{1}{\rho^2}\frac{\partial^2 u}{\partial\phi^2}+\frac{\partial^2 u}{\partial z^2} \tag{B11}$$

$$(\nabla^2\boldsymbol{A})_\rho=\nabla^2 A_\rho-\frac{1}{\rho^2}A_\rho-\frac{2}{\rho^2}\frac{\partial A_\phi}{\partial\phi} \tag{B12}$$

$$(\nabla^2\boldsymbol{A})_\phi=\nabla^2 A_\phi-\frac{1}{\rho^2}A_\phi+\frac{2}{\rho^2}\frac{\partial A_\rho}{\partial\phi} \tag{B13}$$

$$(\nabla^2\boldsymbol{A})_z=\nabla^2 A_z \tag{B14}$$

（3）球坐标系：

$$\boldsymbol{A}=A_r\boldsymbol{e}_r+A_\theta\boldsymbol{e}_\theta+A_\phi\boldsymbol{e}_\phi\text{，}\quad \boldsymbol{r}=r\boldsymbol{e}_r$$

$$\nabla u=\frac{\partial u}{\partial r}\boldsymbol{e}_r+\frac{1}{r}\frac{\partial u}{\partial\theta}\boldsymbol{e}_\theta+\frac{1}{r\sin\theta}\frac{\partial u}{\partial\phi}\boldsymbol{e}_\phi \tag{B15}$$

$$\nabla\cdot\boldsymbol{A}=\frac{1}{r^2}\frac{\partial}{\partial r}(r^2A_r)+\frac{1}{r\sin\theta}\frac{\partial}{\partial\theta}(\sin\theta A_\theta)+\frac{1}{r\sin\theta}\frac{\partial A_\phi}{\partial\phi} \tag{B16}$$

$$\nabla\times\boldsymbol{A}=\frac{1}{r^2\sin\theta}\begin{vmatrix}\boldsymbol{e}_r & r\boldsymbol{e}_\theta & r\sin\theta\boldsymbol{e}_\phi\\ \dfrac{\partial}{\partial r} & \dfrac{\partial}{\partial\theta} & \dfrac{\partial}{\partial\phi}\\ A_r & rA_\theta & r\sin\theta A_\phi\end{vmatrix} \tag{B17}$$

$$\nabla^2u=\frac{1}{r^2}\frac{\partial}{\partial r}(r^2\frac{\partial u}{\partial r})+\frac{1}{r^2\sin\theta}\frac{\partial}{\partial\theta}(\sin\theta\frac{\partial u}{\partial\theta})+\frac{1}{r^2\sin^2\theta}\frac{\partial^2u}{\partial\phi^2} \tag{B18}$$

$$(\nabla^2\boldsymbol{A})_r=\nabla^2A_r-\frac{2}{r^2}[A_r+\frac{1}{\sin\theta}\frac{\partial}{\partial\theta}(\sin\theta A_\theta)+\frac{1}{\sin\theta}\frac{\partial A_\phi}{\partial\phi}] \tag{B19}$$

$$(\nabla^2\boldsymbol{A})_\theta=\nabla^2A_\theta+\frac{2}{r^2}(\frac{\partial A_r}{\partial\theta}-\frac{A_\theta}{2\sin^2\theta}-\frac{\cos\theta}{\sin^2\theta}\frac{\partial A_\phi}{\partial\phi}) \tag{B20}$$

$$(\nabla^2\boldsymbol{A})_\phi=\nabla^2A_\phi+\frac{2}{r^2\sin\theta}(\frac{\partial A_r}{\partial\phi}+\cot\theta\frac{\partial A_\theta}{\partial\phi}-\frac{A_\phi}{2\sin\theta}) \tag{B21}$$

3. 矢量场的微分公式

$$(\boldsymbol{A}\cdot\nabla)u=(\sum_{i=1}^{3}A_i\frac{\partial}{\partial x_i})u=\boldsymbol{A}\cdot(\nabla u) \tag{B22}$$

$$(\boldsymbol{A}\cdot\nabla)\boldsymbol{B}=(\sum_{i=1}^{3}A_i\frac{\partial}{\partial x_i})\boldsymbol{B} \tag{B23}$$

$$\nabla(\boldsymbol{A}\cdot\boldsymbol{B})=(\boldsymbol{B}\cdot\nabla)\boldsymbol{A}+(\boldsymbol{A}\cdot\nabla)\boldsymbol{B}+\boldsymbol{B}\times(\nabla\times\boldsymbol{A})+\boldsymbol{A}\times(\nabla\times\boldsymbol{B}) \tag{B24}$$

$$\nabla\cdot(\boldsymbol{A}\times\boldsymbol{B})=\boldsymbol{B}\cdot(\nabla\times\boldsymbol{A})-\boldsymbol{A}\cdot(\nabla\times\boldsymbol{B}) \tag{B25}$$

$$\nabla\times(\boldsymbol{A}\times\boldsymbol{B})=(\boldsymbol{B}\cdot\nabla)\boldsymbol{A}-(\boldsymbol{A}\cdot\nabla)\boldsymbol{B}+(\nabla\cdot\boldsymbol{B})\boldsymbol{A}-(\nabla\cdot\boldsymbol{A})\boldsymbol{B} \tag{B26}$$

$$\nabla\cdot(u\boldsymbol{A})=(\nabla u)\cdot\boldsymbol{A}+u(\nabla\cdot\boldsymbol{A}) \tag{B27}$$

$$\nabla\times(u\boldsymbol{A})=(\nabla u)\times\boldsymbol{A}+u(\nabla\times\boldsymbol{A}) \tag{B28}$$

$$\nabla\times(\nabla\times\boldsymbol{A})=\nabla(\nabla\cdot\boldsymbol{A})-\nabla^2\boldsymbol{A} \tag{B29}$$

$$\nabla\times(\nabla u)=0\qquad\text{（标量场梯度的旋度为零）} \tag{B30}$$

$$\nabla\cdot(\nabla\times\boldsymbol{A})=0\qquad\text{（矢量场旋度的散度为零）} \tag{B31}$$

4. 矢量场的积分公式

$$\oint_L\boldsymbol{r}\times\mathrm{d}\boldsymbol{l}=\int_S\mathrm{d}\boldsymbol{s} \tag{B32}$$

$$\oint_S u\mathrm{d}\boldsymbol{s}=\int_V\nabla u\mathrm{d}V \tag{B33}$$

$$\oint_L u\mathrm{d}\boldsymbol{l}=\int_S\mathrm{d}\boldsymbol{s}\times(\nabla u) \tag{B34}$$

$$\oint_S\mathrm{d}\boldsymbol{s}\times\mathrm{d}\boldsymbol{A}=\int_V(\nabla\times\boldsymbol{A})\mathrm{d}V \tag{B35}$$

$$\oint_L\boldsymbol{A}\cdot\mathrm{d}\boldsymbol{l}=\int_S(\nabla\times\boldsymbol{A})\cdot\mathrm{d}\boldsymbol{s} \tag{B36}$$

$$\oint_S\boldsymbol{A}\cdot\mathrm{d}\boldsymbol{s}=\int_V(\nabla\cdot\boldsymbol{A})\mathrm{d}V \tag{B37}$$

$$\oint_S u(\nabla v)\cdot\mathrm{d}\boldsymbol{s}=\int_V(u\nabla^2v+\nabla u\cdot\nabla v)\mathrm{d}V \tag{B38}$$

$$\oint_S(u\nabla v-v\nabla u)\cdot\mathrm{d}\boldsymbol{s}=\int_V(u\nabla^2v-v\nabla^2u)\mathrm{d}V \tag{B39}$$

附录C　张量运算公式

1. 张量的定义

在 n 维空间，若某个物理量在坐标转动变换下保持不变，称其为 n 维零阶张量，简称为 n 维标量；标量不需要用下标加以区分。或者说标量只有一个分量。若某个物理量有 $n\times1$ 个分量，需要用一个下标加以区分，则称其为 n 维一阶张量，简称为 n 维矢量；若某个物理量有 $n\times n$ 个分量，需要用二个下标加以区分，则称其为 n 维二阶张量，简称为 n 维张量；若某个物理量有 $n\times n\times n$ 个分量，需要用三个下标加以区分，则称其为 n 维三阶张量；……。在 n 维空间的坐标系转动变换下，某阶张量的各个分量都按同一个方式变换。实际中最常用的是三维情形，在狭义相对论中用到四维情形。一般情况下把三维二阶张量简称为张量，它共有 $3\times3=9$ 个分量。

2. 张量的矩阵表示

$$\overleftrightarrow{T}=\boldsymbol{T}=\begin{pmatrix}T_{11}&T_{12}&T_{13}\\T_{21}&T_{22}&T_{23}\\T_{31}&T_{32}&T_{33}\end{pmatrix}；\ 单位张量\ \boldsymbol{I}=\begin{pmatrix}1&0&0\\0&1&0\\0&0&1\end{pmatrix}\tag{C1}$$

3. 并矢

矢量 $\boldsymbol{A}$ 和矢量 $\boldsymbol{B}$ 的直接乘积（不是点积也不是叉积）构成一个新的量，称为矢量的直积或并矢，记为 $\boldsymbol{AB}$。并矢共有 $3\times3=9$ 个分量。**是张量的特殊形式。**一般来说，$\boldsymbol{AB}\neq\boldsymbol{BA}$。

用单位基矢表示并矢

$$\begin{aligned}\boldsymbol{AB}&=(A_1\boldsymbol{e}_1+A_2\boldsymbol{e}_2+A_3\boldsymbol{e}_3)(B_1\boldsymbol{e}_1+B_2\boldsymbol{e}_2+B_3\boldsymbol{e}_3)\\&=A_1B_1\boldsymbol{e}_1\boldsymbol{e}_1+A_1B_2\boldsymbol{e}_1\boldsymbol{e}_2+A_1B_3\boldsymbol{e}_1\boldsymbol{e}_3+A_2B_1\boldsymbol{e}_2\boldsymbol{e}_1+A_2B_2\boldsymbol{e}_2\boldsymbol{e}_2+A_2B_3\boldsymbol{e}_2\boldsymbol{e}_3\\&\quad+A_3B_1\boldsymbol{e}_3\boldsymbol{e}_1+A_3B_2\boldsymbol{e}_3\boldsymbol{e}_2+A_3B_3\boldsymbol{e}_3\boldsymbol{e}_3\end{aligned}\tag{C2}$$

用矩阵表示并矢

$$\boldsymbol{AB}=\begin{pmatrix}A_1B_1&A_1B_2&A_1B_3\\A_2B_1&A_2B_2&A_2B_3\\A_3B_1&A_3B_2&A_3B_3\end{pmatrix}\tag{C3}$$

用基矢的并矢表示张量

$$\begin{aligned}\overleftrightarrow{T}&=T_{11}\boldsymbol{e}_1\boldsymbol{e}_1+T_{12}\boldsymbol{e}_1\boldsymbol{e}_2+T_{13}\boldsymbol{e}_1\boldsymbol{e}_3+T_{21}\boldsymbol{e}_2\boldsymbol{e}_1+T_{22}\boldsymbol{e}_2\boldsymbol{e}_2+T_{23}\boldsymbol{e}_2\boldsymbol{e}_3\\&\quad+T_{31}\boldsymbol{e}_3\boldsymbol{e}_1+T_{32}\boldsymbol{e}_3\boldsymbol{e}_2+T_{33}\boldsymbol{e}_3\boldsymbol{e}_3\end{aligned}\tag{C4}$$

单位张量表示为

$$\overleftrightarrow{I}=\boldsymbol{e}_1\boldsymbol{e}_1+\boldsymbol{e}_2\boldsymbol{e}_2+\boldsymbol{e}_3\boldsymbol{e}_3\tag{C5}$$

所以，基矢的并矢 $\boldsymbol{e}_i\boldsymbol{e}_j$ 可以作为张量的 9 个基。

4. 张量的代数运算

$$(\boldsymbol{AB})\cdot\boldsymbol{C}=\boldsymbol{A}(\boldsymbol{B}\cdot\boldsymbol{C})；\ \boldsymbol{C}\cdot(\boldsymbol{AB})=(\boldsymbol{C}\cdot\boldsymbol{A})\boldsymbol{B}；\ (\boldsymbol{AB})\cdot\boldsymbol{C}\neq\boldsymbol{C}\cdot(\boldsymbol{AB})\tag{C6}$$

$$(\boldsymbol{AB}):(\boldsymbol{CD})=(\boldsymbol{B}\cdot\boldsymbol{C})(\boldsymbol{A}\cdot\boldsymbol{D})\tag{C7}$$

$$\overleftrightarrow{I}\cdot\boldsymbol{A}=\boldsymbol{A}\cdot\overleftrightarrow{I}=\boldsymbol{A}\tag{C8}$$

$$\boldsymbol{T}_{3\times3}\cdot\boldsymbol{A}_{3\times1}=\begin{pmatrix}T_{11} & T_{12} & T_{13}\\ T_{21} & T_{22} & T_{23}\\ T_{31} & T_{32} & T_{33}\end{pmatrix}\begin{pmatrix}A_1\\ A_2\\ A_3\end{pmatrix}=\begin{pmatrix}T_{11}A_1+T_{12}A_2+T_{13}A_3\\ T_{21}A_1+T_{22}A_2+T_{23}A_3\\ T_{31}A_1+T_{32}A_2+T_{33}A_3\end{pmatrix}=\text{矢量} \tag{C9}$$

$$\left[\boldsymbol{T}_{3\times3}\cdot\boldsymbol{A}_{3\times1}\right]^{\tau}=\boldsymbol{A}_{1\times3}\boldsymbol{T}_{3\times3}^{\tau} \tag{C10}$$

$$\boldsymbol{T}_{3\times3}\cdot\boldsymbol{D}_{3\times3}=\boldsymbol{E}_{3\times3}=\text{张量，其中 }E_{ij}=\sum_{k=1}^{3}T_{ik}D_{kj} \tag{C11}$$

$$\left[\boldsymbol{T}_{3\times3}\cdot\boldsymbol{D}_{3\times3}\right]^{\tau}=\boldsymbol{D}_{3\times3}^{\tau}\cdot\boldsymbol{T}_{3\times3}^{\tau} \tag{C12}$$

$$\boldsymbol{T}_{3\times3}:\boldsymbol{D}_{3\times3}=\sum_{i,j=1}^{3}T_{ij}D_{ji}=\text{标量} \tag{C13}$$

$$\boldsymbol{T}_{3\times3}:\boldsymbol{I}_{3\times3}=T_{11}+T_{22}+T_{33}=\mathrm{tr}\,\boldsymbol{T} \tag{C14}$$

5. 双梯度算子 $\nabla\nabla$ 的张量形式

$$\nabla\nabla=\begin{pmatrix}\dfrac{\partial^2}{\partial x_1\partial x_1} & \dfrac{\partial^2}{\partial x_1\partial x_2} & \dfrac{\partial^2}{\partial x_1\partial x_3}\\ \dfrac{\partial^2}{\partial x_2\partial x_1} & \dfrac{\partial^2}{\partial x_2\partial x_2} & \dfrac{\partial^2}{\partial x_2\partial x_3}\\ \dfrac{\partial^2}{\partial x_3\partial x_1} & \dfrac{\partial^2}{\partial x_3\partial x_2} & \dfrac{\partial^2}{\partial x_3\partial x_3}\end{pmatrix}\triangleq\left(\frac{\partial^2}{\partial x_i\partial x_j}\right)_{3\times3} \tag{C15}$$

$$\overleftrightarrow{I}:\nabla\nabla=\nabla\cdot\nabla=\nabla^2 \tag{C16}$$

6. 张量场的微分公式

$$\nabla\cdot\overleftrightarrow{T}=\left(\frac{\partial}{\partial X}\right)_{1\times3}\cdot\boldsymbol{T}_{3\times3}=\text{行矢量} \tag{C17}$$

$$\nabla\cdot(\nabla\cdot\overleftrightarrow{T})=\nabla\nabla:\overleftrightarrow{T}=\left(\frac{\partial^2}{\partial x_i\partial x_j}\right)_{3\times3}:\boldsymbol{T}_{3\times3}=\text{标量} \tag{C18}$$

$$\nabla\cdot(\boldsymbol{AB})=(\nabla\cdot\boldsymbol{A})\boldsymbol{B}+(\boldsymbol{A}\cdot\nabla)\boldsymbol{B} \tag{C19}$$

$$\nabla\boldsymbol{r}=\overleftrightarrow{I}\text{；}\ \boldsymbol{A}\cdot\nabla\boldsymbol{r}=\boldsymbol{A}\text{；}\ \nabla\cdot(\boldsymbol{Ar})=(\nabla\cdot\boldsymbol{A})\boldsymbol{r}+\boldsymbol{A}\text{；（}\boldsymbol{r}=x\boldsymbol{e}_x+y\boldsymbol{e}_y+z\boldsymbol{e}_z\text{）} \tag{C20}$$

$$\nabla\cdot(\boldsymbol{Arr})=(\nabla\cdot\boldsymbol{A})\boldsymbol{rr}+\boldsymbol{Ar}+\boldsymbol{rA} \tag{C21}$$

$$\nabla\times(\boldsymbol{AB})=(\nabla\times\boldsymbol{A})\boldsymbol{B}-(\boldsymbol{A}\times\nabla)\boldsymbol{B} \tag{C22}$$

7. 张量场的积分公式

$$\oint_S \mathrm{d}\boldsymbol{s}\cdot\overleftrightarrow{T}=\int_V(\nabla\cdot\overleftrightarrow{T})\mathrm{d}V \tag{C23}$$

$$\oint_S \mathrm{d}\boldsymbol{s}\times\overleftrightarrow{T}=\int_V(\nabla\times\overleftrightarrow{T})\mathrm{d}V \tag{C24}$$

$$\oint_S \boldsymbol{A}\mathrm{d}\boldsymbol{s}=\int_V(\nabla\boldsymbol{A})\mathrm{d}V \tag{C25}$$

附录 D　δ 函数

1. δ 函数的定义

$$\delta(\boldsymbol{r}-\boldsymbol{r}')=\begin{cases}0 & (\boldsymbol{r}\neq\boldsymbol{r}')\\ \infty & (\boldsymbol{r}=\boldsymbol{r}')\end{cases} \tag{D1}$$

$$\int_V \delta(\boldsymbol{r}-\boldsymbol{r}')\mathrm{d}V=\begin{cases}1 & (\boldsymbol{r}'\text{点位于}V\text{内})\\ 0 & (\boldsymbol{r}'\text{点位于}V\text{外})\end{cases} \tag{D2}$$

2. δ 函数在不同坐标系下的表达式

直角坐标系：

$$\delta(\boldsymbol{r}-\boldsymbol{r}')=\delta(x-x')\delta(y-y')\delta(z-z') \tag{D3}$$

球坐标系：

$$\delta(\boldsymbol{r}-\boldsymbol{r}')=\frac{1}{r^2\sin\theta}\delta(r-r')\delta(\theta-\theta')\delta(\phi-\phi') \tag{D4}$$

柱坐标系：

$$\delta(\boldsymbol{r}-\boldsymbol{r}')=\frac{1}{\rho}\delta(\rho-\rho')\delta(\phi-\phi')\delta(z-z') \tag{D5}$$

3. δ 函数的性质

对于任意一个在 x' 点连续的函数 $f(x)$，有

$$\int_{-\infty}^{+\infty} f(x)\delta(x-x')\mathrm{d}x=f(x') \tag{D6}$$

推广到三维情形，对与任意一个在 $\boldsymbol{r}'$ 点连续的函数 $f(\boldsymbol{r})$，有

$$\int_V f(\boldsymbol{r})\delta(\boldsymbol{r}-\boldsymbol{r}')\mathrm{d}V=f(\boldsymbol{r}') \tag{D7}$$

设 $f(x)$ 微商连续（或分段连续），有

$$\int_{-\infty}^{+\infty}\frac{\partial}{\partial x}\delta(x-x')\cdot f(x)\mathrm{d}x=-\frac{\mathrm{d}}{\mathrm{d}x'}f(x') \tag{D8}$$

类似地，若 $\partial^n f(x)/\partial x^n$ 连续，有

$$\int_{-\infty}^{+\infty}[\frac{\partial^n}{\partial x^n}\delta(x-x')]f(x)\mathrm{d}x=(-)^n\frac{\mathrm{d}^n}{\mathrm{d}x'^n}f(x') \tag{D9}$$

δ 函数还具有以下性质：

$$\delta(x)=\delta(-x) \tag{D10}$$

$$\delta(ax)=\frac{1}{|a|}\delta(x) \tag{D11}$$

4. δ 函数的几个常用表达式

（1）δ 函数的傅里叶积分表达式：

$$\delta(x-x')=\frac{1}{2\pi}\int_{-\infty}^{+\infty}\exp[ik(x-x')]\,\mathrm{d}k \tag{D12}$$

推广到三维情形，有

$$\delta(\boldsymbol{r}-\boldsymbol{r}')=\frac{1}{(2\pi)^3}\int_{-\infty}^{+\infty}\exp[i\boldsymbol{k}\cdot(\boldsymbol{r}-\boldsymbol{r}')]\,\mathrm{d}\boldsymbol{k} \tag{D13}$$

以波矢 $\boldsymbol{k}$ 为变量的 δ 函数为

$$\delta(\boldsymbol{k}-\boldsymbol{k}')=\frac{1}{(2\pi)^3}\int_{-\infty}^{+\infty}\exp[i\boldsymbol{r}\cdot(\boldsymbol{k}-\boldsymbol{k}')]\,\mathrm{d}V \tag{D14}$$

令 $\boldsymbol{p}=\hbar\boldsymbol{k}$，得动量空间的 δ 函数为

$$\delta(\boldsymbol{p}-\boldsymbol{p}')=\frac{1}{(2\pi\hbar)^3}\int_{-\infty}^{+\infty}\exp[\frac{i}{\hbar}\boldsymbol{r}\cdot(\boldsymbol{p}-\boldsymbol{p}')]\,\mathrm{d}V \tag{D15}$$

（2）δ 函数的微分表达式：

$$\delta(\boldsymbol{r}-\boldsymbol{r}')=-\frac{1}{4\pi}\nabla^2\frac{1}{|\boldsymbol{r}-\boldsymbol{r}'|} \tag{D16}$$

证明：

$$\begin{aligned}\delta(\boldsymbol{r}-\boldsymbol{r}')&=-\frac{1}{(2\pi)^3}\int_{-\infty}^{+\infty}\frac{1}{k^2}\nabla^2\exp[i\boldsymbol{k}\cdot(\boldsymbol{r}-\boldsymbol{r}')]\,\mathrm{d}\boldsymbol{k}\\&=-\frac{1}{(2\pi)^3}\nabla^2\int_{-\infty}^{+\infty}\frac{1}{k^2}\exp[i\boldsymbol{k}\cdot(\boldsymbol{r}-\boldsymbol{r}')]\,\mathrm{d}\boldsymbol{k}\\&=-\frac{1}{(2\pi)^3}\nabla^2\int_0^{\infty}\mathrm{d}k\int_0^{\pi}\mathrm{d}\theta\sin\theta\exp[ik|\boldsymbol{r}-\boldsymbol{r}'|\cos\theta]\int_0^{2\pi}\mathrm{d}\phi\\&=-\frac{1}{2\pi^2}\nabla^2\int_0^{\infty}\mathrm{d}k\frac{\sin(k|\boldsymbol{r}-\boldsymbol{r}'|)}{k|\boldsymbol{r}-\boldsymbol{r}'|}\\&=-\frac{1}{2\pi^2}\nabla^2\frac{1}{|\boldsymbol{r}-\boldsymbol{r}'|}\int_0^{\infty}\mathrm{d}x\frac{\sin x}{x}\\&=-\frac{1}{2\pi^2}\nabla^2\frac{1}{|\boldsymbol{r}-\boldsymbol{r}'|}\frac{\pi}{2}=-\frac{1}{4\pi}\nabla^2\frac{1}{|\boldsymbol{r}-\boldsymbol{r}'|}\end{aligned}$$

（3）δ 函数的极限表达式：

$$\delta(x)=\lim_{k\to\infty}\frac{1}{\pi}\cdot\frac{\sin kx}{x} \tag{D17}$$

$$\delta(x)=\lim_{k\to\infty}\frac{1}{\pi}\cdot\frac{\sin^2 kx}{kx^2} \tag{D18}$$

附录 E　轴对称情形下拉普拉斯方程的通解

写出拉普拉斯方程 $\nabla^2 u=0$。在轴对称情形下，选用球坐标系，使得 $u=u(r,\theta)$，方程写为

$$\frac{\partial}{\partial r}(r^2\frac{\partial u}{\partial r})+\frac{1}{\sin\theta}\frac{\partial}{\partial\theta}(\sin\theta\frac{\partial u}{\partial\theta})=0 \tag{E1}$$

采用分量变量法解方程。令 $u(r,\theta)=R(r)\Theta(\theta)$，代入上式可得

$$\frac{1}{R}\frac{\mathrm{d}}{\mathrm{d}r}(r^2\frac{\mathrm{d}R}{dr})=-\frac{1}{\Theta}\frac{1}{\sin\theta}\frac{\mathrm{d}}{\mathrm{d}\theta}(\sin\theta\frac{\mathrm{d}u}{\mathrm{d}\theta}) \tag{E2}$$

上式左边只与 r 有关，右边只与 θ 有关，根据 r 和 θ 的任意性，必有

$$\begin{cases}\dfrac{1}{R}\dfrac{\mathrm{d}}{\mathrm{d}r}(r^2\dfrac{\mathrm{d}R}{\mathrm{d}r})=\lambda & (1)\\ \dfrac{1}{\Theta}\dfrac{1}{\sin\theta}\dfrac{\mathrm{d}}{\mathrm{d}\theta}(\sin\theta\dfrac{\mathrm{d}\Theta}{\mathrm{d}\theta})=-\lambda & (2)\end{cases} \tag{E3}$$

在（E3）式的第（2）式中作变量代换：$\xi=\cos\theta$，此式化为

$$\frac{\mathrm{d}}{\mathrm{d}\xi}[(1-\xi^2)\frac{\mathrm{d}\Theta}{\mathrm{d}\xi}]+\lambda\Theta=0 \tag{E4}$$

上式称为勒让德方程。此方程在 $-1\geqslant\xi\leqslant 1$ 的区域内存在有限解的条件是

$$\lambda=n(n+1)\qquad(n=0,1,2,3,\cdots) \tag{E5}$$

把条件式（E5）代入式（E4），对于一定的 n，得出其解为勒让德多项式

$$\Theta=\frac{1}{2^n n!}\frac{\mathrm{d}^n}{\mathrm{d}(\cos\theta)^n}[(\cos^2\theta-1)^n]\triangleq P_n(\cos\theta) \tag{E6}$$

把条件式（E5）代入式（E3）的第（1）式，对于一定的 n，用级数解法得出其解为

$$R_n = a_n r^n + \frac{b_n}{r^{n+1}} \tag{E7}$$

因此，轴对称情形下拉普拉斯方程的通解为

$$u = \sum_{n=0}^{\infty} (a_n r^n + \frac{b_n}{r^{n+1}}) P_n(\cos\theta) \tag{E8}$$

前几阶勒让德多项式：

$$P_0(\cos\theta) = 1 \tag{E9}$$

$$P_1(\cos\theta) = \cos\theta \tag{E10}$$

$$P_2(\cos\theta) = \frac{1}{2}(3\cos^2 - 1) \tag{E11}$$

$$P_3(\cos\theta) = \frac{1}{2}(5\cos^3\theta - 3\cos\theta) \tag{E12}$$

附录 F　波函数在势能无限跃变点处满足的条件

设质量为 μ 的粒子，在势场

$$U(x) = \begin{cases} 0 & (x < 0) \\ U_0 & (x \geqslant 0) \end{cases} \tag{F1}$$

中的运动。其中 U_0 为常数，最后令 $U_0 \to \infty$。

粒子的定态薛定谔方程为

$$\left[-\frac{\hbar^2}{2\mu} \frac{\mathrm{d}^2}{\mathrm{d}x^2} + U(x) \right] \psi = E\psi \tag{F2}$$

假设粒子的定态能量 $0 \leqslant E < U_0$。由于最终 $U_0 \to \infty$，这个假设总是成立的。令

$$\alpha = \left(2\mu E / \hbar^2\right)^{1/2} \qquad \beta = \left[2\mu(U_0 - E)/\hbar^2\right]^{1/2} \tag{F3}$$

则方程（F2）写为

$$\frac{\mathrm{d}^2\psi}{\mathrm{d}x^2} + \alpha^2\psi = 0 \qquad (x < 0) \tag{F4}$$

$$\frac{\mathrm{d}^2\psi}{\mathrm{d}x^2} - \beta^2\psi = 0 \qquad (x \geqslant 0) \tag{F5}$$

方程（F4）和（F5）的通解分别为

$$\psi(x) = A\cos\alpha x + B\sin\alpha x \qquad (x < 0) \tag{F6}$$

$$\psi(x) = C\mathrm{e}^{-\beta x} + D\mathrm{e}^{\beta x} \qquad (x \geqslant 0) \tag{F7}$$

根据波函数的有界性条件，式（F7）中系数 D=0。再利用势能跃变点处，波函数及其一阶导函数连续，有

$$A = C \tag{F8}$$

$$\alpha B = -\beta C \tag{F9}$$

现令 $U_0 \to \infty$，则 $\beta \to \infty$。但 α 和 B 均为有限值，根据式（F9），必有 C=0。所以，在势能无限大区域内，波函数为零。由此，进一步知，在势能无限跃变点处，只有波函数连续，不能要求波函数的一阶导函数连续。

附录G 厄米多项式

求解方程（11.1.36）

$$\frac{\mathrm{d}^2H}{\mathrm{d}\xi^2}-2\xi\frac{\mathrm{d}H}{\mathrm{d}\xi}+(\lambda-1)H=0 \tag{G1}$$

$\xi=0$ 是的常点。根据微分方程理论，方程（G1）在常点邻域$|\xi|<\infty$ 的解，可表示成该点处的泰勒级数

$$H(\xi)=\sum_{\nu=1}^{\infty}a_\nu\xi^\nu \tag{G2}$$

把式（G2）代入式（G1），按ξ 的幂次重新集项，得级数系数满足的递推关系为

$$a_{\nu+2}=\frac{2\nu-\lambda+1}{(\nu+1)(\nu+2)}a_\nu \tag{G3}$$

根据上式，级数（G2）中所有偶次幂系数可用a_0 表出，所有奇次幂系数可用a_1 表出。所以

$$H(\xi)=H^{(0)}(\xi)+H^{(1)}(\xi) \tag{G4}$$

式中：$H^{(0)}(\xi)$ 和 $H^{(1)}(\xi)$ 分别为系数满足递推关系式（G3），且只含偶次幂和只含奇次幂的级数。

下面分析级数 $H^{(0)}(\xi)$ 和 $H^{(1)}(\xi)$ 的行为。由式（G3）知

$$\frac{a_{\nu+2}}{a_\nu}=\frac{2\nu-\lambda+1}{(\nu+1)(\nu+2)}\xrightarrow{\nu\to\infty}\frac{2}{\nu} \tag{G5}$$

考虑函数 e^{ξ^2} 的泰勒展开

$$\begin{aligned}\mathrm{e}^{\xi^2}&=\sum_{\nu=0}^{\infty}\frac{1}{\nu!}\xi^{2\nu}\\&=1+\xi^2+\frac{1}{2!}\xi^4+\cdots+\frac{1}{(\nu/2)!}\xi^\nu+\frac{1}{(\nu/2+1)!}\xi^{\nu+2}+\cdots\end{aligned} \tag{G6}$$

上述级数的后一项系数与前一项系数之比为

$$\frac{(\nu/2)!}{(\nu/2+1)!}=\frac{1}{\nu/2+1}\xrightarrow{\nu\to\infty}\frac{2}{\nu} \tag{G7}$$

比较式（G5）和式（G7）知，级数 $H^{(0)}(\xi)$ 或 $H^{(1)}(\xi)$ 与函数 e^{ξ^2} 具有相同行为。这样，线性谐振子的能量本征矢式（11.1.35）

$$\psi=H(\xi)\mathrm{e}^{-\frac{1}{2}\xi^2}\sim\mathrm{e}^{\frac{1}{2}\xi^2}$$

将不能满足有界性条件。因此，级数（G2）必须在某一项截断，成为多项式。由递推关系式（G3）知，只需令

$$\lambda=2n+1\qquad(n=0,1,2,\cdots) \tag{G8}$$

则

$$a_{n+2}=a_{n+4}=\cdots=0$$

于是，当n 为偶数时，$H^{(0)}(\xi)$ 截断成最高次幂为 n 的多项式。此时，令 $a_1=0$，则 $H^{(1)}(\xi)=0$，因此有

$$H(\xi)=H^{(0)}(\xi) \tag{G9}$$

当n 为奇数时，$H^{(1)}(\xi)$ 截断成最高次幂为 n 的多项式。此时，令 $a_0=0$，则 $H^{(0)}(\xi)=0$，因此有

$$H(\xi)=H^{(1)}(\xi) \tag{G10}$$

于是，方程（G1）的解 $H(\xi)$ 是一最高次幂为 n，要么只含偶次幂，要么只含奇次幂，系数满足递推关

系式（G3）的多项式。习惯上，取这个多项式最高次幂的系数为

$$a_n = 2^n \tag{G11}$$

倒过来用递推关系式（G3），可得所有低次幂的系数。这样得到的多项式称为厄米多项式，记为

$$H(\xi) = H_n(\xi) \tag{G12}$$

把式（G8）代入方程（G1），得

$$\frac{d^2 H}{d\xi^2} - 2\xi \frac{dH}{d\xi} + 2nH = 0 \tag{G13}$$

由以上推导知，厄米多项式满足上式，即

$$\frac{d^2 H_n}{d\xi^2} - 2\xi \frac{dH_n}{d\xi} + 2nH_n = 0 \tag{G14}$$

下面来导出厄米多项式的微分表达式（11.1.38）。为此，令

$$u(\xi) = e^{-\xi^2} \tag{G15}$$

则

$$\frac{d^2}{d\xi^2}\frac{d^n u}{d\xi^n} = -2\xi \frac{d}{d\xi}\frac{d^n u}{d\xi^n} - 2(n+1)\frac{d^n u}{d\xi^n} \tag{G16}$$

再令

$$\frac{d^n u}{d\xi^n} = (-1)^n u H(\xi) \tag{G17}$$

式中：$H(\xi)$ 为待定函数。把式（G17）代入式（G16），经简单推导，恰得式（G13）。这说明，待定函数 $H(\xi)$ 就是厄米多项式。于是有

$$H_n(\xi) = (-)^n e^{\xi^2} \frac{d^n}{d\xi^n} e^{-\xi^2} \tag{G18}$$

上式即式（11.1.38）。利用式（G18），容易证明，厄米多项式满足下述递推关系

$$H_{n+1} - 2\xi H_n + 2nH_{n-1} = 0 \tag{G19}$$

下面证明厄米多项式的积分式（11.1.40）：

$$\int_{-\infty}^{+\infty} H_m(\xi) H_n(\xi) e^{-\xi^2} d\xi = \sqrt{\pi}\, 2^n n! \delta_{mn} \tag{G20}$$

首先考察 $m = n$ 的情况，这时有

$$\int_{-\infty}^{+\infty} H_n(\xi) H_n(\xi) e^{-\xi^2} d\xi = (-1)^n \int_{-\infty}^{+\infty} H_n(\xi) \frac{d^n u}{d\xi^n} d\xi$$

上式右端进行分部积分，并注意到 $u(\xi)$ 及其任意阶导数在 $\pm\infty$ 处的值为零，经 n 次分部积分后，得

$$\int_{-\infty}^{+\infty} H_n(\xi) H_n(\xi) e^{-\xi^2} d\xi = (-1)^{2n} \int_{-\infty}^{+\infty} \frac{d^n H_n}{d\xi^n} u d\xi \tag{G21}$$

由于厄米多项式最高次幂的系数为 2^n，故

$$\frac{d^n H_n}{d\xi^n} = 2^n n! \tag{G22}$$

把式（G22）代入式（G21），得

$$\int_{-\infty}^{+\infty} H_n(\xi) H_n(\xi) e^{-\xi^2} d\xi = 2^n n! \int_{-\infty}^{+\infty} u d\xi = 2^n n! \int_{-\infty}^{+\infty} e^{-\xi^2} d\xi = \sqrt{\pi}\, 2^n n! \tag{G23}$$

再来考察 $m \neq n$ 的情况，不妨假设 $m < n$，这时有

$$\int_{-\infty}^{+\infty} H_m(\xi) H_n(\xi) e^{-\xi^2} d\xi = (-1)^n \int_{-\infty}^{+\infty} H_m(\xi) \frac{d^n u}{d\xi^n} d\xi$$

上式右端进行 m 次分部积分，并注意到式（G22），得

$$\int_{-\infty}^{+\infty} H_m(\xi)H_n(\xi)\mathrm{e}^{-\xi^2}\mathrm{d}\xi = (-1)^{n+m}2^m m!\int_{-\infty}^{+\infty}\frac{\mathrm{d}^{n-m}u}{\mathrm{d}\xi^{n-m}}\mathrm{d}\xi$$

$$= (-1)^{n+m}2^m m!\frac{\mathrm{d}^{n-m-1}u}{\mathrm{d}\xi^{n-m-1}}\bigg|_{-\infty}^{\infty}$$

由于 $u(\xi)$ 及其任意阶导数在 $\pm\infty$ 处的值为零，所以

$$\int_{-\infty}^{+\infty} H_m(\xi)H_n(\xi)\mathrm{e}^{-\xi^2}\mathrm{d}\xi = 0 \tag{G24}$$

综合式（G23）和式（G24），式（G20）得证。

附录H　常用积分公式

（1）积分 $I=\int_{-\infty}^{\infty}\mathrm{e}^{-x^2}\mathrm{d}x$ 的计算。

$$I^2=\int_{-\infty}^{\infty}\mathrm{e}^{-x^2}\mathrm{d}x\int_{-\infty}^{\infty}\mathrm{e}^{-y^2}\mathrm{d}y=\int_{-\infty}^{\infty}\int_{-\infty}^{\infty}\mathrm{e}^{-(x^2+y^2)}\mathrm{d}x\mathrm{d}y$$

变换到平面极坐标，上式化为

$$I^2=\int_0^{2\pi}\mathrm{d}\theta\int_0^{\infty}\mathrm{e}^{-r^2}r\mathrm{d}r=2\pi\frac{1}{2}\int_0^{\infty}\mathrm{e}^{-r^2}\mathrm{d}r^2=\pi$$

于是

$$I=\int_{-\infty}^{\infty}\mathrm{e}^{-x^2}\mathrm{d}x=\sqrt{\pi} \tag{H1}$$

由于被积函数为偶函数，所以

$$I=\int_0^{\infty}\mathrm{e}^{-x^2}\mathrm{d}x=\sqrt{\pi}/2 \tag{H2}$$

（2）积分 $\Gamma(n)=\int_0^{\infty}\mathrm{e}^{-x}\,x^{n-1}\mathrm{d}x$ 的计算。

$$\Gamma(1)=\int_0^{\infty}\mathrm{e}^{-x}\mathrm{d}x=1 \tag{H3}$$

$$\Gamma(1/2)=\int_0^{\infty}\mathrm{e}^{-x}x^{-1/2}\mathrm{d}x$$

令 $y=\sqrt{x}$，上式化为

$$\Gamma(1/2)=2\int_0^{\infty}\mathrm{e}^{-y^2}\mathrm{d}y=\sqrt{\pi} \tag{H4}$$

利用分部积分法，得递推关系

$$\Gamma(n)=\int_0^{\infty}\mathrm{e}^{-x}x^{n-1}\mathrm{d}x=-\mathrm{e}^{-x}x^{n-1}\Big|_0^{\infty}+(n-1)\int_0^{\infty}\mathrm{e}^{-x}x^{n-2}\mathrm{d}x$$

$$=(n-1)\Gamma(n-1) \tag{H5}$$

利用上述递推关系，当 n 为整数时，有

$$\Gamma(n)=(n-1)!\Gamma(1)=(n-1)! \tag{H6}$$

当 $n=m+\frac{1}{2}$（m 为整数）为半奇数时，有

$$\Gamma(n)=\Gamma(m+\frac{1}{2})=(m-\frac{1}{2})(m-\frac{3}{2})\cdots\frac{1}{2}\Gamma(\frac{1}{2})$$

$$=(m-\frac{1}{2})(m-\frac{3}{2})\cdots\frac{1}{2}\cdot\sqrt{\pi} \tag{H7}$$

（3）积分 $I(n)=\int_0^{\infty}e^{-\alpha x^2}x^n dx$ 的计算。其中 n 为整数，$\mathrm{Re}\alpha\geqslant 0$。

$$I(0)=\int_0^{\infty}e^{-\alpha x^2}dx=\frac{1}{2}\sqrt{\frac{\pi}{\alpha}} \tag{H8}$$

$$I(1)=\int_0^{\infty}e^{-\alpha x^2}x dx=\frac{1}{2\alpha} \tag{H9}$$

对 $I(n)$ 求 α 的偏导数，有

$$\frac{\partial}{\partial\alpha}I(n)=\int_0^{\infty}\frac{\partial}{\partial\alpha}e^{-\alpha x^2}x^n dx=-\int_0^{\infty}e^{-\alpha x^2}x^{n+2}dx=-I(n+2)$$

或

$$I(n)=-\frac{\partial}{\partial\alpha}I(n-2) \tag{H10}$$

把式（H8）代入上式，得

$$I(2)=-\frac{\partial}{\partial\alpha}I(0)=-\frac{1}{2}\frac{\partial}{\partial\alpha}\sqrt{\frac{\pi}{\alpha}}=\frac{\sqrt{\pi}}{4}\alpha^{-3/2} \tag{H11}$$

把式（H9）代入式（H10），得

$$I(3)=-\frac{\partial}{\partial\alpha}I(1)=-\frac{1}{2}\frac{\partial}{\partial\alpha}\frac{1}{\alpha}=\frac{1}{2\alpha^2} \tag{H12}$$

把式（H11）代入式（H10），得

$$I(4)=-\frac{\partial}{\partial\alpha}I(2)=\frac{3\sqrt{\pi}}{8}\alpha^{-5/2} \tag{H13}$$

把式（H12）代入式（H10），得

$$I(5)=-\frac{\partial}{\partial\alpha}I(3)=\frac{1}{\alpha^3} \tag{H14}$$

等等。

（4）积分 $I(n)=\int_0^{\infty}\frac{x^{n-1}}{e^x-1}dx$ 的计算。其中 $n=2$，3，4，3/2，5/2。

由于

$$\frac{x^{n-1}}{e^x-1}=\frac{x^{n-1}e^{-x}}{1-e^{-x}}=x^{n-1}e^{-x}\sum_{k=0}^{\infty}e^{-kx}=\sum_{k=1}^{\infty}x^{n-1}e^{-kx}$$

所以

$$I(n)=\int_0^{\infty}\frac{x^{n-1}}{e^x-1}dx=\sum_{k=1}^{\infty}\int_0^{\infty}x^{n-1}e^{-kx}dx=\sum_{k=1}^{\infty}\frac{1}{k^n}\int_0^{\infty}y^{n-1}e^{-y}dy \tag{H15}$$

由上式，得

$$I(2)=\int_0^{\infty}\frac{x}{e^x-1}dx=\sum_{k=1}^{\infty}\frac{1}{k^2}\int_0^{\infty}ye^{-y}dy=\sum_{k=1}^{\infty}\frac{1}{k^2}=\frac{\pi^2}{6}\approx 1.645 \tag{H16}$$

$$I(3)=\int_0^{\infty}\frac{x^2}{e^x-1}dx=\sum_{k=1}^{\infty}\frac{1}{k^3}\int_0^{\infty}y^2e^{-y}dy=2\sum_{k=1}^{\infty}\frac{1}{k^3}\approx 2\times 1.202 \tag{H17}$$

$$I(4)=\int_0^{\infty}\frac{x^3}{e^x-1}dx=\sum_{k=1}^{\infty}\frac{1}{k^4}\int_0^{\infty}y^3e^{-y}dy=6\sum_{k=1}^{\infty}\frac{1}{k^4}=\frac{\pi^4}{15}\approx 6.492 \tag{H18}$$

$$I(3/2)=\int_0^{\infty}\frac{x^{1/2}}{e^x-1}dx=\sum_{k=1}^{\infty}\frac{1}{k^{3/2}}\int_0^{\infty}y^{1/2}e^{-y}dy$$

$$=\frac{\sqrt{\pi}}{2}\sum_{k=1}^{\infty}\frac{1}{k^{3/2}}\approx\frac{\sqrt{\pi}}{2}\times 2.612 \tag{H19}$$

$$I(5/2)=\int_0^\infty \frac{x^{3/2}}{e^x-1}dx=\sum_{k=1}^\infty \frac{1}{k^{5/2}}\int_0^\infty y^{3/2}e^{-y}dy$$
$$=\frac{3\sqrt{\pi}}{4}\sum_{k=1}^\infty \frac{1}{k^{5/2}}\approx \frac{3\sqrt{\pi}}{4}\times 1.341 \tag{H20}$$

（5）积分 $I=\int_0^\infty \frac{x}{e^x+1}dx$ 的计算。

由于

$$\frac{x}{e^x+1}=\frac{xe^{-x}}{1+e^{-x}}=xe^{-x}\sum_{k=0}^\infty(-1)^k e^{-kx}=\sum_{k=1}^\infty(-1)^{k-1}xe^{-kx}$$

所以

$$I=\int_0^\infty \frac{x}{e^x+1}dx=\sum_{k=1}^\infty(-1)^{k-1}\int_0^\infty xe^{-kx}dx$$
$$=\sum_{k=1}^\infty(-1)^{k-1}\frac{1}{k^2}\int_0^\infty ye^{-y}dy=\sum_{k=1}^\infty(-1)^{k-1}\frac{1}{k^2}=\frac{\pi^2}{12} \tag{H21}$$

参考文献

[1] B. Г. 涅符兹格利亚多夫. 理论力学. 钟奉俄，译. 北京：人民教育出版社，1965.

[2] 周衍柏. 理论力学. 北京：人民教育出版社，1979.

[3] 郭硕鸿. 电动力学. 北京：人民教育出版社，1979.

[4] 李承祖，赵凤章. 电动力学. 长沙：国防科技大学出版社，1994.

[5] P. G. 柏格曼. 相对论引论. 周奇，郝苹，译. 北京：高等教育出版社，1961.

[6] 周世勋. 量子力学教程. 北京：高等教育出版社，1979.

[7] 曾谨言. 量子力学教程. 北京：科学出版社，2003.

[8] 张永德. 量子力学. 北京：科学出版社，2002.

[9] [德]瓦尔特 • 顾莱纳. 量子力学：导论. 王德民，汪厚德，译. 张启仁，审校. 北京：北京大学出版社，2001.

[10] 汪志诚. 热力学 • 统计物理. 三版. 北京：高等教育出版社，2003.

[11] R. K. 帕斯里亚. 统计力学（上、下）. 谌垦华，方锦清，译. 北京：高等教育出版社，1985.

[12] [英]F.MANDL. 统计物理学. 范印哲，译. 北京：人民教育出版社，1981.

[13] [美]L. E. 雷克. 统计物理现代教程. 黄昀，等译. 王乘瑞，校. 北京：北京大学出版社，1985.

[14] [美]阿瑟 • 贝塞. 现代物理概念. 何瑁，等译. 王乘瑞，校. 上海：上海科学技术出版社，1984.